Bernt Ahrenholz, Stefan Jeuk, Beate Lütke, Jennifer Paetsch und Heike Roll (Hrsg.)

Fachunterricht, Sprachbildung und Sprachkompetenzen

DaZ-Forschung

Deutsch als Zweitsprache, Mehrsprachigkeit
und Migration

Herausgegeben von
Bernt Ahrenholz
Christine Dimroth
Beate Lütke
Martina Rost-Roth

Band 18

Fachunterricht, Sprachbildung und Sprachkompetenzen

Herausgegeben von
Bernt Ahrenholz, Stefan Jeuk, Beate Lütke,
Jennifer Paetsch und Heike Roll

DE GRUYTER

ISBN 978-3-11-076437-6
e-ISBN (PDF) 978-3-11-057038-0
e-ISBN (EPUB) 978-3-11-056927-8
ISSN 2192-371X

Library of Congress Control Number: 2019935665

Bibliografische Information der Deutschen Nationalbibliothek
Die Deutsche Nationalbibliothek verzeichnet diese Publikation in der Deutschen Nationalbibliografie; detaillierte bibliografische Daten sind im Internet über http://dnb.dnb.de abrufbar.

© 2021 Walter de Gruyter GmbH, Berlin/Boston
Dieser Band ist text- und seitenidentisch mit der 2019 erschienenen gebundenen Ausgabe.
Satz: Meta Systems Publishing & Printservices GmbH, Wustermark
Druck und Bindung: CPI books GmbH, Leck

www.degruyter.com

Inhalt

Bernt Ahrenholz, Stefan Jeuk, Beate Lütke, Jennifer Paetsch und Heike Roll
Sprache im fachlichen Unterricht. Eine Einleitung —— 1

I Forschungsperspektiven

Susanne Prediger
Welche Forschung kann Sprachbildung im Fachunterricht empirisch fundieren? —— 19

II Diagnose

Alexandra Merkert und Anja Wildemann
Diagnose sprachlicher Kompetenzen im Mathematikunterricht der Grundschule – Entwicklung und Pilotierung eines diagnostischen Instruments —— 41

III Texte und Textverstehen

Hansjakob Schneider, Eliane Gilg, Miriam Dittmar und Claudia Schmellentin
Prinzipien der Verständlichkeit in Schulbüchern der Biologie auf der Sekundarstufe 1 —— 61

Caroline Schuttkowski, Anke Schmitz, Björn Rothstein und Cornelia Gräsel
Unterstützung des Lesens im Fachunterricht —— 87

Jennifer Dröse und Susanne Prediger
Scaffolding für fachbezogene textsortenspezifische Lesestrategien – Entwicklungsforschungsstudie zur Förderung des Umgangs mit Textaufgaben —— 107

Marie Hempel, Jessica Neumann und Bernt Ahrenholz
Komplexe Attributionen in Schulbuchtexten der Fächer Biologie und Geographie —— 135

Bernt Ahrenholz und Wilhelm Grießhaber
Texte in Schulbüchern und ihre Analyse —— 159

IV Mündliche Partizipation am Unterricht

Patrick Voßkamp
Mündliches Präsentieren in der Grundschule – ein Beitrag zum Erwerb bildungssprachlicher Praktiken? —— 187

Sören Ohlhus
Fachliches Lernen als domänenspezifischer Diskurserwerb —— 209

V Texte schreiben im Unterricht

Nur Akkuş und Jana Kaulvers
„In das Plastikbechern Kreis ausschneiden" – Instruktionstexte auf Deutsch und Türkisch —— 237

Magdalena Michalak, Evelyn Beck und Tanyeli Tigrak
„Eine Grafik ist eine zwischenzahl zwischen Jungs und Mädchen" —— 259

Nadja Wulff und Stefan Nessler
Fachsensibler Sprachunterricht in der Vorbereitungsklasse – auf dem Weg zur erfolgreichen Integration in den Fachunterricht —— 279

VI Lehrkräftebildung

Lena Decker, Ina Kaplan und Gesa Siebert-Ott
Professionalisierung angehender Lehrkräfte im DSSZ-Modul —— 303

Annkathrin Darsow, Fränze Sophie Wagner und Jennifer Paetsch
Kompetenzzuwachs von Berliner Lehramtsstudierenden im Bereich Deutsch als Zweitsprache —— 321

Simone Dubiel, Jennifer Paetsch und Beate Lütke
Evaluationsergebnisse einer Fortbildung für Seminar- und Fachleitungen im Bereich sprachsensiblen Fachunterrichts: selbsteingeschätzte Kompetenz, Zufriedenheit und Transfer —— 339

Bernt Ahrenholz, Stefan Jeuk, Beate Lütke, Jennifer Paetsch und Heike Roll
Sprache im fachlichen Unterricht. Eine Einleitung

Die Befassung mit der Sprachlichkeit von schulischem Fachunterricht hat nach den Befunden der großen Vergleichsstudien wie PISA oder TIMMS und den frühen Publikationen aus dem FörMiG-Projekt oder von Gogolin (2006) bzw. Gogolin & Roth (2007) inzwischen einen großen Umfang erreicht. Das FIS-Portal Pädagogik enthält seit 2013 im Durchschnitt etwa 30 Titel jährlich, in der keineswegs vollständigen Bibliographie des Projektes „Sprache im Fachunterricht" sind ca. 300 einschlägige Titel erfasst, v. a. seit 2013 mit durchschnittlich ca. 55 Titeln pro Jahr. Alle Beiträge versuchen in unterschiedlicher Weise Licht in das Dunkel zu bringen, das Schleppegrell (2004: 2 unter Bezugnahme auf Christie 1985) das „hidden curriculum" der Schule genannt hat. Obwohl trotz der Forschungs- und Publikationsintensität der letzten Jahre noch viele Fragen offen sind, scheint kein Zweifel zu bestehen, dass die Sprachlichkeit von Unterricht ungeachtet der einzelnen Fächer für einen Teil der SchülerInnen eine eigene Hürde bei der Bewältigung der Anforderungen von Schule darstellen kann. Es geht derzeit im Wesentlichen darum, empirische Beschreibungen für den Sprachgebrauch zu erstellen, der nach Alter bzw. Jahrgangsstufe, Schulart, Fach und medialen Modus (Unterricht vs. Lehrmaterial) sowie von den SchülerInnen je mitgebrachten Sprachkompetenzen variiert. Gleichzeitig ist eine Diskussion darüber entstanden, wie man in den einzelnen Fächern in Form „sprachsensiblen Fachunterrichts" (Leisen 2011), „durchgängiger Sprachbildung" (Gogolin & Lange 2011) oder „fachintegrierter Sprachbildung" (Lütke, Petersen & Tajmel 2017) und neuerdings auch im Rahmen von Inklusion[1] didaktisch auf diese Anforderungen reagiert. Dabei wird auch Mehrsprachigkeit zunehmend als Ressource konzeptualisiert, die für fachliche Verstehens- und Lernprozesse genutzt werden kann (z. B. Rehbein 2011). Eine solide empirische Beschreibung von Sprache im Fachunterricht und die Frage der didaktischen Handlungsmöglichkeiten sind zudem in unterschiedlichster Form Gegenstand verschiedener Initiativen in der Lehrkräfteausbildung wie -fortbildung.[2]

---

[1] Im Rahmen eines weiten Inklusionsbegriffs wird Sprache auch als Barriere im Kontext fachlichen Lernens berücksichtigt (vgl. Spreer 2014).
[2] Zu diesen Initiativen gehört auch das BMBF-Projekt „Sprache im Fachunterricht" (Ahrenholz, Knoblich, Reichel 2018). Es ist ein Teilprojekt des aus der „Qualitätsoffensive Lehrerbildung" hervorgegangenen Projektverbundes „Professionalisierung von Anfang an im Jenaer Modell der

Eine Thematisierung der Rolle von Sprache für den Bildungserfolg gibt es im Kontext der vorliegenden Thematik mindestens seit den Arbeiten von Cummins (1982, 1984, 2000) und im deutschsprachigen Raum waren es v. a. vereinzelte Arbeiten aus dem Bereich Deutsch als Zweitsprache und Fachunterricht (Steinmüller & Scharnhorst 1987, Luchtenberg 1992, Demidow 1998, Grießhaber, Özel & Rehbein 1996), die auf die besonderen schulisch-sprachlichen Anforderungen hinwiesen. Erstmals wurde in diesem Zusammenhang konstatiert, dass jeder Fachlehrer auch Sprachlehrer zu sein habe (Steinmüller & Scharnhorst 1987: 9). Insbesondere die Arbeiten von Gogolin (z. B. 2006) belebten die Befassung mit dieser Sprachlichkeit unter dem Label „Bildungssprache", ein Begriff, der versucht, den englischen Begriff *Academic Language* ins Deutsche zu übertragen und gleichzeitig eine Verbindung zu Habermas Begriff *Bildungssprache* herstellt.

Hier ist nicht der Ort, die Begriffsgeschichte bzw. die hergestellten begrifflichen Zusammenhänge darzustellen.[3] In der seit den genannten Publikationen einsetzenden Befassung mit dem Konzept „Bildungssprache" ist u. a. eine umfassende Diskussion des Begriffs, seiner linguistischen Fassung – meist als Register – und seiner Operationalisierbarkeit in empirischen Analysen zu beobachten. Dabei wurde versucht, sprachliche Merkmale – meist als „Indikatoren" – zu benennen (vgl. z. B. Gogolin & Roth 2007, Hövelbrinks 2013, 2014) und die Bereiche dieser Merkmale in Wort-, Satz-, satzübergreifender Ebene v. a. in Hinblick auf Kohärenzbildung sowie in Bezug auf Textsorten bzw. Gattungen oder Diskursfunktionen zu differenzieren. Solche „Merkmale" wie Komposita, Nominalisierungen, Passivformen, Partikel- und Präfixverben, pronominale Verweise, Attribute etc. sind genuiner Teil vielfachen Sprachgebrauchs und nicht *per se* typisch für schulischen Fachunterricht (vgl. Ahrenholz 2017); z. T. stehen sie für ausgebaute literate Kompetenzen i. S. v. Maas (2006; vgl. auch Ohm 2017). Die „Merkmale" unterscheiden sich je nach Sprachverwendungssituation tendenziell eher in Hinblick auf die Häufigkeit bestimmter Phänomene, einer

---

Lehrerbildung (ProfJL)" der Friedrich-Schiller-Universität Jena (vgl. Winkler, Gröschner, May 2018). Der vorliegende Sammelband geht auf eine interdisziplinäre Tagung des Projektes zurück, die wie dieser Band vom BMBF finanziert wurde, dem hiermit nachdrücklich gedankt sei. Ein besonderer Dank gilt Jenny Reichel und Luise Knoblich, den Organisatorinnen der Tagung, sowie Stefanie Hinz und Jenny Marquardt, die zusammen mit den Erstgenannten die Fertigstellung des vorliegenden Bandes sehr engagiert unterstützt haben.

3 Vgl. neben Gogolin & Durante (2016) und Gogolin & Lange (2011) z. B. Ahrenholz (2017), Morek & Heller (2012), Becker-Mrotzek, Schramm, Thürmann & Vollmer (2013) und Berendes, Dragon, Weinert, Heppt & Stanat (2013). Zu den Begriffsvarianten „Schulsprache" in Anlehnung an Schleppegrells (2004) *Language of Schooling* vgl. z. B. Vollmer & Thürmann 2010 oder Feilke (2012), zu „literatem Sprachausbau" in Anschluss an Maas (z. B. 2006) vgl. Ohm (2017), zu wissensmethodischen Aspekten sprachlichen Handelns vgl. Redder (z. B. 2014).

Verwendungsspezifik v. a. in einer semantischen Vielschichtigkeit und einer komplexen Akkumulation von sprachlichen Mitteln (vgl. z. B. Bryant, Berendes, Meurers & Weiß 2017). Auch wenn die vielfach genannten „Merkmale" allgemeine Merkmale sprachlicher Kommunikation sind und damit keine „Indikatoren" für bestimmte Formen des Sprachgebrauchs in der Schule, so ist doch ein Interesse entstanden, die Ausprägungen dieser sprachlichen Mittel im realen Sprachgebrauch in verschiedenen Kontexten zu untersuchen, um zu einer empirischen Beschreibung des Registers zu gelangen.[4]

Forschungsgeschichtlich hat sich das Interesse auch z. T. verlagert hin zur Befassung mit komplexen sprachlichen Handlungen, die in dem vorliegenden Zusammenhang des sprach- und fachintegrierten Lernens v. a. von Vollmer & Thürmann (2010) als „Diskursfunktionen" wie „Erklären" oder „Beschreiben" thematisiert wurden (vgl. z. B. auch Heller, Quasthoff, Vogler & Prediger 2017, Hövelbrinks 2017). Diese sprachlichen Handlungen sind in allen Schulfächern anzutreffen und erinnern Didaktiker an die Operatoren in den Bildungsstandards. Gegenwärtig wird aber u. a. untersucht, in wieweit die Ausprägungen dieser diskursiven Einheiten sich zwischen den Fächern unterscheiden oder nicht. Was ist bspw. mathematisches Erklären im Vergleich zu geographischem? In linguistischer Perspektive lassen sich Beziehungen herstellen z. B. zu frühen Untersuchungen zur Unterrichtskommunikation in der Funktionalen Pragmatik (Ehlich & Rehbein 1986, Rehbein 1984), in denen sprachliche Handlungsmuster, eingebettet in Text- und Diskursformen, auf die interaktionale Bearbeitung von Wissen bezogen werden (u. a. Aufgabenstellen-Aufgabenlösen, Erklären vs. Begründen). In jüngeren Arbeiten wird die funktionale Nutzung und Vernetzung unterschiedlicher Sprachen in einem mehrsprachigen Unterricht für fachlich-konzeptuelles Lernen empirisch analysiert (u. a. Rehbein 2011, Redder, Çelikkol, Wagner & Rehbein 2018 im Kontext des mathematischen Lernens).

Einen weiteren Strang der Analyse komplexer sprachlicher Handlungen bilden die konzeptorientierten Arbeiten zur Informationsstruktur aus den Forschungen bei von Stutterheim (1997) oder Klein & von Stutterheim (1992) oder von Stutterheim & Kohlmann (2001), in denen die sprachlichen Prinzipien von Diskurstypen wie Erzählen, Beschreiben oder Instruieren v. a. anhand mündlicher Produktionen beschrieben werden.

Schulunterricht lässt sich auch, aber nicht nur, im Hinblick auf Sprache als Input-Output-Modell beschreiben (Ahrenholz 2013). Auf der Inputseite haben wir dann zum einen den Unterricht in seiner sprachlichen und interaktionalen

---

4 Neuerdings wird das Konzept „Bildungssprache" auch mit Verweis auf den Ausbau allgemeiner Sprachkompetenzen relativiert (Spaude & Settinieri 2018).

Vielfalt und andererseits die meist schriftlichen Formen der Wissensvermittlung, die durch Bilder und Graphiken sowie Videopräsentationen und Animationen ergänzt werden. Die medial schriftlichen bzw. graphischen Formen und digitalen Bewegtformate unterscheiden sich prinzipiell von dem medial mündlichen Input im Unterricht. Da hier Schulbücher (und vergleichbare Arbeitsblätter etc.) immer noch eine zentrale Rolle spielen, befasst sich ein Teil der Erforschung der Sprachlichkeit von Unterricht mit dieser Form schriftlichen Inputs; so auch in diesem Band (s. u.). Da diese Form der Wissensaufbereitung sich zumeist durch eine hohe Informationsdichte und die Befassung mit z. T. komplexen Sachverhalten auszeichnet, gilt „Verdichtung" als eine typische Ausprägung von Bildungssprache (vgl. auch Feilke 2012: 8). Wesentlich für die Wissensvermittlung sind dabei auch diskontinuierliche Formate (vgl. Michalak, Lemke & Kölzer 2017) bzw. gemischte Zeichensysteme (Drumm 2017).

Eng verbunden mit der Beschreibung dieser Form medial schriftlichen Inputs stehen Versuche, in Bezug auf das Leseverstehen die tatsächlichen Auswirkungen entsprechender sprachlicher Mittel auf das Textverstehen zu untersuchen. Dies gilt z. B. für das Projekt *Textverstehen in den naturwissenschaftlichen Schulfächern* (NawiText) von Schneider et al., in dem auch Veränderungen der Schulbuchsprache vorgeschlagen und in ihrer Wirkung untersucht wurden (Schmellentin, Dittmar, Gilg & Schneider 2017; Schneider et al. i. d. Bd.).

Fachunterrichtliche Kommunikation ist vielfach mündlich geprägt, schriftlicher Output wird häufig nur in Prüfungssituationen erwartet. In jüngeren Arbeiten zum Schreiben im Fach wird das epistemische Potenzial kognitiv involvierender Schreibformen untersucht und didaktisch modelliert (im Überblick Schmölzer-Eibinger & Thürmann 2015). Im Kontext des Projektes SchriFT (Schreiben im Fachunterricht unter Berücksichtigung des Türkischen) wird der Zusammenhang von textsortenbasiertem, fachspezifischen Schreiben (u. a. Versuchsprotokoll, Sach- und Werturteil, technische Analyse, Bauanleitung) und fachlichem Lernen analysiert (u. a. Boubakri, Beese, Krabbe, Fischer & Roll 2017; Wickner 2017; Gürsoy & Roll 2018; Akkuş & Kaulvers i. d. Bd.).

Daneben gibt es bislang eher wenige Arbeiten zu den mündlichen Formen der Wissensvermittlung. Morek & Heller (2012) und Heller, Quasthoff, Vogler & Prediger (2017) z. B. untersuchen Merkmale der Unterrichtsinteraktion, die sie „bildungssprachliche Praktiken" nennen. Andere Arbeiten beziehen sich auf die sprachliche Fassung der Präsentation der Wissensgegenstände, z. B. Maak (2017, 2018) auf der Basis des konzeptorientierten Ansatzes zu Bewegungsverben im Biologieunterricht, Kleinschmidt (2017) in einem Versuch, die Kategorien Feilkes (2012: 8 f.) in Bezug auf „an Schüler/innen gerichtete Sprache" zu operationalisieren. Redder et al. (2013) untersuchen im Rahmen des Projektes MüWi (Mündliche Wissensprozessierung und -konnektierung) längs- und querschnittlich die Aneignung sprachlicher Handlungen (u. a. Beschreiben, Erklären, Instruieren) im fachlichen Lernen an der Grundschule.

In den Arbeiten der letzten Jahre wurde auch schnell deutlich, dass der Phänomenbereich „bildungssprachliches Register" sehr verschiedene Dimensionen hat. Dies betrifft zunächst einmal die Frage der Unterschiedlichkeit oder Ähnlichkeit von sprachlichen Anforderungen in den Fächern. Daher war eine Reihe von Arbeiten auf die Berücksichtigung der Schulfächer gerichtet, deren Didaktiken das Thema Sprache im Fachunterricht inzwischen auch zu einem eigenen Thema gemacht zu haben scheinen. So umfasst eine im Projekt „Sprache im Fachunterricht" erstellte, keineswegs vollständige Bibliographie seit 2013 für das Fach Biologie 42 Artikel, für Mathematik 42 und für Geographie 21 Beiträge; Technik ist mit 5 und Sachunterricht mit 14 Beiträgen vertreten.

Auch im Bereich der Diagnostik bildungs- und fachsprachlicher Kompetenzen besteht ein nicht unerheblicher Handlungsbedarf (zusammenfassend Fornol & Hövelbrinks 2019). In vielen diagnostischen Verfahren werden implizit Aspekte bildungssprachlicher Handlungen mit erhoben, da die Merkmale von Bildungssprache nicht eindeutig sind und alltags- und bildungssprachliche Handlungen als Kontinuum zu sehen sind. Zwar gibt es mittlerweile einige empirisch fundierte Ansätze einer Beschreibung bildungssprachlicher Kompetenzen; die Übertragung auf diagnostische Konzepte steht jedoch weitgehend aus (Fornol & Hövelbrinks 2019: 504). Im Rahmen des FörMig Projekts sind einige diagnostische Verfahren entstanden, in denen auch Bildungssprachliches thematisiert wird. Als Beispiel sei *Fast Catch Bumerang* für die Sekundarstufe genannt (Reich, Roth & Döll 2009), in dem Textsortenspezifik und Fachsprachlichkeit erfasst werden. Für die Erfassung fachsprachlicher Kompetenzen sind allerdings die Spezifika der jeweiligen Fächer zu beachten, auch wenn hier die Schwierigkeit der Abgrenzung einer domänenübergreifenden Bildungssprache einerseits und einer fachspezifischen Fachsprache andererseits eine gewisse Hürde darstellen (vgl. Merkert & Wildemann i. d. B.).

In der bundesweiten Lehrkräfteausbildung wurden in den letzten Jahren verstärkt Module eingerichtet, die angehende Lehrkräfte auf den Umgang mit sprachlicher (nicht nur migrationsbedingter) Heterogenität vorbereiten. Dies geschieht je nach Bundesland in unterschiedlichem Umfang (vgl. Baumann 2017). Im Rahmen dieser Entwicklung wird auch die Aneignung von DaZ-Kompetenzen bzw. Kompetenzen im sprachsensiblen Unterrichten bei Lehramtsstudierenden und Referendarinnen und Referendaren zunehmend beforscht (vgl. hierzu Becker-Mrotzek, Rosenberg, Schroeder & Witte 2017, Ehmke, Hammer, Köker, Ohm & Koch-Priewe 2018). Für die empirische Untersuchung des Kompetenzerwerbs in der universitären Ausbildung und im Vorbereitungsdienst sowie für die Entwicklung von Curricula und Ausbildungsrichtlinien wurden drei prominente sprachbezogene Kompetenzmodelle entwickelt. Hierzu zählen das SprachKoPF-Modell, das Sprachförderkompetenzen pädagogischer Fachkräfte im Kindergarten und Grundschule abbildet (vgl. Hopp, Thoma & Tracy 2011), das DaZKom-Modell, das im Fachunterricht integriert zum Tragen kommende DaZ-Kompetenz u. a. in einer bildungs- und fachsprachlichen Dimension modelliert (vgl. Ohm 2018), und das EUCIM-TE-Modell (Brandenburger et al. o. J.), das auf einer EU-Initiative basiert und als Basiscurriculum der nordrheinwestfälischen DSSZ-Module (Deutsch für Schülerinnen und Schüler mit Zuwanderungshintergrund) fungiert.

Anhand dieser Kompetenzmodelle werden Instrumente zur Kompetenzmessung entwickelt und im Rahmen von Evaluationsprojekten in der universitären Phase der Lehrkräftebildung eingesetzt (vgl. z. B. zur testbasierten Kompetenzmessung Darsow, Wagner & Paetsch in diesem Band) oder im Kontext von Fortbildungen im Vorbereitungsdienst (vgl. zur Erfassung selbsteingeschätzter Kompetenzen Dubiel, Paetsch & Lütke i. d. B.). Das Forschungsinteresse richtet sich weiterhin auf die in diesen Kompetenzmodellen integriert abgebildeten Überzeugungen von Studierenden zum Thema sprachsensibles Unterrichten, DaZ, Mehrsprachigkeit und/oder Sprache im Fach sowie auf die studentische Bewertung von Modulangeboten (vgl. z. B. Kaplan, Decker & Siebert-Ott i. d. B.).

Wie eine Studie der Bosch-Stiftung zeigt (Grothus u. a. 2018), sind die Angebote der Bundesländer zur Lehrerfortbildung insgesamt, im Vergleich zu Angeboten in der so genannten freien Wirtschaft, gemessen an den Anforderungen des LehrerInnenberufs bestenfalls als dürftig zu bezeichnen. In den bildungspolitisch als äußerst wichtig angesehenen Themen Deutsch als Zweitsprache und Mehrsprachigkeit sind nur wenige Angebote zum Thema Bildungs- oder Fachsprache zu finden. Inzwischen greifen auch einzelne Fachdidaktiken bei fachbezogenen Fortbildungsangeboten das Thema „Sprache im Fach" auf. Der Beitrag von Dubiel, Paetsch & Lütke (in diesem Band) stellt diesbezüglich erste Evaluationsergebnisse einer Fortbildung in NRW vor, die sich an AusbilderInnen unterschiedlicher Fachgruppen im Vorbereitungsdienst richtete und das Ziel hatte, sprachsensibles Unterrichten als Thema in den Vorbereitungsdienst einzubringen (vgl. zum Projekt Oleschko 2017).

Das Modellprojekt ProDaZ[5] an der Universität Duisburg-Essen zielt darauf, in allen drei Phasen der Lehrerbildung Konzepte des fach- und sprachintegrierten Lernens unter der Berücksichtigung mehrsprachiger Lernkonstellationen zu implementieren. In enger Kooperation mit verschiedenen Fachdidaktiken wurden im Rahmen von Theorie-Praxis Projekten an Schulen in Nordrhein-Westfalen

---

5 Das Modellprojekt *ProDaZ. Deutsch als Zweitsprache in allen Fächern* (2009–2022) ist angesiedelt am Institut für DaZ/DaF an der Universität Duisburg-Essen und wird gefördert von der Stiftung Mercator (https://www.uni-due.de/prodaz/).

Unterrichtskonzepte entwickelt und erprobt, die in interdisziplinäre Lehrveranstaltungen, in den Vorbereitungsdienst sowie in bundesweite Fortbildungsangebote eingespeist werden (u. a. Moraitis, Mavruk, Schäfer & Schmidt 2018, Benholz, Frank & Gürsoy 2015). Die modellhafte Zusatzqualifikation „Sprachbildung in mehrsprachiger Gesellschaft" (ZuS) erweitert das Pflichtangebot in der Lehramtsausbildung im Rahmen des DSSZ-Moduls (s.o) an der Universität Duisburg-Essen um interdisziplinäre Veranstaltungen sowie Praxisphasen zum fachlichen und sprachlichen Lernen, so dass Studierende einen Profilschwerpunkt in diesem Themenbereich nachweisen können.

Dass eine durchgängige und kompetenzorientierte Sprachbildung in allen Fächern unter Berücksichtigung von mehrsprachigen Lernkonstellationen einen zentralen Ausgangspunkt für Unterrichts- und Schulentwicklung in der Migrationsgesellschaft darstellt, darf inzwischen als unstrittig gelten. Forschungsdesiderate bestehen weiterhin im Bereich der empirischen Beschreibung des Sprachgebrauchs im Unterrichtsdiskurs und in Lehrmaterialien verschiedener Fächer, in der individuellen Aneignung bildungs- und fachsprachlicher literaler rezeptiver und produktiver Kompetenzen sowie der Entwicklung und empirischen Überprüfung von fachspezifischen Lehr- Lernmaterialien sowie situierten Aufgabenstellungen in den jeweiligen Fächern.

Zu den Einzelbeiträgen

Ein eher allgemeiner forschungsbezogener Beitrag von *Susanne Prediger* eröffnet den Band. Der Beitrag geht von der relativen Einigkeit in der Diskussion aus, *dass* Sprachbildung im Fachunterricht betrieben werden muss, dass aber noch zu wenig empirisch fundiert geklärt ist, *was* genau gebraucht wird (also welche sprachlichen Anforderungen in fachlichen Lernsituationen relevant sind), und *wie* ihre Bewältigung für das fachliche Lernen am wirksamsten gefördert werden kann. Der Artikel zeigt die zentrale Bedeutung der epistemischen Funktion von Sprache in fachlichen Lehr-Lernprozessen und stellt verschiedene **Forschungsformate** vor, die unterschiedliche Beiträge zur *Was-* und zur *Wie-*Frage leisten. Am Beispiel der fachlichen Lernsituation „Aufbau konzeptuellen Verständnisses" wird gezeigt, wie sprachliche Anforderungen auf diskursiver und lexikalischer Ebene empirisch spezifiziert werden können und unterrichtliche Ansätze für eine fachbezogen treffsichere Sprachbildung entwickelt und beforscht werden. Verschiedene Studien werden dazu im Überblick vorgestellt, um ihren je spezifischen Beitrag zur empirischen Fundierung von Sprachbildungsansätzen auch in forschungsstrategischer Perspektive zu beleuchten.

Alexandra Merkert und *Anja Wildemann* stellen in ihrem Beitrag im Abschnitt **Diagnostik** die Entwicklung und Pilotierung eines diagnostischen Instruments (*SAMT*) zur Erfassung sprachlicher Kompetenzen im Mathematikunterricht der Grundschule vor. Die Autorinnen beschreiben die Konzeption von Mathematikaufgaben, die gezielt zur Verschriftlichung und genauen Darstellung von Lösungswegen und Ergebnissen auffordern und anhand eines Kodiermanuals ausgewertet werden. Die berichteten Pilotierungsergebnisse belegen eine gute Interraterreliabilität und eine zufriedenstellende interne Konsistenz des Testverfahrens.

Ein eigenes diagnostisches Instrument für die Analyse von Sachtexten, die von SchülerInnen verfasst wurden, wurde auch von *Nur Akkuş* und *Jana Kaulvers* entwickelt (s. u.).

Der **Abschnitt zu Texte und Textverstehen** gilt der Frage des Einsatzes von Schulbüchern. *Hansjakob Schneider, Eliane Gilg, Miriam Dittmar* & *Claudia Schmellentin* befassen sich ihrem Beitrag mit Prinzipien der Textüberarbeitung, die in ihrem Projekt „Textverstehen in den naturwissenschaftlichen Schulfächern (NawiText)" entwickelt wurden. Sie basieren auf Untersuchungen mit 24 SchülerInnen der siebten Jahrgangsstufe, bei denen Verstehensschwierigkeiten auf der Ebene der Abbildungen, des Layouts, des Wortes und Satzes sowie auf der Ebene von Fachbegriffen bzw. Fachkonzepten herausgearbeitet wurden.

Ausgehend von der Annahme, dass textspezifische Erwartungen das Textverständnis beeinflussen können, untersuchen *Caroline Schuttkowski, Anke Schmitz, Björn Rothstein* & *Cornelia Gräsel* die Wirkung von Textsortenerwartungen und von sprachlichen Strukturen auf das Textverständnis von SchülerInnen. In der Studie lasen 741 SchülerInnen (Klasse 9) inhaltlich identische Textversionen, die sich in ihrem temporalen Kohäsionsgrad unterschieden. Es zeigt sich, dass die Manipulation der Texte erwartungswidrig keinen Einfluss auf das Textverständnis hatte. Andererseits wurde ein Text mit einer literarischen Erwartung signifikant besser verstanden, als eine Version mit der Erwartung eines Sachtextes. Die Autoren konstatieren weiteren Forschungsbedarf im Hinblick auf die Wirkungsweise von Kohäsionsmitteln.

Ausgehend von der Annahme, dass eine Förderung der Lesekompetenz von mathematischen Textaufgaben fachspezifisch sein muss, stellen *Jennifer Dröse* und *Susanne Prediger* ein Lehr-Lern-Arrangement zur Förderung mathematikspezifischer Lese- und Verstehensstrategien für Textaufgaben zu den Grundrechenarten in Klasse 5 und erste empirische Befunde im Rahmen eines Entwicklungsforschungsprojekts vor. Auch wenn ein quantitativer Wirksamkeitsnachweis aussteht, zeigt die qualitative Analyse der Bearbeitungsprozesse von 12 Kindern, dass sich der Einsatz von fachspezifischen Lesestrategien durch die Intervention verbesserte. Die Nutzung dieser Strategien insgesamt scheint von mehreren Faktoren abhängig.

In Darstellungen zu Merkmalen des Sprachgebrauchs im schulischen Fachunterricht werden immer wieder Attributionen thematisiert. *Marie Hempel, Jessica Neumann* und *Bernt Ahrenholz* befassen sich daher mit komplexen Attributionen in Schulbüchern für die Fächer Biologie und Geographie für die 5. und 6. sowie 7. und 8. Jahrgangsstufe. Die Daten aus einem Pilotkorpus des *Digitalen Schulbuchkorpus* werden in Hinblick auf die Verwendung mehrerer Attributtypen in komplexen Attributionen analysiert. Dabei werden sechs Attributionsmuster herausgearbeitet, die aber in einer großen Vielzahl von Kombinationstypen realisiert werden. Insgesamt zeigt sich, dass sich Schulbücher der Sekundarstufe I durch eine sehr komplexe Attribution auszeichnen können, für die es zu untersuchen bleibt, inwieweit sie auch besondere Herausforderungen für das Textverständnis darstellen.

Bernt Ahrenholz und *Wilhelm Grießhaber* befassen sich mit den unterschiedlichen, als *Textformat* bezeichneten Texten in Schulbüchern, deren Verschiedenheit bei der linguistischen Analyse von Schulbüchern und vergleichbaren Lehr-/Lernmaterialien zu berücksichtigen sei, da die unterschiedlichen Funktionen der Textformate zu einem spezifischen Sprachgebrauch führen. Anhand von Beispielanalysen zu einer Schulbuchdoppelseite werden für Nomen und Verben Analysemöglichkeiten aufgezeigt und Fragen der Bestimmung von Fachlichkeit angesprochen.

Im **Abschnitt zu mündlicher Partizipation** im Fachunterricht untersucht *Patrick Voßkamp* in seinem Beitrag das bildungssprachliche Potential des frühen mündlichen Präsentierens im Sachunterricht der Grundschule. Er zeigt auf der Grundlage von zwei transkribierten Präsentationsausschnitten, dass die doppelte Funktion des Präsentierens als Medium der Wissensdarstellung und des Transfers fachspezifischen Wissens vor allem dann lernförderlich ist, wenn GrundschülerInnen in allen Phasen des Präsentierens angeleitet und unterstützt werden. Dies gilt insbesondere für die Auswahl und Erschließung von geeigneten Quellen für die Präsentation.

Sören Ohlhus geht in seinem Beitrag der Frage nach, inwieweit sich fachliche Lernprozesse als Prozesse eines domänenspezifischen Diskurserwerbs modellieren lassen. Er rekonstruiert auf der Grundlage von videographierten Daten, wie sich ein Grundschüler im Rahmen einer 13-wöchigen Einzelförderung mit Strategien der Subtraktion und Addition auseinandersetzt. Die Analyse von drei Transkriptbeispielen zeigt, dass die manuelle Praxis des Rechnens mit Hilfe eines Rechenrahmens entlang der Anforderungsdimensionen Kontextualisieren, Vertexten und Markieren erfolgreich in eine Verbalisierung des Rechenweges überführt wird.

Schriftliche Produktionen sind das Thema von *Nur Akkuş* und *Jana Kaulvers*, die in ihrem Beitrag die Mehrschriftlichkeit von deutsch-türkischsprachigen

SchülerInnen untersuchen, die in Nordrhein-Westfalen herkunftssprachlichen Unterricht besuchen. Mit Hilfe eines eigens entwickelten Diagnoseinstruments (elizitierte Sachtexte), können sie zeigen, wie die Schreibkompetenz der SchülerInnen in beiden Sprachen abgebildet werden kann. Bei der Anwendung des Instruments bei 186 SchülerInnen aus 7. und 8. Klassen einer Gesamtschule finden sich mittlere positive Zusammenhänge zwischen einigen Fähigkeiten in beiden Sprachen. Die Ergebnisse stützen die These, dass der interlinguale Transfer durch eine koordinierte Sprachbildung, die sprachenübergreifende Textsortenmerkmale aufgreift und fördert, begünstigt werden kann.

Magdalena Michalak, *Evelyn Beck* und *Tanyeli Tigrak* gehen in ihrem Beitrag der Frage nach, wie SchülerInnen mit und ohne Deutsch als Zweitsprache mit Grafiken umgehen. Im Projekt *GraFau* wurden dazu Lernertexte (ab der 7. Jahrgangsstufe) mit Hilfe eines Kriterienkataloges analysiert. Die Ergebnisse zeigen, dass es einen schwachen Zusammenhang zwischen dem Umgang mit Grafiken und der sprachlichen Kompetenz der Lernenden zu geben scheint. Zusammenfassend zeigte sich zudem, dass der kompetente Umgang mit Grafiken für alle Lernenden eine Herausforderung darstellt; die meisten Lernenden benannten lediglich die Inhalte der Grafiken.

Stefan Nessler und *Nadja Wulff* stellen dar, wie im fachsensiblen Sprachunterricht mit neu zugewanderten Jugendlichen in einer Vorbereitungsklasse bildungs- und fachsprachliche Schreibkompetenzen auf der Grundlage naturwissenschaftlich orientierter Inhalte angebahnt werden können. Eingebettet in eine Unterrichtsreihe zur Ernährung dient die Auseinandersetzung mit der alltagsrelevanten Textsorte Rezept dazu, das Beschreiben als sprachlich-kognitive Handlung zu erarbeiten und schreibspezifische Fähigkeiten wie Adressatenorientierung und Perspektivenübernahme bereits in einer frühen Erwerbsphase zu üben. Die Analyse von 13 Lernertexten zeigt, dass vor allem schulerfahrene LernerInnen von der frühen fach- und textsortenorientierten Förderung profitieren.

Im Abschnitt zur **Lehrkräftebildung** beschreiben *Lena Decker*, *Ina Kaplan* und *Gesa Siebert-Ott* Lernarrangements und darauf bezogene Evaluationsergebnisse, die dem Projekt *Deutsch als Zweitsprache in der Lehrerbildung: Aufgaben entwickeln, Kompetenzen bewerten und beurteilen, Perspektiven für das weitere Lernen entwickeln (Ako)* entstammen. Die Lernarrangements zielen auf eine Verzahnung fachlichen und sprachlichen Lernens in den Fächern Deutsch und Mathematik (5./6. Jahrgangsstufe) ab. Im Fokus der Beschreibung und vorgestellten Begleitforschung stehen das Lernarrangement ‚Märchen' (Fachbezug: Deutsch) und die diesbezüglichen Einstellungen der Studierenden. Das Ziel der Studie bestand darin, zu erheben, ob und inwiefern die Studierenden die Arbeit mit dem Lernarrangement als positiv und hilfreich wahrnehmen. Die Begleitforschung ergab, dass die Studierenden die Behandlung und Diskussion des

Lernarrangements als sehr hilfreich und auf die berufliche Praxis vorbereitend erachten.

Annkathrin Darsow, Fränze Sophie Wagner und *Jennifer Paetsch* präsentieren in ihrem Beitrag Ergebnisse aus dem Projekt *Sprachen-Bilden-Chancen: Innovationen für die Berliner Lehrkräftebildung,* in dem die Berliner DaZ-Module umfassend evaluiert wurden. Untersucht wurde, welche Lernfortschritte bei Besuch der DaZ-Module erzielt werden. Die untersuchten Studierenden zeigten signifikante Lerngewinne bei Besuch des Moduls. Zudem wiesen Studierende der Fächer Deutsch, einer Fremdsprache und Grundschulpädagogik einen Vorwissensvorsprung auf, was in Hinblick auf die Gestaltung der Hochschullehre im Beitrag diskutiert wird.

Simone Dubiel, Jennifer Paetsch und *Beate Lütke* stellen schließlich in ihrem Beitrag Ergebnisse einer Evaluation der Fortbildungsmaßnahme *Sprachsensibles Unterrichten fördern* vor. Die Fortbildung richtete sich an Seminar- und Fachleitungen und hatte die Entwicklung von Konzepten für die Ausbildung von ReferendarInnen hinsichtlich der Umsetzung eines durchgängigen sprachsensiblen Fachunterrichts zum Ziel. Die Einschätzung des Transfers der Fortbildungsinhalte in die Praxis wurde insgesamt als hoch bewertet. Eine hohe Transferabsicht scheint dabei durch einen hohen selbsteingeschätzten Kompetenzzuwachs und hohe Zufriedenheit mit der Maßnahme begünstigt zu werden.

Literatur

Ahrenholz, Bernt (2013): Sprache im Fachunterricht untersuchen. In Röhner, Charlotte & Hövelbrinks, Britta (Hg.): *Fachbezogene Sprachförderung in Deutsch als Zweitsprache. Theoretische Konzepte und empirische Befunde zum Erwerb bildungssprachlicher Kompetenzen.* Weinheim, Basel: Beltz Juventa, 87–98.

Ahrenholz, Bernt (2017): Sprache in der Wissensvermittlung und Wissensaneignung im schulischen Fachunterricht. In Lütke, Beate; Petersen, Inger & Tajmel, Tanja (Hg.): *Fachintegrierte Sprachbildung. Forschung, Theoriebildung und Konzepte für die Unterrichtspraxis.* Berlin, Boston: De Gruyter, 1–31.

Ahrenholz, Bent; Hövelbrinks, Britta & Schmellentin, Claudia (Hg.) (2017): *Fachunterricht und Sprache in schulischen Lehr-/Lernprozessen.* Tübingen: Narr Francke Attempto.

Ahrenholz, Bernt; Knoblich, Luise & Reichel, Jenny (2018): Sprache im Fachunterricht. Analysen mündlicher und schriftlicher Wissensvermittlung im Schulunterricht. In Winkler, Iris, Gröschner, Alexander & May, Michael (Hg.): *Lehrerbildung in einer Welt der Vielfalt. Befunde und Perspektiven eines Entwicklungsprojekts.* Bad Heilbrunn: Klinkhardt. 167–181.

Baumann, Barbara (2017): Sprachförderung und Deutsch als Zweitsprache in der Lehrerbildung – ein deutschlandweiter Überblick. In Becker-Mrotzek, Michael; Rosenberg, Peter; Schroeder, Christoph & Witte, Annika (Hg.) (2017): *Deutsch als Zweitsprache in der Lehrerfortbildung.* Münster [u. a.]: Waxmann, 9–22.

Becker-Mrotzek, Michael; Schramm, Karen; Thürmann, Eike; Vollmer, Helmut Johannes (Hg.) (2012): *Sprache im Fach. Sprachlichkeit und fachliches Lernen*. Münster [u. a.]: Waxmann.

Becker-Mrotzek, Michael; Rosenberg, Peter; Schroeder, Christoph & Witte, Annika (Hg.) (2017): *Deutsch als Zweitsprache in der Lehrerfortbildung*. Münster [u. a.]: Waxmann.

Benholz, Claudia; Frank, Magnus & Gürsoy, Erkan (Hg.) (2015): *Deutsch als Zweitsprache in allen Fächern. Konzepte für Lehrerbildung und Unterricht. Beiträge zu Sprachbildung und Mehrsprachigkeit aus dem Modellprojekt ProDaZ*. Stuttgart: Fillibach bei Klett.

Berendes, Karin; Dragon, Nina; Weinert, Sabine; Heppt, Birgit & Stanat, Petra (2013): Hürde Bildungssprache? Eine Annäherung an das Konzept „Bildungssprache" unter Einbezug aktueller empirischer Forschungsergebnisse. In Redder, Angelika & Weinert, Sabine (Hg.): *Sprachförderung und Sprachdiagnostik. Interdisziplinäre Perspektiven*. Münster [u. a.]: Waxmann, 17–41.

Boubakri, Christine; Beese, Melanie; Krabbe, Heiko; Fischer, Hans E. & Roll, Heike (2017): Sprachsensibler Fachunterricht. In Becker-Mrotzek, Michael & Roth, Hans-Joachim (Hg.): *Sprachliche Bildung – Grundlagen und Handlungsfelder*. Münster [u. a.]: Waxmann, 335–350.

Brandenburger, Anja; Bainski, Christiane; Hochherz, Wolf & Roth, Hans-Joachim (o. J.): *European Core Curriculum for Inclusive Academic Language Teaching. Adaption des europäischen Kerncurriculums für inklusive Förderung der Bildungssprache Nordrhein-Westfalen* (NRW). Universität zu Köln. http://www.eucim-te.eu/data/eso27/File/Material/NRW.%20Adaptation.pdf, (03. 01. 2019).

Bryant, Doreen; Berendes, Karin; Meurers, Detmar & Weiß, Zarah (2017): Schulbuchtexte der Sekundarstufe auf dem linguistischen Prüfstand. Analyse der bildungssprachlichen Komplexität in Abhängigkeit von Schultyp und Jahrgangsstufe. In Hennig, Mathilde (Hg.): *Linguistische Komplexität- ein Phantom?* Tübingen: Stauffenberg, 281–304.

Christie, Frances (1985): Language and Schooling. In Tchudi, Stephen N. (Hg.): *Language, Schooling, and Society. Proceedings of the International Federation for the Teaching of English Seminar at Michigan State University. November, 11–14, 1984*. Upper Montclair, NJ: Boynton/Cook, 21–40.

Cummins, James (1982): Die Schwellenniveau- und Interdependenz-Hypothese. Erklärungen zum Erfolg zweisprachiger Erziehung. In Swift, J. (Hg.): *Bilinguale und multikulturelle Erziehung*. Würzburg: Königshausen & Neumann, 34–43.

Cummins, James (1984): Zweisprachigkeit und Schulerfolg. Zum Zusammenwirken von linguistischen, soziokulturellen und schulischen Faktoren auf das zweisprachige Kind. In *Die Deutsche Schule* 76 (1), 187–198.

Cummins, Jim (2000): *Language, power and pedagogy. Bilingual children in the crossfire*. Clevedon [England]: Multilingual Matters.

Demidow, Irene (1998): Zweitsprachiges Physiklernen: wie werden Fachinhalte in einer Zweitsprache verstanden? In *Deutsch lernen* 23 (2), 135–148.

Drumm, Sandra (2017): Gemischte Zeichenkomplexe verstehen lernen: Arbeit mit Sachtexten im Fach Biologie. In Ahrenholz, Bernt; Hövelbrinks, Britta & Schmellentin, Claudia (Hg.): *Fachunterricht und Sprache in schulischen Lehr-/Lernprozessen*. Tübingen: Narr, 37–53.

Ehlich, Konrad & Rehbein, Jochen (1986) *Muster und Institution*. Tübingen: Narr.

Ehmke, Timo; Hammer, Svenja; Köker, Anne; Ohm, Udo & Koch-Priewe, Barbara (Hg.) (2018): *Professionelle Kompetenzen angehender Lehrkräfte im Bereich Deutsch als Zweitsprache*. Münster [u. a.]: Waxmann.

Feilke, Helmuth (2012): Bildungssprachliche Kompetenzen – fördern und entwickeln. In *Praxis Deutsch* 233, 4–13.

Fiehler, Reinhard (2015): Mündliche Kommunikation. In Becker-Mrotzek, Michael (Hg.): *Mündliche Kommunikation und Gesprächsdidaktik*. 3. unveränd. Aufl. Baltmannsweiler: Schneider Verlag Hohengehren, 25–51.
Fornol, Sarah L. & Hövelbrinks, Britta: Bildungssprache. In Jeuk, Stefan & Settinieri, Julia (Hg.): Sprachdiagnostik *Deutsch als Zweitsprache. Ein Handbuch*, Berlin, Boston: De Gruyter, 493–517.
Gogolin, Ingrid (2002): Mathematikunterricht ist Deutschunterricht. Über das fachliche Lernen in mehrsprachigen Klassen. In Barkowski, Hans & Faistauer, Renate (Hg.): *… in Sachen Deutsch als Fremdsprache: Sprachenpolitik*, Baltmannsweiler: Schneider Verlag Hohengehren, 51–61.
Gogolin, Ingrid (2006): Bilingualität und die Bildungssprache der Schule. In Mecheril, Paul & Quehl, Thomas (Hg.): *Die Macht der Sprachen. Englische Perspektiven auf die mehrsprachige Schule*. Münster [u. a.]: Waxmann, 79–85.
Gogolin, Ingrid & Duarte, Joana (2016): Bildungssprache. In Kilian, Jörg; Brouër & Lüttenberg, Dina (Hg.): *Handbuch Sprache in der Bildung*. Berlin, Boston: De Gruyter, 478–499.
Gogolin, Ingrid & Lange, Imke (2011): Bildungssprache und durchgängige Sprachbildung. In Fürstenau, Sara & Gomolla, Mechthild (Hg.): *Migration und schulischer Wandel: Mehrsprachigkeit*. Wiesbaden: Verlag für Sozialwissenschaften, 107–127.
Gogolin, Ingrid & Roth, Hans-Joachim (2007): Bilinguale Grundschule. Ein Beitrag zur Förderung der Mehrsprachigkeit. In Anstatt, Tanja (Hg.): *Mehrsprachigkeit bei Kindern und Erwachsenen. Erwerb – Formen – Förderung*. Tübingen: Attempto, 31–45.
Grießhaber, Wilhelm; Özel, Bilge & Rehbein, Jochen (1996) Aspekte von Arbeits- und Denksprache türkischsprachiger Kinder. In *Unterrichtssprache* 1 (96), 3–20.
Grothus, Inge; Renz, Monika; Rzejak, Daniela; Schlamp, Katharina; Daschner, Peter; Imschweiler, Volker; Lipowsky, Frank; Schoof-Wetzig, Dieter & Steffens, Ulrich (2018): *Recherchen für eine Bestandsaufnahme der Lehrkräftefortbildung in Deutschland*. Berlin: Deutscher Verein zur Förderung der Lehrerinnen und Lehrerfortbildung e.V. (DVLfB).
Gürsoy, Erkan & Roll, Heike (2018): Schreiben und Mehrschriftlichkeit. Zur funktionalen und koordinierten Förderung einer mehrsprachigen Literalität. In: Grießhaber, Wilhelm; Schmölzer-Eibinger, Sabine; Roll, Heike & Schramm, Karen (Hrsg.) *Schreiben in der Zweitsprache Deutsch. Ein Handbuch*. Berlin/Boston: De Gruyter, 350–364.
Gutmann, Heike (2016): Muster und Bandornamente im sprachsensiblen Unterricht. Erkennen, Beschreiben und Begründen von Mustern und Strukturen. In *Grundschulmagazin* 84 (1), 12–17. Online verfügbar unter http://www.oldenbourg-klick.de/zeitschriften/grundschulmagazin/2016-1/muster-und-bandornamente-im-sprachsensiblen-unterricht.
Heller, Vivien; Quasthoff, Uta; Vogler, Anna & Prediger, Susanne (2017): Bildungssprachliche Praktiken aus professioneller Sicht: Wie deuten Lehrkräfte Erklärungen und Begründungen von Kindern? In Ahrenholz, Bernt; Hövelbrinks, Britta & Schmellentin, Claudia (Hg.): *Fachunterricht und Sprache in schulischen Lehr-/Lernprozessen*. Tübingen: Narr Francke Attempto, 139–160.
Hopp, Holger; Thoma, Dieter & Tracy, Rosemarie (2011): Sprachförderkompetenzen pädagogischer Fachkräfte. Ein sprachwissenschaftliches Modell. *Zeitschrift für Erziehungswissenschaft*, 13, 609–629.
Hövelbrinks, Britta (2013): Die Bedeutung der Bildungssprache für Zweitsprachenlernende im naturwissenschaftlichen Anfangsunterricht. In Röhner, Charlotte & Hövelbrinks, Britta (Hg.): *Fachbezogene Sprachförderung in Deutsch als Zweitsprache. Theoretische Konzepte und empirische Befunde zum Erwerb bildungssprachlicher Kompetenzen*. Weinheim und Basel: Beltz Juventa, 75–86.

Hövelbrinks, Britta (2014): *Bildungssprachliche Kompetenz von einsprachig und mehrsprachig aufwachsenden Kindern. Eine vergleichende Studie in naturwissenschaftlicher Lernumgebung des ersten Schuljahres*. Weinheim, Basel: Beltz Juventa.

Hövelbrinks, Britta (2017): Bildungssprachliche Diskursfunktionen im frühen naturwissenschaftlichen Lernen. Lexikalische Mittel im sprachlichen Handeln einsprachig und mehrsprachig aufwachsender Kinder zu Schulbeginn. In Ahrenholz, Bernt, Hövelbrinks, Britta & Schmellentin, Claudia (Hg.): *Fachunterricht und Sprache in schulischen Lehr-/Lernprozessen*. Tübingen: Narr Francke Attempto, 185–203.

Klein, Wolfgang & Stutterheim, Christiane von (1992): Textstruktur und referentielle Bewegung. In *LiLi* 22 (86), 67–92.

Kleinschmidt, Katrin (2017): Die an die Schüler/-innen gerichtete Sprache als Spiegel transitorischer schulsprachlicher Normen. In Ahrenholz, Bernt, Hövelbrinks, Britta & Schmellentin, Claudia (Hg.): *Fachunterricht und Sprache in schulischen Lehr-/Lernprozessen*. Tübingen: Narr Francke Attempto, 117–137.

Köhne, Judith; Kronenwerth, Sibylle; Redder, Angelika; Schuth, Elisabeth & Weinert, Sabine (2015): Bildungssprachlicher Wortschatz – linguistische und psychologische Fundierung und Itementwicklung. In Angelika Redder, Johannes Naumann & Rosemarie Tracy (Hg.): *Forschungsinitiative Sprachdiagnostik und Sprachförderung. Ergebnisse*. Münster [u. a.]: Waxmann, 67–93.

Leisen, Josef (2011): Sprachsensibler Fachunterricht. Ein Ansatz zur Sprachförderung im mathematisch-naturwissenschaftlichen Unterricht. In Prediger, Susanne & Erkan, Özdil (Hg.): *Mathematiklernen unter Bedingungen der Mehrsprachigkeit. Stand und Perspektiven der Forschung und Entwicklung in Deutschland*. Münster [u. a.]: Waxmann, 143–162.

Luchtenberg, Sigrid (1992): Fachsprachenunterricht für Migrantenkinder – In welchem Fach? In *Deutsch lernen* 16 (4), 380–388.

Lütke, Beate; Petersen, Inger & Tajmel, Tanja (Hg.) (2017): *Fachintegrierte Sprachbildung. Forschung, Theoriebildung und Konzepte für die Unterrichtspraxis*. Berlin, Boston: De Gruyter.

Maak, Diana (2017): „Wo kommt das blut HER"? Sprachliche Beschaffenheit des fachlichen Inputs im Fach Biologie. In Ahrenholz, Bernt, Hövelbrinks, Britta & Schmellentin, Claudia (Hg.): Fachunterricht und Sprache in schulischen Lehr-/Lernprozessen. Tübingen: Narr Francke Attempto, 93–114.

Maak, Diana (2018): *Sprachliche Merkmale des fachlichen Inputs im Fachunterricht Biologie. Eine konzept-orientierte Analyse der Enkodierung von Bewegung*. Berlin, Boston: De Gruyter.

Maas, Utz (2006): Der Übergang von Oralität zu Skribalität in soziolinguistischer Perspektive. In Ammon, Ulrich; Dittmar, Norbert; Mattheier, Klaus & Trudgill, Peter (Hg.): *Soziolinguistik. Ein internationales Handbuch zur Wissenschaft von Sprache und Gesellschaft*. 2., vollst. neu bearb. u. erw. Auflage. Berlin [u. a.]: De Gruyter, 2147–2170.

Michalak, Magdalena; Lemke, Valerie & Kölzer, Carolin (2017): „Wenn ich hingucke, seh ich immer erst das Obere". Kompetenzen von Lernenden mit Deutsch als Zweitsprache beim Umgang mit diskontinuierlichen Darstellungsformen. In Fuchs, Isabel; Jeuk, Stefan & Knapp, Werner (Hg.): *Mehrsprachigkeit: Spracherwerb, Unterrichtsprozesse, Seiteneinstieg. Beiträge aus dem 11. Workshop „Kinder und Jugendliche mit Migrationshintergrund", 2015*. Stuttgart: Fillibach bei Klett, 77–94.

Moraitis, Anastasia, Mavruk, Gülsah; Schäfer, Andrea & Schmidt, Eva (Hrsg.) (2018). *Sprachförderung durch kulturelles und ästhetisches Lernen. Sprachbildende Konzepte für die Lehrerausbildung*. Münster [u. a.]: Waxmann.

Morek, Miriam & Heller, Vivien (2012): Bildungssprache – Kommunikative, epistemische, soziale, und interaktive Aspekte ihres Gebrauchs. In *Zeitschrift für Angewandte Linguistik* 57, 67–101.

Ohm, Udo (2017): Literater Sprachausbau als konstitutives Element fachlichen Lernens und beruflichen Handelns im Übergang Schule – Beruf. In Lütke, Beate; Petersen, Inger & Tajmel, Tanja (Hg.): *Fachintegrierte Sprachbildung. Forschung, Theoriebildung und Konzepte für die Unterrichtspraxis*. Berlin, Boston: De Gruyter, 287–304.

Ohm, Udo (2018): Das Modell von DaZ-Kompetenz bei angehenden Lehrkräften. In Ehmke, Timo; Hammer, Svenja; Köker, Anne; Ohm, Udo & Koch-Priewe, Barbara (Hg.): *Professionelle Kompetenzen angehender Lehrkräfte im Bereich Deutsch als Zweitsprache*, 73–92.

Oleschko, Sven (Hg.) (2017): *Sprachsensibles Unterrichten fördern. Angebote für den Vorbereitungsdienst*. Bezirksregierung Arnsberg/NRW, Stiftung Mercator, Kommunale Integrationszentren/Landesweite Koordinierungsstelle NRW. https://www.stiftung-mercator.de/media/downloads/3_Publikationen/2017/Dezember/Sprachsensibles_Unterrichten_foerdern/Buch_Sprachsensibles-Unterrichten-foerdern.pdf, (03. 01. 2019).

Otto, Lisa & Hammer, Svenja (2017): Interview mit mehrsprachigen Lerner*innen. In Eberhardt, Alexandra & Niederhaus, Constanze (Hg.): *Das DaZ-Modul in der Lehrerausbildung. Ideen zur Gestaltung von Übungen, Seminaren und Vorlesungen*. Stuttgart: Fillibach bei Klett, 37–42.

Redder, Angelika (2014): Wissenschaftssprache – Bildungssprache – Lehr-Lerndiskurs. In Hornung, Antonia; Carrobio, Gabriella & Sorrentino, Daniela (Hg.) *Diskursive und textuelle Strukturen in der Hochschuldidaktik. Deutsch und Italienisch im Vergleich*. Münster [u. a.]: Waxmann, 25–40.

Redder, Angelika; Çelikkol, Meryem; Wagner, Jonas & Rehbein, Jochen (2018): *Mehrsprachiges Handeln im Mathematikunterricht*. Münster [u. a.]: Waxmann.

Redder, Angelika; Guckelsberger, Susanne & Graßer, Barbara (2013): *Mündliche Wissensprozessierung und Konnektierung*. Münster [u. a.]: Waxmann.

Rehbein, Jochen (1984): Beschreiben, Berichten und Erzählen. In Ehlich, Konrad (Hg.): *Erzählen in der Schule*. Tübingen: Narr, 67–124.

Rehbein, Jochen (2011): ‚Arbeitssprache' Türkisch im mathematisch-naturwissenschaftlichen Unterricht der deutschen Schule – ein Plädoyer. In Prediger, Susanne & Erkan, Özdil (Hg.): *Mathematiklernen unter Bedingungen der Mehrsprachigkeit. Stand und Perspektiven der Forschung und Entwicklung in Deutschland*. Münster [u. a.]: Waxmann, 205–232.

Schleppegrell, Mary (2004): *The Language of Schooling. A Functional Linguistics Perspective*. Mahwah, NJ: Lawrence Erlbaum.

Schmellentin, Claudia; Dittmar, Miriam; Gilg, Eliane & Schneider, Hansjakob (2017): Sprachliche Anforderungen in Biologielehrmitteln. In Ahrenholz, Bernt, Hövelbrinks, Britta & Schmellentin, Claudia (Hg.): *Fachunterricht und Sprache in schulischen Lehr-/Lernprozessen*. Tübingen: Narr Francke Attempto, 73–91.

Schmölzer-Eibinger & Sabine; Thürmann, Eike (2015) (Hg.): *Schreiben als Lernen. Kompetenzentwicklung durch Schreiben*. Münster [u. a.]: Waxmann.

Spaude, Magdalena & Settinieri, Julia (2018): Alles „Bildungssprache"? Zur Relevanz allgemeinsprachlicher Fähigkeiten für den Bildungserfolg mehrsprachiger Grundschulkinder. In Ricart Brede, Julia; Maak, Diana & Pliska, Enisa (Hg.): *Deutsch als Zweitsprache und Mehrsprachigkeit. Beiträge aus dem Workshop Deutsch als Zweitsprache, Migration und Mehrsprachigkeit, 2016*. Stuttgart: Fillibach bei Klett, 37–54.

Spreer, Markus (2014). „Schlage nach und ordne zu!" Bildungssprachlichen Anforderungen im (sprachheilpädagogischen) Unterricht kompetent begegnen. In Sallat, Stephan; Spreer, Markus & Glück, Christian W. (Hg.): *Sprache professionell fördern. Kompetent – vernetzt – innovativ.* Idstein: Schulz-Kirchner, 83–90.

Steinmüller, Ulrich & Scharnhorst, Ulrich (1987): Sprache im Fachunterricht – Ein Beitrag zur Diskussion über Fachsprachen im Unterricht mit ausländischen Schülern. In *Zielsprache Deutsch* 18 (4), 3–12.

Stutterheim, Christiane von (1997): *Einige Prinzipien des Textaufbaus. Empirische Untersuchungen zur Produktion mündlicher Texte.* Tübingen: Niemeyer.

Stutterheim, Christiane von & Kohlmann, Ute (2001): Beschreiben im Gespräch. In Brinker, Klaus; Antos, Gerd; Heinemann, Wolfgang & Sager, Sven F. (Hg.): Text- und Gesprächslinguistik. Ein internationales Handbuch zeitgenössischer Forschung. 2. Halbband. Berlin, New York: De Gruyter, 1279–1292.

Vollmer, Helmut Johannes & Thürmann, Eike (2010): Zur Sprachlichkeit des Fachlernens: Modellierung eines Referenzrahmens für Deutsch als Zweitsprache. In Ahrenholz, Bernt (Hg.): *Fachunterricht und Deutsch als Zweitsprache.* 2. durchgesehene und aktualisierte Auflage. Tübingen: Narr, 107–132.

Wickner, Mareike-Cathrin (2018): So schließt sich der Kreis. Textsortenspezifische Schreibförderung im Geschichtsunterricht mit dem „Genre Cycle". In *Geschichte lernen* 31 (182), 49–56.

Winkler, Iris, Gröschner, Alexander, May, Michael (Hg.) (2018): *Lehrerbildung in einer Welt der Vielfalt. Befunde und Perspektiven eines Entwicklungsprojekts.* Bad Heilbrunn: Klinkhardt.

I Forschungsperspektiven

Susanne Prediger
Welche Forschung kann Sprachbildung im Fachunterricht empirisch fundieren?

Ein Überblick zu mathematikspezifischen Studien und ihre forschungsstrategische Einordnung

Von der grundsätzlichen Einsicht in die Bedeutsamkeit einer Innovation für den Unterricht zu seiner treffsicheren Umsetzung ist es ein langer Weg, bei dem oft die fachspezifischen Forschungs- und Entwicklungsbedarfe erheblich unterschätzt werden (Komorek & Prediger 2013). Dies gilt auch für das Thema Sprachbildung im Fachunterricht, dessen Relevanz inzwischen breit anerkannt wird (vgl. Einleitung in diesem Band). Ein erhebliches Konkretisierungsdefizit gibt es nämlich noch in derjenigen Forschung und Entwicklung, die empirisch fundieren könnte, *was* genau an Sprache und *wie* Sprache im Fachunterricht gelernt werden sollten. Dieser Artikel startet von der Grundannahme, dass sich Sprachbildung im Fachunterricht auf diejenigen sprachlichen Anforderungen konzentrieren sollte, die in den fachlichen Lehr-Lernsituationen relevant sind. Für eine dadurch notwendige Konkretisierung des allgemeinen Konstrukts von Bildungssprache müssen die fachbezogenen relevanten Sprachhandlungen und Sprachmittel durch empirische Untersuchungen zunächst spezifiziert werden (*Was*-Frage), bevor unterrichtliche Ansätze entwickelt und untersucht werden können (*Wie*-Frage).

Diesen Herausforderungen stellt sich die Dortmunder Forschungsgruppe *Mathematiklernen unter Bedingungen der Mehrsprachigkeit* seit 2008 in vielfältigen Forschungs- und Entwicklungsprojekten zur Rolle der Sprache beim Mathematiklernen in der Sekundarstufe. Wenn diese hier im Überblick vorgestellt werden (in einigen Passagen folgt dieser Überblick dem Artikel von Prediger, 2018), dient dies als Plädoyer für eine breitere und konsequentere empirische Fundierung gegenstandsspezifischer fach- und sprachintegrierter Lehr-Lern-Arrangements, auch in anderen Fächern und Kontexten als den hier vorgestellten.

Dazu werden zunächst knapp Hintergründe zur Bedeutung der Sprachkompetenz für das Fachlernen zusammengefasst (Abschnitt 1) und die Priorität der Was-Frage begründet (Abschnitt 2). Im Kern des Artikels stehen die Herangehensweisen und Ergebnisse verschiedener Forschungsformate zur Spezifizierung sprachlicher Anforderungen (Abschnitt 3), Entwicklung und Beforschung von fach- und sprachintegrierten Lehr-Lern-Arrangements sowie Erbringung von Wirksamkeitsnachweisen (Abschnitt 5). Der Rückblick (in Abschnitt 6) ermöglicht eine forschungsstrategische Einordnung.

https://doi.org/10.1515/9783110570380-002

1 Hintergründe zur Bedeutung der Sprachkompetenz für das Fachlernen

1.1 Oft belegte Zusammenhänge zwischen Sprache und Mathematikleistung

In Leistungstests wurde der Einfluss von (unterschiedlich konzeptualisierten) Sprachkompetenzen auf Mathematikleistung wiederholt statistisch nachgewiesen (vgl. Stanat 2006; Haag, Heppt, Roppelt & Stanat 2015). Dabei hat die Sprachkompetenz einen stärkeren Zusammenhang zur Mathematikleistung als reine Lesekompetenz und auch als Migrationshintergrund oder der sozioökonomische Status (Prediger et al. 2015, Ufer, Reiss & Mehringer 2013). Mit diesen allgemeinen Befunden ist allerdings nicht geklärt, welche Lernendengruppen genau betroffen sind, insbesondere werden Ein- und Mehrsprachige dabei selten differenziert betrachtet.

1.2 Unterschiede von Ein- und Mehrsprachigen in Sprachkompetenz und Mathematikleistung

Rezeptionen der Befunde zu statistischen Zusammenhängen von Sprachhintergrund und Fachleistung tendieren häufig zu impliziten Gleichsetzungen der Faktoren Mehrsprachigkeit, Migrationshintergrund und schwacher Sprachkompetenz im Deutschen.

Die Daten aus unserem DFG-Projekt MESUT von einem Leistungstest mit 1124 Siebtklässlerinnen und Siebtklässlern nicht-gymnasialer Schulformen in Nordrhein-Westfalen zeigen allerdings, wie unzulässig diese Gleichsetzung ist (aus Wessel & Prediger 2017):

- 11 % der Einsprachigen in der Stichprobe haben einen Migrationshintergrund, und 7,5 % der Mehrsprachigen haben formal keinen Migrationshintergrund (d. h. sie leben mindestens in 3. Generation in Deutschland).

Abbildung 1 zeigt die Verteilung der Sprachkompetenz (gemäß C-Test) von Ein- und Mehrsprachigen, die Abbildung 2 die Verteilung der Mathematikleistung (gemäß Brüche-Test).

Beide Sprachgruppen sind sowohl bzgl. der Mathematikleistung als auch der Sprachkompetenz annähernd normalverteilt. Auch wenn die beiden Kurven leicht zueinander verschoben sind, die Mehrsprachigen im Durchschnitt also geringere Werte aufweisen, gibt es in den mittleren Leistungsbereichen erhebliche Überschneidungen beider Kurven. Es sollten daher auch die sprachlich schwachen Einsprachigen und die sprachlich starken Mehrsprachigen

Welche Forschung kann Sprachbildung im Fachunterricht empirisch fundieren? — 21

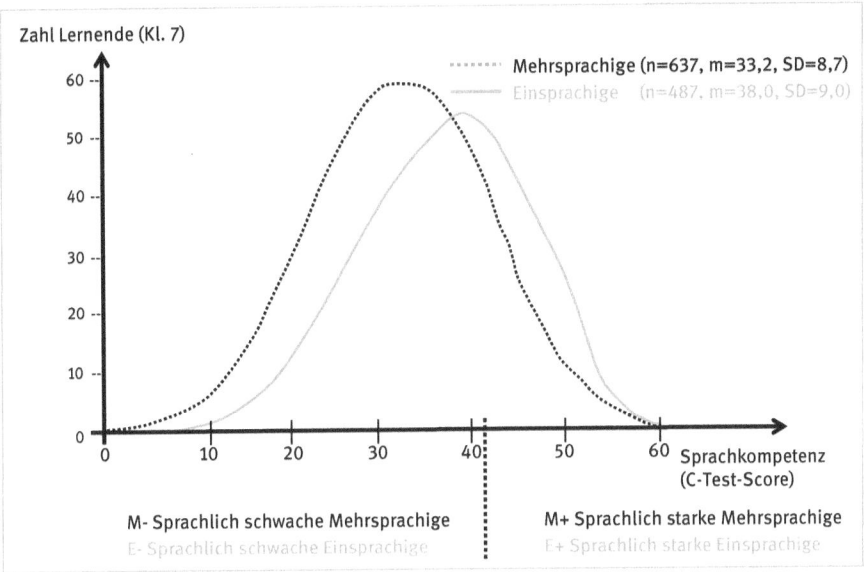

Abb. 1: Verteilung der ein- und mehrsprachigen Jugendlichen bzgl. Sprachkompetenz (aus Wessel & Prediger 2017).

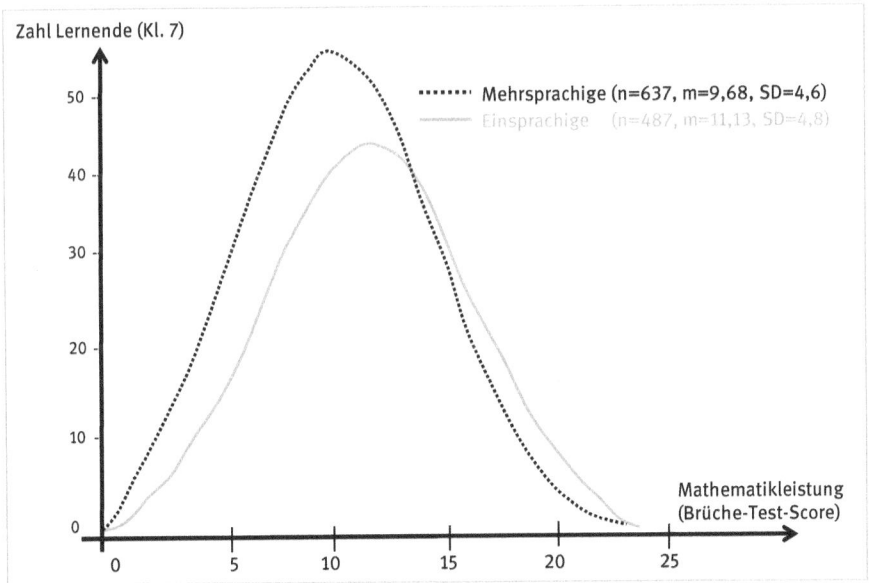

Abb. 2: Verteilung der ein- und mehrsprachigen Jugendlichen bzgl. Mathematikleistung (aus Wessel & Prediger 2017).

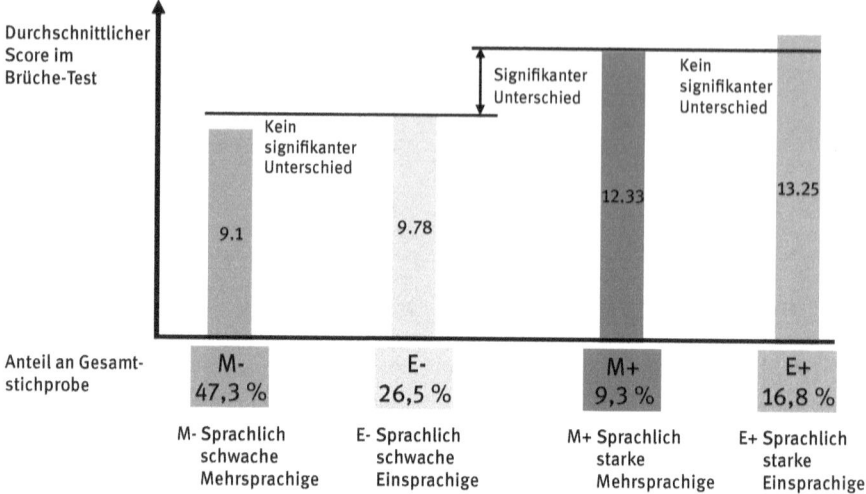

Abb. 3: Differenzen in Mathematikleistung nur zwischen sprachlich Starken und Schwachen signifikant, nicht zwischen Ein- und Mehrsprachigen (Daten aus Wessel & Prediger 2017).

konsequenter in den Blick genommen werden, statt „mehrsprachig" und „sprachlich schwach" implizit gleichzusetzen.
- Eine Aufteilung der jeweiligen Gruppen in die sprachlich Starken und Schwachen (C-Test bis 41 Punkte oder darüber) ermöglicht aufschlussreiche Vergleiche (vgl. Abb. 3): Vergleicht man die Mathematikleistung der sprachlich schwachen Einsprachigen (E– mit MW = 9.78, SD = 4.44) mit denen der sprachlich schwachen Mehrsprachigen (M– mit MW = 9.16 und SD = 4.39), so zeigt sich der Unterschied nicht als signifikant ($F = 3.777$, $p = 0.052$). Ebenso wenig signifikant ist der Unterschied in den Mathematikleistungen der sprachlich starken Ein- und Mehrsprachigen (E+ mit 13.25 und SD = 4.63 versus M+ mit MW = 12.33 und SD = 448; $F = 2.683$, $p = 0.102$). Der Unterschied zwischen sprachlich Starken und Schwachen dagegen ist groß und signifikant. Das bedeutet, nicht die Mehrsprachigkeit, sondern die Sprachkompetenz selbst ist der Faktor mit dem starken Zusammenhang zur Mathematikleistung.
- Auch die Analyse von Schriftprodukten der Ein- und Mehrsprachigen aus dem Mathematikunterricht zeigte keine großen Differenzen im sprachlichen Förderbedarf der Ein- und Mehrsprachigen (Wessel & Prediger 2017).

Diese Befunde legen nahe, die Überlegungen und Forschung zur Sprachbildung im Fachunterricht auf *alle* Kinder und Jugendliche mit sprachlichem Förderbedarf auszuweiten, statt nur auf mehrsprachige zu beschränken. Dies ist zwar in vielen Erlassen bereits berücksichtigt (z. B. MSWWF 1999), dennoch ist der unterrichtspraktische ebenso wie der forschungsbezogene Diskurs oft noch auf die DaZ-Perspektive fokussiert. Dieses Forschungsdesiderat formuliert auch Moschkovich (2010) für die US-amerikanische Diskussion: „Studies should focus less on comparisons to monolinguals and report not only differences between monolinguals and bilinguals but also similarities" (Moschkovich 2010: S. 11).

2 Das WIE ist dem WAS nachzuordnen – Forschungsstrategische Überlegungen

Während die Frage, WIE sprachbildender Fachunterricht gestaltet werden kann, durch Übertragung von methodischen Ansätzen aus der DaZ-Didaktik, CLIL-Didaktik oder den Fremdsprachendidaktiken sehr profitieren kann, ist die Frage nach dem WAS deutlich schwieriger, also die Frage, welche sprachlichen Anforderungen im jeweiligen Fachunterricht genau zu bewältigen sind, wie im Folgenden zu erläutern sein wird.

2.1 Übertragbarkeit methodischer Ansätze zur WIE-Frage

Ansätze, wie Sprache im Unterricht regelmäßig *eingefordert* und *unterstützt* sowie langfristig *aufgebaut* werden kann, haben die verschiedenen sprachdidaktischen Disziplinen übergreifend entwickelt (vgl. Überblicke z. B. in Leisen 2010 oder Beese et al. 2014). Für den Mathematikunterricht bewähren sich davon insbesondere
- das Prinzip der konsequenten Diskursanregung (Output-Hypothese, Swain 1985);
- das Prinzip der Darstellungsvernetzung zwischen verbalen, graphischen, symbolischen und enaktiven Darstellungsformen (Leisen 2005; Prediger, Clarkson & Bose 2016);
- das Prinzip des Makro-Scaffolding, das den längerfristigen Aufbau von Sprachmitteln entlang des Sprachkontinuums von Alltags- über Bildungs- zu Fachsprache konsequent mit den fachlich-konzeptuellen Lernpfaden verknüpft (Gibbons 2002; Pöhler & Prediger 2015), sowie
- eine Vielzahl kommunikationsaktivierender Methoden und sprachlicher Unterstützungsformate (wie z. B. die von Leisen 2010), allerdings nur, wenn sie sehr sorgfältig im Hinblick auf die Unterstützung fachlichen Lernens ohne Begrenzung der kognitiven Aktivierung und Verstehensorientierung ausgewählt werden.

2.2 Problematik peripherer Entscheidungen zur WAS-Frage

All diese Ansätze, Methoden und Unterstützungsformate müssen jedoch fachbezogen treffsicher eingesetzt werden, sonst können sie nicht fachlich lernwirksam werden. Zwei gut gemeinte, aber nicht treffsichere, Gegenbeispiele aus unseren Schulbegleitprojekten zeigen, dass das keineswegs trivial ist:

- Da im Mathematikunterricht am Kontext „Mein Traumzimmer" die Flächeninhalte thematisiert werden und im DaZ-Handbuch steht, Beschreibungen seien eine wichtige Textsorte, übt der Mathematiklehrer mit seiner Klasse 6, die selbst entworfenen Traumzimmer möglichst präzise zu beschreiben. Von den sprachlichen Lernzuwächsen in den Präsentationen und Schreibprodukten ist er begeistert, die Beschreibungen werden tatsächlich immer besser verständlich und genauer. Nach der Einheit sagt er allerdings mit schlechtem Gewissen, jetzt müsse er *statt* Sprachförderung mal wieder Mathematik machen, denn das mathematische Thema Flächeninhalte kam in seinem Unterricht leider kaum vor.
- Die Schule hat sich auf ein fächerübergreifendes Lese-Strategien-Curriculum geeinigt, seitdem versucht auch die Mathematiklehrerin, die Strategien zu nutzen. Doch beim Umgang mit Textaufgaben ist die Strategie „Auf das Wesentliche zusammenfassen" wenig hilfreich, denn Textaufgaben sind ja bereits hoch verdichtet (vgl. Dröse & Prediger in diesem Band für andere Lesestrategien, die besser zur Textsorte mathematische Textaufgaben passen).

In beiden Beispielen werden relevante sprachliche Lerngegenstände thematisiert, beide tragen aber nicht dazu bei, das *Mathematik*lernen zu stärken. Eine Sprachbildung dieses Typs wird zu Recht als den Fachunterricht verdrängend wahrgenommen, die dem fachlichen Lernen wertvolle Lernzeit raubt. Ziel muss es dagegen sein, diejenigen sprachlichen Anforderungen zu identifizieren, die den typischen fachlichen Lern- und Kommunikationssituationen *inhärent* sind, und durch ihre Förderung das fachliche Lernen zu stützen statt zu verdrängen (Vollmer & Thürmann 2010). Wenn dies nicht gelingt und sich die Sprachbildung nicht für fachliche Lernziele bewährt, wird sie bei Fachlehrkräften auf wenig Akzeptanz stoßen und deswegen nicht implementiert (Short 2017).

Diese Fallbeispiele und die Sichtung zahlreicher gedruckter Materialien für sprachbildenden Fachunterricht führten in unserer Forschungsgruppe zur forschungsstrategischen Entscheidung, die Herausforderung ernst zu nehmen, dass man die relevanten sprachlichen Anforderungen nicht ad hoc spezifizieren kann: Die Spezifizierung *fachlich relevanter* sprachlicher Anforderungen und der Nachweis der Wirkungen ihrer Förderung muss daher ein eigenständiger Arbeitsbereich der Forschung sein, der nicht unterschätzt werden sollte. Zu viele Untersuchungen überspringen diesen Schritt und arbeiten an den Kernen vorbei.

Obwohl etwa Bailey (2007) bereits auf diesen wichtigen Forschungsbereich der Spezifizierung sprachlicher Anforderungen aufmerksam gemacht hat, ist er bislang nur in Teilbereichen in Angriff genommen worden.

3 Das WAS: Forschungsprogramm der Spezifizierung fachspezifischer sprachlicher Anforderungen

3.1 Grenzen der Identifizierung von rezeptiven Anforderungen

Ein naheliegender erster Zugang zur Spezifizierung sprachlicher Anforderungen liegt in der Zuspitzung auf rezeptive Anforderungen durch Analyse von Schulbüchern (z. B. Bailey 2007) oder Prüfungsaufgaben.
- Im Projekt MuM-Prozente haben wir dies durch eine systematische korpuslinguistische Analyse von Schulbuchtexten und Prüfungsaufgaben (Niederhaus, Pöhler & Prediger 2016) ermittelt und damit eine Vielzahl potentieller lexikalischer und syntaktischer Hürden identifiziert.
- Auch die Studie MuM-ZP begann mit der textseitigen Identifikation potentieller Hürden (Gürsoy et al. 2013), in Analogie etwa zur Arbeit von Haag, Heppt, Roppelt & Stanat (2015).

Solche textseitig identifizierten *potentiellen* sprachlichen Hürden müssen allerdings konsequent darauf untersucht werden, inwiefern sie *tatsächlich* für die Bearbeitungsprozesse der Lernenden eine Hürde darstellen (Haag, Heppt, Roppelt & Stanat 2015 kommt dabei z. B. zu wenig prägnanten Aussagen) und inwieweit diese für sprachlich Schwache besonders relevant sind. Für letzteres zeigte sich in den im Folgenden beschriebenen MuM-Studien, dass die theoretisch identifizierbaren Lesehürden für sprachlich Schwache nicht die wichtigsten Hürden lieferten:
- Die MuM-ZP-Studie zu den Zentralen Prüfungen 10 in NRW 2012 zeigte erwartungsgemäß, dass Lesehürden auch in Items mit mathematisch relativ geringen Anforderungen die Lösungshäufigkeiten aller Lernenden senken können. Der Vergleich der Lösungshäufigkeiten zwischen sprachlich Starken und Schwachen zeigte allerdings entgegen oft geäußerter Vermutungen, dass Lesehürden in keinem Item die sprachlich Schwachen besonders benachteiligten. Die Items, in denen der Abstand zwischen sprachlich Starken und Schwachen besonders groß war, waren dagegen solche, die hohe konzeptuelle Anforderungen stellten oder prozessbezogene Kompetenzen erforderten (Prediger et al. 2015). Dies bestätigte auch die quali-

tativen Cognitive Lab Interviews, in denen die Bearbeitungsprozesse von n = 47 Zehntklässlerinnen und Zehntklässlern zu diesen Items vertieft analysiert werden konnten. Die MuM-ZP-Studie hatte allerdings die methodische Grenze, dass die Items über viele verschiedene Themengebiete und mathematische Anforderungen verteilt waren, es galt daher, in einer Anschlussstudie den möglichen Einwand auszuräumen, dass die Befunde aus Zufällen der konkreten Item-Konstruktion resultierten.

- Im Rahmen des Projekts MuM-Prozente wurde daher ein Test systematischer im Hinblick auf die Isolierung von Hürden für sprachlich Schwache konstruiert, indem die gleichen Aufgabenkerne zur Prozentrechnung jeweils einmal im Textaufgabenformat, einmal im entkleideten Format (weitgehend ohne Text, nur mit den fachsprachlichen Ausdrücken, die sofort die Mathematisierung nahelegen) und einmal im graphisch gestützten Format präsentiert wurden. Wenn die oft gehegte Vermutung stimmen würde, dass sprachlich Schwache durch Lesehürden in Textaufgaben besonders benachteiligt sind, müssten bei ihnen die Differenz der Lösungshäufigkeiten zwischen Textaufgaben und entkleideten Aufgaben größer sein als bei den sprachlich Starken. In einer Untersuchung mit n = 308 Siebtklässlerinnen und Siebtklässler, die mittels C-Test in sprachlich Starke und Schwache eingeteilt wurden, zeigte sich jedoch, dass die Differenzen sich nicht signifikant unterschieden. Damit wurde mit methodisch besser kontrollierten Item-Konstruktionen der Befund aus MuM-ZP reproduziert: Lesehürden können bei Lernenden aller Sprachkompetenzniveaus auftauchen. Sie benachteiligen sprachlich Schwache jedoch im Gegensatz zu häufig geäußerten Vermutungen nicht in besonderer Weise. Für die sprachlich Schwachen stellen sich stattdessen Defizite im konzeptuellen Verständnis auch in diesem Test als die wichtigeren heraus (Pöhler 2017).

3.2 Notwendigkeit der Identifizierung produktiver sprachlicher Anforderungen beim Aufbau mathematischen konzeptuellen Verständnisses

Da beide Studien darauf verweisen, dass nicht nur die Lesehürden, sondern vor allem Defizite im konzeptuellen Verständnis das zentrale Problem der sprachlich Schwachen darstellen, haben wir in weiteren Studien die Spezifizierung sprachlicher Anforderungen auch auf die *epistemische Funktion* von Sprache konzentriert statt allein auf die *kommunikative* (Morek & Heller 2012). Dies ist eine forschungsstrategisch entscheidende Ausweitung, denn derzeit – so mein Eindruck – wird trotz der theoretischen Anerkennung der epistemischen Funktion von Sprache in vielen empirischen Projekten vorrangig die kommunikative

Funktion erfasst, wodurch zentrale sprachliche Anforderungen ausgeblendet bleiben. Natürlich sind auch bzgl. der kommunikativen Funktion weitere Förderansätze zu entwickeln und zu untersuchen (dies tut zum Beispiel die Studie MuM-Lesen, vgl. Dröse und Prediger in diesem Band), doch erscheint zumindest für das Fach Mathematik eine Ausweitung auf die epistemische Funktion als zentral, um die Lernchancen der sprachlich Schwachen zu erhöhen.

In den MuM-Studien wurden die Untersuchungen auf diejenigen Lernprozesse fokussiert, in denen konzeptuelles Verständnis aufgebaut werden kann (weitere Wissensarten müssen in anderen Untersuchungen folgen). Für den Aufbau konzeptuellen Verständnisses ist die Sprachhandlung des Erläuterns von Rechenwegen (zu dem es meist relativ viele Lerngelegenheiten gibt, vgl. Prediger 2017) weniger wichtig als die Sprachhandlung des Erklärens von Bedeutungen. Empirisch lag die Herausforderung darin, zu rekonstruieren, inwiefern die eingeschränkten Sprachkompetenzen sprachlich Schwacher den Aufbau konzeptuellen Verständnisses beschränkten:

- Im Rahmen der Unterrichts-Videostudie im Projekt Interpass wurde 60 h Videomaterial aus Unterrichtsgesprächen im herkömmlichen Mathematikunterricht in fünf Klassen 5 (sowie 60 h aus Deutschunterricht) untersucht. Dabei zeigte sich, dass (in beiden Fächern) insgesamt relativ wenig Sprachhandlungen zum Aufbau konzeptuellen Verständnisses gemeinsam vollzogen wurden (insbesondere das Erklären von Bedeutungen von Konzepten und Zusammenhängen kam wenig vor, vgl. Erath, Prediger, Quasthoff & Heller 2018, Erath 2017). In den Fällen, in denen sie doch vorkamen, waren daran maßgeblich nur sprachlich Stärkere beteiligt. Die sprachlich Schwächeren wurden dagegen an weniger anspruchsvollen Sprachhandlungen beteiligt, bekamen aber für die zentralen Sprachhandlungen des Erklärens von Bedeutungen wenig Lerngelegenheiten. Die Sprachhandlung des Erklärens von Bedeutungen erwies sich demnach als wichtiges *Lernmedium* für den Aufbau konzeptuellen Verständnisses. Gleichzeitig zeigte sich die Kompetenz zum Erklären allerdings als *ungleich verteilte Lernvoraussetzung*, aber nicht als *expliziter Lerngegenstand* für sprachlich Schwache, zu dem im Regelunterricht Lerngelegenheiten geboten wurden (Prediger et al. 2015, Erath 2017).
- Da im Regelunterricht relativ wenige Lerngelegenheiten zum sprachlich gestützten Aufbau von konzeptuellem Verständnis identifizierbar waren, wurden in mehreren Entwicklungsforschungsstudien entsprechende Förderungen zum Aufbau konzeptuellen Verständnisses gezielt gestaltet und zunächst Idealbedingungen der Kleingruppenförderung geschaffen, in denen mathematisch *und* sprachlich schwache Lernende intensiv betreut wurden, so dass die Initiierung entsprechender Sprachhandlungen des Erklärens von Bedeutungen einen größeren Raum einnahmen. Durch die qualitative Analyse der

gezielt gestalteten Lehr-Lernprozesse in Designexperimenten konnte der Zusammenhang von konzeptuellem und sprachlichem Lernen tiefgehend untersucht werden. Dies ermöglichte, zu identifizieren, welche Sprachmittel den sprachlich schwachen Lernenden fehlten: Es waren weniger die formalbezogenen Sprachmittel der technischen Fachsprache (*Zähler*, *Nenner*, *Bruchstrich*), sondern die bedeutungsbezogenen, oft bildungssprachlichen Sprachmittel, die zur Erklärung ihrer Bedeutung auch in Relationen zueinander notwendig sind („Teil *von* einem Ganzen", „den Streifen teile ich *in* 5 Stücke *ein*, *davon* markiere ich 2, dann ist der Anteil 2/5 *am* ganzen Streifen markiert") (Wessel 2015). Das Konstrukt des bedeutungsbezogenen Denksprachschatzes kombiniert die lexikalische und diskursive Ebene, indem sie der Sprachhandlung des Erklärens von Bedeutungen die passenden lexikalischen (und manchmal auch syntaktischen) Sprachmittel zuordnet. Seine Bedeutsamkeit zeigte sich zuerst in einer Entwicklungsforschungsstudie zum Brüchekonzept (Prediger & Wessel 2013, Wessel 2015), dann auch für Prozente (Pöhler & Prediger 2015), Zinsrechnung (Prediger 2017), Variablen (Prediger & Krägeloh 2015), Funktionen (Prediger & Zindel 2017) und das Ableitungskonzept (Şahin-Gür 2018).

Methodisch wurden zur Rekonstruktion der relevanten Sprachhandlungen und Sprachmittel im Lernprozess jeweils Designexperimente mit selbst entwickelten Förderansätzen durchgeführt, die dann intensiv qualitativ analysiert wurden hinsichtlich der genutzten und fehlenden Sprachmittel, um an den fachlich wichtigen Sprachhandlungen im konzeptuellen Lernprozess teilzuhaben. Die gegenstandsspezifische Realisierung von Designexperimenten war wichtig, um die Lernprozesse, ihre typischen Verläufe und Hürden für die jeweiligen Konzepte analysieren zu können. Dabei zeigte sich zum Beispiel für die Themengebiete der Klassen 8–12, dass der bedeutungsbezogene Denksprachschatz in steigendem Maße nicht mehr dem bildungssprachlichen Register, sondern der schulmathematischen Fachsprache vorangehender Jahrgänge entnommen ist.

4 Entwicklung und Beforschung von fach- und sprachintegrierten Lehr-Lern-Arrangements

4.1 Gegenstandsspezifische, iterative Entwicklung in mehreren Designexperimentzyklen

In jedem der in Abschnitt 3 erwähnten Entwicklungsforschungsprojekte wurden neben der Spezifizierung der sprachlichen Anforderungen auch Ansätze für einen fach- und sprachintegrierten Unterricht entwickelt: für das Brüchekonzept (Prediger & Wessel 2013, Wessel 2015), für Prozente (Pöhler & Prediger 2015, Pöhler 2017), Variablen (Prediger & Krägeloh 2015, Funktionen (Prediger & Zindel 2017) und für das Ableitungskonzept (Şahin-Gür 2018), aber auch zum Lesen (Dröse, Prediger, Marcus 2017) und zum Beweisen (Prediger & Hein 2017). Zunächst wurden Ansätze für Kleingruppenförderungen mathematisch und sprachlich schwacher Lernender entwickelt (und in Fördermaterialien publiziert, z. B. Pöhler & Prediger 2015, Dröse, Marcus & Prediger 2017, Prediger & Krägeloh 2016), dann z. T. auf den Klassenunterricht ausgeweitet, stets waren ein- *und* mehrsprachige Lernende im Blick.

Die forschungsgestützte Entwicklung erfolgte jeweils in mehreren Zyklen von Designexperimenten, in denen die zunächst theoriegeleitet entwickelten fachlich orientierten Sprachbildungsansätze erprobt und in ihren situativen Wirkungen in den Lehr-Lernprozessen qualitativ untersucht wurden. Die Ergebnisse dienten der Weiterentwicklung des Designs und der Fokussierung der qualitativen Untersuchungen auf jeweils unterschiedliche Teilaspekte, die im nächsten Abschnitt genauer dargelegt werden.

4.2 Vielfältige Analysefoki für die qualitative Untersuchung der initiierten Lehr-Lernprozesse

Die qualitativen Analysen der initiierten fach- und sprachintegrierten Lehr-Lernprozesse haben in jedem Projekt einen anderen spezifischen Fokus, z. B.
- die Bedeutung der Darstellungsvernetzung für die Lernwege hin zum bildungs- und fachsprachlichen Register (Prediger & Wessel 2013),
- die Mikro-Prozesse der Aushandlung von Bedeutungen von Konzepten (Prediger & Krägeloh 2015),
- die Koinzidenz der konzeptuellen und sprachlichen Verdichtung und notwendigen Auffaltung bei der individuellen und kollektiven Konstruktion von Bedeutungen (Prediger & Zindel 2017)
- oder die hohe Relevanz treffsicherer Mikro-Scaffolding-Impulse, die all diese Prozesse behutsam begleiten und an klaren Lernpfaden ausgerichtet sein müssen (Prediger & Pöhler 2015).

Erst durch die mehrmalige Optimierung der Konzepte wurden die sprachlichen Anregungen und Unterstützungsangebote tatsächlich in die zentralen Gelenkstellen des fachlichen Lernens integriert. In jedem dieser Projekte zeigte sich dabei die hohe Bedeutung, lexikalische Lernwege nicht zum Selbstzweck zu erheben, sondern jeweils funktional an die diskursive Ebene, also die relevanten Sprachhandlungen, anzuknüpfen, wenn sie tatsächlich das fachliche Lernen unterstützen sollen. Dies konnte US-amerikanische Erfahrungen (Moschkovich 2010, Short 2017) einerseits replizieren, andererseits gegenstandsspezifisch über unterschiedliche mathematische Konzepte ausdifferenzieren und damit für die fachdidaktische Diskurse anschlussfähiger machen.

5 Wirksamkeitsnachweise für fach- und sprachintegrierte Ansätze und Lehr-Lern-Arrangements

5.1 Erste quantitative Wirksamkeitsnachweise in Kleingruppen- und Klassenunterricht

Über die qualitativen Analysen der Wirkungsweisen und Gelingensbedingungen der Designprinzipien und der (die Designprinzipien realisierenden) Lehr-Lern-Arrangements hinaus wurden für zwei Lehr-Lern-Arrangements auch quantitative Wirksamkeitsnachweise für den fachlichen Lernzuwachs erbracht: In quasi-experimentellen Interventionsstudien im Prä-Post-Design wurde für die Kleingruppenförderung zu Brüchen (Prediger & Wessel 2013, Wessel 2015) und für den Klassenunterricht zu Prozenten (Pöhler 2017) nachgewiesen, dass die jeweiligen Interventionsgruppen fachlich mehr gelernt haben als die bzgl. Mathematikleistung, Sprachkompetenz und weiterer Kontrollvariablen vergleichbaren Kontrollgruppen mit herkömmlichem Unterricht. Zu betonen ist die forschungsstrategische Entscheidung, Interventions- und Kontrollgruppen bzgl. ihres Lernzuwachses im konzeptuellen Verständnis bei Brüchen bzw. Prozenten zu vergleichen, nicht bzgl. sprachlicher Leistungen. Denn zum einen lassen sich mathematische Leistungen aufgrund ihrer leichter isolierbaren Erfassbarkeit häufig sensitiver messen als (eher ganzheitlich und langfristig erworbene) Sprachleistungen, zum anderen müssen Sprachbildungsansätze für den Fachunterricht sich genau an dem fachlichen Lernzuwachs messen lassen, um die Nutzung fachlicher Lernzeit zu rechtfertigen und die Akzeptanz der Fachlehrkräfte zu gewinnen (s. Abschnitt 2).

5.2 Größere, auch differentiell auszuwertende Wirksamkeitsstudie

Um die methodischen Grenzen beider Studien bzgl. Samplegröße und fehlenden Follow Up-Tests zu überwinden, wurde die Brüche-Fördereinheit im DFG-Projekt MESUT für eine umfassendere Wirksamkeitsstudie eingesetzt, die außerdem

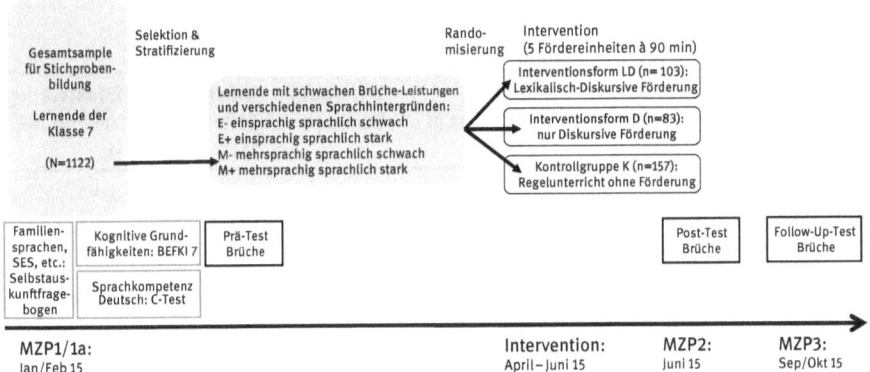

Abb. 4: Überblick zu Forschungsdesign und Instrumenten der Studie (aus Prediger & Wessel 2018).

folgender weiterführender differentieller Frage nachgeht (Prediger & Wessel 2018): Welche Formen fach- und sprachintegrierter Förderung können für welche Sprachhintergründe das fachliche Lernen am besten stützen, eher diskursive Kommunikationsanregungen oder zusätzlich eine lexikalische Förderung auf Wort- und Satzebene?

In einer quasiexperimentellen Interventionsstudie im Prä-Post-FollowUp-Design wurden die zwei Interventionsformen mit unterschiedlichen Materialien (diskursiv versus lexikalisch-diskursiv, je 5 × 90 Min.) bzgl. der abhängigen Variable konzeptuelles Verständnis bei Brüchen verglichen (vgl. Abb. 4 für das Untersuchungsdesign).

Die Varianzanalysen mit Messwiederholung zeigten für beide Interventionsformen beachtliche Effektstärken von $d > 1$ und einen signifikant höheren Lernzuwachs als in der Kontrollgruppe (vgl. Tabelle 1), aber keine relevanten Unterschiede zwischen beiden Interventionsformen. Die Förderung mit lexikalisch-diskursiven Materialien ist für alle Sprachgruppen zunächst tendenziell überlegen, im Follow-Up-Test ist jedoch die diskursive Förderung tendenziell nachhaltiger. Doch beide Tendenzen erweisen sich nicht als signifikant.

Die Wirksamkeiten wurden auch differentiell untersucht für vier Sprachgruppen: ein- versus mehrsprachig, je mit höherer versus niedrigerer Sprachkompetenz im Deutschen (n = 343). Wie Abbildung 5 zeigt, verlaufen die Lernzuwächse für Einsprachige und Mehrsprachige jeweils parallel: in der lexikalisch-diskursiven Förderung ansteigend und dann wieder abfallend (mit etwa gleicher Steigung für E und M), in der diskursiven Steigung weiterhin ansteigend, auch nach Ende der Förderung, von Post-Test zu Follow-Up-Test. Interessant ist die in Abbildung 5 nicht abgebildete Gruppe E+, die von beiden Förderungen noch

Tab. 1: Verläufe der Mathematikleistungen in den drei Interventionsgruppen (aus Prediger & Wessel 2018).

	Brüche-Vortest m (SD)	Brüche-Nachtest m (SD)	Effektstärke Vor-Nach	Brüche-Follow Up m (SD)	Effektstärke Vor-Follow-Up
Diskursive Förderung D (n = 83)	8.96 (3.34)	12.77 (3.95)	d = 1.05	13.46 (4.11)	d = 1.21
Lexikalisch-diskursive Förderung LD (n = 103)	8.42 (3.32)	12.52 (3.9)	d = 1.14	11.96 (3.53)	d = 1.03
Kontrollgruppe KG (n = 157)	8.83 (3.04)	10.34 (3.35)	d = 0.47	11.52 (3.63)	d = 0.81
ANOVA mit Messwiederholung	Anova von Vor- zu Nachtest: F (Zeit) = 272.97, p < 0.001, η^2 = 0.45 F (Zeit × Gruppe) = 22.57, p < 0.001, η^2 = 0.12			Anova von Vor- zu Follow-Up-Test: F (Zeit) = 220.38, p < 0.001, η^2 = 0.39 F (Zeit × Gruppe) = 13.49, p < 0.001, η^2 = 0.07	

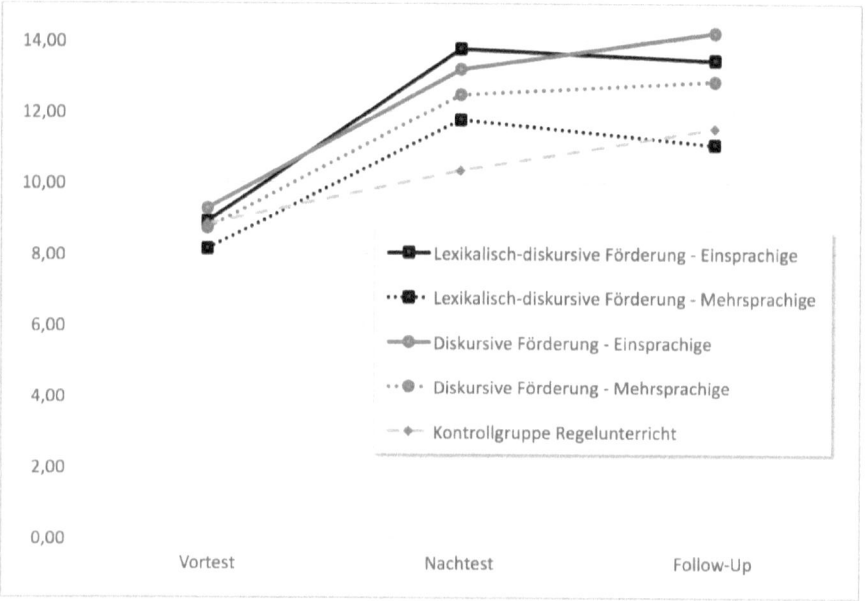

Abb. 5: Parallele Lernverläufe für einsprachige und mehrsprachige Bildungsinländerinnen und -inländer (aus Prediger & Wessel 2018).

stärker profitiert, in der lexikalisch-diskursiven Förderung sogar mit einer Effektstärke von d = 1.41.

Diese Lernzuwachs-Daten aus der quasiexperimentellen Interventionsstudie bestätigen die querschnittlichen Daten (aus Abschnitt 1), dass es kaum relevante Unterschiede in den Förderbedarfen der *ein- und mehrsprachigen Bildungsinländer* gibt. Zu betonen ist dabei allerdings, dass unter 5 % der Lernenden unserer Stichprobe selbst zugewandert sind. Die Datenerhebung lag vor den letzten größeren Einwanderungswellen und berücksichtigt kaum Neuzugewanderte, bei denen *andere* sprachliche Förderbedarfe selbstverständlich sind.

Die Beobachtung, dass die sprachlich *starken* Einsprachigen von der lexikalisch-diskursiven Förderung am meisten profitierten, deutlich mehr als die schwächeren, kann dem Matthäus-Effekt zugeschrieben werden. Dennoch ist sie für die Dissemination fach- und sprachintegrierter Ansätze im Regelunterricht von besonders hoher Bedeutung: diejenigen, für die man die sprachlichen Anregungen und Unterstützungen als Zeitverschwendung betrachten könnte, weil sie sie nicht im engeren Sinne nötig haben, profitieren mathematisch am meisten davon! Dies spricht dafür, dass der realisierte fach- und sprachintegrierte Ansatz das konzeptuelle Verständnis vertiefen kann und könnte einen Ansatzpunkt bieten, um Fachlehrkräfte vom Nutzen der Sprachbildung im Fach zu überzeugen.

Die geringen Unterschiede zwischen der Förderung mit rein diskursiven und der mit lexikalisch-diskursiven Materialien dagegen sind eher erwartungswidrig. Sie werden derzeit in einer Anschluss-Analyse der Videodaten weiter untersucht, um der Vermutung nachzugehen, dass sich die konkrete Umsetzung durch die einzelnen Förderlehrkräfte stärker auf die Lernzuwächse auswirken könnte als die Unterschiede der Materialien (vgl. Prediger & Wessel 2018).

5.3 Fazit zur Wirksamkeit

Insgesamt gibt es also breite qualitative und inzwischen auch einige methodisch fundierte *quantitative* Evidenz für den Nutzen fach- und sprachintegrierter Ansätze für das fachliche konzeptuelle Verständnis. Als zentrale Gelingensbedingung hat sich sowohl in den qualitativen als auch in den quantitativen Wirkungsanalysen die Fokussierung der Sprachbildung auf diejenigen Sprachhandlungen und Sprachmittel herausgestellt, die für das fachliche Lernen im Kern und nicht peripher sind. Dabei ist die epistemische Funktion von Sprache forschungsstrategisch systematisch einzubeziehen.

Der Fokus unserer Untersuchungen lag auf der Wissensart des konzeptuellen Verständnisses, weil diese Wissensart in Mathematik bei sprachlich Schwachen besonders schwach entwickelt ist. In anderen Fächern könnten andere

Wissensarten wichtiger sein und die größten sprachlichen Hürden bereitstellen, die Notwendigkeit der Fokussierung der Sprachhandlungen und Sprachmittel auf die jeweils relevanten fachlichen Lernsituationen dürfte jedoch übertragbar sein. Dies ist auch im Fach Mathematik weiter auszuloten, z. B. im Hinblick auf Lesestrategien (Dröse & Prediger in diesem Band) und anderen mathematische Lerninhalte wie das Beweisen (Prediger & Hein 2017).

6 Rückblick auf forschungsstrategische Aspekte

Dass Sprachbildung für den Fachunterricht wichtig ist, steht inzwischen unter denjenigen, die sich systematisch mit dem Thema beschäftigen, außer Frage (zum Beispiel den Teilnehmenden an der interessanten Tagung, die dem hier vorliegenden Sammelband zugrunde liegt). Doch *welche* sprachlichen Anforderungen dabei genau in den Blick genommen werden sollen und *wie* Schülerinnen und Schüler lernen, sie zu bewältigen, ist damit noch nicht geklärt.

Auf dem Abschlussplenum der Tagung wurde diskutiert, wie man Lehrkräfte und andere Disziplinen von der Wichtigkeit der Sprachbildung im Fachunterricht überzeugen kann. Meine dezidierte Antwort: durch *Forschung,* die jeweils fach- und gegenstandsspezifisch die Sprachbildungsansätze *empirisch fundieren.*

Welche Forschung ist es, die Sprachbildung im Fachunterricht empirisch fundieren kann? Die Frage im Titel dieses Beitrags hat natürlich viele Antworten und viele der Beiträge in diesem Sammelband liefern weitere Antworten, die über die hier zusammengefassten Studien in fruchtbarer Weise hinausgehen. Der Überblick über verschiedene Studien in diesem Beitrag zeigt, dass kein Forschungsformat allein die verschiedenen wichtigen Fragen beantworten kann, sondern die unterschiedlichen Forschungsformate ineinandergreifen:

- **Large Scale Assessments** (wie Haag, Heppt, Roppelt & Stanat 2015, Ufer, Reiss & Mehringer 2013, Prediger et al. 2015), also schriftliche Leistungsstudien und große Stichproben, können aufzeigen, *wie stark* der korrelative Zusammenhang zwischen Fachleistung und Sprachkompetenz gibt. Sie können allerdings nicht zeigen, an welchen sprachlich bedingten Hürden die sprachlich Schwachen tatsächlich scheitern.
- **Korpuslinguistische Studien und sprachwissenschaftliche Item-Analysen,** also textseitige empirische Analysen des Textmaterials, mit dem Lernende konfrontiert werden, können potentielle sprachliche Hürden identifizieren (wie in Niederhaus, Pöhler & Prediger 2016). Sie können allerdings ohne Analyse der lernendenseitigen Bearbeitungsprozesse nicht nachweisen, für wen die potentiellen Hürden tatsächlich relevant sind.

- **Cognitive Lab Interviews** (wie in Wilhelm 2016), also Interviewstudien, die per lautem Denken die Bearbeitungsprozesse von Lernenden qualitativ untersuchen, können die tatsächlich auftretenden sprachlich bedingten Hürden identifizieren. Sie verbleiben allerdings in der kommunikativen Funktion von Sprache, während die epistemische Funktion die Analyse von Denk- und *Lern*prozessen, nicht nur Lese- und Bearbeitungsprozessen voraussetzt.
- **Unterrichts-Videostudien** (wie in Erath et al. 2018, Erath 2017), in denen Unterrichtskommunikation in alltäglichem, möglichst wenig beeinflusstem Unterricht beobachtet und qualitativ (oder quantitativ) analysiert wird, können die Rolle bestimmter Sprachhandlungen als Lernmedium identifizieren, ebenso die ungleiche Beteiligung der Lernenden aufgrund ihrer ungleichen diskursiven Lernvoraussetzungen. Wenn jedoch bestimmte Sprachhandlungen (wie hier das Erklären von Bedeutungen) als relevante diskursive Anforderungen und damit potentielle Lerngegenstände identifiziert sind, so lassen sich typische fehlende Sprachmittel nur dann rekonstruieren, wenn diese Lerngegenstände im Unterricht auch thematisiert werden. Hier gerieten unsere Untersuchungen an Grenzen, weil das Erklären von Bedeutungen von mathematischen Konzepte im untersuchten Regelunterricht bislang zu selten expliziter Lerngegenstand war.
- **Entwicklungsforschungsstudien**, in denen Lehr-Lern-Arrangements zur Thematisierung der sprachlichen Anforderungen gezielt designt werden und dann die Videographien der initiierten Lehr-Lernprozesse qualitativ untersucht werden, ermöglichen einerseits die iterative Weiterentwicklung der Lehr-Lern-Arrangements, andererseits die genauere Spezifizierung der sprachlichen Anforderungen und die diesbezüglich sichtbar werdenden kollektiven und individuellen Lernwege der Lernenden. Dadurch ergeben sich auch erste qualitative Evidenzen, dass die entwickelten Lehr-Lern-Arrangements tatsächlich die intendierten fachlichen und sprachlichen Lernziele erreichen, die allerdings unter kontrollierten Bedingungen auch quantitativ gemessen werden sollten.
- **Quasi-experimentelle Interventionsstudien im Prä-Post-FollowUp-Kontrollgruppen-Design,** in denen entwickelte Lehr-Lern-Arrangements und Hypothesen zur Wirksamkeit bestimmter Designprinzipien nach den methodischen Standards der experimentellen Psychologie überprüft werden können, ermöglichen eine Objektivierung der Wirksamkeitsbehauptungen unter kontrollierten Bedingungen. Sie machen allerdings erst Sinn, wenn sehr sorgfältig, in mehreren Designexperimentzyklen und auf solider gegenstandsspezifischer theoretischer Basis entwickelte Designs vorliegen, sollten also nicht verfrüht im Forschungsprozess eingesetzt werden.

Kein Forschungsformat allein könnte die verschiedenen wichtigen Fragen beantworten, am meisten Kraft entfalten sukzessiv kombinierte Studien, wenn sie systematisch ineinandergreifen. Viele weitere Forschungsformate wären zu nennen, insbesondere um die Rolle der Lehrkräfte und auch die Professionalisierungsprozesse der Lehrkräfte zur Sprachbildung im Fachunterricht mit in den Blick zu nehmen, dies wären die nächsten, weiteren Schritte.

Literatur

Bailey, Alison L. (Hrsg.) (2007): *The language demands of school: Putting academic English to the test.* New Haven: Yale University Press.

Beese, Melanie; Benholz, Claudia; Chlosta, Christoph; Gürsoy, Erkan; Hinrichs, Beatrix; Niederhaus, Constanze & Oleschko, Sven (2014): *Sprachbildung in allen Fächern.* München: Langenscheidt/Klett.

Dröse, Jennifer & Prediger, Susanne (in diesem Band): Scaffolding für fachbezogene textsortenspezifische Lesestrategien – Entwicklungsforschungsstudie zur Förderung des Umgangs mit Textaufgaben. Berlin/Boston: De Gruyter.

Dröse, Jennifer; Prediger, Susanne & Marcus, Antje (2017): Förderbaustein S3 Verstehen von Textaufgaben. In Prediger, Susanne; Selter, Christoph; Nührenbörger, Marcus & Hußmann, Stephan (Hrsg.): *Mathe sicher können. Förderbausteine und Handreichungen für ein Diagnose- und Förderkonzept zur Sicherung mathematischer Basiskompetenzen. Sachrechnen.* Berlin: Cornelsen (frei verfügbar unter http://mathe-sicher-koennen.dzlm.de/008 und /100).

Erath, Kirstin (2017): *Mathematisch diskursive Praktiken des Erklärens. Rekonstruktion von Unterrichtsgesprächen in unterschiedlichen Mikrokulturen.* Wiesbaden: Springer Spektrum.

Gibbons, Pauline (2002): *Scaffolding Language, Scaffolding Learning. Teaching Second Language Learners in the Mainstream Classroom.* Portsmouth: Heinemann.

Gürsoy, Erkan; Benholz, Claudia; Renk, Nadine; Prediger, Susanne & Büchter, Andreas (2013): Erlös = Erlösung? – Sprachliche und konzeptuelle Hürden in Prüfungsaufgaben zur Mathematik. *Deutsch als Zweitsprache* 13(1): 14–24.

Haag, Nicole; Heppt, Birgit; Roppelt, Alexander & Stanat, Petra (2015): Linguistic simplification of mathematics items: effects for language minority students in Germany. *European Journal of Psychology of Education* 30(2): 145–167.

Komorek, Michael & Prediger, Susanne (Hrsg.) (2013): *Der lange Weg zum Unterrichtsdesign: Zur Begründung und Umsetzung genuin fachdidaktischer Forschungs- und Entwicklungsprogramme.* Münster u. a.: Waxmann.

Leisen, Josef (2005): Wechsel der Darstellungsformen. Ein Unterrichtsprinzip für alle Fächer. *Der Fremdsprachliche Unterricht Englisch* 78: 9–11.

Leisen, Josef (2010): *Handbuch Sprachförderung im Fach: sprachsensibler Fachunterricht in der Praxis.* Bonn: Varus.

Ministerium für Schule und Weiterbildung, Wissenschaft und Forschung des Landes Nordrhein-Westfalen (1999): *Förderung in der deutschen Sprache als Aufgabe des Unterrichts in allen Fächern. Empfehlungen.* Frechen: Ritterbach.

Morek, Miriam & Heller, Vivien (2012): Bildungssprache – Kommunikative, epistemische, soziale und interaktive Aspekte ihres Gebrauchs. *Zeitschrift für angewandte Linguistik* 57(1): 67–101.

Moschkovich, Judit N. (2010): Recommendations for Research on Language and Mathematics Education. In Moschkovich, Judit N. (Hrsg.): *Language and Mathematics education. Multiple Perspectives and Directions for Research.* Charlotte: Information Age Publishing, 151–170.

Niederhaus, Constanze; Pöhler, Birte & Prediger, Susanne (2016): Relevante Sprachmittel für mathematische Textaufgaben Korpuslinguistische Annäherung am Beispiel Prozentrechnung. In Tschirner, Erwin; Bärenfänger, Olaf & Möhring, Jupp (Hrsg.): *Deutsch als fremde Bildungssprache: Das Spannungsfeld von Fachwissen, sprachlicher Kompetenz, Diagnostik und Didaktik.* Tübingen: Stauffenburg, 135–162.

Pöhler, Birte (2017): *Konzeptuelle und lexikalische Lernpfade und Lernwege zu Prozenten Eine Entwicklungsforschungsstudie.* Dissertation. Dortmund: TU Dortmund.

Pöhler, Birte & Prediger, Susanne (2015): Intertwining Lexical and Conceptual Learning Trajectories A Design Research Study on Dual Macro-Scaffolding towards Percentages. *Eurasia Journal of Mathematics, Science and Technology Education* 11(6): 1697–1722. doi.org/10.12973/eurasia.2015.1497a.

Prediger, Susanne (2017): „Kapital multipliziert durch Faktor halt, kann ich nicht besser erklären" Sprachschatzarbeit für einen verstehensorientierten Mathematikunterricht. In Lütke, Beate; Petersen, Inger & Tajmel, Tanja (Hrsg.): *Fachintegrierte Sprachbildung Forschung, Theoriebildung und Konzepte für die Unterrichtspraxis.* Berlin: de Gruyter, 229–252.

Prediger, Susanne (2018): Comparing and combining research approaches to empirically inform the design for subject-matter interventions – The case of fostering language learners' strategies for word problems. *RISTAL – Journal for Research in Subject-matter Teaching and Learning* 1(1): 4–18. doi.org/10.23770/rt1808.

Prediger, Susanne & Hein, Kerstin (2017): Learning to meet language demands in multi-step mathematical argumentations: Design research on a subject-specific genre. *European Journal of Applied Linguistics* 5(2): 309–335, doi.org/10.1515/eujal-2017-0010.

Prediger, Susanne & Krägeloh, Nadine (2015): "x-arbitrary means any number, but you do not know which one" The epistemic role of languages while constructing meaning for the variable as generalizers. In Halai, Anjum & Clarkson, Philip C. (Hrsg.): *Teaching and Learning Mathematics in Multilingual Classrooms: Issues for Policy, Practice and Teacher Education.* Rotterdam: Sense Publisher, 89–108.

Prediger, Susanne & Krägeloh, Nadine (2016): Baustein G und H: Mit Variablen veränderliche Zahlen erfassen / Terme zu Situationen finden und umgekehrt. In Hußmann, Stephan, Prediger, Susanne, Barzel, Bärbel & Leuders, Timo (Hrsg.): *Mathewerkstatt Wiederholungsbausteine. Teil 1.* Berlin: Cornelsen, 51–64.

Prediger, Susanne & Pöhler, Birte (2015): The interplay of micro- and macro-scaffolding: an empirical reconstruction for the case of an intervention on percentages. *ZDM Mathematics Education,* 47(7): 1179–1194. doi.org/10.1007/s11858-015-0723-2.

Prediger, Susanne & Wessel, Lena (2013): Fostering German language learners' constructions of meanings for fractions – design and effects of a language- and mathematics-integrated intervention. *Mathematics Education Research Journal,* 25 (3): 435–456.

Prediger, Susanne & Wessel, Lena (2018): Brauchen mehrsprachige Jugendliche eine andere fach- und sprachintegrierte Förderung als einsprachige? Differentielle Analysen zur

Wirksamkeit zweier Interventionen in Mathematik. *Zeitschrift für Erziehungswissenschaft* 21 (2): 361–382. doi.org/10.1007/s11618-017-0785-8.

Prediger, Susanne & Zindel, Carina (2017): School Academic Language Demands for Understanding Functional Relationships: A Design Research Project on the Role of Language in Reading and Learning. *EURASIA Journal of Mathematics, Science and Technology Education* 13 (7b): 4157–4188. doi.org/10.12973/eurasia.2017.00804a.

Prediger, Susanne; Clarkson, Philip C. & Bose, Arindam (2016): Purposefully Relating Multilingual Registers: Building Theory and Teaching Strategies for Bilingual Learners Based on an Integration of Three Traditions. In Barwell, Richard; Clarkson, Philip C.; Halai, Anjum; Kazima, Mercy; Moschkovich, Judit N.; Planas, Núria; Setati-Phakeng, Mamokgethi; Valero, Paola & Villavicencio Ubillús, Martha (Hrsg.): *Mathematics Education and Language Diversity*. Dordrecht u. a.: Springer, 193–215.

Erath, Kirstin; Prediger, Susanne; Quasthoff, Uta & Heller, Vivien (2018): Discourse competence as important part of academic language proficiency in mathematics classrooms: The case of explaining to learn and learning to explain. *Educational Studies in Mathematics*, 99 (2), 161–179. doi.org/10.1007/s10649-018-9830-7.

Prediger, Susanne; Wilhelm, Nadine; Büchter, Andreas; Gürsoy, Erkan & Benholz, Claudia (2015): Sprachkompetenz und Mathematikleistung – Empirische Untersuchung sprachlich bedingter Hürden in den Zentralen Prüfungen 10. *Journal für Mathematik-Didaktik* 36(1): 77–104.

Şahin-Gür, Dilan (2018): Neuverschuldung gesunken – Darstellungen zu Bestand und Änderung vernetzen. *Mathematik lehren* 206: 42–46.

Short, Deborah J. (2017): How to Integrate Content and Language Learning Effectively for English Language Learners. *EURASIA Journal of Mathematics, Science and Technology Education* 13 (7b): 4237–4260.

Stanat, Petra (2006): Disparitäten im schulischen Erfolg: Forschungsstand zur Rolle des Migrationshintergrunds. *Unterrichtswissenschaft* 34(2), 98–124.

Swain, Merrill (1985): Communicative Competence. Some Roles of Comprehensible Input and Comprehensible Output in its Development. In Gass, Susan M. & Madden, Carolyn (Hrsg.): *Input in Second Language Acquisition*. Rowley: Newbury House, 235–253.

Ufer, Stefan; Reiss, Kristina & Mehringer, Volker (2013): Sprachstand, soziale Herkunft und Bilingualität: Effekte auf Facetten mathematischer Kompetenz. In Becker-Mrotzek, Michael; Schramm, Karen, Thürmann, Eike & Vollmer, Helmut J. (Hrsg.): *Sprache im Fach – Sprachlichkeit und fachliches Lernen*. Münster: Waxmann, 167–184.

Vollmer, Helmut J. & Thürmann, Eike (2010). Zur Sprachlichkeit des Fachlernens: Modellierung eines Referenzrahmens für Deutsch als Zweitsprache. In Ahrenholz, Bernt (Hrsg.): *Fachunterricht und Deutsch als Zweitsprache*. Tübingen: Narr, 107–132.

Wessel, Lena (2015): *Fach- und sprachintegrierte Förderung durch Darstellungsvernetzung und Scaffolding. Ein Entwicklungsforschungsprojekt zum Anteilbegriff*. Heidelberg: Springer Spektrum.

Wessel, Lena & Prediger, Susanne (2017): Differentielle Förderbedarfe je nach Sprachhintergrund? Analysen zu Unterschieden und Gemeinsamkeiten zwischen sprachlich starken und schwachen, einsprachigen und mehrsprachigen Lernenden. In Leiss, Dominik; Hagena, Maike; Neumann, Astrid & Schwippert, Knut (Hrsg.): *Mathematik und Sprache – Empirischer Forschungsstand und unterrichtliche Herausforderungen*. Münster: Waxmann, 165–187.

Wilhelm, Nadine (2016): *Zusammenhänge zwischen Sprachkompetenz und Bearbeitung mathematischer Textaufgaben – Quantitative und qualitative Analysen sprachlicher und konzeptueller Hürden*. Wiesbaden: Springer Spektrum.

II Diagnose

Alexandra Merkert und Anja Wildemann
Diagnose sprachlicher Kompetenzen im Mathematikunterricht der Grundschule – Entwicklung und Pilotierung eines diagnostischen Instruments

1 Einleitung

Die Diagnose sprachlicher Leistungen im Mathematikunterricht ist zum einen noch wenig etabliert und beschränkt sich zum anderen meist auf vereinzelte Sprachbereiche wie beispielsweise den (Fach-)Wortschatz oder das Verstehen von Textaufgaben (vgl. Prediger 2017: 30). Obwohl in den letzten Jahren das fachliche und sprachliche Lernen stärker miteinander in Verbindung gebracht werden, fehlt es bislang vor allem im Primarbereich an diagnostischen Instrumenten, um die sprachliche Entwicklung der Schülerinnen und Schüler auch im Kontext des Mathematikunterrichts zu messen. Darüber hinaus finden im Fachunterricht standardisierte Instrumente zur Sprachdiagnose nur selten Anwendung, wofür zwei wesentliche Gründe zu nennen sind. Erstens scheinen viele Lehrkräfte überwiegend spontane und situative Beobachtungen im Unterricht durchzuführen, indem Hausaufgaben kontrolliert oder Lösungswege erfragt werden (vgl. Eckerth 2013: 342). Zweitens führt die Trennung von Fach- und Sprachunterricht oftmals dazu, dass die sprachlichen Voraussetzungen der Schülerinnen und Schüler in Anbetracht der spezifischen Anforderungen des Fachs nicht schwerpunktmäßig in den Blick genommen werden (vgl. Riebling 2013, Tajmel 2017). Da empirische Studien jedoch gerade für das Fach Mathematik zeigen konnten, dass allgemeine Sprachkompetenzen und bildungssprachliche Kompetenzen im Besonderen von hoher Relevanz für das fachliche Lernen sind (vgl. Prediger et al. 2015, Wessel 2015, Wilhelm 2016), könnte eine entsprechende Diagnose dieser Kompetenzen bereits in der Grundschule zur Gestaltung individueller Lernprozesse einen entscheidenden Beitrag leisten.

Um die Kompetenzen ihrer Schülerinnen und Schüler erfassen zu können, kann für Lehrerinnen und Lehrer ein diagnostisches Instrumentarium hilfreich sein. Bis dato besteht jedoch ein Desiderat, wenn es um die systematische Analyse sprachlichen Könnens in mathematischen Lernkontexten geht. Während es zur Messung der mathematischen Kompetenzen im Hinblick auf die einzelnen Bereiche der Mathematik der Grundschule zahlreiche Verfahren gibt wie beispielsweise den DEMAT 1+ (Krajewski, Küspert, Schneider 2002), den Deutschen Mathematiktest für erste Klasse, von dem Folgeversionen für verschiedene Altersstufen von der Grundschule bis zur Sekundarstufe erhältlich sind, oder auch den MARKO-D1 (Fritz, Ehlert, Ricken, Balzer 2017), einen Test zur Diagnose der Mathematik- und Rechenkonzepte von Kindern der ersten Klassenstufe, sind entsprechende Instrumente, die die Kompetenzen fokussieren, die aus den sprachlichen Anforderungen des Faches resultieren, insbesondere für den Primarbereich, rar. Für die Sekundarstufe liegen einige wenige Instrumente vor, wie beispielsweise der TeMaTex (Jordan, Stein 2011), ein Test zum mathematischen Textverständnis für die neunte und zehnte Klasse, welcher allerdings nur auf die Sprachrezeption und nicht auf die Sprachproduktion abzielt.

Das SAMT-Verfahren (**S**prachliche **A**usdrucksfähigkeit in **M**a**t**hematik), das wir in diesem Beitrag vorstellen möchten, versucht diese Lücke zu schließen. Das Instrument erfasst die Kompetenz von Schülerinnen und Schülern der dritten und vierten Klassenstufe, über mathematische Inhalte in schriftlicher Form zu kommunizieren, denn schon für den Primarbereich proklamieren die Bildungsstandards, dass Schülerinnen und Schüler im Unterricht sowohl in angemessener Weise über mathematische Inhalte kommunizieren als auch argumentieren sollen (vgl. Die Kultusminister der Länder, 2004), woraus vielfältige sprachliche Anforderungen an Lernende resultieren. Zur Sprachkompetenz in Mathematik, wie sie durch SAMT gemessen wird, gehört das Benennen von wesentlichen Informationen einer Fragestellung, das Beschreiben eines Sachverhalts, das Erklären eigener Lösungsstrategien, das Begründen der Lösung sowie auch das Verallgemeinern von Gesetzmäßigkeiten unter Verwendung einer dem fachlichen Kontext angemessen Lexik und Morphosyntax. Auch die zielgerichtete Nutzung von symbolisch-algebraischen, graphischen und numerisch-tabellarischen Darstellungsformen wird berücksichtigt. Das Diagnoseinstrument besteht aus spezifischen Mathematikaufgaben, die zur Verschriftlichung unterschiedlicher Lösungsdarstellungen und -wege anregen, um die entsprechenden Sprachhandlungen zu evozieren. Mit der dazugehörigen SAMT-Skala lassen sich die schriftlichen Lösungen der Schülerinnen und Schüler mittels eines Kodiermanuals einem bestimmten Niveau der schriftsprachlich-mathematischen Kompetenz zuordnen. Auf diese Weise werden Entwicklungsstände differenziert abgebildet und Hinweise für die weitere Förderung bereitgestellt.

Dargestellt wird im Folgenden die wissenschaftliche Entwicklung des Verfahrens, bei der qualitative und quantitative Methoden miteinander trianguliert wurden, mit Schwerpunkt auf der Pilotierung der SAMT-Skala. Die Pilotierung dient zur Überprüfung der ermittelten Kompetenzstufen sowie der Einhaltung der Gütekriterien. Auch die konzipierten Aufgaben wurden im Vorfeld erprobt, um Informationen über deren Schwierigkeitsgrad und Eignung zu erhalten.

2 Forschungstheoretischer Hintergrund

Neben den sozioökonomischen und herkunftsbedingten Faktoren spielt, so zeigen internationale und nationale Studien, die Sprachkompetenz eine wesentliche Rolle für die schulischen Leistungen der Schülerinnen und Schüler (vgl. u. a. Abedi & Lord 2010, Ellerton & Clarkson. 1996, Gürsoy et al. 2013, Prediger et al. 2015). So ist in Wessels Studie (2015) eine Teilfrage, ob und welche Zusammenhänge zwischen den mathematischen Leistungen und den Sprachkompetenzen bestehen. Sie hat in einem Prä-Post-Kontrollgruppendesign die Wirksamkeit eines *verstehensorientierten Mathematikunterrichts* (vgl. Wessel 2015: 11 ff.) bei 36 Siebtklässlerinnen und Siebtklässlern aus drei Hauptschulen und einer Gesamtschule untersucht. Ebenso wie Prediger (2013) kommt sie zu der Erkenntnis, dass der Zusammenhang zwischen der Sprachkompetenz, gemessen durch den C-Test, der auf der Vervollständigung von Wörtern in Lückentexten beruht (vgl. Wessel 2015: 155), und den verstehensorientierten Leistungen in Mathematik nicht nur signifikant ist, sondern auch höher als der des sozioökonomischen Status mit Letzteren (vgl. Wessel 2015: 172). Prediger et al. vermuten zudem:

> „Wenn verschiedene Schülerinnen und Schüler zum Testzeitpunkt (10. Schuljahr) zwar die gleiche Sprachkompetenz haben, mit dem Erwerb der Unterrichtssprache aber zu unterschiedlichen Zeitpunkten ihrer Bildungsbiographie begonnen haben, dann könnte es sein, dass die geringere Sprachkompetenz in weiter zurückliegenden Schuljahren dazu geführt hat, dass bestimmte mathematische Kompetenzen nur partiell erworben werden konnten." (Prediger et al. 2015: 90).

Für Prediger und ihre Kollegen geht dabei die im Mathematikunterricht erforderliche Sprachkompetenz weit über das Leseverstehen im Kontext von Mathematikaufgaben hinaus. Vielmehr beinhaltet ihre Definition lexikalisch-semantische und grammatikalische Aspekte sowohl auf rezeptiver als auch auf produktiver Ebene (vgl. Prediger et al. 2015: 80). Doch nicht nur verbal-sprachliche Darstellungen, sondern auch symbolisch-algebraische, symbolisch-numerische und graphische müssen von Schülerinnen und Schülern im Mathematikunterricht sowohl entschlüsselt als auch selbst produziert und verschriftlicht werden.

Speziell in Bezug auf die Schreibkompetenz im mathematischen Kontext führte Ehret (2017) eine Studie mit Fünftklässlerinnen und Fünftklässlern an Haupt- und Werkrealschulen durch. Dabei verglich sie die Ergebnisse von sechs Schulklassen, die nach einem bestimmten Lehrwerk, der *Mathematikwerkstatt* (Barzel, Hußmann, Leuders & Prediger 2012), unterrichtet wurden, mit denen einer Kontrollgruppe. Während die *Mathematikwerkstatt* in besonderer Weise Schreibanlässe schafft, konzentrierte sich der Unterricht der Schülerinnen und Schüler aus den drei Klassen der Kontrollgruppe weniger auf das Schreiben. Ziel der Untersuchung war es herauszufinden, wie sich die mathematische Schreibkompetenz der Schülerinnen und Schüler bei konsequenter Schreibförderung im Mathematikunterricht entwickelt (vgl. Ehret 2017: 188). Im Sinne einer Prozessorientierung wird das mathematische Schreiben als funktionales Werkzeug zur Unterstützung des fachlichen Lernens betrachtet, das in unterschiedlichen Kontexten gewinnbringend eingesetzt werden kann, um damit alle Funktionen des Schreibens im Rahmen des jeweiligen Kontinuums auszuschöpfen (vgl. Ehret 2017: 160). Erhoben wurde die mathematische Schreibkompetenz in Ehrets Untersuchung anhand eines hierfür entwickelten Aufgabensatzes, der von den Schülerinnen und Schülern bearbeitet werden musste. Die Ergebnisse deuten darauf hin, „dass zunächst die Schreibkompetenz als solche entfaltet werden muss, bevor sich weitgehende inhaltsbezogene Effekte zeigen können" (Ehret 2017: 290). Das leitet sie aus dem Befund ab, dass sich in der Interventionsgruppe vorrangig das Schreiben entfaltete. (vgl. Ehret 2017: 290). Es ist zu vermuten, dass das Wechselspiel zwischen sprachlichem und fachlichem Lernen sein Potenzial erst langfristig entfaltet, sodass die Wirkung von sprachlicher Förderung auf die mathematische Kompetenz erst nach Monaten und Jahren sichtbar wird. Daher sollte eine Diagnose der sprachlichen und mathematischen Kompetenzen lernbegleitend über längere Zeiträume bzw. zu verschiedenen Zeitpunkten erfolgen.

Auch im Primarbereich richtet sich der Blick zunehmend auf die Zusammenhänge sprachlichen und fachlichen Lernens. Bochnik und Ufer (2016) untersuchten, welche Rolle die sprachlichen Kompetenzen bei der Erklärung mathematischer Kompetenzunterschiede zwischen Schülerinnen und Schülern, die innerhalb ihrer Familie vorrangig Deutsch sprechen, und Kindern mit einer anderen Familiensprache spielen. Sie analysierten dazu die Daten von 368 Schülerinnen und Schülern der dritten Klasse in Bezug auf die mathematischen, allgemeinsprachlichen (SFD 3–4; Hobusch, Lutz & Wiest 2002), fachsprachlichen und kognitiven Grundfähigkeiten. Letztere wurden mittels des Intelligenztestverfahrens CFT1 (Cattell, Weiß & Osterland 1997) erfasst (vgl. Bochnik & Ufer 2016: 135 ff.). Zur Messung der mathematischen Kompetenzen wurden Items zum arithmetischen Basisverständnis, zum konzeptuellen Verständnis und zu den mathematischen Arbeitsmitteln sowie kurze Textaufgaben entwickelt, während zur Ermittlung der fachsprachlichen Kenntnisse Subskalen zum aktiven Fachwortschatz, zum passiven Fachwortschatz und zum textintegrativen Verständnis konzipiert wurden (vgl. Bochnik & Ufer 2016: 140). In ihren Analysen zeigte sich deutlich, dass die mathematischen und sprachlichen Kompetenzen auch unter Kontrolle der kognitiven Grundfähigkeiten signifikant positiv miteinander korrelieren (mit den allgemeinsprachlichen Kenntnissen $r \approx .536$, dem passiven Fachwortschatz $r \approx .396$ und dem aktiven Fachwortschatz $r \approx .347$), wobei das Ergebnis statistisch signifikant wurde. Bemerkenswert ist auch, dass die allgemeinsprachlichen Kenntnisse erheblich zur Erklärung der mathematischen Kompetenzunterschiede beitragen, was selbst über die kognitiven Grundfähigkeiten hinausgeht (vgl. Bochnik & Ufer 2016: 142f.). Damit replizieren sie einen Befund der Längsschnittstudie *SOKKE Sozialisation und Akkulturation von Grundschulkindern mit Migrationshintergrund* (Heinze, Herwartz-Emden & Reiss 2007). Außerdem verweisen die Daten auch auf eine Relevanz fachsprachlicher Kenntnisse bei der Erklärung von Leistungsunterschieden hinsichtlich der mathematischen Kompetenz (vgl. Bochnik & Ufer 2016: 143). Bochnik und Ufer plädieren auf dieser Grundlage für einen sprachsensiblen Fachunterricht (vgl. Bochnik & Ufer 2016: 145).

Eine Studie von Abedi & Lord (2010) aus dem englischsprachigen Raum untersuchte den Umgang von primär- und sekundärsprachlichen Englischlernenden mit Mathematikaufgaben von unterschiedlichem sprachlichen Anspruch. Dazu interviewten sie 36 Schülerinnen und Schüler der achten Klasse und ließen sie Modellierungsaufgaben auf zwei Niveaus lesen, d. h. je eine Aufgabe wurde im Original gelesen und eine weitere in einer linguistisch vereinfachten Version. Abedi & Lord finden auf diesem Weg heraus, dass die Schülerinnen und Schüler, die Englisch als zweite Sprache lernen, nicht nur geringere Leistungen erzielen als primärsprachliche Englischsprecherinnen und -sprecher, sondern auch, dass sprachlich modifizierte Mathematikaufgaben ihnen das Verstehen erleichtern (vgl. Abedi & Lord 2010: 231). Zu einem ähnlichen Ergebnis in Bezug auf das sprachliche Anforderungsniveau von Mathematikaufgaben kommt Wilhelm (2016) nach einer Analyse von zentralen Abschlussklausuren aus dem zehnten Schuljahr und Interviews mit Lernenden. Sie stellt fest, dass für Lernende mit geringeren Sprachkompetenzen drei zentrale Schwierigkeiten bestehen, die das Leseverständnis, das Bilden des Situationsmodells[1] und konzeptuelle Schwierigkeiten bei der Aufgabenbearbeitung betreffen (vgl. Wilhelm 2016: 296 f.).

---

[1] Das Situationsmodell ist eine mentale Repräsentation, die in Auseinandersetzung mit einer Realsituation bzw. einer Aufgabenstellung gebildet wird, um das vorliegende Problem zu verstehen und die wesentlichen zur Lösung notwendigen Informationen zu identifizieren. Es ist Bestandteil des mathematischen Modellierungskreislaufs nach Blum und Leiß (vgl. Blum & Leiß 2005).

3 Methodisches Vorgehen

3.1 Einbettung in das Projekt *Eva-Prim*

Aus den aufgeführten Studien kann geschlossen werden, dass Sprachkompetenzen und Mathematikleistungen zusammenhängen und dass Schülerinnen und Schüler mit geringeren Sprachkompetenzen häufiger Schwierigkeiten mit der linguistischen Struktur von Mathematikaufgaben haben. Im Fokus der Studien stehen dabei sowohl die rezeptiven Sprachfähigkeiten und -fertigen als auch die produktiven. Um eine enge Passung zwischen Förderplanung und dem Kompetenzstand der Lernenden herzustellen, kann eine gezielte Diagnose der Sprachkompetenzen (z. B. der Lese- und Schreibkompetenz) hilfreich sein. Es stellt sich dennoch die Frage, wie man bereits im Primarbereich auch die schriftsprachlichen Leistungen in Mathematik sowohl fach- als auch sprachbezogen überprüfen kann. Im Zuge der nachfolgend vorgestellten Konzeption eines entsprechenden diagnostischen Instruments wird auch auf die Entwicklung von sprachsensiblen Mathematikaufgaben zur Überprüfung der schriftsprachlichen Kompetenzen in Mathematik eingegangen. Diese fokussieren nicht nur den produktiven Problemlöseprozess, der von den Schülerinnen und Schülern schriftlich festgehalten werden soll, sondern berücksichtigen auch bereits vorliegende Erkenntnisse zu sprachlichen Anforderungen an Mathematikaufgaben. Eingebettet ist die Entwicklung in das Forschungsprojekt Eva-Prim, das im Kontext der bundesweiten BiSS-Initiative (Bildung durch Sprache und Schrift) steht. Im Rahmen dieses 2012 durch das Bundesministerium für Bildung und Forschung (BMBF), das Bundesministerium für Familie, Senioren, Frauen und Jugend (BMFSFJ), die Ständige Konferenz der Kultusminister der Länder (KMK) und die Jugend- und Familienministerkonferenz der Länder (JFMK) ins Leben gerufenen Programms entwickeln unterschiedliche Bildungseinrichtungen des Elementar-, Primar- und Sekundarbereichs aller 16 Bundesländer vielfältige Angebote zur Sprachförderung, Sprachdiagnostik und Leseförderung. Die beteiligten Schulen und Kindertagesstätten haben sich dabei zu Verbünden mit spezifischen Schwerpunkten zusammengeschlossen. Um die Wirksamkeit und Effizienz der eingeleiteten alltags- und fächerintegrierten Sprachfördermaßnahmen mit besonderem Fokus auf das Fach Mathematik zu überprüfen, werden die Konzepte von Forscherteams wissenschaftlich evaluiert. Vor diesem Hintergrund soll die SAMT-Skala dazu dienen, die sprachlichen Kompetenzen von Dritt- und Viertklässlern im Fach Mathematik, fokussiert auf den schriftsprachlichen Bereich, zu messen. Mithilfe des sprachdiagnostischen Verfahrens soll es zukünftig möglich sein, verschiedene Kompetenzniveaus der mathematischen Schriftsprache abzubilden, um die Ressourcen der Lernenden zu ermitteln. Die Ergebnisse der Schülerinnen und Schüler können außerdem von Lehrkräften als Grundlage für die Gestaltung von Unterricht und die weitere Förderplanung genutzt werden.

3.2 Aufgabenkonzeption

Um die produktiven schriftlichen Sprachkompetenzen der Schülerinnen und Schüler in Mathematik erheben zu können, erfolgte in einem ersten Schritt die Konzeption von Mathematikaufgaben, die gezielt zur Verschriftlichung und genauen Darstellung von Lösungswegen und Ergebnissen auffordern. Die Aufgaben verfolgen dabei das Ziel der Elizitation spezifischer sprachlicher Handlungen unter Verwendung einer bestimmten Lexik aber auch Morphosyntax, die im mathematischen Kontext funktional und differenzierend eingesetzt werden können. Der besondere Blick auf die Sprachhandlungen (Benennen, Beschreiben, Erklären, Begründen, Verallgemeinern) ist dabei satzübergreifend über die sprachlichen Mittel, durch die sie verwirklicht werden, hinaus gerichtet. Die gezielte Berücksichtigung dieser Sprachhandlungen ist der Diskussion um die Bedeutung der Diskursfunktionen im Kontext des Mathematiklernens (vgl. Prediger et al. 2016) sowie den Forderungen der Bildungsstandards (vgl. Kultusministerkonferenz 2004) geschuldet. Im Zuge der Aufgaben, in denen die Schülerinnen und Schüler beispielsweise zum Entdecken von Mustern und Strukturen sowie zum Problemlösen aufgefordert werden, geht es nicht allein darum Lösungen zu benennen, sondern auch individuelle Lösungsprozesse auf unterschiedliche Weise und auf verschiedenen Niveaus verbal und nonverbal auszuführen und zu erläutern. In diesem Sinne werden die Mathematikaufgaben als sprachsensibel bezeichnet. Das Test-Material besteht aus einem Aufgabenblatt und einem Bearbeitungsbogen für die Schülerinnen und Schüler sowie einer Instruktionsvorlage zur standardisierten Durchführung durch die Testleitung. Die Gestaltung des Aufgabenblattes ist unter Berücksichtigung des *Coherence Principle* (Mayer & Fiorella 2014: 280), bewusst schlicht gehalten. Das *Coherence Principle* besagt, dass von einer Anreicherung des Materials mit dekorativen Elementen, nur um es augenscheinlich interessanter zu gestalten, abzusehen ist. Dies folgt auch der *Cognitive Load Theory* (van Merriënboer & Sweller 2005).

Um zu prüfen, ob die erstellten Aufgaben eine hinreichende Spannbreite an sprachlichen Merkmalen und Strukturen hervorrufen, wurden sie in drei Schritten mit insgesamt 82 Grundschülerinnen und -schülern der dritten Klasse pilotiert. Im Fokus des Interesses standen neben dem Anregungsgehalt auch die Klarheit der Instruktionen sowie, im Hinblick auf die junge Zielgruppe, die Bearbeitungsdauer. Um Motivations- und Müdigkeitseffekte auszugleichen, wurde die Reihenfolge der Aufgaben im Verlauf der Pilotierung bei jeder neuen Klasse rotiert. Zur

Reduzierung der Durchführungsdauer wurde nach der zweiten Pilotierungsrunde eine Aufgabe von längerer Bearbeitungszeit, die von vergleichsweise vielen Schülerinnen und Schülern tendenziell alltagssprachlich beantwortet wurde, herausgenommen. Dass die zu untersuchenden sprachlichen Bereiche bereits durch die übrigen sechs verbliebenen Aufgaben, die in dieser Form in einem dritten Durchlauf erprobt wurden, hinreichend abgedeckt wurden, unterstrich die Entscheidung.

3.3 Skalenkonzeption 1: Erhebung im CampusSchule-Projekt *MASSE*

In einem zweiten Schritt wurde mit den entwickelten Aufgaben schriftliches Sprachmaterial von Schülerinnen und Schülern erhoben. Auf dieser Datengrundlage wurden in Anlehnung an die strukturierende skalierende qualitative Inhaltsanalyse nach Mayring (2015) in Auseinandersetzung mit als bildungssprachlich oder im mathematischen bzw. fachlichen Kontext funktional erachteten Merkmalen, Darstellungsformen sowie sprachlichen Handlungen (siehe dazu Ahrenholz 2012; Feilke 2012; Morek & Heller 2012; Prediger & Wessel 2011; Schleppegrell 2001, 2004; Weis 2013) Kategorien und Niveaustufen ermittelt, die es erlauben, den Kompetenzstand von Schülerinnen und Schülern der dritten und vierten Klasse in Bezug auf die schriftlichen Sprachkompetenzen in Mathematik zu messen. Dabei erfolgte eine Verzahnung zwischen einem deduktiven, an einem linguistischen Kategoriensystem orientierten, und einem induktiven Vorgehen im Zuge dessen die Kategorien nochmals abgestuft werden konnten. Um eine unbewusste Einflussnahme des Schriftbildes auszuschließen und darüber hinaus eine computergestützte Analyse mit dem Programm MAXQDA vorzunehmen, wurden die Aufgabenbearbeitungen der Kinder in einheitlicher Form transkribiert und digitalisiert. Die Erhebungen zur Konzeption der Skala waren eingebettet in das CampusSchule-Projekt *MASSE – **m**athematische **S**chriftsprache **e**valuieren*.[2] Die Stichprobe setzte sich aus 36 Mädchen und 43 Jungen aus dem städtischen und ländlichen Raum zusammen. Zum Erhebungszeitpunkt besuchten davon 33 Schülerinnen und Schüler die dritte und 46 die vierte Klasse. Unter den insgesamt 79 Lernenden waren 25 mehrsprachige und 54 einsprachige Kinder. Die Analyse der Aufgabenbearbeitungen konnte sowohl deutliche Unterschiede in der Differenziertheit der verwendeten Nomina, Verben und Adjektive als auch in der Komplexität der Satzkonstruktionen und Sprachhandlungen zeigen.

---

[2] Bei *CampusSchule* handelt es sich um eine Initiative zwischen der Universität Koblenz-Landau und beteiligten Schulen aus der Region, die die Stärkung schul- und unterrichtsrelevanter Forschung anstrebt.

Aber auch im Gebrauch der nonverbalen Darstellungen, die im Mathematikunterricht ebenfalls eine besondere Repräsentationsform darstellen, unterschieden sich die Lernenden deutlich voneinander. So war es manchen Schülerinnen und Schülern bereits möglich, ihr Ergebnis in Form einer Graphik wie beispielsweise eines Säulendiagramms oder auch einer Tabelle darzustellen, während die Zeichnungen anderer lediglich die Aufgabe illustrierten.

> Geometrix hat schon wieder vergessen, was subtrahieren (minusrechnen) ist.
>
> **Schreibe ihm eine Erklärung auf!**
>
> *Schülerlösung 1:*
>
> „bedeutet, wenn du 4 Bonbons hast und – 2 Bonbons isst, hast du 2."
> → *Beschreibung einer beispielhaften Situation, Nutzung alltagssprachlicher, wenig differenzierender Verben*
>
> *Schülerlösung 2:*
>
> „Subtrahieren ist, wen man von einer Zahl etwas abziehst. Du kannst es kontrollieren, indem du die Summe plus die mittlere Zahl rechnest, also 1200 + 1700 = 2900. à z.B. 2900 – 1700 = 1200."
>
> → *Verallgemeinerung und Erklärung einer Kontrollstrategie, adäquate Nutzung von Verben, die dem fachlichen Kontext entsprechen*

Abb. 1: Beispiel aus den SAMT-Aufgaben.

Aus diesen Unterschieden ließen sich für die insgesamt sieben Subkategorien (Nomen/Pronomen/Numerale, Verben, Adjektive, Präpositionen & Adverbien, Satzkonstruktionen, nonverbale mathematische Darstellungen und Sprachhandlungen) fünf Niveaus mit aufsteigendem Abstraktionsgrad ermitteln. Alle in die Ermittlung der Skalenwerte eingehenden Analyseeinheiten werden dabei nach ihrer adäquaten Verwendung und Funktionalität im fachlichen Kontext eingestuft (siehe dazu Ahrenholz 2012; Feilke 2012; Morek & Heller 2012; Prediger & Wessel 2011; Schleppegrell 2001, 2004; Weis 2013). Beispielsweise sind der Stufe 1 der Kategorie „Nomen" Begriffe zugeordnet, die nur im konkreten Kontext verständlich sind (z. B. *Ding*). Der Stufe 5 werden hingegen Begriffe zugeordnet, die eine besondere Bedeutung im fachlichen Kontext tragen und das Bezeichnete präzise beschreiben (z. B. *Ergänzungsverfahren*). Außerdem wird ein Wort bei der Zuordnung des Kompetenzniveaus innerhalb einer Kategorie nur berücksichtigt, wenn es auch korrekt angewandt wurde. So fließt beispielsweise das Verb *abziehen* nur in die Auswertung ein, wenn es im durch die Aufgabenstellung gegebenen Kontext korrekt verwendet wurde, wie es im Rahmen einer Subtraktionsaufgabe der Fall sein könnte.

Die Niveaus dieser Subkategorien lassen sich im letzten Auswertungsschritt zu einem Gesamtskalenwert errechnen und bilden mit diesem ein differenziertes Kompetenzraster, das Auskunft über den Stand der Lernenden liefert. Die Kriterien zur Zuordnung eines bestimmten Niveaus wurden in einem Kodiermanual mit Ankerbeispielen und Grenzfällen dokumentiert. Anhand einer Hauptachsen-Faktorenanalyse konnte gezeigt werden, dass alle sieben Subkategorien auf einen Faktor laden, wobei keine Nebenladungen ermittelt wurden. Dieses von der Rotationsmethode unabhängige Ergebnis, das durch eine konfirmatorische Faktorenanalyse an einer zweiten Stichprobe bestätigt werden konnte, legt nahe, dass die gebildeten Subkategorien das jeweils gleiche Konstrukt abbilden.

3.4 Skalenkonzeption 2: Pilotierung der SAMT-Skala

Um die Verteilung der Niveaustufen, das durch die explorative Faktorenanalyse implizierte Konstrukt sowie die Objektivität und Reliabilität des Instruments zu überprüfen, wurde die entwickelte SAMT-Skala an einer zweiten Stichprobe pilotiert. Der Analyse lagen dabei die Aufgabenbearbeitungen von 50 Drittklässlern aus vier Klassen von ebenso vielen unterschiedlichen Grundschulen aus dem städtischen und ländlichen Umfeld in Rheinland-Pfalz zugrunde. Bei den Daten handelt es sich um eine Sekundäranalyse der Aufgabenbearbeitungen aus der Phase der Pilotierung der Testaufgaben, auf die nun das Auswertungsverfahren der fertigen Skala angewandt werden kann. Die Auswertung sieht vor, dass die sprachlichen Äußerungen als einzelne Wörter, Sätze und Sprachhandlungen, wobei Letztere satzübergreifend vorzufinden sein können, kodiert und einer Niveaustufe in der entsprechenden Kategorie zugeordnet werden. Aus der Anzahl der jeweils am höchsten eingestuften Wörter je Kategorie ergibt sich anhand der im Zuge der Konzeption der Skala ermittelten Cut-Off-Werte der entsprechende Subskalenwert. Zur Berechnung des Gesamtskalen-Niveaus wird aufgrund der Gleichgewichtung der Kategorien das arithmetische Mittel gebildet. Die Auswertungsergebnisse der Pilotierung sollen im Folgenden vorgestellt werden.

4 Ausgewählte Pilotierungsergebnisse

4.1 Hauptgütekriterien

4.1.1 Objektivität

Um sicherzustellen, dass die Testergebnisse soweit wie möglich unabhängig vom Untersucher sind, wurden zur Durchführung klare Instruktionen formuliert, die sowohl verbale als auch nonverbale Erläuterungen und Hilfestellungen, wie die Paraphrasierung der Aufgabenstellung oder das Aufzeigen des benötigten Materials, beinhalten. Damit die Klarheit der Instruktionen sowohl für den Testleiter als auch für die Schülerinnen und Schüler gewährleistet werden kann, wurden sie in der Phase der Pilotierung der Aufgaben, ebenso wie der sprachliche Anregungsgehalt, mehrfach überprüft und modifiziert.

Zur adäquaten Auswertung der Schülertests wurde zur SAMT-Skala ein ausführliches Kodiermanual erstellt, das sowohl Ankerbeispiele als auch Grenzfälle beinhaltet, um Analyseeinheiten und Zuordnungskriterien nachvollziehbar zu bestimmen. Die Beispiele wurden im Sinne der Authentizität direkt aus dem Datenmaterial, das aus der Phase der Skalenkonzeption stammt, entnommen. Die Ermittlung des entsprechenden Niveaus pro Auswertungskategorie orientiert sich an festgelegten Cut-Off-Werten, die ebenfalls anhand der Daten auf der Grundlage der ersten Stichprobe zur Skalenkonzeption ($N = 79$) berechnet bzw. für den Bereich der Sprachhandlungen nach inhaltlichen Kriterien bestimmt wurden. Die Orientierung an festgesetzten Grenzwerten, die erreicht werden müssen, um ein bestimmtes Niveau in einem Bereich, wie z. B. in dem der Nomen zu erlangen, trägt dabei zur Homogenität der Beurteilung durch unterschiedliche auswertende Personen entscheidend bei. Um das Maß der Übereinstimmung zwischen mehreren Auswertern zu ermitteln, wurden zwei verschiedene Rater mit der Auswertung der Pilotierungsstichprobe betraut. Zur anschließenden Berechnung der Interraterreliabilität wurde der Rangkorrelationskoeffizient nach Spearman und Kendall zugrunde gelegt, der insbesondere bei ordinalskalierten Daten Anwendung findet. Die Interraterreliabilität beträgt demzufolge $r_s = 0{,}929$, was sich von dem Wert, der sich aus der Berechnung des Korrelationskoeffizienten nach Pearson von $r_s = 0{,}931$ ergibt, der auch bei metrischen Daten angewandt wird, kaum unterscheidet. Beide Werte weisen auf eine sehr hohe Übereinstimmung zwischen den beiden Ratern hin, was wiederum auch auf eine hohe Objektivität des Verfahrens schließen lässt.

4.1.2 Reliabilität

Zur Berechnung der internen Konsistenz als Maß der Messgenauigkeit der SAMT-Skala wurde Cronbachs Alpha anhand aller sieben Subkategorien zu Nomen, Verben, Adjektiven, Satzkonstruktionen, Präpositionen und Adverbien, nonverbalen Darstellungen und Sprachhandlungen berechnet.[3] Diese sollen zusammen die latente Variable Sprachkompetenz in Mathematik, bezogen auf den Bereich des Schriftlichen, abbilden. Aus den Daten der Pilotierung geht dabei ein Cronbachs-Alpha-Wert von $a = .768$ hervor, was insbesondere angesichts der geringen Anzahl der in die Berechnung eingeflossenen Variablen als zufriedenstellend zu bewerten ist. Einen zusätzlichen Überblick über die Interkorrelationen der Subkategorien auf der Grundlage der Pilotierungsstichprobe verschafft Tabelle 1.

Tab. 1: Interkorrelationen der Subkategorien (Rangkorrelation nach Spearman).

	1	2	3	4	5	6	7
1. Nomen	1,000	0,361	0,325	0,424	0,384	0,356	0,172
2. Verben	0,361	1,000	0,221	0,557	0,495	0,414	0,429
3. Adjektive	0,325	0,221	1,000	0,323	0,320	0,263	0,284
4. Satzkonstr.	0,424	0,557	0,323	1,000	0,498	0,527	0,231
5. Präp. & Adv.	0,384	0,495	0,320	0,498	1,000	0,341	0,306
6. Sprachhandl.	0,356	0,414	0,263	0,527	0,341	1,000	0,188
7. n. v. D	0,172	0,429	0,284	0,231	0,306	0,188	1,000

4.1.3 Validität

Zur Ermittlung der Validität, insbesondere zur konvergenten und diskriminanten, sind weitere Daten bspw. zu den sprachlichen Kompetenzen in der Rezeption oder auch den rein mathematischen Leistungen, in Abgrenzung zum sprachlichen Fokus des SAMT-Verfahrens, nötig. Inhaltlich ist das Verfahren an die qualitative Analyse der Schülerdaten rückgekoppelt, wobei aus der bisherigen Forschungsliteratur heraus als bildungssprachlich oder für den Mathematikunterricht als relevant erachtete Merkmale in kritischer Weise mitberücksichtigt wurden.

---

[3] Die Kategorien und ihre Abstufungen wurden in einer qualitativen Vorstudie ermittelt (siehe dazu ausführlich Merkert, A. (i. V.): *Sprachliche Ausdrucksfähigkeit in Mathematik Konzeption eines diagnostischen Instruments zur Messung der schriftsprachlichen Kompetenzen von Dritt- und Viertklässlern (SAMT).*

4.2 Verteilung der Niveaustufen

Die Verteilung der fünf Niveaustufen wurde sowohl für die Stichprobe zur Konzeption der Skala als auch zur Pilotierung derselben überprüft. Zur Interpretation der Werte wurden die Kriterien nach Miles & Shevlin (2001: 74) herangezogen. Für alle Kategorien sowie auch für den Gesamtskalenwert konnte festgestellt werden, das Schiefe und Exzess unter einem Wert von 1 liegen oder kleiner sind als das Zweifache des zugehörigen Standardfehlers und dementsprechend nach Miles & Shevlin nicht von einer signifikanten Abweichung von der Normalverteilung auszugehen ist (Tabelle 2).

Bei der Zuordnung des Kompetenzniveaus im Bereich der Sprachhandlungen ist relevant, dass nicht allein die Häufigkeit, sondern vor allem der im Sinne der Aufgabe zielführende Gebrauch verschiedener komplexer Sprachhandlungen, wie dem Erklären, Begründen und Verallgemeinern entscheidend ist.

Da sich, anders als in der ersten Stichprobe, in der der Pilotierung zugrundeliegenden Stichprobe nur Drittklässler und keine Viertklässler befanden, fällt die Verteilung einzelner Subkategorien sowie des Gesamtskalenwertes ($v = 0.02$) erwartungsgemäß leicht rechtsschief aus, wobei dennoch Mittelwert ($M = 2{,}98$), Median ($Md = 3{,}00$) und Modus ($Mo = 3{,}00$) des Gesamtskalenwertes einen ähnlichen Wert aufweisen, was auch für die Subkategorien gilt. Die erste und die fünfte Stufe wurden innerhalb der Pilotierungsstichprobe von keinem Kind erreicht. Bei einem späteren Einsatz des Verfahrens innerhalb des Projektes *EvaPrim* an einer beträchtlich größeren Stichprobe ($n = 880$) zeigten sich allerdings alle fünf Niveaustufen.

Tab. 2: Deskriptive Statistiken der sieben Subskalen.

	Nomen	Verben	Adjektive	Satzkonstr.	Präp. & Adv.	Sprachhandl.	n. v. D.
Mittelwert	3,3400	2,8800	3,0200	3,1000	2,8400	3,0000	2,1400
Median	3,0000	3,0000	3,0000	3,0000	3,0000	3,0000	2,0000
Modus	3,00	3,00	3,00	3,00	3,00	3,00	2,00
Schiefe	0,138	0,527	0,499	0,645	0,597	0,000	0,766
Standardfehler Schiefe	0,337	0,337	0,337	0,337	0,337	0,337	0,337
Kurtosis	−0,926	0,292	0,364	−0,173	0,488	−0,147	1,071
Standardfehler Kurtosis	0,662	0,662	0,662	0,662	0,662	0,662	0,662

Abb. 2: Verteilung der SAMT-Gesamtstufe.

5 Ausblick

Mit SAMT als sprachdiagnostischem Instrument soll es zukünftig möglich sein, verschiedene schriftsprachliche Kompetenzniveaus in Bezug zur Mathematik der Grundschule bei Dritt- und Viertklässlern abzubilden, um sowohl den Kompetenzstand der Lernenden ermitteln als auch die Wirksamkeit eingeleiteter Fördermaßnahmen evaluieren zu können. Zu letzteren Zwecken wurde das Verfahren erstmals im Frühjahr 2017 im Evaluationsprojekt *Eva-Prim* eingesetzt. Die Schülerinnen und Schüler wurden im Verlauf der Studie von der zweiten bis zur vierten Klasse begleitet, um ihren Lernzuwachs über drei Schuljahre hinweg dokumentieren zu können. Im Zentrum der BiSS-Evaluation steht die Wirksamkeit von Sprachförderkonzepten im Mathematikunterricht, wobei Prä-Post-Vergleiche angestrebt sind. Während die derzeit vorliegenden Werte auf eine zufriedenstellende Reliabilität und Objektivität des Verfahrens hindeuten, können zum Kriterium der Validität noch keine Aussagen getroffen werden. Die neben SAMT erhobenen Daten zur Grundintelligenz, zum sozioökonomischen Status der Kinder sowie zu ihren bildungssprachlichen Kompetenzen in der Rezeption (BiSpra;[4] siehe dazu Heppt et al. 2014; Schuth et al. 2015),

---

[4] Urheber des Tests sind die Humboldt Universität Berlin in Kooperation mit dem IQB sowie der Otto-Friedrich-Universität Bamberg. Die Aufgaben wurden im Rahmen des BMBF geförderten Projekts *Bildungssprachliche Anforderungen (BiSpra): Anforderungen, Sprachverarbeitung und Diagnostik* unter der Leitung von S. Weinert und P. Stanat entwickelt.

ihren Lesefertigkeiten (Mayringer & Wimmer 2014) sowie ihren mathematischen Leistungen (Krajewski, Liehm & Schneider 2004; Roick, Gölitz, & Hasselhorn 2004) können im Anschluss zur Validierung des Instruments herangezogen werden. Zu betrachten sind in diesem Kontext auch die Prädiktorfunktion der sprachlichen Kompetenzen auf die Mathematikleistungen und die Mathematiknoten der Lernenden.

Für den zukünftigen Einsatz in der Schule sind zwei Perspektiven von Interesse: Dies ist zum einen die Kopplung an entsprechende Förderempfehlungen, anhand derer die Lehrkräfte Fördermaßnahmen initiieren können und zum anderen die Möglichkeit, dass Schülerinnen und Schüler ein Feedback zu ihren sprachbezogenen sowie zu ihren mathematischen Leistungen erhalten. Ein solches Format wurde im Rahmen des Projektes bereits in einer kleinen Gruppe von 20 Schülerinnen und Schülern erprobt (vgl. Rensen 2017). Hierbei erhielten die Drittklässler eine schriftliche Rückmeldung in Form eines kurzen Briefes, in dem auf die Aufgabenbearbeitung, die sprachliche Bewältigung und die Korrektheit der Lösungen Bezug genommen wurde. Mit Hilfe eines Fragebogens (Likert-Skala) haben die Schülerinnen und Schüler dann beurteilt, ob und wie die individuellen Rückmeldungen aus ihrer Sicht hilfreich waren. Hierbei haben mehrheitlich die Schülerinnen und Schüler das schriftliche Feedback als hilfreich empfunden, die auch im SAMT-Test sowie im Lesetest (SLS) gut abgeschnitten haben. Dieses Ergebnis ist insofern interessant, als dass an dieser Stelle nochmals auf ganz andere Weise deutlich wird, welchen Einfluss allgemeinsprachliche und bildungssprachliche Kompetenzen auf das Lernen haben. Sicherlich spielt hier auch die Unerfahrenheit mit einer solchen Form des Feedbacks eine Rolle. Dennoch bleibt am Ende die Frage, wie das Diagnoseverfahren SAMT sowohl für Lehrkräfte als auch für Schülerinnen und Schüler so eingesetzt werden kann, dass beide Seiten daraus einen Gewinn ziehen. Nach Abschluss der Hauptuntersuchung ist dafür eine entsprechende didaktisch-methodische Ausarbeitung vorgesehen, in der Fördervorschläge formuliert und differenzierende Feedbackmethoden vorgeschlagen werden.

Literatur

Abedi, Jamal & Lord, Carol (2010): The Language Factor in Mathematics Tests. *Applied Measurement in Education* 14 (3): 219–243.

Ahrenholz, Bernt (2012): *Sprache im Fachunterricht untersuchen*. In Röhner, Charlotte & Hövelbrinks, Britta (Hrsg.): *Fachbezogene Sprachförderung in Deutsch als Zweitsprache – Theoretische Konzepte und empirische Befunde zum Erwerb bildungssprachlicher Kompetenzen*. Weinheim, Basel: Beltz Juventa, 87–98.

Barzel, Bärbel; Hußmann, Stephan; Leuders, Timo; Prediger & Susanne (Hrsg.) (2012): *Mathewerkstatt. Mittlerer Schulabschluss Baden-Württemberg. Band 1* (1. Aufl.). Berlin: Cornelsen.

Bochnik, Katrin & Ufer, Stefan (2016): Die Rolle fachsprachlicher Kompetenzen zur Erklärung mathematischer Kompetenzunterschiede zwischen Kindern mit deutscher und nicht-deutscher Familiensprache. *Zeitschrift für Erziehungswissenschaft 9* (1): 135–147.

Blum, Werner & Leiß, Dominik (2005): Modellieren im Unterricht mit der ‚Tanken'-Aufgabe. *Mathematik lehren* 128: 18–22.

Cattell, Raymond B.; Weiß, Rudolf H. & Osterland, Jürgen (1997): *Grundintelligenztest Skala 1. CFT 1* (5., rev. Aufl.). Braunschweig: Westermann.

Eckerth, Melanie (2013): *Formen der Diagnose und Förderung. Eine mehrperspektivische. Analyse zur Praxis pädagogischer Fachkräfte in der Grundschule*. Münster: Waxmann.

Ehret, Carola (2017): *Mathematisches Schreiben. Modellierung einer fachbezogenen Prozesskompetenz*. Wiesbaden: Springer Spektrum.

Ellerton, Nerida F. & Clarkson Philip C. (1996): Language Factors in Mathematics Teaching and Learning. In Alan J. Bishop, Ken Clements, Christine Keitel, Jeremy Kilpatrick, Colette Laborde (Hrsg.): *International Handbook of Mathematics Education*. Dordrecht: Kluwer, 987–1033.

Feilke, Helmuth (2012): Bildungssprachliche Kompetenzen fördern und entwickeln. *Praxis Deutsch* 233: 4–13.

Fritz, Annemarie; Ehlert, Antje; Ricken, Gabi & Balzer, Lars (2017): *MARKO-D1+. Mathematik- und Rechenkonzepte bei Kindern der ersten Klassenstufe – Diagnose*. Bern: Hogrefe.

Gürsoy, Erkan; Benholz, Claudia; Renk, Nadine; Prediger, Susanne & Büchter, Andreas (2013): Erlös = Erlösung? – Sprachliche und konzeptuelle Hürden in Prüfungsaufgaben zur Mathematik. *Deutsch als Zweitsprache* 1: 14–24.

Heinze, Aiso; Herwartz-Emden, Leonie & Reiss, Kristina (2007): Mathematikkenntnisse und sprachliche Kompetenz bei Kindern mit Migrationshintergrund zu Beginn der Grundschulzeit. *Zeitschrift für Pädagogik* 53: 562–581.

Heppt, Birgit; Stanat, Petra; Dragon Nina; Berendes, Karin & Weinert, Sabine (2014): Bildungssprachliche EPS-Anforderungen und Hörverstehen bei Kindern mit deutscher und nicht-deutscher Familiensprache. *Zeitschrift für pädagogische Psychologie* 28(3): 139–149.

Hobusch, Anna; Lutz, Nevin & Wiest, Uwe. (2002): *Sprachstandsüberprüfung und Förderdiagnostik für Ausländer- und Aussiedlerkinder (SFD)*. Horneburg: Persen.

Jordan, Roland & Stein, Martin (2011): *TeMaTex. Test zum mathematischen Textverständnis. Ein Testverfahren zur Ermittlung des mathematischen Textverständnisses am Ende der Sekundarstufe I bzw. zu Beginn der beruflichen Ausbildung*. Münster: WTM.

Kultusministerkonferenz (2004, 15. Oktober): *Bildungsstandards im Fach Mathematik für den Primarbereich. (Jahrgangsstufe 4)*. http://www.kmk.org/fileadmin/Dateien/veroeffentlichungen_beschluesse/2004/2004_10_15-Bildungsstandards-Mathe-Primar.pdf (08.02.2016).

Krajewski, Kristin; Küspert, Petra & Schneider, Wolfgang (2002): *DEMAT 1+. Deutscher Mathematiktest für erste Klassen*. Göttingen: Beltz.

Krajewski, Kristin; Liehm, Susann; & Schneider, Wolfgang (2004): *DEMAT 2+. Deutscher Mathematiktest für zweite Klassen*. Göttingen: Beltz.

Mayringer, Heinz & Wimmer, Heinz (2014): *SLS 2–9 – Salzburger Lese-Screening für die Schulstufen 2–9*. Bern: Hogrefe.

Mayer, Richard E. & Fiorella, Logan (2014): Principles for reducing extraneous processing in multimedia learning. Coherence, signaling, redundancy, spatial contiguity, and temporal contiguity principles. In Richard E. Mayer (Hrsg.), *The Cambridge Handbook of Multimedia Learning* (2. Aufl.). Cambridge: Cambridge University Press, 279–315.

Mayring, Philipp (2015): *Qualitative Inhaltsanalyse. Grundlagen und Techniken* (12. Aufl.). Weinheim: Beltz.

Miles, Jeremy & Shevlin, Mark (2001): *Applying Regression & Correlation – A Guide for Students and Researchers*. London: SAGE Publications.

Morek, Miriam & Heller, Vivien (2012): Bildungssprache – Kommunikative, epistemische, soziale und interaktive Aspekte ihres Gebrauchs. *Zeitschrift für angewandte Linguistik* 57 (1): 67–101.

Prediger, Susanne (2017): Auf sprachliche Heterogenität im Mathematikunterricht vorbereiten. Fokussierte Problemdiagnose und Förderansätze. In Leuders, Juliane; Leuders, Timo; Prediger, Susanne & Ruwisch, Silke (Hrsg.): *Mit Heterogenität im Mathematikunterricht umgehen lernen - Konzepte und Perspektiven für eine zentrale Anforderung an die Lehrerbildung*. Wiesbaden: Springer Spektrum, 29–40.

Prediger, Susanne; Erath, Kirstin; Quasthoff, Uta; Heller, Vivien & Vogler, Anna-Marietha (2016): Befähigung zur Teilhabe an Unterrichtsdiskursen Die Rolle von Diskurskompetenz. In Menthe, Jürgen; Höttecke, Dietmar; Zabka, Thomas; Hammann, Marcus & Rothgangel, Martin (Hrsg.): *Befähigung zu gesellschaftlicher Teilhabe. Beiträge der fachdidaktischen Forschung*. Münster: Waxmann, 285–300. http://www.mathematik.uni-dortmund.de/~prediger/veroeff/16-GFD-Prediger_etal_Diskurskompetenz_Interpass_Webversion.pdf (31. 07. 2017).

Prediger, Susanne; Wilhelm, Nadine; Büchter, Andreas; Gürsoy, Erkan & Benholz, Claudia (2015): Sprachkompetenz und Mathematikleistung Empirische Untersuchung sprachlich bedingter Hürden in den Zentralen Prüfungen 10. *Journal für Mathematik-Didaktik* 36 (1): 77–104.

Prediger, Susanne (2013). Darstellungen, Register und mentale Konstruktion von Bedeutungen und Beziehungen – Mathematikspezifische sprachliche Herausforderungen identifizieren und überwinden. In M. Becker-Mrotzek, K. Schramm, E. Thürmann & H. J. Vollmer (Hrsg.). Sprache im Fach – Sprachlichkeit und fachliches Lernen. Münster et al.: Waxmann, 167–183.

Prediger, Susanne & Wessel, Lena (2011): Darstellen Deuten Darstellungen vernetzen. Ein fach- und sprachintegrierter Förderansatz für mehrsprachige Lernende im Mathematikunterricht. In Prediger, Susanne & Özdil, Erkan (Hrsg.): *Mathematiklernen unter Bedingungen der Mehrsprachigkeit – Stand und Perspektiven der Forschung und Entwicklung in Deutschland*. Münster: Waxmann, 163–184.

Rensen, Robert (2017): Lernförderliches Feedback zu sprachlichen Kompetenzen im Mathematikunterricht der Grundschule. Konzeption eines Rückmeldeformats für Drittklässler. (unveröffentlichte Masterarbeit).

Riebling, Linda (2013): *Sprachbildung im naturwissenschaftlichen Unterricht. Eine Studie im Kontext migrationsbedingter sprachlicher Heterogenität*. Münster: Waxmann.

Roick, Thorsten; Gölitz, Dietmar & Hasselhorn, Marcus (2004): *DEMAT 3+. Deutscher Mathematiktest für dritte Klassen*. Göttingen: Beltz.

Schleppegrell, Mary J. (2001): Linguistic Features of the Language of Schooling. *Linguistics and Education* 12 (4): 431–459.

Schleppegrell, Mary J. (2004): *The Language of Schooling. A Functional Linguistic Perspective*. Mahwah, New Jersey: Lawrence Erlbaum.

Schuth, Elisabeth; Heppt, Birgit; Köhne, Judith; Weinert, Sabine & Stanat, Petra (2015): Die Erfassung schulisch relevanter Sprachkompetenzen bei Grundschulkindern. Entwicklung eines Testinstruments. In Redder, Angelika; Naumann, Johannes & Tracy, Rosemarie (Hrsg.): *Forschungsinitiative Sprachdiagnostik und Sprachförderung. Ergebnisse.* Münster: Waxmann, 93–112.

Tajmel, Tanja (2017): *Naturwissenschaftliche Bildung in der Migrationsgesellschaft. Grundzüge einer Reflexiven Physikdidaktik und kritisch-sprachbewussten Praxis.* Wiesbaden: Springer VS.

van Merriënboer, Jeroen J. G. & Sweller, John (2005): Cognitive Load Theory and Complex Learning. Recent Developments and Future Directions. *Educational Psychology Review* 17 (2): 147–177.

Weis, Ingrid (2013): Wie viel Sprache hat Mathematik in der Grundschule? https://www.uni-due.de/imperia/md/content/prodaz/wie_viel_sprache_mathematik_grundschule.pdf (02.02.2018).

Wessel, Lena (2015): *Fach- und sprachintegrierte Förderung durch Darstellungsvernetzung und Scaffolding. Ein Entwicklungsforschungsprojekt zum Anteilbegriff.* Wiesbaden: Springer Spektrum.

Wilhelm, Nadine (2016): *Zusammenhänge zwischen Sprachkompetenz und Bearbeitung mathematischer Textaufgaben. Quantitative und qualitative Analysen sprachlicher und konzeptueller Hürden.* Wiesbaden: Springer Spektrum.

III Texte und Textverstehen

Hansjakob Schneider, Eliane Gilg, Miriam Dittmar und Claudia Schmellentin
Prinzipien der Verständlichkeit in Schulbüchern der Biologie auf der Sekundarstufe 1

1 Einleitung

Lernen geschieht in der Schule immer auch vermittelt über Sprache. Dies gilt für das Fach Deutsch, das Sprache zum Beobachtungsgegenstand hat, ebenso wie für alle anderen Fächer. Auch in den naturwissenschaftlichen Fächern sind ausreichende Sprachkompetenzen in mehrfacher Hinsicht von hoher Bedeutung: Die naturwissenschaftlichen Fächer bedienen sich einer schulisch gefärbten Fachsprache, die dem Lernen dienen soll. Dieses schulisch geprägte Sprachregister enthält einerseits Merkmale disziplinenspezifischer Wissenschaftssprache (z. B. Fachwortschatz) und andererseits auch Merkmale allgemeiner Wissenschaftssprache, im Fall des Wortschatzes etwa Wörter wie *Struktur, Funktion, analysieren, interpretieren* (so genannte all-purpose academic words, Snow 2010). Mit anderen Worten: Der Gebrauch von Sprache im Fachunterricht erfordert einerseits disziplinenspezifische Sprachkompetenzen, andererseits auch allgemein bildungssprachliche Kompetenzen. Dazu gehört die Einsicht in die Struktur von Texten oder auch von typisch bildungssprachlichen Diskursfunktionen wie etwa *Definieren, Zusammenfassen, Beschreiben, Erklären, Argumentieren* u. a. (Vollmer 2010, Vollmer/Thürmann 2010).

Wenn die oben angesprochenen Sprachkompetenzen nicht genügend ausgebildet sind, stellt sich Misserfolg nicht nur im Fach Deutsch, sondern auch in den anderen Fächern ein. Im Fall des Naturwissenschaftsunterrichts halten Bolte/Pastille (2010: 27) fest: „Lernende mit ohnehin eingeschränkter Sprachkompetenz erleben in den naturwissenschaftlichen Unterrichtsfächern ein frühes und oftmals endgültiges Scheitern." Hier ist anzumerken, dass nicht nur die Stoffvermittlung zum Auftrag eines Schulfachs gehört, sondern auch der Aufbau einer scientific literacy als der Fähigkeit, sich bspw. naturwissenschaftliches Wissen erschließen und Naturphänomene erklären zu können (OECD 2013: 100). Mit diesen Fähigkeiten sind auch sprachliche Kompetenzen verbunden, und die Schulfächer sind verpflichtet, diese Fähigkeiten bei den Schülerinnen und Schülern auszubilden.

Im vorliegenden Beitrag wird die Rolle der Sprache im Fachlernen am Beispiel des Verstehens von biologischen Schulbuchtexten ausgeleuchtet. Er ist wie folgt strukturiert: Im zweiten Abschnitt werden die oben angesprochenen Ebenen des Sprachlichen in Schulbuchtexten genauer betrachtet und sprachdidaktische Hintergründe referiert. Im dritten Abschnitt wird das Forschungsprojekt *Textverstehen in den naturwissenschaftlichen Schulfächern* vorgestellt, auf das sich der Rest des Beitrags bezieht. Dabei wird auch gezeigt, dass die sprachliche Realisierung in Schulbuchtexten öfters nicht optimal ist. Aus dieser Studie werden im vierten Abschnitt Analysen gezeigt, welche auf die Herausarbeitung von Prinzipien der Textgestaltung fokussiert sind. Die Herleitung dieser Prinzipien wird erläutert und die Prinzipien selbst inhaltlich gefasst. Im fünften Abschnitt folgt ein Fazit und eine Diskussion der Textgestaltungsprinzipien.

2 Merkmale schulischer Fachtexte

Im Folgenden wird die Sprache in schulischen Fachtexten betrachtet, die in der Literatur oft als bildungssprachliches Register bezeichnet wird (z. B. Feilke 2012, Morek/Heller 2012). Die meisten Abhandlungen zur Bildungssprache enthalten Aufzählungen zu den sprachlichen Besonderheiten dieses Registers, die sich weitgehend mit den Merkmalen konzeptioneller Schriftlichkeit (Koch/Oesterreicher 1994) decken; meist werden diese Merkmale noch linguistischen Ebenen zugeordnet (Syntax, Wortschatz usw., z. B. Gogolin/Lange 2011). In diesem Abschnitt wird darüber hinausgehend die funktionale Seite mit Bezug zu einschlägiger Literatur (Schleppegrell 2004, Feilke 2012, Czicza/Hennig 2011) in den Blick genommen. Dies geschieht in der Analyse verschiedener varietätenlinguistischer Ebenen, die in Schulbuchtexte hineinspielen: Schulbuchtexte sind einerseits der konzeptionellen Schriftlichkeit verpflichtet (2.1). Sie enthalten gleichzeitig Merkmale wissenschaftlicher Fachtexte (2.2) und schließlich sind sie Texte, die spezifisch für das schulische Lernen geschaffen worden sind (2.3). Diese drei Ebenen werden in der Folge genauer untersucht.

2.1 Schulische Fachtexte als konzeptionell schriftliche Texte

Schulische Fachtexte sind Texte, die sich an den Normen und Gepflogenheiten der konzeptionellen Schriftlichkeit orientieren. Auf der textlinguistischen Ebene sind dabei die beiden Dimensionen *Kohäsion* und *Kohärenz* maßgebend (Fix 2008). Die „Disziplin des schriftlichen Ausdrucks" (Habermas 1977: 39) erfordert einen hohen Grad an Befolgung dieser textlinguistischen Prinzipien, weil Rücksprache meistens nicht direkt möglich ist. Damit der Kohärenzaufbau auf Seiten der Rezipienten gelingen kann und nicht zu viel Spielraum offen bleibt, muss das Gebot der syntaktisch und semantisch klaren Strukturiertheit für Schulbuchtexte als konzeptionell schriftliche Texte gelten. Verstöße gegen dieses Gebot sind Verstöße gegen die Normen der konzeptionellen Schriftlichkeit und können zu erheblichen Verstehensproblemen, verbunden mit eingeschränktem Lerngewinn, führen.

In Schulbuchtexten werden Informationen nicht nur mittels Text im engeren Sinn vermittelt, sondern auch mittels Bildern (vgl. Dittmar, Schmellentin, Gilg & Schneider 2017). Es gilt also auch, zwischen Text und Bild sowie zwischen den Bildern Kohärenz herzustellen. Kohäsionsmittel spielen entsprechend auch bei der Kohärenzherstellung zwischen Text und Bild bzw. Bild und Bild eine große Rolle: So sollte die Text-Bild-Kohäsion explizit sein, z. B. über kataphorische Verweise im Text (*siehe Abbildung 1*), die Bild-Bild-Kohärenz kann u. a. durch die Kohäsion zwischen Bildern bzw. Bildteilen unterstützt werden, z. B. mittels Pfeilen zwischen Bildern oder durch die Nebeneinanderstellung von sequentiell zu lesenden Abbildungen. Dass sich auch Schulbuchtexte an den Normen der Schriftlichkeit orientieren müssen, klingt banal, eine Analyse solcher Texte zeigt aber erstaunlich viele unter der Perspektive der konzeptionellen Schriftlichkeit ungünstige Passagen.

2.2 Schulische Fachtexte als Texte der Wissenschaftssprache

Jede Bezugsdisziplin der Schulfächer hat ihre eigene wissenschaftliche Fachsprache aufgebaut, die grundsätzlich auch im schulischen Unterricht verwendet wird. Vor dem Hintergrund der pragmatischen Bedingungen von wissenschaftlichen Texten haben Czicza/Hennig (2011) vier Gebote für solche Texte aufgestellt, Präzision, Ökonomie, Origo-Exklusivität und Diskussion, die in der Folge in Bezug auf Schulbuchtexte diskutiert werden.[1]

(1) Präzision

Wissenschaftliche Fachtexte enthalten immer komplexe und differenzierte Inhalte. Um diese Inhalte und Konzepte nachvollziehbar darzustellen, muss die Sprache präzise sein. Präzision zeigt sich bspw. in der Definition und der durchgängig gleichen Verwendung von Fachwörtern und umgekehrt in der Bezeichnung eines Phänomens durch das gleiche Fachwort. Dieser Anspruch gilt im Prinzip auch für die schulische Fachsprache. Allerdings werden Fachwörter auf

---

[1] Für eine aktuelle Diskussion von Wissenschaftssprache im Biologieunterricht s. Nitz (2016).

dem Niveau der Sekundarstufe I oft nicht in ihrer umfassenden fachlichen Bedeutung eingeführt und verwendet, weil das dazu notwendige Fachwissen nicht vorausgesetzt und auch nicht aufgebaut werden kann. Wenn im Fach Biologie etwa der Begriff Knorpel eingeführt wird, dann werden nicht alle fachwissenschaftlich exakten strukturellen Eigenschaften des Knorpels abgehandelt.

(2) Ökonomie

Insbesondere für wissenschaftliche Fachtexte, in denen komplexe Inhalte differenziert dargestellt werden, muss das Gebot der Ökonomie zum Tragen kommen, weil sonst zu lange und komplexe Sätze/Texte entstehen würden, die von den Lesenden nur mit Mühe verarbeitet werden könnten. Das Gebot der Ökonomie leitet sich ab von den kognitiven Ressourcen, die für die Verarbeitung einer Textpassage zur Verfügung stehen. Typischerweise führt das Gebot der Ökonomie zu Verdichtungen im Text, bspw. zu komplexen Präpositional- bzw. Nominalphrasen. Diese Verdichtungen haben den Zweck, dass Information, die sich sonst über verschiedene Teilsätze verteilen würde, kompakt dargeboten wird.

(3) Origo-Exklusivität

Ein Ziel von wissenschaftlicher Tätigkeit ist allgemeingültige wissenschaftliche Aussagen zu machen. Sprachlich manifestiert sich dieses Ziel in der Vermeidung von subjektiven Standpunkten. So dominieren unpersönliche, distanzierte, nicht an Person, Ort oder Zeit gebundene sprachliche Formen wie das Passiv oder das generische Präsens. Diese für Schülerinnen und Schüler häufig unvertraute unpersönliche Sprache findet sich auch in schulischen Fachtexten.

(4) Diskussion/Diskursivität

Wissenschaftliche Texte sind typischerweise in einen intertextuellen Diskurs eingebettet, der das Ziel verfolgt, durch die kritische Auseinandersetzung mit Texten Wissen weiterzuentwickeln. Diese wissenschaftliche Diskursivität steht für Schulbuchtexte zumindest auf der Sekundarstufe I nicht im Vordergrund. Die Hergestelltheit von Wissen wird typischerweise nicht thematisiert.

2.3 Schulische Fachtexte als didaktisch aufbereitete Texte

Wissenschaftliche Erkenntnisse werden im Kontext des schulischen Unterrichts mit guten Gründen für das Lernen aufbereitet. Die allgemeine Didaktik (z. B. mit dem Prinzip der Anschaulichkeit oder der Wiederholung, vgl. Lehner 2009: 54 bzw. 101 f.) und die Biologiedidaktik (z. B. didaktische Reduktion, vgl. Gropengießer, Kattmann & Krüger 2017) bieten Grundlagen für den Prozess der Elementarisierung an. Dieser beinhaltet typischerweise eine Auswahl aus dem verfügbaren Wissen, eine an Lernbarkeit orientierte Anordnung und damit eine Reduktion von sprachlicher und inhaltlicher Komplexität (Scheller 2010: 49 f.). Eine Konsequenz aus der Elementarisierung ist die oben erwähnte weitgehende Ausklammerung der wissenschaftlichen Diskursivität aus Schulbüchern.

Aber nicht einzig Stoffmenge und -anordnung werden für die Schule spezifisch zusammengestellt, auch die Fachsprache wird angepasst. Feilke (2012) spricht von der „Schulsprache", also von einem für didaktische Zwecke gemachten Register. So könnte z. B. eine Verwendung von Metaphern didaktisch motiviert sein, weil Metaphern die Anschaulichkeit und damit die Verständlichkeit erhöhen können. Zugleich widerspricht die Verwendung von Metaphern aber dem Gebot der Präzision aus der Wissenschaftssprache.

Auch das unterrichtspraktische Prinzip, ein naturwissenschaftliches Thema auf einer Lehrbuch-Doppelseite darzustellen, kann Auswirkungen auf Darstellung und Sprache haben, z. B. auf die Bildplatzierung, aber auch auf die Informationsdichte. Eine zu hohe Informationsdichte, die immer auch mit sprachlicher Komplexität einhergeht, beansprucht Lernende stark in der Verarbeitungs- und Behaltensleistung, aber auch in der Gewichtung der Informationen. Aus diesem Grund sollte aus sprachdidaktischer Perspektive immer kritisch abgewogen werden, inwieweit alle Informationen tatsächlich in einem Satz bzw. Text untergebracht werden müssen und welche Informationen auch weggelassen werden könnten (Härtig/Kohnen 2017).

2.4 Zwischenfazit

Die Überlagerung des konzeptionell Schriftlichen, des Wissenschaftssprachlichen und des Schulsprachlichen führt in den Lehrbüchern zu komplexen und in sich eher heterogenen Texten, deren Changieren zwischen verschiedenen Ansprüchen für die Lernenden eine Herausforderung darstellen kann.

Im Folgenden wird vor dem Hintergrund eines Forschungsprojekts dargestellt, wie typische Lehrbuchtexte des Fachs Biologie auf der Sekundarstufe I sprachlich gestaltet sind, welche empirischen Befunde sich bezüglich der Textschwierigkeit zeigen und wie diesen Befunden durch sprachliche Überarbeitungen begegnet werden kann.

3 Das Forschungsprojekt

Das Forschungsprojekt *Textverstehen in den naturwissenschaftlichen Schulfächern* (NawiText)[2] ging den Fragen nach, welche Komplexitätsmerkmale Schulbuchtexte im Fach Biologie aufweisen, welche Verstehensschwierigkeiten bei Schülerinnen und Schülern auf der Sekundarstufe 1 entstehen können und ob eine Überarbeitung der Texte den Wissenserwerb begünstigt. Die Projektanlage ist in Schmellentin et al. (2017) und Dittmar et al. (2017) ausführlich beschrieben und wird hier deshalb nur kurz umrissen.

Das Projekt war in vier Phasen gegliedert:

In der ersten Phase wurden Schulbuchtexte auf ihre linguistische Komplexität hin analysiert. In Phase zwei wurden 24 Schülerinnen und Schüler der Sekundarstufe 1 (7. Schuljahr) beim Lesen der Texte videografiert und in Bezug auf Verstehensprobleme befragt. Die qualitativen Analysen der beobachteten Textverstehensprozesse führten in der dritten Phase zur Formulierung allgemeiner Prinzipien für die Gestaltung von Schulbuchtexten in Biologie (in der Folge: Textprinzipien). Diese Prinzipien wurden auf einen der untersuchten Texte angewandt, um ihn für den Wissenserwerb zu optimieren. In der vierten Phase wurden der ursprüngliche und der überarbeitete Text im Rahmen einer Interventionsstudie (n = 240, 7. Klasse Sek 1, Durchschnittsalter 14;0) auf ihre Wirksamkeit bezüglich Wissenszuwachs hin untersucht.[3]

3.1 Konzeptionelle Schriftlichkeit in Biologielehrmitteltexten

Im vorliegenden Artikel stehen die Textprinzipien und ihre Anwendung in einer Textanpassung im Vordergrund. Dafür stellen wir zunächst sprachliche Merkmale von Biologielehrmitteltexten vor und diskutieren, inwieweit diese den sprachlichen Ansprüchen schulischer Fachtexte gerecht werden. Anschließend beleuchten wir die Verstehensschwierigkeiten, die Schülerinnen und Schüler beim Lesen solcher Fachtexte haben und zeigen auf, wie die Textprinzipien hergeleitet wurden. Schließlich wird anhand eines überarbeiteten Biologielehrmitteltextes die Anwendung der Textprinzipien illustriert.

Um die Sprache in Biologielehrmitteltexten beurteilen zu können, wurden drei ausgewählte Lehrmitteltexte aus verschiedenen Bereichen der Biologie un-

---

2 Wir danken dem Schweizerischen Nationalfonds zur Förderung der wissenschaftlichen Forschung für die finanzielle Unterstützung des Projekts. Das Forschungsprojekt wurde geleitet von Hansjakob Schneider und Claudia Schmellentin, die Mitarbeiterinnen waren Miriam Dittmar und Eliane Gilg.
3 Für ausführlichere Informationen zu den Resultaten s. Schneider et al. (2018).

ter (text-)linguistischen Kriterien analysiert.[4] Überdies wollen wir untersuchen, inwieweit die Gebote der Wissenschaftssprache in Schulbuchtexten umgesetzt werden und unter welchen Bedingungen diese Gebote missachtet werden (müssen). Beispiele aus den drei oben genannten unterschiedlichen Lehrmitteldoppelseiten sollen dabei der Veranschaulichung dienen.

(1) Man findet bei der Analyse von Lehrmitteltexten immer wieder Verstöße gegen die Sprachrichtigkeit. Zum Beispiel steht im Text zur Amsel (Aegerter et al. 2012): „Mit dem langen und kräftigen Schnabel wird auf der Suche nach Würmern und Insekten das Laub gewendet oder Ausschau nach Regenwürmern gehalten." Das Ausschau-Halten mit dem Schnabel kann als Stilblüte interpretiert werden, die meist gar nicht auffällt und das Verstehen nicht weiter tangiert. Trotzdem erstaunt ein solcher Verstoß angesichts der Tatsache, dass es sich um ein redigiertes und in einem renommierten Verlag publiziertes Lehrbuch handelt. Solche Verstöße gegen die Sprachrichtigkeit sind in der Lehrbuchforschung als Problembereich erkannt worden (Niehaus et al. 2011: 91, Scheller 2010: 134).

(2) Weiter sind wir auf mehrere Textstellen gestoßen, in denen die Kohäsion zwischen Sätzen oder Satzteilen nicht immer eindeutig ist. So im folgenden Beispiel aus dem Text zur Atmung (Beuck et al. 2012: 194 f.), bei welchem zwar nicht im eigentlichen Sinne gegen das Gebot der Kohäsion verstoßen wurde, bei den Lesenden aber doch eine Unsicherheit entsteht: „Beim Atmen strömt die Luft durch die beiden **Nasenlöcher** in ein verzweigtes System von *Nasenmuscheln* und *Nebenhöhlen*, die in unseren hohlen Oberkiefer- und Stirnknochen liegen." (Hervorhebungen im Original). Die Frage, in welchen Knochen die Nasenmuscheln bzw. die Nebenhöhlen liegen, ist nicht durch direkte Kohäsionsmittel geklärt. Vielmehr gibt implizit die Parallelstellung von Nasenmuscheln/Nebenhöhlen und Oberkiefer-/Stirnknochen Hinweise auf die Bezüge. Dies erschwert den Aufbau des Konzepts zur Lage der einzelnen anatomischen Strukturen.

(3) Um Konzepte aufzubauen, stehen in Biologielehrmitteltexten immer auch Abbildungen zur Verfügung, so auch in den drei von uns untersuchten Schulbüchern. Damit das Konzeptverstehen gelingt, müssen jedoch Text und Bild miteinander verbunden werden, also Text-Bild-Bezüge während des Verstehensprozesses hergestellt werden. Dazu braucht es Mittel, um Kohäsion zwischen

---

4 Ausgewählt wurden drei auf thematischer und sprachlicher Ebene möglichst unterschiedliche, in ein Thema einführende Texte aus den Bereichen der Humanbiologie, der Ökologie und der Botanik. Dies sind die Lehrmitteltexte *Atmung* aus *Erlebnis Biologie 2* (Beuck et al. 2012: 194 f.); *Die Amsel – ein Allerweltsvogel* aus *Urknall 7* (Aegerter 2012: 55 f.) und *Vom Bau der Blüte* aus *Biologie* (Wildermuth 2010: 10 f.). Der Text zur Atmung zeichnet sich durch einen hohen Anteil von struktur- und vorgangsbeschreibenden Passagen aus, der Blütentext ist eher strukturbeschreibend, der Amseltext hingegen hat einen ausgeprägteren narrativen Duktus.

Text und Bild zu markieren. Bei allen drei analysierten Lehrmitteltexten fehlen aber explizite Verbindungen zu den Abbildungen. So gibt es keine Abbildungsverweise im Text und auch die räumliche Nähe zwischen Textstelle und Abbildung ist weder beim Amsel- (Aegerter et al. 2012) noch beim Atmungstext (Beuck et al. 2012) immer gegeben (zur genaueren Analyse der Problematik von Text-Bild-Bezügen in Biologietexten vgl. Dittmar et al. 2017).

(4) Auch das Verstehen des Zusammenwirkens von Abbildungen oder Abbildungsteilen ist entscheidend für den Konzeptaufbau. So ist es wichtig, dass Schülerinnen und Schüler in der Lage sind, Bilder oder Bildteile miteinander in Bezug zu setzen. Dazu braucht es Kohäsionsmittel, die diese Bezüge anzeigen. Diese sind oft symbolischer Natur, so auch im oben genannten Text zur Atmung (Beuck et al. 2012): Dort werden in der Einheit zur Lunge die Lungenflügel in einer Art Totalansicht gezeigt. Eine weitere Abbildung zeigt als vergrößerter Ausschnitt der ersten Abbildung Endbronchien mit Lungenbläschen. Als Kohäsionsmittel wird ein Pfeil verwendet, der vom einen Bild zum anderen weist. Der Pfeil geht zudem von einer mit einem Quadrat markierten Stelle des Bildes der Totalen aus, die im nächsten Bild vergrößert dargestellt wird. Das Bildverstehen setzt in solchen Fällen eine Kenntnis des Verweisverfahrens voraus, was mit der aktiven Suche nach Bildkohäsionsmitteln einhergeht.

(5) Auf der Ebene des globalen Textverstehens bzw. des Konzeptverstehens zeigt sich, dass Schulbuchtexte der Biologie sich nicht immer durch hohe Kohärenz auszeichnen. Im bereits erwähnten Lehrbuch (Beuck et al. 2012) wird z. B. die Funktion der Schleimhaut an zwei verschiedenen Stellen und anhand zweier verschiedener Organe ähnlich, aber nicht identisch dargestellt, ohne dass ein expliziter Bezug von der einen zur anderen Textstelle hergestellt würde (Schmellentin et al. 2017). Das so konstruierte Wissen erscheint fragmentarisch und inkohärent und lässt die Frage offen, ob die Information an der einen Textstelle bei der anderen auch gelte und ob es sich bei den beiden Schleimhäuten überhaupt um das gleiche Phänomen handle.

Diese Beispiele zeigen, dass in Lehrmitteltexten die Gebote der konzeptionellen Schriftlichkeit nicht immer eingehalten werden, vor allem sind Kohäsion und Kohärenz der einzelnen Textelemente nicht immer explizit hergestellt, so dass bei den Lesern und Leserinnen viel Spielraum für eigene Inferenzbildung bleibt. Dies mag bei ExpertenleserInnen mit einem hohen Vorwissen zum Thema funktionieren, nicht jedoch bei z. T. sprachschwachen Lernenden mit wenig oder überhaupt keinem Vorwissen zu den jeweiligen Themen (Härtig et al. 2015: 62).

3.2 Wissenschaftssprache in Biologielehrmitteltexten

Schaut man sich die Lehrmitteltexte in Bezug auf die Umsetzung der vier Gebote der Wissenschaftssprache an, so zeigen folgende Beispiele, dass diese Gebote in Schulbuchtexten nicht immer zum Einsatz kommen:

(1) So wurde in der Analyse der Schulbuchtexte deutlich, dass das Gebot der Präzision nicht immer umgesetzt wird. In einem Text zum Bau der Blüte heißt es (Wildermuth 2010: 10): „Mit «Parfum» und leuchtenden Farben lockt die Pflanze Bienen, Hummeln und Schmetterlinge an. Damit stehen die Kronblätter im Dienste der Werbung; sie wirken wie ein Wirtshausschild." Die in diesen Sätzen verwendeten Metaphern, Parfum und Wirtshausschild, verstoßen gegen das Prinzip der Präzision, weil Metaphern naturgemäß ein Bedeutungsspektrum eröffnen, statt präzise auf einzelne Bedeutungen zu verweisen.

(2) Hingegen finden wir das Gebot der Ökonomie in Biologielehrmitteltexten tatsächlich stellenweise umgesetzt. So wird im eben zitierten Lehrmittel (Wildermuth 2010: 10) über den Blütennektar gesagt: „Er wird von den Blüten besuchenden Tieren gierig aufgesaugt." Die Alternative zur verdichteten Form wäre: *Er wird von den Tieren, die die Blüten besuchen, gierig aufgesaugt.* Diese Alternative ist länger und umfasst einen eingeschobenen Nebensatz. Bis die zusammengehörende Information verbunden werden kann („Tiere saugen auf") muss dabei Information länger im Arbeitsgedächtnis behalten werden. Und schließlich betont (Schleppegrell 2004: 71), dass komplexe Nominalphrasen Information verdichten und bündeln, was für die Informationsprogression (Thema-Rhema) günstiger sei, als wenn zusammengehörende Information sich auf Nebensätze verteile. Für die mit Wissenschaftssprache wenig vertrauten Sekundarschülerinnen und -schüler sind solche verdichteten Strukturen allerdings schwer zu verarbeiten.

(3) Auch das Gebot der Origo-Exklusivität und der damit einhergehenden sprachlich manifestierten Allgemeingültigkeit kommt in den von uns untersuchten Biologielehrmitteltexten immer wieder zum Einsatz. So steht z. B. im Text zur Atmung (Beuck et al. 2012): „Außen ist die Lunge vom Lungenfell umhüllt." Die Verwendung des Passivs im letzten Satz ist typisch für die Vermeidung von Spezifizität durch Weglassen eines Agens in der Wissenschaftssprache.

3.3 Schulsprache in Biologielehrmitteltexten

Schließlich noch zu Textmerkmalen, die erkennen lassen, dass schulische Fachtexte sprachlich didaktisch aufbereitet werden, also dem Register der Schulsprache (Feilke 2012) angehören. Das zeigen zum einen die oben erwähnten Beispiele der Verwendung von Metaphern als auch der Einsatz von deutschen

Alternativbegriffen. So werden z. B. im Text zur Atmung (Beuck et al. 2012) Bronchien auch als Atemkanälchen bezeichnet, ohne dass explizit gemacht wäre, dass die beiden Wörter sich auf den gleichen Inhalt beziehen. Damit wird das Gebot der Präzision verletzt und dies ist dem Aufbau eines taxonomisch strukturierten Begriffsfelds abträglich. Möglicherweise ist diese Form von Variation dem stilistischen Gebot *variatio delectat* geschuldet.

4 Entwicklung, Anwendung und Wirksamkeit der Textprinzipien

4.1 Die Entwicklung der Prinzipien

Ein entscheidendes Ziel der NawiText-Studie war die Entwicklung und Überprüfung von Textprinzipien. Diese Prinzipien sollen einerseits Lehrmittelautoren als Handreichung bei der Textgestaltung dienen, andererseits sollen sie Lehrpersonen für Schwierigkeiten in Lehrmitteltexten sensibilisieren, um Probleme von Schülerinnen und Schülern antizipieren und so das Verstehen gezielter anleiten zu können.

Grundlage für die Herausarbeitung von Überarbeitungsprinzipien sind die linguistische Textanalyse und die Beobachtung des Leseprozesses der Schülerinnen und Schüler. An den Leseprozessbeobachtungen nahmen 24 Schüler und Schülerinnen der siebten Jahrgangsstufe (Grundansprüche und erweiterte Ansprüche) im Kanton Aargau teil (n = 8 pro Text, je 4 aus beiden Schulniveaus).

Schülerseitige Verstehensschwierigkeiten wurden auf den folgenden Ebenen eruiert:

Kategorie 1: Verstehensschwierigkeiten mit Abbildungen
Kategorie 2: Verstehensschwierigkeiten mit dem Layout
Kategorie 3: Wortverstehensschwierigkeiten
Kategorie 4: Satzverstehensschwierigkeiten
Kategorie 5: Verstehensschwierigkeiten mit Fachbegriffen/Fachkonzepten

Ausführlicher werden die Textkomplexitätsmerkmale und die beobachteten Verstehensschwierigkeiten in Schmellentin et al. (2017) und die Besonderheiten von Text-Bild-Gefügen in Dittmar et al. (2017) dargestellt.

An Textstellen mit gehäuften Verstehensschwierigkeiten wurde nach dem Verfahren der kommunikativen Validierung in Analysesitzungen bestimmt, inwiefern die Verstehensschwierigkeiten auf textseitige Ursachen zurückzuführen sind, welche sprachlich-textuellen oder bildlich-visuellen Komplexitätsmerkmale

Tab. 1: Sechs Kategorien von Textprinzipien mit einer Auswahl von Einzelprinzipien.

Prinzipienkategorien	Prinzipienbeispiele* (Auswahl)
1. Layout (2 Prinzipien)	– typografische Mittel bewusst und kohärent einsetzen (P1) – Sinneinheiten grafisch als Einheit präsentieren (P2)
2. Inhaltsorganisation und Gliederung (Textkohärenz) (8 Prinzipien)	– Explizite Themeneinführungen (advance organizers, explizite Leseserführung, P5) – Fokussierung des Textes auf die wesentlichen Informationen, Nebenkonzepte weglassen (P8) – Redundanzen schaffen (P10)
3. Kohäsion (4 Prinzipien)	– eindeutige und explizite Bezüge (P13) – keine unspezifische Proformen, die auf globale Konzepte rekurrieren (P14)
4. Bildgestaltung (8 Prinzipien)	– Bildfokussierung auf die wesentlichen Informationen (P17) – wichtige visualisierbare Sachverhalte durch Bilder unterstützen (P18)
5. Syntax (4 Prinzipien)	– komplexe Einschübe vermeiden (P24) – komplexe Nominalphrasen vermeiden (P25)
6. (Fach-)Wortschatz und Morphologie (Lexik) (8 Prinzipien)	– Fachbegriffe explizit erläutern (P28) – Fachbegriffskonstanz (keine Synonyme, P31) – bewusster Umgang mit morphologischer Komplexität (P33)

* Im Anhang findet sich eine vollständige Auflistung aller Prinzipien, die in der Textüberarbeitung berücksichtigt wurden. Sie sind im Text immer mit dem Großbuchstaben P und einer Zahl zwischen 1 und 34 gekennzeichnet.

dafür mitverantwortlich sind bzw. sein können und ob sich diese Schwierigkeit auch an anderen Textstellen und in anderen Texten zeigen. Waren es wiederholt auftretende Verstehensschwierigkeiten, die auf Textkomplexitätsmerkmale rückschließen ließen, so wurden dazu allgemeine Prinzipien der Textgestaltung formuliert. Die Prinzipien reagieren also auf Verstehensschwierigkeiten und formulieren positiv, worauf beim Verfassen von Texten geachtet werden soll (z. B. *wichtige Fachwörter sollen explizit erläutert bzw. erkennbar definiert werden*). Die Prinzipien beziehen sich deshalb auf die gleichen sprachlichen Ebenen, auf denen die Textverstehensschwierigkeiten angesiedelt sind, allerdings wurden die Ebenen teilweise noch etwas ausdifferenziert. Entstanden sind 34 Textprinzipien (vgl. Anhang 1), die sich in sechs Bereiche gruppieren lassen (vgl. Tabelle 1).

4.2 Die Umsetzung der Prinzipien

Es fällt auf, dass aufgrund der beobachteten Verstehensschwierigkeiten Prinzipien vor allem zu drei Kategorien entwickelt werden mussten: dem Bereich der Inhaltsorganisation und Gliederung, dem Bereich der Bildgestaltung und der Text-Bild-Bezüge sowie dem Bereich der Lexik mit (Fach-)Wortschatz und Morphologie. Das gibt einen Hinweis darauf, dass bei Lehrmitteltexten in der Biologie gerade in diesen drei Kategorien Bearbeitungsbedarf besteht.

Die von uns entwickelten Prinzipien der Textanpassung haben wir auf einen der drei Lehrmitteltexte, den Text zur Atmung (Beuck et al. 2012: 194 f.), angewendet, um einen optimierten Text zum selben Thema mit den gleichen zentralen Wissenskonzepten zu erhalten. Im Folgenden gehen wir auf Anwendung der Prinzipien auf diesen Text ein, der in Abbildung 1 wiedergegeben ist.

1 Prinzipien zum Layout

In der Kategorie Layout wurden aufgrund der beobachteten Verstehensschwierigkeiten zwei Prinzipien entwickelt und in der Textüberarbeitung umgesetzt. Das ist zum einen, dass typographische Mittel bewusst und kohärent eingesetzt werden (P1), womit gemeint ist, dass z. B. Fettdruck konsequent eingesetzt wird, damit den Lesenden die Funktion deutlich wird. Im überarbeiteten Text sind daher neben den Bildverweisen alle neu eingeführten Fachbegriffe fett gedruckt. Somit bekommt der Fettdruck die einheitliche Funktion der Markierung wichtiger neuer Begriffe und unterstützt ihre Auffindbarkeit.

Des Weiteren sollen thematische Sinneinheiten auch grafisch als Einheit präsentiert werden und verschiedene Textelemente mit ihren unterschiedlichen Funktionen auch als solche auf der Ebene des Layouts erkennbar sein (P2). Das gelingt z. B. mittels Absätzen, Unterkapiteln sowie durch farbliche Markierung besonderer Textelemente wie Fragen an den Text oder Synopsen (siehe Abbildung 1).

2 Prinzipien zur Inhaltsorganisation und Gliederung (Textkohärenz)

In der Kategorie Textkohärenz wurden aufgrund der beobachteten Verstehensschwierigkeiten acht verschiedene Prinzipien entwickelt und in der Textüberarbeitung eingesetzt. Auf der Ebene des Gesamttextes (vgl. Abbildung 1) wurde darauf geachtet, dass Spalten- und Zeilenumbrüche möglichst inhalts- und leseprozesslogisch gesetzt werden, wobei alle Informationen zu einem Thema auch in einem Abschnitt stehen sollten (P3). Dieses Prinzip wurde auch bei Abbildungen eingehalten (Texte und Bilder sind leseprozesslogisch platziert und die Abbildungen können klar einem Thema zugeordnet werden, P4). Zudem setzten wir advance organizers ein (P5): Der Text beginnt mit einer Synopse und auch die einzelnen Unterkapitel beginnen mit kleinen Zusammenfassungen, damit eine Leseerwartung aufgebaut werden kann. Um die Themenentfaltung vor allem bei komplexen Konzepten schrittweise zu gestalten und um Themenverschränkungen zu vermeiden, wurden z. B. Aufbau und Funktion einer Struktur zunächst auseinandergehalten und erst in einem zweiten Schritt zusammengeführt (P6). Außerdem sind die zentralen Konzepte explizit und präzise erläutert worden (P7). Auf die Darstellung von Nebenkonzepten[5] wurde möglichst verzichtet (z. B. Aufbau der Nebenhöhlen) und somit auf das Wesentliche fokussiert (P8). Die Informationsstrukturierung ist sowohl auf Text- als auch auf Satzebene möglichst prototypisch gehalten (Thema vor Rhema, bekannte vor neuer Information, P9). Schließlich wurden im Gesamttext immer wieder inhaltliche Redundanzen geschaffen (P10), das heißt, zentrale Informationen wiederholt, um wichtige und komplexe Informationen zu fokussieren. So wurde z. B. die Funktion der Knorpelspangen im überarbeiteten Text wiederholt dargestellt:

Textbeispiel 1a (Originaltext: Beuck et al. 2012: 194; Hervorhebung im Original)
Luftröhre und Bronchien besitzen Versteifungen aus Knorpel, damit sie sich beim heftigen Einatmen nicht verschliessen. Diese *Knorpelspangen* kann man an der Kehle ertasten.

Textbeispiel 1b (überarbeiteter Text, redundante Information für die Zwecke des vorliegenden Beitrags in Kursivdruck)
Damit sich die Luftröhre und die Bronchien beim Einatmen nicht verschließen, haben sie Ringe aus Knorpel. Diese Ringe nennt man Knorpelspangen **(5 und 6)**. Knorpel ist biegsam aber doch fest. *Die Knorpelspangen halten die Luftröhre und die Bronchien offen.*

---

[5] Wir danken Prof. Dr. Anni Heitzmann, Dr. Katrin Bölsterli Bardy, Dr. Anne Beerenwinkel, Prof. Dr. Hendrik Härtig und Prof. Dr. Armin Rempfler für ihre naturwissenschaftsdidaktische Beratung.

Die Atmung

Was du in diesem Text lernst
Bei der Atmung wird Luft in die Lunge transportiert und wieder aus der Lunge ausgestossen. Sinn der Atmung ist es, den Körper mit dem lebenswichtigen Sauerstoff zu versorgen. Die Lunge ist das wichtigste Atmungsorgan. In diesem Text erfährst du, welchen Weg die Luft zur Lunge nimmt. Du erfährst auch, wie die Luft in den Atemwegen gereinigt wird. Zudem lernst du zwei Muskelbewegungen kennen, die die Atmung ermöglichen: die Bauchatmung und die Brustatmung.

Die Atemwege

Über die Atemwege gelangt die Luft in die **Lunge**, die aus zwei **Lungenflügeln** besteht (Bild A).

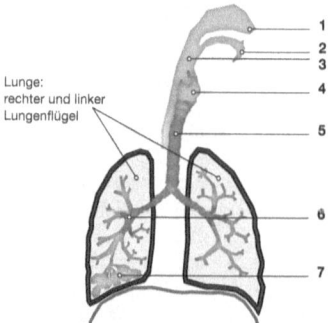

Bild A: Der Weg der Atemluft in die Lunge
1. Nase, 2. Mund, 3. Rachen, 4. Kehlkopf, 5. Luftröhre mit Knorpelspangen, 6. Bronchien mit Knorpelspangen, 7. Lungenbläschen

Der Mensch atmet die Luft durch die **Nase (1)** oder den **Mund (2)** ein. Die Luft gelangt über den **Rachen (3)** zum **Kehlkopf (4)**. Beim Kehlkopf trennen sich die Speiseröhre und die **Luftröhre (5)**. Die Luft gelangt in die Luftröhre. Die Luftröhre teilt sich am unteren Ende in zwei ‹Äste›. Diese Äste nennt man **Bronchien (6)**. Damit sich die Luftröhre und die Bronchien beim Einatmen nicht verschliessen, haben sie Ringe aus Knorpel. Diese Ringe nennt man **Knorpelspangen (5 und 6)**. Knorpel ist biegsam aber doch fest. Die Knorpelspangen halten die Luftröhre und die Bronchien offen. Die Luft gelangt durch die Luftröhre und die Bronchien in die Lunge. In der Lunge teilen sich die Bronchien in immer kleinere Bronchien. Am Ende der Bronchien befinden sich winzige **Lungenbläschen (7)**. Durch die dünne Haut der Lungenbläschen gelangt Sauerstoff in das Blut. Wie dies funktioniert, erfährst du in einem anderen Text.

Reinigung der Luft in den Atemwegen

Die Luft wird auf dem Weg von der Nase zur Lunge gereinigt. Die erste Reinigung findet in der Nase statt. Hier fangen die Nasenhaare grössere Verunreinigungen ab. Kleinere Verunreinigungen wie Staub, Viren oder Bakterien werden mithilfe von **Schleimhäuten** aufgehalten. Alle Atemwege von der Nase bis zu den Bronchien haben Schleimhäute. Diese sind feucht und klebrig. Die kleinen Verunreinigungen bleiben auf den Schleimhäuten kleben. Die Schleimhäute haben winzige Härchen. Diese Härchen nennt man **Flimmerhärchen**. Die Flimmerhärchen bewegen sich ständig und transportieren so die Verunreinigungen, Bakterien und Viren zum **Kehlkopf (4)**. Dort werden sie hintergeschluckt und gelangen in den Magen. Im Magen werden die Bakterien und Viren von der Magensäure abgetötet.
Die Schleimhäute in der Nase fangen Verunreinigungen ab und wärmen und befeuchten die Luft. Es ist deshalb ratsam, durch die Nase zu atmen und nicht durch den Mund. Wenn man durch die Nase atmet, kommt gereinigte und gewärmte Luft in die Lunge.

Die Atembewegungen

Die Atembewegungen ermöglichen, dass die Luft in die Lunge transportiert und wieder ausgestossen wird. In diesem Abschnitt wird zuerst beschrieben, wie die Organe aufgebaut sind, die für die Atembewegungen wichtig sind. Danach werden die Atembewegungen erklärt.

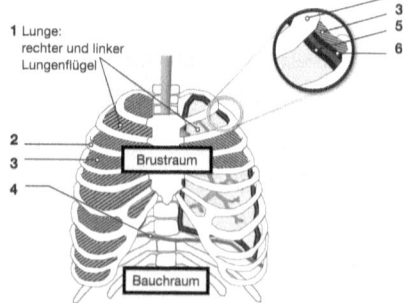

Bild B: Der Brustraum
1. Lunge, 2. Rippen, 3. Zwischenrippenmuskeln, 4. Zwerchfell, 5. Lungenfell, 6. Rippenfell

Im **Brustraum (Bild B)** befinden sich das Herz und die **Lunge (1)**. Der Brustraum ist von schmalen Knochen umschlossen, den **Rippen (2)**. Zwischen den Rippen hat es Muskeln. Diese nennt man **Zwischenrippenmuskeln (3)**. Rippen und Zwischenrippenmuskeln bilden eine Art ‹Korb› um die Lunge. Man nennt ihn deshalb **Brustkorb**. Unten am Brustkorb befindet sich das **Zwerchfell (4)**. Das Zwerchfell trennt den Brustraum vom **Bauchraum**. Es ist ein starker Muskel, der wie eine Haut aussieht.

Abb. 1: Der vom Projekt überarbeitete Lehrmitteltext zur Atmung.

Zwischen dem Brustkorb und der Lunge hat es zwei dünne Hautschichten: das **Lungenfell (5)** und das **Rippenfell (6)**. Das Lungenfell umhüllt die Lunge. Das Rippenfell liegt um das Lungenfell herum und ist am Brustkorb befestigt. Zwischen dem Lungenfell und dem Rippenfell befindet sich Flüssigkeit. Diese Flüssigkeit bewirkt, dass das Lungenfell und das Rippenfell aneinander kleben und sich trotzdem verschieben können. So kann die Lunge den Bewegungen der Rippen folgen. Wie die Bewegungen beim Atmen funktionieren, wird im nächsten Abschnitt beschrieben.

Zwei Atmungsarten

Es gibt zwei Arten von Atembewegungen: die **Bauchatmung (Bilder C1 und C2)** und die **Brustatmung (Bilder D1 und D2)**. Beide Atembewegungen werden durch Muskeln bewirkt.

Die Bauchatmung:
Das Zwerchfell ist der Muskel, der die Bauchatmung bewirkt. Muskeln können angespannt oder entspannt sein. Im angespannten Zustand ist das Zwerchfell flach **(Bild C1)**, im entspannten Zustand ist es nach oben gewölbt **(Bild C2)**.

Die Brustatmung:
Die Zwischenrippenmuskeln bewirken die Brustatmung. Sie heben und senken die Rippen.

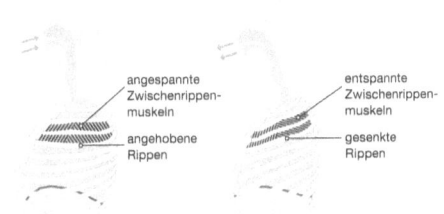

Bild D1: Brustatmung eingeatmet

Bild D2: Brustatmung ausgeatmet

Einatmen: Bei der Brustatmung werden die Zwischenrippenmuskeln angespannt **(Bild D1)**. Sie heben so die Rippen nach oben. Der Brustkorb wölbt sich dadurch nach vorne. Die Lunge folgt der Bewegung des Brustkorbs und wird grösser. Als Folge strömt Luft in die vergrösserte Lunge: Wir atmen ein.

Ausatmen: Wenn sich die Zwischenrippenmuskeln entspannen, dann senken sich die Rippen wieder **(Bild D2)**. Der Brustkorb wird kleiner und damit auch die Lunge. Dadurch wird die Luft aus der Lunge gedrückt und wir atmen wieder aus.
Weil sich der Brustkorb hebt und senkt, nennt man diese Atmungsart Brustatmung.

Bild C1: Bauchatmung eingeatmet

Bild C2: Bauchatmung ausgeatmet

Einatmen: Wenn das Zwerchfell angespannt wird, dann bewegt es sich nach unten **(Bild C1)**. Die Lunge folgt der Bewegung des Zwerchfells und wird dadurch grösser. Als Folge strömt Luft in die vergrösserte Lunge: Wir atmen ein.
In diesem angespannten Zustand drückt das Zwerchfell von oben auf die Bauchorgane. Diese verschieben sich deshalb nach vorne und drücken den Bauch heraus.

Ausatmen: Wir atmen aus, wenn sich das Zwerchfell entspannt **(Bild C2)**. Im entspannten Zustand wölbt sich das Zwerchfell nach oben und die Lunge wird kleiner. Dadurch wird die Luft aus der Lunge gedrückt. Die Organe im Bauch haben wieder mehr Platz und der Bauch wird wieder flach.
Weil sich der Bauch bewegt, nennt man diese Atmungsart Bauchatmung.

Fragen

Lies noch einmal den Absatz ‹Reinigung der Luft in den Atemwegen› und bearbeite die folgenden Fragen auf dem Blatt.

1. Notiere alle richtigen Antworten.
   a) Die Schleimhäute sind feucht und klebrig.
   b) Die Schleimhäute transportieren die Luft.
   c) Die Schleimhäute reinigen die Luft.
   d) Die Schleimhäute kühlen die Luft.
2. Was wird von den Schleimhäuten aufgehalten? Zähle drei Dinge auf.
3. Wo gibt es in den Atemwegen Schleimhäute? Zähle drei Stellen auf.
4. Fasse in 2–3 Sätzen zusammen, welche Funktion die Schleimhäute bei der Atmung haben.

3 Prinzipien zur Kohäsion

In der Kategorie Kohäsion wurden aufgrund der beobachteten Verstehensschwierigkeiten vier verschiedene Prinzipien entwickelt und in der Textüberarbeitung eingesetzt. Zu dieser Kategorie zählen Kohäsionsmittel, die Satzteile und Sätze miteinander verbinden, Kohäsionsmittel, die Textstellen mit Abbildungen verbinden und solche, die Abbildungen oder Abbildungsteile miteinander verknüpfen. Auf der Ebene der rein syntaktischen Anknüpfungen formulierten wir zwei Prinzipien: Einerseits sollten eindeutige und explizite Bezüge geschaffen werden z. B. mittels Rekurrenz von Fachbegriffen (P13) und andererseits sollen unspezifische Proformen, die auf globale Konzepte referieren (z. B. dadurch, deswegen) vermieden werden (P14). Auf der Ebene der Verknüpfung von Text und Abbildungen haben wir im überarbeiteten Text Text-Bild-Bezüge explizit gemacht (P11): Es gibt nun Abbildungsverweise im Text (siehe Textbeispiel 1). Ebenso sollten Bild-Bild-Bezüge explizit dargestellt, hervorgehoben und evtl. sogar beschriftet werden (P12). Zusammenhänge zwischen den Bildelementen sind durch Nebeneinanderstellung der Bilder erfolgt oder durch explizit markierte Lupendarstellungen von Ausschnitten (vgl. Abbildung 2).

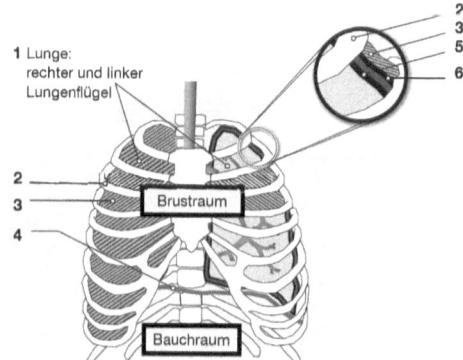

Bild B: Der Brustraum
1. Lunge, 2. Rippen, 3. Zwischenrippenmuskeln, 4. Zwerchfell, 5. Lungenfell, 6. Rippenfell

Abb. 2: Darstellung des Brustraumes mit Ausschnittsvergrößerung (überarbeiteter Text).

4 Prinzipien zur Bildgestaltung

In der Kategorie Bildgestaltung wurden aufgrund der beobachteten Verstehensschwierigkeiten acht verschiedene Prinzipien entwickelt und in der Textüberarbeitung eingesetzt. Für die Textüberarbeitung wurden die Bilder komplett neu gestaltet. Alle zentralen Konzepte, die visualisierbar sind, wurden auch bildlich dargestellt (P18). So wurde im überarbeiteten Text auch eine Abbildung zum Aufbau des Brustraumes eingefügt, die im Originaltext fehlt (siehe Abbildung 2). In den Abbildungen wurden nur die zentralen Aspekte fokussiert (P17), Elemente die im Text nicht vorkommen, wurden weggelassen (z. B. Blutgefässe in der Lunge) (P15). Fokussierung war auch bei der Bildbeschriftung ein wesentliches Prinzip (P20).

Ein weiterer Aspekt der Bildumgestaltung war die Bildverständlichkeit. Dabei wurde darauf geachtet, dass gleiche Bildelemente immer gleich dargestellt werden (z. B. Darstellung des Zwerchfells) (P16). Außerdem wurde darauf verzichtet, unterschiedliche Abstraktions- und Symbolebenen in einem Bild zu verwenden (P19). Die Bildverständlichkeit wurde zudem durch eindeutige und übersichtlich platzierte Bildbeschriftungen/-unterschriften unterstützt (P21, P22).

5 Prinzipien zur syntaktischen Komplexität

In der Kategorie Syntax wurden aufgrund der beobachteten Verstehensschwierigkeiten vier verschiedene Prinzipien entwickelt und in der Textüberarbeitung eingesetzt. Die Kategorie Syntax beinhaltet vor allem Prinzipien zur Satzkomplexität. So wurden im überarbeiteten Text möglichst einfache Satzstrukturen[6] verwendet und auf syntaktische Einbettung verzichtet (P23), insbesondere wurde darauf geachtet, dass keine neuen Informationen oder Definitionen als Einschübe vorkommen (P24). Sowohl komplexe Argumentstrukturen in Nominalphrasen (P25) als auch komplexe lange Vorfelder (P26) wurden möglichst vermieden.

6 Prinzipien zu (Fach-)Wortschatz und Morphologie (Lexik)

In der Kategorie Lexik wurden aufgrund der beobachteten Verstehensschwierigkeiten acht verschiedene Prinzipien entwickelt und in der Textüberarbeitung eingesetzt. Wesentliche Fachbegriffe wurden eingeführt und explizit erläutert (P28, P30). En-passant-Definitionen wurden vermieden (vgl. Definition von Flimmerhärchen in Textbeispiel 2):

> **Textbeispiel 2a** (Originaltext: Beuck et al. 2012: 194; Hervorhebung im Original)
> Alle diese Atemwege sind mit einer Schleimhaut mit *Flimmerhärchen* ausgekleidet.

---

[6] Zur syntaktischen Komplexität, z. B. von hypotaktischen gegenüber paratraktischen Strukturen, s. Givón (2009).

Textbeispiel 2b (überarbeiteter Text)
Die Schleimhäute haben winzige Härchen. Diese Härchen nennt man **Flimmerhärchen**.

Vermieden wurden auch neue Fachwörter in Erläuterungen oder Definitionen anderer Wörter (P29). Zudem wurden Fachwörter sowohl im Text als auch in den Bildbeschriftungen konstant verwendet, auf die Verwendung von Synonymen wurde vollständig verzichtet (P31, P27) (vgl. dazu Textbeispiel 3):

Textbeispiel 3a (Originaltext: Beuck et al. 2012: 194; Hervorhebungen des Originals nicht übernommen. Die verwendeten Hervorhebungen sind für die Zwecke des vorliegenden Artikels eingesetzt, um Begriffe im Bereich Atemwege zu markieren):
Beim Atmen strömt die Luft durch die beiden Nasenlöcher in ein verzweigtes System von Nasenmuscheln und Nebenhöhlen, die in unseren hohlen Oberkieferknochen liegen. (...)
Über den Rachen (...) gelangt die Luft zum Kehlkopf. Er trennt die Speiseröhre und die *Luftröhre*. Die *Luftröhre* teilt sich in die beiden *Hauptbronchien*. (...) *Luftröhre* und *Bronchien* besitzen Versteifungen aus Knorpel (...)
Die *Bronchien* verzweigen sich in der Lunge in immer kleinere *Atemkanälchen*. Alle diese *Atemwege* sind mit einer ...

Textbeispiel 3b (überarbeiteter Text; für die Zwecke des vorliegenden Beitrags ist die rekurrente Verwendung der Begriffe kursiv hervorgehoben):
Der Mensch atmet die *Luft* durch die Nase (1) oder den Mund (2) ein. Die *Luft* gelangt über den Rachen (3) zum *Kehlkopf* (4). Beim *Kehlkopf* trennen sich die Speiseröhre und die *Luftröhre* (5). Die Luft gelangt in die *Luftröhre*. Die *Luftröhre* teilt sich am unteren Ende in zwei ‹*Äste*›. Diese *Äste* nennt man Bronchien (6).

Textbeispiel 3a dokumentiert, dass für das Konzept *Bronchien* einmal der Begriff *Bronchien*, dann aber auch *Hauptbronchien* und *Atemkanälchen* verwendet wird. Schließlich wird der Begriff Atemwege verwendet, ohne dass er definiert wäre: Gehören Nasenlöcher, Nasenmuscheln, Hauptbronchien/Bronchien (ein Bedeutungsunterschied wird nicht explizit hergestellt) und Atemkanälchen alle dazu? Oder nur die zuletzt genannten Bronchien und Atemkanälchen? Dies ist für den Text insofern wichtig, als die Knorpelspangen als Elemente der Bronchien genannt werden. So lange nicht deutlich ist, dass die Atemkanälchen auch zu den Bronchien gehören, wird nicht klar, dass auch diese mit Knorpelspangen ausgestattet sind. Und wenn man alle genannten Strukturelemente (von Nasenlöchern bis zu den Atemkanälchen) zu den Atemwegen zählte, wären auch die Nasenlöcher und Nasenmuscheln mit Knorpelspangen versehen. Der überarbeitete Text ist im entsprechenden Abschnitt 2b diesbezüglich in der Terminologie eindeutig.

Mit morphologisch komplexen Wörtern wurde bewusst umgegangen. Zwar lassen sich diese nicht vermeiden (vgl. Fachwörter wie *Zwischenrippenmuskeln*). In solchen Fällen wurde aber der Aufbau des Wortes expliziert, indem das morphologisch komplexe Wort in seinen Komponenten eingeführt wurde: „Zwischen den Rippen hat es Muskeln. Diese nennt man Zwischenrippenmuskeln."

Ähnlich wurde auch bei der Verwendung von Metaphern und Wörtern, die alltagssprachlich eine andere Bedeutung als im fachlichen Kontext haben, vorgegangen (P 32, P34). Die metaphorische Bedeutung bzw. der Bezug zur alltagssprachlichen Bedeutung wurden in solchen Fällen jeweils explizit gemacht.

Zu betonen ist, dass an vielen Textstellen mehrere Prinzipien gleichzeitig umgesetzt wurden, und manchmal wurde auf die Umsetzung gewisser Prinzipien zugunsten anderer Prinzipien verzichtet. So lässt sich z. B. nicht immer die Aufnahme von Nebenkonzepten vermeiden (P17, P8), wenn sie der Explizitheit (P7, P28) dienlich sind, oder syntaktische Einschübe werden nötig (P24), wenn man auf komplexe Nominalphrasen verzichten will (P25). Alle im Anhang aufgeführten Prinzipien kamen bei der Textüberarbeitung zum Einsatz. Innerhalb der hier referierten Studie wurde in einer Vergleichsstudie mit 213 Versuchspersonen aus 16 siebten KLassen der Sekundarstufe überprüft, inwieweit die Überarbeitung des Textes nach den 34 Prinzipien für den Wissenszuwachs wirksam sind (s. oben, Abschnitt 3 und ausführlicher: Schneider et al. 2018). Es konnte gezeigt werden, dass der überarbeitete Text auf dem Sekundarniveau mit erweiterten Ansprüchen (verglichen mit den Originaltext) zu einem signifikanten und mittelstarken Wissenszuwachs geführt hat. Auf dem Sekundarniveau für Grundansprüche hingegen konnte ein solcher Wissenszuwachs nicht nachgewiesen werden (bzw. nur in einem von mehreren Themenbereichen).

5 Diskussion und Fazit

In diesem Beitrag wurden naturwissenschaftliche Schulbuchtexte in Bezug auf ihre sprachlichen Register und deren Funktionen theoretisch und anhand einer eigenen empirischen Studie diskutiert.

Theoretisch betrachtet weisen naturwissenschaftliche Schulbuchtexte Merkmale auf, die sich verschiedenen varietätenlinguistischen Perspektiven zuordnen lassen: Einerseits sind schulische Fachtexte geschriebene Texte und orientieren sich deshalb an den Merkmalen von konzeptioneller Schriftlichkeit (schulische FachTEXTE). Weiter enthalten sie durch ihren Fachbezug Elemente von wissenschaftlicher Fachsprache (schulische FACHtexte). Und schließlich sind sie so geformt, dass sie das Lernen auf dem Niveau von Laien unterstützen (SCHULISCHE Fachtexte).

Unter Einbezug der empirischen Daten wurde deutlich, dass diese drei Registerdimensionen unterschiedliche Funktionen haben und teilweise auch konträr zueinander stehen.

Die Dimension der konzeptionellen Schriftlichkeit ist insofern besonders grundlegend, als sie unabhängig vom fachlichen Inhalt formale Aspekte monologisch-schriftlicher Texte zum Inhalt hat. Dazu gehört etwa der Gebrauch eindeutiger Verweise im Text. Dies gilt im Prinzip für jeden monologisch-schriftlichen Text und Verstöße gegen diese Grundregel müssen als Fehler taxiert werden. Solche Phänomene sind in Schulbüchern nicht oft anzutreffen, aber sie kommen gelegentlich vor.

Konzeptionelle Schriftlichkeit ist aber nicht ein einheitliches Konstrukt und ihre Normen sind je nach Textsorte und Verwendungszusammenhängen unterschiedlich. Es ergibt sich beispielsweise ein Spannungsfeld zwischen konzeptioneller Schriftlichkeit und der Dimension des Fachlich-Wissenschaftlichen, das sich in schulischen Fachtexten besonders deutlich zeigt: Mittel der Textdeixis können den allgemeinen Normen der konzeptionellen Schriftlichkeit genügen, aber für die Wissenschaftssprache zu wenig präzise sein. Dies ist etwa der Fall bei allgemein verweisenden Pronominaladverbien wie *daraus* oder *dadurch*, die sich oft auf einen komplexen Sachverhalt beziehen, bei dem nicht sicher ist, ob das Ganze oder nur Teile davon angesprochen sind (vgl. P14).

Nicht alle Postulate von wissenschaftlicher Fachsprache (Präzision, Ökonomie, Origo-Exklusivität und Diskursivität) sind für schulische Fachtexte von gleicher Bedeutung. Das Postulat der Diskursivität hat im Wissenschaftsregister die Funktion, den Wissenschaftsdiskurs durch Analyse und Beurteilung von bestehendem Wissen aufzunehmen, weiterzuführen und dadurch Wissenschaftlichkeit zu garantieren. Im Gegensatz dazu regen die im Forschungsprojekt analysierten Fachtexte keinen fachlichen Diskurs an, sondern vermitteln als allgemeingültig präsentiertes Wissen.

Als besonders relevant für die Analyse von schulischen Fachtexten hat sich das Postulat der Präzision erwiesen. In der NawiText-Studie sind einige Textgestaltungsprinzipien entwickelt worden, die unter dieses Postulat gefasst werden können. Dazu zählen die Prinzipien der expliziten (P28) sowie für Schüler und Schülerinnen nachvollziehbaren (P29) Begriffsdefinitionen und der expliziten Wiederaufnahme von Fachbegriffen (P31). Ganz grundsätzlich scheint die Präzision im Vergleich zu den anderen Geboten eine Sonderstellung für wissenschaftliche Texte in der Schule einzunehmen: Texte können als konzeptionell schriftliche Texte schlecht geschrieben sein und sie können zu komplex verfasst sein. Darunter leidet das allgemeine Textverstehen. Sie können darüber hinaus sprachlich nicht die angestrebte wissenschaftliche Objektivität vermitteln, dann erwecken sie den Eindruck, nicht wissenschaftlich zu sein. Was aber auf den Aufbau von Wissensbeständen unmittelbar einwirkt, sind präzise eingeführte und verwendete Fachwörter. Wenn Fachwörter unklar bleiben, dann ist nicht einzig das Textverstehen beeinträchtigt, sondern der Aufbau von wissenschaftlichen Konzepten gefährdet.

In schulischen Fachtexten bedeutet jedoch inhaltliche Präzision und Detailliertheit typischerweise eine ausführlichere Darstellung, was die Verarbeitbarkeit der Informationen mindern kann. Präzision sollte also im schulischen Kontext einhergehen mit einer Fokussierung auf Wesentliches (P17, P8). Das Ökonomiepostulat kann daher für schulische Fachsprache nur sehr begrenzt Geltung beanspruchen. Unweigerlich verknüpft mit der ökonomischen Darstellung von Informationen ist nämlich deren Verdichtung, die in unseren Leseprozessbeobachtungen häufig zu Verstehensschwierigkeiten geführt hat (vgl. Schmellentin et al. 2017). So entwickelten wir Prinzipien, welche die morphologische (P33) und semantische Komplexität (P34) reduzieren, sowohl im Zusammenhang mit Fachwörtern als auch mit allgemein-bildungssprachlichen Wörtern. Ebenfalls in Widerspruch zum wissenschaftlichen Postulat der Ökonomie steht das didaktische Prinzip der Wiederholung (P10). Für schulische Fachtexte gilt, dass sie inhaltlich klar fokussiert sein und gleichzeitig Redundanzen enthalten sollen; im Unterschied zu wissenschaftlichen Fachtexten sollte bereits Erwähntes, wenn immer möglich, nochmals explizit aufgenommen werden, damit es sich besser verankern kann.

Die sprachdidaktische Textoptimierung steht also teilweise im Widerspruch zu den Geboten der Wissenschaftssprache. Gefordert ist in diesen Fällen ein (sprach- und fach-)didaktischer Blick, der erkennt, welcher Präzisionsgrad den Schülerinnen und Schülern zu wenig bzw. zu viel Information liefert. Gleichzeitig ist zu bedenken, dass Texte nicht einzig an die Lernenden angepasst werden müssen, sondern dass Lernende auch zunehmend mit den Normen wissenschaftlicher Text vertraut gemacht werden sollen. Schülerinnen und Schüler müssen also bspw. an den Umgang mit dem Gebot der Ökonomie herangeführt werden. Heranführen würde z. B. bedeuten, dass nach einer Phase der erhöhten Redundanz Strategien eingeführt werden, die bei der Auflösung dichter Strukturen hilfreich sind.

Viele schulische Fachtexte geben aber zur Vermutung Anlass, dass die sprachlichen Aspekte von fachspezifischer Literalität nicht didaktisch reflektiert vermittelt werden. Vielmehr finden sich oft wissenschaftssprachliche Elemente, auf welche die Schülerinnen und Schüler nicht vorbereitet sind. Auf der anderen Seite scheinen allgemeine Vorstellungen von Didaktik (z. B. hohe Anschaulichkeit durch Einsatz von Metapher) oder von gutem schriftlichem Stil (z. B. variatio delectat) die Texte wesentlich zu prägen. Dass diese Vorstellungen nicht in jedem Fall die Verständlichkeit und das Lernen unterstützen, dass sie nicht selten sogar eher hinderlich sind, ist den Fachautorinnen und -autoren oft wenig bewusst. Mit den in der NawiText-Studie erarbeiteten Prinzipien steht nun ein empirisch entwickeltes Instrument zur Verfügung, das Hilfestellung bei der Gestaltung von schulischen Fachtexten gibt.

Literatur

Bolte, Claus, und Reinhard Pastille. 2010. Naturwissenschaften zur Sprache bringen. Strategien und Umsetzung eines sprachaktivierenden naturwissenschaftlichen Unterrichts. In Fenkart, Gabriele; Lembens, Anja & Erlacher-Zeitlinger, Edith (Hrsg.): *Sprache, Mathematik und Naturwissenschaften*, 26–46. ide-extra 16. Innsbruck/Wien/Bozen: Studienverlag.

Czicza, Daniel und Hennig, Mathilde (2011): *Zur Pragmatik und Grammatik der Wissenschaftskommunikation. Ein Modellierungsvorschlag.* In *Fachsprache* 1–2, 36–60.

Dittmar, Miriam; Schmellentin, Claudia; Gilg, Eliane und Schneider, Hansjakob (2017): *Kohärenzaufbau aus Text-Bild-Gefügen: Konzepterwerb mit schulischen Fachtexten.* In *leseforum.ch* 1, 1–19.

Feilke, Helmuth (2012): *Bildungssprachliche Kompetenzen – fördern und entwickeln.* In *Praxis Deutsch* 233, 4–13.

Fix, Ulla (2008): Text und Textlinguistik. In Janich, Nina (Hrsg.): *Textlinguistik*. Tübingen: Narr, 15–34.

Givón, Talmy (2009): *The genesis of syntactic complexity: diachrony, ontogeny, neurocognition, evolution.* Philadelphia: John Benjamins Pub. Co.

Gogolin, Ingrid und Lange, Imke (2011): Bildungssprache und Durchgängige Sprachbildung. In Fürstenau, Sara und Gomolla, Mechtild (Hrsg.): *Migration und schulischer Wandel: Mehrsprachigkeit*. Wiesbaden: VS Verlag für Sozialwissenschaften, 107–127. [http://dx.doi.org/10.1007/978-3-531-92659-9; 4. 9. 2014].

Gropengießer, Harald; Kattmann, Ulrich und Krüger, Dirk (2017): *Biologiedidaktik in Übersichten*. 3. Aufl. Seelze: Aulis Verlag.

Habermas, Jürgen (1977): *Umgangssprache, Wissenschaftssprache, Bildungssprache.* In: Jahrbuch der Max-Planck-Gesellschaft zur Förderung der Wissenschaften 1977. Göttingen: Vandenhoeck & Ruprecht, 36–51.

Härtig, Hendrik; Bernholt, Sascha; Prechtl, Helmut und Retelsdorf, Jan (2015): *Unterrichtssprache im Fachunterricht – Stand der Forschung und Forschungsperspektiven am Beispiel des Textverständnisses.* In *Zeitschrift für Didaktik der Naturwissenschaften* 21/1, 55–67.

Härtig, Hendrik und Kohnen, Miriam (2017): *Die Rolle der Termini beim Lernen mit Physikschulbüchern.* In Ahrenholz, Bernt; Hövelbrinks, Britta & Schmellentin, Claudia (Hrsg.): *Fachunterricht und Sprache in schulischen Lehr-/Lernprozessen*. Tübingen: Narr, 55–72.

Koch, Peter und Oesterreicher, Wulf (1994): Schriftlichkeit und Sprache. In Günther, Hartmut und Ludwig, Otto (Hrsg.): *Schrift und Schriftlichkeit, Band 1*. Berlin: De Gruyter, 587–604.

Lehner, Martin. (2009): *Allgemeine Didaktik*. Bern; Stuttgart; Wien: Haupt.

Morek, Miriam und Heller, Vivien (2012): *Bildungssprache – Kommunikative, epistemische, soziale und interaktive Aspekte ihres Gebrauchs.* In *Zeitschrift für angewandte Linguistik* 57/1, 67–101.

Niehaus, Inga; Stoletzki, Almut; Fuchs, Eckhardt und Ahlrichs, Johanna (2011): *Wissenschaftliche Recherche und Analyse zur Gestaltung, Verwendung und Wirkung von Lehrmitteln (Metaanalyse und Empfehlungen)*. Im Auftrag der Bildungsdirektion des Kantons Zürich. https://www.ph-freiburg.de/fileadmin/dateien/mitarbeiter/hagemannfr/Zuerichstudie_Endfassung_2011_11_29.pdf (10. 09. 2017).

Nitz, Sandra (2016): Sprachliche Konstruktion gesellschaftlich relevanten Wissens am Beispiel des Biologieunterrichts. In: Kilian, Jörg; Brouër, Birgit und Lüttenberg, Dina (Hrsg.): *Handbuch Sprache in der Bildung*. Berlin/Boston: De Gruyter, 462–477.

OECD (Hrsg.) (2013): *PISA 2012 assessment and analytical framework: mathematics, reading, science, problem solving and financial literacy*. Paris: OECD. (= Programme for International Student Assessment).

Scheller, Petra (2010): *Verständlichkeit im Physikschulbuch. Kriterien und Ergebnisse einer interdisziplinären Analyse*. Bad Heilbrunn: Julius Klinkhardt.

Schleppegrell, Mary J. (2004): *The language of schooling. A Functional Linguistic perspective*. Mahwah, NJ: Lawrence Erlbaum Associates.

Schmellentin, Claudia; Dittmar, Miriam; Gilg, Eliane und Schneider, Hansjakob (2017): Sprachliche Anforderungen in Biologielehrmitteln. In Ahrenholz, Bernt; Hövelbrinks, Britta und Schmellentin, Claudia (Hrsg.): *Fachunterricht und Sprache in schulischen Lehr-/Lernprozessen*. Tübingen: Narr, 73–92.

Schneider, Hansjakob; Dittmar, Miriam; Gilg, Eliane und Schmellentin, Claudia (2018): *Maßnahmen zur Unterstützung des Textverstehens im Biologieunterricht*. In *Didaktik Deutsch* 94–116.

Snow, Catherine (2010): *Academic Language and the Challenge of Reading for Learning About Science*. In *Science* 328/5977, 450–452.

Vollmer, Helmut Johannes (2010): *Items for a description of linguistic competence in the language of schooling necessary for learning / teaching sciences (at the end of compulsory education). An approach with reference points*. Document prepared for de Policy Forum ‹The right of learners to quality and equity in education – the role of linguistic and intercultural competences. Geneva, Switzerland, 2–4. November 2010. Strasbourg: Council of Europe, Language Policy Division.

Vollmer, Helmut J. und Thürmann, Eike (2010): Zur Sprachlichkeit des Fachlernens. In Ahrenholz, Bernt (Hrsg.): *Fachunterricht und Deutsch als Zweitsprache*. Tübingen: Narr, 107–132.

Lehrbücher

Aegerter, Klaus (2012): *Urknall 7: Physik, Chemie, Biologie*. Zug: Klett und Balmer.

Beuck, Hans-Günther; Dobers, Joachim; Rabisch, Günter und Zeeb, Annely (Hrsg.) (2012): *Erlebnis Biologie: ein Lehr- und Arbeitsbuch. 2, [Schülerbd.]*. Hannover: Schroedel.

Wildermuth, Hansruedi (2010): *Biologie. Schülerbuch*, 5. überarbeit. Auflage. Zürich: Lehrmittelverlag des Kantons Zürich.

Anhang 1: Prinzipien der Textüberarbeitung

I. Prinzipien zum Layout
P1 typografische Mittel bewusst und kohärent einsetzen.
P2 Sinneinheiten grafisch als Einheit präsentieren und unterschiedliche Textelemente deutlich hervorheben.

II. Prinzipien zur Inhaltsorganisation und Gliederung (Textkohärenz)
P3 Spalten- und Zeilenumbrüche möglichst inhalts- und leseprozesslogisch setzen und alle Informationen zu einem Thema in einem Abschnitt abhandeln
P4 leseprozesslogische Text-Bild-Platzierung, also Abschnitte nicht durch Bilder unterbrechen und Bilder beim zugehörigen Abschnittsthema platzieren
P5 Advance Organizer und explizite Leserführung einsetzen
P6 komplexe Konzepte schrittweise aufbauen und wenn nötig zusammenführen
P7 Konzepte explizit und genau ausführen
P8 Fokussierung des Textes auf die wesentlichen Informationen und Nebenkonzepte weglassen
P9 Leicht nachvollziehbare, prototypische Informationsstrukturierung
P10 Redundanzen im Gesamttext schaffen

III. Prinzipen zur Kohäsion
P11 Text-Bild-Bezüge explizit machen
P12 Bild-Bild-Bezüge explizit darstellen
P13 Eindeutige und explizite Bezüge schaffen (Fachbegriffe möglichst durch Rekurrenz aufnehmen nicht durch Proformen, Proformen lokal eng zu Bezugswort)
P14 Unspezifische Proformen, die auf globale Konzepte rekurrieren, vermeiden

IV. Prinzipien zur Bildgestaltung
P15 Keine neuen Themen im Bild aufnehmen
P16 Bild-Konstanz: gleiche Elemente gleich darstellen
P17 Bildfokussierung auf die wesentlichen Informationen und unwichtige, nicht ausgeführte Nebenkonzepte weglassen
P18 Alle wichtigen Konzepte und/oder Strukturen auch im Bild darstellen, wenn sie visualisierbar sind
P19 Unterschiedliche Abstraktions- und Symbolebenen im gleichen Bild möglichst vermeiden oder explizit darauf hinweisen
P20 Wichtige Konzepte und Strukturen in Bildbeschriftungen/-unterschriften aufnehmen und unwichtige nicht beschriften
P21 Eindeutige Bildbeschriftungen/-unterschriften formulieren.
P22 Auf eine leseprozesslogisch sinnvolle und übersichtliche Platzierung der Bildbeschriftungen/-unterschriften achten.

V. Prinzipien zur Syntax
P23 Möglichst einfache Sätze verwenden, die max. 1–2 Informationen beinhalten
P24 Nebensatzeinschübe möglichst vermeiden und wenn sie nötig sind, keine neuen Informationen oder Definitionen in den Einschüben platzieren
P25 Komplexe Nominalphrasen vermeiden
P26 Komplexe und lange Vorfelder vermeiden

VI. Prinzipien zu (Fach-)Wortschatz und Morphologie (Lexik)

P27 Kohärente Begriffsverwendung in Text und Bild
P28 Wichtige Begriffe explizit erläutern bzw. erkennbar definieren
P29 Keine neuen (Fach-) Begriffe in Definitionen, Erläuterungen, und Funktionsbeschreibungen
P30 Fokussierung auf die wesentlichen Fachbegriffe
P31 Begriffskonstanz: Begriffe im Text durch Rekurrenz wiederaufnehmen und nicht durch Synonyme ersetzen
P32 Bewusster Umgang mit Metaphern und Vergleichen
P33 Bewusster Umgang mit morphologisch komplexen Wörtern
P34 Bewusster Umgang mit semantisch schwierigen fachspezifisch gebrauchten Wörtern

Caroline Schuttkowski, Anke Schmitz, Björn Rothstein
und Cornelia Gräsel
Unterstützung des Lesens im Fachunterricht

Wirkung von Textsortenerwartung und sprachlichen Strukturen auf das Textverständnis von Schüler/-innen

1 Einleitung

Nicht nur im Deutschunterricht, sondern im Fachunterricht im Allgemeinen werden für die Wissensvermittlung unterschiedliche Textsorten genutzt, beispielsweise Zeitungsnachrichten, Erzählungen und Sachtexte aus Schulbüchern. Für deren Verstehen ist neben inhaltlichem Vorwissen und guter Lesefähigkeit ein aktiver Gebrauch von Wissen über sprachliche Formalia, Strukturen und Charakteristika wesentlich (Artelt & Schlagmüller 2004; Zwaan 1994). Die kognitionspsychologische Forschung zeigt in diesem Zusammenhang, dass textsortenspezifische Erwartungen von Rezipienten das Textverständnis beeinflussen können, indem literarische und expositorische Texte aufgrund ihrer spezifischen Strukturmerkmale und ihrer prototypischen Leseanforderungen den Gebrauch von kognitiven Lesestrategien, die Lesemotivation und das Leseselbstkonzept steuern (vgl. u. a. Henschel, Roick, Brunner & Stanat 2013; Schnotz & Dutke 2004). Außerdem bedingen auf der Textseite sprachliche Markierungen auf der Textoberfläche das Textverständnis. Sie werden unter dem Begriff der *Kohäsion* subsumiert und in lokale und globale Kohäsionsmarker unterteilt (Schnotz 2006). Mit einer Reihe von empirischen Studien konnte nachgewiesen werden, dass kohäsive Texte zu einem besseren Textverständnis bei Schüler/-innen beitragen und dass individuelle Lesevoraussetzungen, wie das inhaltliche Vorwissen und die allgemeine Lesefähigkeit, die Wirkung der Kohäsion auf das Textverständnis moderieren können (Rothstein et al. 2014; Schmitz 2016; Schmitz & Gräsel 2016). Im Hinblick auf die Textsortenvielfalt im Unterricht untersuchten Schmitz, Gräsel & Rothstein (2017) darüber hinaus, wie verschiedene Formen von Textkohäsion wirken, wenn Schüler/-innen einen Sachtext oder einen literarischen Text als Lektüre erwarten. Diese Studie erbrachte den Befund, dass die Kohäsion förderlich auf das Textverständnis wirkt, wenn die Lernenden einen Sachtext zu lesen erwarten, dieser Effekt mit einer literarischen Textsortenerwartung jedoch ausbleibt. Das Ergebnis zeigt, dass vor allem das Sachtextverstehen durch kohäsive Mittel beeinflusst werden kann, was für die

Unterstützung des Lesens von Sachtexten im Fachunterricht interessant ist. Da in den zuvor erwähnten Studien jedoch verschiedene Kohäsionsmittel in einer Textversion zugleich manipuliert wurden, bleibt undeutlich, welche der sprachlichen Strukturen sich unterstützend auf das Textverständnis ausgewirkt haben, was die konkrete Verwertbarkeit der Befunde für das Lesen und sprachliche Lernen im Unterricht limitiert. Wären textsortenbezogene Wirkungsweisen von einzelnen Kohäsionsmitteln auf das Textverständnis von Schüler/-innen bekannt, erhielte man wichtige Ansatzpunkte für die an Textsorten ausgerichtete Leseförderung im Fachunterricht, bei der eine Reflexion über spezifische sprachliche Strukturen eine zentrale Rolle spielen würden (vgl. hierzu Köster & Rosebrock 2009).

Die folgende Studie[1] geht diesen Fragestellungen nach und untersucht, wie ausgewählte Kohäsionsmittel – die temporale Kohäsion – auf das Textverständnis wirken, wenn Schüler/-innen mit unterschiedlichen Lesevoraussetzungen einen Sachtext oder einen literarischen Text als Lektüre erwarten. In der experimentellen Studie lasen 741 Schüler/-innen aus neunten Klassen Textversionen, die inhaltlich identisch waren. Die Texte unterschieden sich systematisch in ihrem temporalen Kohäsionsgrad und wurden einmal als Zeitungsartikel (Sachtext) und als kurze Geschichte (literarischer Text) instruiert. Durch diese Manipulationen der Faktoren der Textkohäsion und der Textsortenerwartung sollte ermittelt werden, ob die Wirkung der temporalen Kohäsion von der erwarteten Textsorte moderiert wird. Ferner konnte durch zusätzlich erfasste Lesevoraussetzungen, wie die allgemeine Sprachkompetenz, analysiert werden, welches Textverständnis die unterschiedlichen Schülergruppen erzielen. Auf der Grundlage der Befunde lassen sich Konsequenzen für eine systematische, textsortenbezogene Lesedidaktik diskutieren, die sowohl die strategische Nutzung von Kohäsion im Verstehensprozess als auch das motivational bedingte Leseengagement bei unterschiedlichen Textsorten berücksichtigen.

2 Interaktion von text- und leserseitigen Merkmalen im Textrezeptionsprozess

Wenn Leser/-innen mit einem Text konfrontiert werden, wird von ihnen erwartet, dass sie ihn über die Satzgrenzen hinaus als zusammenhängendes Ganzes repräsentieren (Schnotz 1994). Beim Textverstehen werden sowohl textuelle Ei-

---

[1] Wir danken der Deutschen Forschungsgemeinschaft für die Gewährung von Sachbeihilfen unter den Geschäftszeichen GR 1863/6-2 und RO 4846/1-2.

genschaften als auch individuelle Lesevoraussetzungen der Rezipienten miteinander in Beziehung gesetzt (Schaffner 2009). Somit kann das Textverständnis als Ergebnis einer Text-Leser-Interaktion definiert werden (Kintsch 1998). In Anlehnung an etablierte Lesekompetenzmodelle (vgl. u. a. Rosebrock & Nix 2014) müssen Rezipienten auf Grundlage ihrer Lesefähigkeit, ihres inhaltlichen und sprachstrukturellen Vorwissens die syntaktischen und lexikalischen Texteigenschaften dekodieren, gelesene Sachverhalte aktiv mit dem persönlichen Vor- und Weltwissen in Verbindung setzen, diese reflektieren und dabei Funktion und Charakteristika der präsentierten Textsorte berücksichtigen.

Das Verstehen von verschiedenen Textsorten und ihrer inhärenten Strukturen stellt schwächere Schüler/-innen mit wenig ausgeprägtem inhaltlichem und sprachstrukturellem Vorwissen allerdings vor besondere Herausforderungen (Rosebrock 2007). Erschwerend kommt hinzu, dass über die unterschiedlich strukturierten Textsorten hinaus jedes Unterrichtsfach z. B. eine spezifische Fach- und Unterrichtssprache aufweist. Sachverhalte, die beispielsweise auf der Einführung oder Vertiefung spezifischer Fachtermini fußen, werden von einem gewissen Grad an sprachlicher Komplexität begleitet, die im Rezeptionsprozess zu entschlüsseln ist (Gogolin & Lange 2011). Für das unterrichtliche Lernen aus Texten ist somit ein an sprachlichen Strukturen orientierter Fachunterricht erforderlich (Budde & Michalak 2014). Ziel sollte es sein, die Schüler/-innen sukzessive an komplexere Texte heranzuführen und ihnen textstrukturbezogene Verstehensstrategien aufzuzeigen, die fächerübergreifend im Fachunterricht nutzbar sind. Problemen in der Herstellung von mentaler Kohärenz, beispielsweise in der chronologischen Anordnung von Sequenzen in einem Text, wie in Erzählungen im Deutschunterricht oder in der Verschriftlichung eines Versuchsablaufes oder Prozesses im naturwissenschaftlichen Unterricht, kann mit der Reflexion über sprachliche Elemente begegnet werden. Einen Ansatz dafür bietet die Auseinandersetzung mit kohäsiven Strukturen in Texten, auf die nachfolgend eingegangen wird.

2.1 Wirkung von Textkohäsion auf das Textverständnis

Mit dem Konzept der Textkohäsion wird in diesem Beitrag ein Bereich der Textverständnisforschung betrachtet, der als ‚roter Faden' auf der Textoberfläche den Weg zu einem kohärenten Verständnis des Textes ebnen kann (Schwarz-Friesel & Consten 2014). Auf der lexikalischen, grammatischen und syntaktischen Ebene eines Textes werden den Rezipienten Hinweise für die kognitive Verknüpfung oder Abgrenzung von Sachverhalten als „Kohärenzbildungshilfen" dargeboten (Schnotz 1994: 259). Entsprechende sprachliche Realisierungen auf der Textoberfläche werden als Kohäsion bezeichnet: Sie steuern als mentale

Orientierungshilfe während der Textverarbeitung (Graesser, McNamara & Louwerse 2003) die Kohärenzbildung *bottom up* (Schwarz-Friesel & Consten 2014) und finden sich auf lokaler und globaler Textebene. Lokale Kohäsion wird als Verknüpfung adjazenter Sätze, z. B. durch pronominale und nominale Referenzen oder durch Konnektoren wie Temporaladverbiale, behandelt. Globale Kohäsion hingegen kann durch die Verknüpfung nicht-adjazenter Sätze innerhalb von Absätzen, zwischen Absätzen und im Textganzen erreicht werden, um die übergeordnete Struktur des Textaufbaus zu explizieren. Beispielsweise kann dies durch (Zwischen-)Überschriften erfolgen, aber auch durch temporale Kohäsion (de Beaugrande & Dressler 1981; Schmitz 2016; Schnotz 2006).

Im Rahmen der unterrichtlichen Leseunterstützung bietet der Fokus auf das Konzept der Textkohäsion großes Potential, da es sich um inhaltsneutrale Textmerkmale handelt, welche die Texterschließung in verschiedenen Fachkontexten unterstützen können. Ferner lässt sich die Aneignung von Wissen über die Funktion und Nutzung dieser Textmerkmale mit der Einübung und Anwendung von organisierenden Lesestrategien verbinden (Köster & Rosebrock 2009; Schmitz 2016). Jedoch scheint aufgrund der vielfältigen Möglichkeiten, Kohäsion auf der Oberfläche eines Textes zu implementieren, eine gute allgemeine Sprachkompetenz erforderlich, die es ermöglicht, die Kohäsionsmarker aktiv in den Rezeptionsprozess zu integrieren. Prozessorientierte Verfahren (z. B. Lautes Denken) zur Wahrnehmung von (temporaler) Kohäsion in Sachtexten zeigten bereits, dass Schüler/-innen mit schlechteren Voraussetzungen im Bereich der Sprachkompetenz Kohäsionsmarker weniger oft thematisieren sowie in ihrer Funktion deuten konnten. Zudem präferierten sie für die Bearbeitung eines Verständnistests anstatt eines kohäsiven Textes aufgrund subjektiv empfundener Einfachheit eine weniger kohäsive Textversion (Schmitz, Schuttkowski, Rothstein & Gräsel 2016). Damit die Kohäsionsmarker ihre Funktionalität angemessen entfalten können, sollten die Leser/-innen somit über ein gewisses Maß an Vorwissen über sprachliche Strukturen verfügen oder aber dieses im unterrichtlichen Kontext explizit vermittelt bekommen.

Studien im anglo-amerikanischen Raum konnten insbesondere den positiven Einfluss von kausalen lokalen Kohäsionsmitteln auf das Sachtextverständnis bei Studierenden nachweisen (Degand & Sanders 2002). Andere Studien zeigten eine differenzielle Wirkung von Texten mit lokaler *und* globaler Kohäsion auf das Sachtextverständnis (O'Reilly & McNamara 2007; Ozuru, Dempsey & McNamara 2009). In Abhängigkeit von der Lesefähigkeit und vom Vorwissen der Studierenden wurde eine förderliche, aber auch eine hinderliche oder ausbleibende Wirkung von lokaler und globaler Kohäsion festgestellt. Studien mit Schüler/-innen ergaben Folgendes: Während bei Rothstein et al. (2014) Lernende mit Schwächen in der allgemeinen Lesefähigkeit durch den Einsatz von lokaler und globaler

Kohäsion in Kombination im Textverständnis unterstützt wurden, profitierten bei Schmitz und Gräsel (2016) nur Lesende von globaler Kohäsion, wenn sie über ein ausgeprägtes thematisches Vorwissen verfügten. Schmitz (2016) zeigte darüber hinaus, dass Lernende ungeachtet kognitiver und motivationaler Lesevoraussetzungen (Lesefähigkeit, Vorwissen, Interesse) von globaler Kohäsion profitierten. Angesichts der zuvor aufgezeigten komplexen Text-Leser-Interaktion bleibt jedoch offen, worauf die unterschiedlichen Wirkungsweisen konkret zurückzuführen sind. Es ist anzunehmen, dass nicht alle der in den Lesetexten kombinierten Kohäsionsmarker in gleicher Weise wahrgenommen werden und den Leseprozess unterstützen (Rothstein et al. 2014). Für unterrichtliche Empfehlungen und Interventionen, die auf die Lernvoraussetzungen der Schüler/-innen abgestimmt sind, ist es notwendig, die Leistung *einzelner* Marker zu untersuchen. Vorliegend wurden dafür die spezifischen syntaktischen Elemente der temporalen Kohäsion ausgewählt.

Temporale Merkmale stellen einen (zeit-)strukturellen Rahmen bereit und legen z. B. die Chronologie von Sachverhalten in einem Text fest (Asher & Lascarides 2003). Bei der Textlektüre können temporale Marker sowohl auf lokaler als auch globaler Ebene den Verstehensprozess unterstützen (Duran, McCarthy, Graesser & McNamara 2007). Prototypische Formen, die syntaktisch zentrale Bestandteile von Sätzen sind und in allen Textsorten analysiert werden können, sind Tempora (*ich sage, ich sagte, ich hatte gesagt* ...) bzw. die Bezüge, die durch Tempuswechsel zwischen verschiedenen Sätzen hergestellt werden. Weitere Strukturierungshilfen bieten Konnektoren wie Temporaladverbiale (*vorher, später*), die ein zeitliches Verhältnis relativ zu einem kontextuell gegebenen Zeitpunkt bestimmen. Im Gegensatz zu Tempora können diese Marker fakultativ in einem Text integriert werden (Rothstein 2017). Auf der Textoberfläche verknüpfen Konnektoren oder die Wahl des Tempus' zwei oder mehr Ereignisse in ihrer Abfolge. Zentral ist der Einsatz temporaler Kohäsionsmarker vor allem dann, wenn die textuelle Anordnung der Ereignisse nicht mehr dem tatsächlichen chronologischen Verlauf entspricht. Um sie nachvollziehen zu können, werden sprachliches und außersprachliches Vorwissen vorausgesetzt: Sofern die Abfolge zweier Sachverhalte im Hinblick auf Vor-, Gleich- oder Nachzeitigkeit nicht explizit durch Versprachlichungsmittel konkretisiert bzw. nicht chronologisch dargestellt wird, müssen Leser/-innen auf Vorwissen zurückgreifen (Duran, McCarthy, Graesser & McNamara 2007). Anhand der Beispiele (1) bis (3) wird die kohäsive Funktion des Einsatzes von Tempora und Temporaladverbialen vereinfacht erläutert.

(1) *Das Telefon klingelte. Lisa nahm den Hörer ab.*

(2) *Lisa nahm den Hörer ab. Das Telefon* **hatte geklingelt**.

(3) *Das Telefon klingelte.* **Daraufhin** *nahm Lisa den Hörer ab.*

In (1) wird das temporale Verhältnis ausschließlich durch das Verstehen der Kausalität zwischen den Sachverhalten *klingeln* und *Hörer abnehmen* geregelt, ohne dass ein Tempuswechsel eingesetzt oder eine Temporaladverbiale hinzugefügt wird. Das Beispiel weist nur einen minimalen, sprachlich erzeugten temporalen Informationsgehalt auf und erfordert seitens des Lesers Inferenzen: Die Anordnung der Ereignisse des *Klingelns* und des *Hörer-Abnehmens* muss unter Rückbezug auf das Vor- und Weltwissen rekonstruiert werden. In (2) und (3) erleichtern sowohl grammatikalische als auch lexikalische Informationen das Textverständnis, indem entweder durch den Wechsel zum Plusquamperfekt (2) oder aber die Temporaladverbiale *daraufhin* das Ereignis des *Hörer-Abnehmens* als Folge des *Klingelns* aufzeigt bzw. spezifiziert wird (3). Temporale Kohäsionsmarker erfüllen somit die Funktion, dem Rezipienten zusätzliches Wissen über die zeitlichen Abfolgen bzw. die Verortung zu vermitteln, indem z. B. die Vorzeitigkeit des Klingelns in Bezug auf den Vorgang des Hörer-Abnehmens verdeutlicht wird.

2.2 Textsortenerwartungen als leserseitige *top-down* Elemente des Textverständnisses

Elemente lokaler und globaler Kohäsion sind Strukturmerkmale zahlreicher der im unterrichtlichen Kontext eingesetzten literarischen und expositorischen Textsorten. Eine Basis für die gelingende Rezeption von Texten mit narrativem oder informativem Inhalt, wie z. B. eine Kurzgeschichte, ein informierender Überblickstext im Geschichtsbuch oder ein Basistext zu naturwissenschaftlichen Phänomenen, bildet die Bestimmung der Textfunktion. Dafür werden beim Lesen eines Textes Muster identifiziert, die im Langzeitgedächtnis mit ihren prototypischen Eigenschaften gespeichert sind (Christmann & Groeben 1996; Rosebrock 2007). In der textlinguistischen Tradition gilt die Textsorte als „konventionell geltende[s] Muster für komplexe sprachliche Handlungen" (Brinker, Cölfen & Pappert 2014: 139), das den literaturwissenschaftlichen Begriff der künstlerischen *Gattung* als eine Sonderform von Textsorten mit hohem Individualisierungsgrad betrachtet (Adamzik 2010). Texte, die derselben Textsorte angehören, weisen bestimmte Gemeinsamkeiten auf. Sie werden in der Textlinguistik sprachsystematisch aufgrund bestimmter sprachlicher Merkmale und kommunikationsorientiert durch ihre kommunikativ-funktionalen Aspekte (vgl. u. a. Heinemann & Viehweger 1991) unterschieden. Zu den kommunikativ-funktionalen Aspekten zählen ihre Textfunktion und ihr kommunikativer Kontext, zu den sprachsystematischen Merkmalen das Textthema, die inhaltliche Struktur und prototypische Formulierungsmuster auf sprachlicher (Lexik und

Grammatik) und nicht-sprachlicher (z. B. Layout) Ebene (Brinker, Cölfen & Pappert 2014). Kohäsionsmarker werden somit dem Bereich der sprachlichen Formulierungsmuster einer Textsorte zugeordnet (Gansel & Jürgens 2009: 58).

Textsorten können durch ihre charakteristischen Merkmale und Strukturen verschiedene Lesehaltungen und Verarbeitungsmodi bei Rezipienten auslösen, beispielsweise hervorgerufen durch die Motivation, sich mit einer bestimmten Textsorte zu beschäftigen (Henschel, Roick, Brunner & Stanat 2013), die Nutzungserwartung an eine Textsorte (Feilke 1994) oder die Sensibilität für Textstrukturen und Oberflächenmerkmale (Meutsch & Schmidt 1985). Mit der Textsorte verbundene Emotionen und aktivierte Text-Schemata steuern die Informationsverarbeitung und die Nutzung von Lesestrategien bei der Textrezeption. Erhalten Schüler/-innen beispielsweise eine Aufgabe, die sich auf eine ihnen vertraute Textsorte wie ein Märchen bezieht, ist anzunehmen, dass die Leseweise angepasst wird. Der Arbeitsauftrag wird hingegen weniger routiniert bearbeitet, wenn die Textsorte nicht benannt wird oder eine nicht der eigentlichen Zuordnung entsprechende Textsorte in der Instruktion aufgeführt wird (Afflerbach 1990; Zwaan 1994). Zwaan (1994, 1996) zeigte mit experimentellen Studien, dass bereits die Erwartung, eine bestimmte Textsorte zu lesen, einen *top-down* Einfluss auf das Textverständnis nimmt, wobei in diesem Zusammenhang überwiegend die Begrifflichkeiten der Genreebene und der Gattungsrepräsentation verwendet werden (vgl. auch Kintsch 1998; Schnotz 2006). Erstaunlich ist, dass die Rezipienten die Texte allein aufgrund ihrer Textsortenerwartung unterschiedlich intensiv verarbeiteten, obgleich die Texte hinsichtlich Inhalt und Textoberfläche völlig identisch waren. In einer Studie mit Schüler/-innen in der neunten Jahrgangsstufe (Schmitz, Gräsel & Rothstein 2017) wurde in einem weiteren Schritt analysiert, wie Texte mit unterschiedlichem Grad an lokalen und/oder globalen Kohäsionsmitteln auf das Textverständnis wirken, wenn die unterschiedlich kohäsiven Texte als expositorisch *oder* literarisch instruiert bzw. angekündigt werden. Hier zeigte insbesondere die globale Kohäsion eine förderliche Wirkung bei der Erwartung, einen Sachtext zu lesen. Erwarteten die Schüler/-innen einen literarischen Text, erzielten sie ungeachtet der globalen Kohäsion identische Verständniswerte. Die Studien bestätigen folglich die Interaktion aus textuellen Merkmalen und Lesevoraussetzungen (Christmann & Groeben 1999; Schnotz 1994) und verdeutlichen außerdem, dass die alleinige Erwartung an die Rezeption eines Sachtextes oder eines literarischen Textes den Rezeptionsprozess steuert.

3 Fragestellungen

Die Ziele der Studie bestehen darin, Wechselwirkungen zwischen Kohäsion, Textsortenerwartungen und individuellen Lesevoraussetzungen zu erfassen. Ermittelt wird, welchen Einfluss die ausgewählte Domäne der temporalen Kohäsion auf das Textverständnis von Schülergruppen mit unterschiedlichen Voraussetzungen (hier: allgemeine Sprachkompetenz) hat, wenn der zu lesende Text mit unterschiedlichem Kohäsionsgrad entweder als literarischer Text oder als expositorischer Text instruiert bzw. angekündigt wird.

4 Darstellung der empirischen Studie

4.1 Design und Stichprobe

Die Studie kennzeichnete ein experimentelles 2×2×2-Design. Die temporale Kohäsion wurde durch den Einsatz von Tempuswechseln (vorhanden + vs. nicht vorhanden −) und von Temporaladverbialien (vorhanden + vs. nicht vorhanden −) mit je zwei Faktoren variiert, woraus vier Textversionen resultierten. Die Textsortenerwartung wurde ebenfalls mit zwei Faktoren (literarische vs. expositorische Erwartung) variiert, sodass die vier Textversionen einmal mit einer expositorischen Instruktion und einmal mit einer literarischen Instruktion versehen wurden. Die Wirkung dieser Manipulationen auf das Textverständnis wurde mit einem Verständnistest (abhängige Variable) überprüft. Zur Konstruktion von verschiedenen Schülergruppen im Hinblick auf ihre Lernvoraussetzungen wurde die Variable allgemeine Sprachkompetenz (Median-Split) hinzugezogen.

An der Studie nahmen $N = 741$ Schüler/-innen der neunten Jahrgangsstufe aus elf Gesamtschulen in Nordrhein-Westfalen teil. Diese Stichprobe setzte sich zu 52.3 % aus Mädchen und zu 47.7 % aus Jungen mit einem Altersdurchschnitt von $M = 15.49$ Jahren ($SD = 0.60$) zusammen. Für die Erhebungen wurden ausschließlich Schüler/-innen in heterogenen Gesamtschulen ausgewählt, um die Wirkung von Textkohäsion und Textsortenerwartung bei unterschiedlichen Lesevoraussetzungen (Kontrastierung von Schülergruppen) analysieren zu können. Die Probanden verfügten über eine durchschnittliche Lesefähigkeit, gemessen anhand des Lesegeschwindigkeits- und -verständnistests LGVT 6–12 (Schneider, Schlagmüller & Ennemoser 2007), die der Erwartung an Gesamtschüler/-innen entspricht: Sie erreichten im Durchschnitt $M = 8.80$ ($SD = 4.89$) Punkte bei der Ermittlung fehlender Worte im Textzusammenhang und lasen in der vorgegebenen Zeit von vier Minuten $M = 588.47$ ($SD = 194.06$) Wörter. Da mit dem Einfluss temporaler Kohäsionsmarker grammatikalische bzw. lexikalischgrammatische Phänomene untersucht wurden, wurde zusätzlich die allgemeine Sprachkompetenz der Schüler/-innen im Deutschen mit einem verkürzten C-Test erhoben (Raatz, Grotjahn & Wockenfuß 2006). Die Ergebnisse des C-Tests bilden ein globales Maß für sprachliche Kompetenz bzw. sprachstrukturelles Wissen und korrelieren stark mit dem Textverständnis (Baur & Spettmann 2010). Die Schüler/-innen erzielten $M = 19.95$ ($SD = 7.33$) Punkte von 40 Punkten in den beiden Subtests und wiesen analog zur Lesefähigkeit ebenfalls ein durchschnittliches, an Gesamtschulen in der neunten Klasse zu erwartendes sprachstrukturelles Wissen auf.

4.2 Materialien

Durch die Kohäsionsmanipulation wurden vier Textversionen konstruiert, die auf einem kurzen Schulbuchtext zu einem alltagsnahen Themenschwerpunkt (fehlende Mülltrennung in einem Wohngebiet) basieren (Notzen 2004). Die Auswahl der Textgrundlage begründet sich zum einen darin, dass der Text in verschiedenen fachlichen Kontexten, unter anderem in den Fächern Deutsch oder Politik und Sozialwissenschaften bzw. Gesellschaftslehre eingesetzt werden kann. Zum anderen ermöglicht der kurze Text eine exakte syntaktische Kontrolle der Kohäsionsmanipulation.

Die temporale Kohäsion wurde wie zuvor dargelegt in Form des variierenden Tempus (T+/T−) und des Einsatzes von oder des Verzichts auf Temporaladverbialen (A+/A−) manipuliert. Alle übrigen lexikalischen und syntaktischen Einheiten blieben in den vier Textversionen einheitlich. In der Untersuchung wurde überprüft, ob beide grammatischen Phänomene in Kombination oder in isolierter Form einen förderlichen Einfluss auf das Textverständnis haben. In der temporal kohäsiven Version wurden neun Temporaladverbiale wie *daraufhin* oder *längst* eingearbeitet und vier Tempuswechsel (Präteritum → {Plusquamperfekt}, Präteritum → {Präsens}) ergänzt. Die Anzahl der Tempuswechsel weicht von der Menge der Adverbiale ab, da die Sachverhaltschronologie keine weiteren Tempuswechsel erlaubt. In zwei weiteren Textversionen wurden entweder ausschließlich die Tempuswechsel oder die Temporaladverbiale eingefügt. In der temporal wenig kohäsiven Version wurde schließlich auf die Adverbiale verzichtet und nur das rekurrierende Präteritum verwendet. Abbildung 1 zeigt die Manipulation des temporal hoch kohäsiven Textes (T+ A+) exemplarisch auf.

Die Manipulation durch Temporalitätsmarker konnte zwei Deutungsmuster im Hinblick auf die Chronologie der geschilderten Sachverhalte verursachen. Exemplarisch kann dies an den Sequenzen „Rätselhaft bleibt, wie es den Unbekannten zuvor gelungen war, in die verschlossenen Häuser zu gelangen"

> Am vergangenen Samstag erlebten die Bewohner des Häuserblocks Katharinenstraße/Ecke Konradstraße eine unangenehme Überraschung. Auch die Arbeiter der städtischen Müllabfuhr wunderten sich [etwas später], als sie die Mülltonnen leeren wollten: Sie waren [längst] leer. Stattdessen lag in allen Treppenhäusern der stinkende Müll knöchelhoch. Unbekannte {hatten} [im Vorfeld] des Funds den Müll in die Häuser {geschafft} und {hatten} [gleichzeitig] Plakate an die Türen {geklebt}, auf denen Beschimpfungen zu lesen waren. Die Empörung unter den Hausbewohnern war [daraufhin] groß. [Anschließend] waren sie [den gesamten Vormittag] damit beschäftigt, die „Schweinerei" zu beseitigen. Rätselhaft {bleibt}, wie es den Unbekannten [zuvor] {gelungen war}, in die verschlossenen Häuser zu gelangen.

Abb. 1: Exemplarische Darstellung der temporal hoch kohäsiven Textversion (T+A+).

Tab. 1: Manipulation der Textsortenerwartung durch verschiedene Instruktionen.

Instruktion Zeitungsmeldung (expositorisch)	Instruktion kurze Geschichte (literarisch)
Nun hast du die Aufgabe, den Zeitungsartikel „Umweltaktivisten auf der Spur" (aus der Westdeutschen Zeitung von Jörg Knappe) zu lesen. Im Anschluss an das Lesen beantwortest du bitte die Fragen zum Zeitungsartikel. Bitte beantworte sie sorgfältig.	Nun hast du die Aufgabe, die kurze Geschichte „Umweltaktivisten auf der Spur" von Jörg Knappe zu lesen. Im Anschluss an das Lesen beantwortest du bitte die Fragen zu dieser kurzen Geschichte. Bitte beantworte sie sorgfältig.

geschildert werden. Erst ein Rückgriff auf die Temporaladverbiale (*zuvor*) und der Wechsel zum Präsens (*bleibt*) ermöglicht die genaue Identifikation von Vorzeitigkeit im Text sowie von möglichen Folgen für die Gegenwart (der Fall ist eventuell noch immer nicht aufgeklärt). Ein Verzicht auf diese Marker beeinflusst die mentale Strukturierung und kann die Schüler/-innen dazu verleiten, die Ereignisse lediglich in der Reihenfolge zu sortieren, in der sie auf der Textoberfläche genannt werden.

Darüber hinaus wurde neben der temporalen Kohäsion als zweiter Faktor die Textsortenerwartung manipuliert. Von der Klassifizierung des Textes ausgehend erwarteten die Schüler/-innen entweder eine Zeitungsmeldung oder eine kurze Geschichte. In der Instruktion zur Textlektüre wurden die vier Textversionen basierend auf einem fiktiven Titel, einem Autor und einer möglichen Quelle entweder als expositorischer oder als literarischer Text bezeichnet, wie Tabelle 1 zeigt.

Für die Erhebung des Textverständnisses wurden sieben Items entwickelt (sechs Multiple-Choice-Fragen und eine offene Aufgabe), womit überprüft wurde, ob die Schüler/-innen explizit benannte Informationen im Text lokalisieren

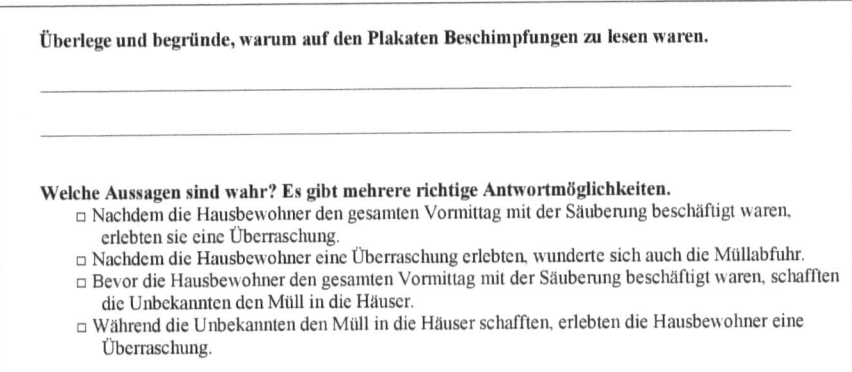

Abb. 2: Exemplarische Darstellung der Items des Verständnistests.

sowie die im Text dargestellten Sachverhalte tiefergehend verarbeiten und miteinander kombinieren können. Darunter fielen beispielsweise die Identifikation der am Geschehen beteiligten Akteure sowie die Bestimmung von Ursache-Wirkungs-Verhältnissen. Darüber hinaus wurde ermittelt, ob die Schüler/-innen in der Lage waren, die im Text dargestellte Sachverhaltschronologie nachzuvollziehen und richtig zu sortieren. Abbildung 2 bietet einen Einblick in die eingesetzten Items.

Die Aufgaben wurden anhand eines a priori definierten Erwartungshorizontes mit zwei Punkten für eine richtige, einem Punkt für eine zum Teil richtige Antwort oder null Punkten für eine falsche oder fehlende Antwort bewertet. Im Test erzielten die Schüler/-innen im Durchschnitt $M = 8.36$ ($SD = 2.64$) von 14 möglichen Punkten.

4.3 Untersuchungsablauf

Eine Untersuchungseinheit in jeder teilnehmenden Schulklasse bestand aus vier Teilschritten und konnte im Rahmen einer Doppelstunde von 90 Minuten durchgeführt werden. (1) Die Schüler/-innen wurden über den Untersuchungsablauf informiert, bevor allgemeine Schülerdaten (z. B. Geschlecht, Alter) erfasst wurden. (2) Im Anschluss wurden zunächst die allgemeine Sprachkompetenz der Schüler/-innen im Deutschen anhand des C-Tests, (3) daraufhin ihre Lesefähigkeit mit dem Lesegeschwindigkeits- und Verständnistest (LGVT 6–12) überprüft. (4) Nach der Erhebung der Lesevoraussetzungen lasen die Schüler/-innen zunächst eine Textversion (*between*-Design), die randomisiert innerhalb der Klassen verteilt wurde und bearbeiteten im Anschluss die zugehörigen Verständnisaufgaben, ohne Einblick in den Text bzw. ein wiederholtes Lesen des Textes.

5 Ergebnisse

Zur Beantwortung der Forschungsfrage wurden Varianzanalysen berechnet, um Einflussfaktoren auf die abhängige Variable des Textverständnisses zu isolieren, sowie *t*-Tests durchgeführt, um signifikante Unterschiede zwischen den Mittelwerten der einzelnen Schülergruppen in Abhängigkeit von ihrer allgemeinen Sprachfähigkeit zu erfassen. Die Fragestellung lautete, wie die temporale Kohäsion sowohl unter Berücksichtigung der Textsortenerwartung als auch der allgemeinen Sprachkompetenz das Textverständnis beeinflusst.

Signifikante Interaktionen der drei Faktoren lassen sich nicht nachweisen ($F(1, 740) < 1$, n. s.). Die Manipulation der Textkohäsion hat zudem weder einen Haupteffekt auf das Textverständnis noch liegen Interaktionen der Kohäsionsmarker vor: Die Variation der Temporaladverbiale und der Tempuswechsel in den Lesetexten hat somit keinen Einfluss auf das Textverständnis. Ebenso interagiert die Textkohäsion nicht mit der Textsortenerwartung, was bedeutet, dass die temporale Kohäsion auch nicht in Abhängigkeit von der Textsortenerwartung der Schüler/-innen differenziell auf das Textverständnis wirkt. Die Textsortenerwartung hingegen zeigt einen deutlichen Haupteffekt auf das Textverständnis der Lernenden ($F(1, 740) = 96.95$, $p < .001$, partial $\eta^2 = .117$). Demnach wirkt sich die durch die Instruktion zur Textlektüre evozierte Rezeptionshaltung der Schüler/-innen an die zu lesende Textsorte auf ihr Textverständnis aus. Die Unterschiede in den Mittelwerten im Textverständnis in Abhängigkeit der Textsortenerwartung werden in Tabelle 2 verdeutlicht. Mit einer literarischen Textsortenerwartung erzielten die Schüler/-innen ungeachtet der temporalen Kohäsion ein durchschnittlich besseres Textverständnis als mit einer expositorischen Erwartung.

Mit Berücksichtigung der allgemeinen Sprachkompetenz als post-hoc konstruierter Faktor (stärker vs. weniger ausgeprägtes sprachstrukturelles Vorwissen ausgehend vom Median-Split des C-Tests) kann eine Varianzanalyse eine Interaktion aus Textsortenerwartung und allgemeiner Sprachkompetenz belegen ($F(1, 722) = 15.41$, $p < .001$, partial $\eta^2 = .02$). Diese Wechselwirkung besagt, dass der Effekt der Textsortenerwartung auf das Textverständnis wiederum vom sprachstrukturellen Vorwissen der Schüler/-innen abhängt. Der Unterschied

Tab. 2: Mittelwerte im Textverständnis in Abhängigkeit von der Textsortenerwartung.

Textsortenerwartung	Textverständnis
expositorisch ($N = 317$)	$M = 7.58$ ($SD = 2.80$)
literarisch ($N = 424$)	$M = 9.40$ ($SD = 2.00$)

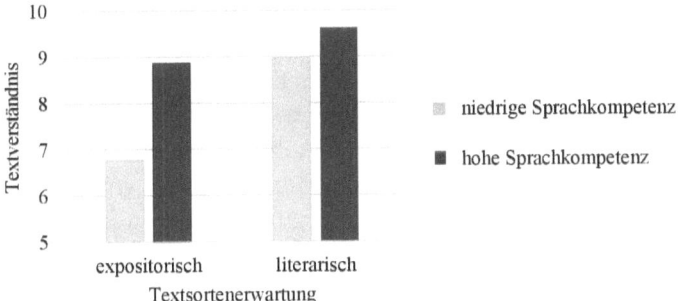

Abb. 3: Wirkung der Textsortenerwartung unter Berücksichtigung der allgemeinen Sprachkompetenz auf das Textverständnis.

zwischen der literarischen und expositorischen Textsortenerwartung ist bei Lernenden mit einer geringeren Sprachkompetenz besonders deutlich im Vergleich zu Testergebnissen mit einer besseren Sprachkompetenz wie es Abbildung 3 verdeutlicht.

Schüler/-innen, die einen expositorischen Text erwarten und zugleich eine höhere Sprachkompetenz aufweisen, erzielen signifikant bessere Werte im Textverständnis als Schüler/-innen mit schlechteren Lesevoraussetzungen ($t\,(1,\,420)$ 8.05, $p < .001$). Werden die Ergebnisse in der Verständnisleistung von Lesenden mit geringerer allgemeiner Sprachkompetenz in Erwartung eines expositorischen Textes mit denen in der Erwartung eines literarischen Textes verglichen, verursacht die Erwartung der kurzen Geschichte (literarische Textsortenerwartung) ebenfalls signifikant bessere Testergebnisse ($t\,(1,\,360)$ 8.48, $p < .001$).

6 Diskussion und Ausblick

Mit dem Fokus auf die Wirkungsweise von Kohäsion als Kohärenzbildungshilfen in unterschiedlich instruierten Texten wurde ein Ansatz verfolgt, um das Textverständnis von Schüler/-innen durch sprachliche Strukturen zu unterstützen. Hierbei handelt es sich um eine auf inhaltsneutralen, linguistischen Kriterien basierende Maßnahme zur Förderung des Lesens in verschiedenen fachlichen Kontexten. In bisherigen Studien wurden dafür einerseits Merkmale lokaler und globaler Kohäsion isoliert und in Kombination untersucht, andererseits auch temporale Marker ausgewählt, um den förderlichen Einfluss der Variation von Kohäsion auf das Textverständnis in der Erwartung eines Sachtextes oder eines literarischen Textes zu überprüfen (vgl. u. a. O'Reilly & McNamara 2007; Ozuru, Dempsey & McNamara 2009; Schmitz, Gräsel & Rothstein 2017;

Zwaan 1994, 1996). Erwartungswidrig hatte die Variation der temporalen Kohäsion in der vorliegenden Studie keinen förderlichen Einfluss auf das Textverständnis der Schüler/-innen. Die Gründe dafür können in der Auswahl der Textgrundlage liegen. In der Konzeption des Textmaterials wurde ein Kürzesttext genutzt, um die Kohäsionsmanipulation gezielt zu kontrollieren und einer Konfundierung von Textmanipulation und Erhöhung der Textmenge entgegenzuwirken (Schmitz 2016). Der alltagsnahe Textinhalt erfordert kein spezielles inhaltliches Vorwissen und beinhaltet ungeachtet des Kohäsionsgrades eine genuine Sachverhaltschronologie, d. h. die Abfolge der einzelnen Ereignisse war für die Schüler/-innen relativ leicht zu rekonstruieren. Es kann also angenommen werden, dass die Wirkung von Kohäsion an ein bestimmtes Anforderungsniveau des Textes geknüpft sein könnte und dass die Effekte der Kohäsion auf das Textverständnis bei fachspezifischen Texten mit inhaltlich komplexeren Anforderungen positiver ausfallen könnten (vgl. hierzu auch McNamara, Kintsch, Butler Songer & Kintsch 1996).

Ein weiterer Grund für die ausbleibende Wirkung besteht womöglich in der Konzeption des Verständnistests für die Manifestation der abhängigen Variable des Textverständnisses. Die Beantwortung der Testfragen erfolgte aufgrund der Kürze der Texte ohne Einblick in den Text bzw. wiederholtes Lesen des Textes. Durch dieses Verfahren konnte nur eine indirekte Auseinandersetzung mit dem vorliegenden Text bzw. seinen sprachlichen Strukturen zur Informationsentnahme im Sinne des *Document-Literacy-Ansatzes* (vgl. u. a. Mosenthal 1996) erfolgen. Die Auswertung des Tests zeigt, dass viele Schüler/-innen für eine Rekonstruktion des Textes die Abfolge der Ereignisse memorieren mussten, da sie die temporalen Marker für die Beantwortung der Fragen nicht mehr zu Hilfe nehmen konnten. Zudem sollte der geringe Umfang des Verständnistests mit nur sieben Items berücksichtigt werden. Mit der Konzeption eines umfassend die einzelnen Leseverstehenshandlungen abprüfenden Testinstruments könnten aussagekräftigere Erkenntnisse zur Wirkungsweise von temporaler Kohäsion auf das Textverständnis erzielt werden. Als sinnvoll könnten sich dafür beispielsweise auch offene Aufgabenformate wie das Erstellen einer Zusammenfassung erweisen (vgl. u. a. Collins, Lee, Fox & Madigan 2017). Die Analyse von längeren Schreibprodukten anhand systematischer Kategoriensysteme ließe sowohl die Überprüfung der individuellen Verständnisleistung der Schüler/-innen und die Reproduktion der inhaltlichen Chronologie als auch die eigenständige Verwendung temporaler Marker im Schülertext zu.

Im Hinblick auf die Textsortenerwartung konnte ein deutlicher Haupteffekt festgestellt werden, der aufzeigt, dass der Text mit einer literarischen Erwartung signifikant besser verstanden wurde als die Version mit der Erwartung eines Sachtextes. Im Gegensatz zu Erzähltexten haben expositorische Texte wie Sach-

und Fachtexte einen deskriptiven und analytischen Charakter, dienen in erster Linie der Informationsvermittlung und sind nicht vorrangig ästhetisch oder stilistisch strukturiert, sondern genügen fachlichen bzw. fachsprachlichen Anforderungen (Rosebrock 2007). Wie in der Leseforschung vermutet wird, beanspruchen literarische Texte spezifische affektive und motivationale Lernvoraussetzungen, die sich von den Spezifika des expositorischen Textverstehens unterscheiden (Henschel, Roick, Brunner & Stanat 2013; Rosebrock 2007; Zwaan 1996). Im Unterricht behandelte literarische Texte liegen häufiger im Interessensbereich der Lesenden, beinhalten einen Unterhaltungs- und Genusswert und können zur Steigerung der Lesemotivation und -intensität beitragen (vgl. u. a. Rosebrock & Nix 2014). Wurde der Text vorliegend unter einer literarischen Rezeptionshaltung gelesen, griffen die Schüler/-innen vermutlich auf ein bereits verinnerlichtes Skript der für einen literarischen Text prototypischen strukturellen Merkmale und damit verknüpften Strategien zur Bildung einer mentalen Repräsentation des Textes zurück (Schmitz, Gräsel & Rothstein 2017). Naturwissenschaftliche und gesellschaftswissenschaftliche Fachtexte hingegen sind zumeist mit zahlreichen Fachbegriffen versehen, die in komplexe syntaktische Strukturen eingebettet sind und die globale Kohärenzbildung erschweren. Möglichkeiten, den hier bestehenden Textschwierigkeiten zu begegnen, bieten sich, wie in den vorliegenden Studien, somit in der Anpassung der Texte *durch* Kohäsionsmarker sowie in der textsortenspezifischen und strategischen Arbeit *mit* Kohäsionsmarkern– insbesondere im Bereich expositorischer Texte.

Insgesamt sind die Ergebnisse der vorliegenden Studie in diesem Zusammenhang mit Bedacht zu interpretieren. Durch den fehlenden Einfluss der Kohäsionsmanipulation in Abhängigkeit der Textsortenerwartung widerspricht der Befund der Studie von Schmitz, Gräsel & Rothstein (2017), innerhalb derer globale Kohäsion, der auch temporale Kohäsionsmarker zuzuordnen sind, den Aufbau einer mentalen Textrepräsentation, insbesondere in der Erwartung eines Sachtextes, unterstützte. Diese Ergebnisse scheinen mit den Textsortenmerkmalen der verwendeten Lesetexte zusammenzuhängen. Die in der vorliegenden Studie verwendeten Texte sind den Kürzesttexten zuzuordnen, wohingegen Schmitz, Gräsel & Rothstein (2017) Texte im Umfang von ca. 1–1,5 Seiten verwendet haben. Es ist daher anzunehmen, dass die Kohäsion in einem kürzeren Text nicht gleichermaßen Wirkung zeigen kann. Folglich scheint die Textsortenerwartung beim Lesen eines kurzen Textes eine andere Rezeption von Kohäsionsmarkern auszulösen als bei längeren Texten und somit eine andere Passung zu erfordern. Mit dem Einsatz von längeren und inhaltlich komplexeren Texten kann die Variation temporaler Kohäsion zielführender sein, wenn die Leser/-innen sie aktiv als strukturierenden Rahmen nutzen müssen, um die Vor-, Gleich- und Nachzeitigkeit der Sachverhalte nachvollziehen zu können. Dafür sollten Texte ausgewählt werden, die beispielsweise auf narrativer Ebene vielschichtige und verflochtene Figurenhandlung beinhalten oder aber – den expositorischen Texten zugehörig – Abläufe technischer Prozesse schildern.

Für die Weiterarbeit an der Untersuchung der Wirksamkeit von Kohäsion und der Implementierung dieser Erkenntnisse in den Unterrichtskontext ist neben der Überarbeitung des vorliegend genutzten Materials auch eine Ausweitung des Methodenspektrums erforderlich. Es besteht noch wenig Evidenz darüber, wie Schüler/-innen konkret mit kohäsiven und weniger kohäsiven Texten umgehen (Kintsch & Kintsch 1995). Werden die Kohäsionsmarker strategisch genutzt, fest in den Lese- und Verständnisprozess integriert oder gar überlesen? Wissen die Lesenden um die Funktion der Marker und erkennen sie das Potential, mit ihrer Hilfe Verständnislücken zu schließen? Darüber hinaus ist zu klären, ob sie Marker auf globaler Ebene differenziert von Strukturierungselementen auf der lokalen Ebene wahrnehmen und diese textseitigen Hilfen letztlich auch als prototypisch für die jeweils zu lesende Textsorte interpretieren. Ansätze für prozessorientierte Verfahren wurden bereits in Laut-Denk-Studien über die Wirkungsweise temporaler Kohäsion entwickelt (Kintsch & Kintsch 1995; Schuttkowski, Rothstein, Schmitz & Gräsel 2015; Schmitz, Schuttkowski, Rothstein & Gräsel 2016). Weiterhin bieten die bisherigen Studien nur einen Ausschnitt der für den schulischen Kontext repräsentativen literarischen und expositorischen Texte. Eine Ausweitung auf Textsorten, die das Spektrum von Zeitungstexten und kurzen Romanauszügen erweitern und sich auch auf den Umgang mit Texten im naturwissenschaftlichen Unterricht übertragen lassen, ist erforderlich. Um konkrete Schritte für die Etablierung einer systematischen Lesedidaktik, welche die explizite Thematisierung sprachlicher Strukturen in unterschiedlichen Textsorten berücksichtigt, einzuleiten, wären Interventionsstudien notwendig. Im Rahmen solcher Studien sollten Unterrichtskonzepte entwickelt werden, in denen die Funktion einzelner Kohäsionsmarker in der jeweiligen Textsorte vermittelt oder aber sich ergänzende Marker in Kombination aufgegriffen werden. Fachübergreifend könnten die Lernenden so im Textrezeptionsprozess auf ‚Werkzeuge' zurückgreifen, die kognitive auf den Inhalt ausgerichtete Lesestrategien mit sprachsensiblen Elementen verknüpfen (vgl. auch Schmitz, Schuttkowski, Rothstein & Gräsel 2016).

Literatur

Adamzik, Kirsten (2010): Sprachwissenschaftliche Gattungsforschung. In Zymner, Rüdiger (Hrsg.): *Handbuch Gattungstheorie*. Stuttgart, Weimar: Metzler, 295–298.
Afflerbach, Peter (1990): The Influence of Prior Knowledge and Text Genre on Readers' Prediction Strategies. *Journal of Literacy Research* 22 (2): 131–148.

Artelt, Cordula & Schlagmüller, Matthias (2004): Der Umgang mit literarischen Texten als Teilkompetenz im Lesen? Dimensionsanalysen und Ländervergleiche. In Schiefele, Ulrich; Artelt, Cordula; Schneider Wolfgang & Stanat, Petra (Hrsg.): *Struktur, Entwicklung und Förderung von Lesekompetenz. Vertiefende Analysen im Rahmen von PISA 2000*. Wiesbaden: Verlag für Sozialwissenschaften, 169–196.

Asher, Nicholas & Lascarides, Alex (2003): *Logics of Conversation*. Cambridge: Cambridge University Press.

Baur, Rupprecht S. & Spettmann, Melanie (2010): Lesefertigkeiten testen und fördern. In Benholz, Claudia; Kniffka, Gabriele & Winters-Ohle, Elmar (Hrsg.): *Fachliche und sprachliche Förderung von Schülern mit Migrationsgeschichte: Beiträge des Mercator-Symposions im Rahmen des 15. AILA-Weltkongresses „Mehrsprachigkeit: Herausforderungen und Chancen"*. Münster: Waxmann, 97–118.

Brinker, Klaus; Cölfen, Hermann & Pappert, Steffen (2014): *Linguistische Textanalyse. Eine Einführung in Grundbegriffe und Methoden*. Berlin: Erich Schmidt.

Budde, Monika & Michalak, Magdalena (2014): Sprachenfächer und ihr Beitrag zur fachsprachlichen Förderung. In Michalak, Magdalena (Hrsg.): *Sprache als Lernmedium im Fachunterricht: Theorien und Modelle für das sprachbewusste Lehren und Lernen*. Baltmannsweiler: Schneider Verlag Hohengehren, 9–33.

Christmann, Ursula & Groeben, Norbert (1999): Psychologie des Lesens. In Franzmann, Bodo; Hasemann, Klaus; Löffler, Dietrich & Schön, Erich (Hrsg.): *Handbuch Lesen*. München: Saur, 145–223.

Christmann, Ursula. & Groeben, Norbert (1996): Die Rezeption schriftlicher Texte. In Günther, Hartmut & Ludwig, Otto (Hrsg.): *Schrift und Schriftlichkeit / Writing and its Use. Ein interdisziplinäres Handbuch internationaler Forschung*. 2. Halbband. Berlin, New York: De Gruyter, 1536–1545.

Collins, James L.; Lee, Jaekyung; Fox; Jeffery D. & Madigan, Timothy P. (2017): Bringing Together Reading and Writing: An Experimental Study of Writing Intensive Reading Comprehension in Low-Performing Urban Elementary Schools. *Reading Research Quarterly* 52 (3): 311–332.

de Beaugrande, Robert-Alain & Dressler, Wolfgang U. (1981): *Einführung in die Textlinguistik*. Tübingen: Niemeyer.

Degand, Liesbeth & Sanders, Ted (2002): The Impact of Relational Markers on Expository Text Comprehension in L1 and L2. *Reading and Writing* 15: 739–757.

Duran, Nicholas D.; McCarthy, Philip M.; Graesser, Arthur C. & McNamara, Danielle S. (2007): Using Temporal Cohesion to Predict Temporal Coherence in Narrative and Expository Texts. *Behavior Research Methods* 39 (2): 212–223.

Feilke, Helmuth (1994): Ohne Netz und Spiegel. Wie bestimmt Sprache das Bewußtsein? *Der Deutschunterricht* 4: 71–81.

Gansel, Christina & Jürgens, Frank (2009): *Textlinguistik und Textgrammatik. Eine Einführung*. Göttingen: Vanderhoeck & Ruprecht.

Gogolin, Ingrid & Lange, Imke (2011): Bildungssprache und Durchgängige Sprachbildung. In Fürstenau, Sara & Gomolla, Mechthild (Hrsg.): *Migration und schulischer Wandel. Mehrsprachigkeit*. Wiesbaden: Verlag für Sozialwissenschaften, 107–127.

Graesser, Arthur C.; McNamara, Danielle S. & Louwerse, Max M. (2003): What Readers Need to Learn in Order to Process Coherence Relations in Narrative and Expository Text. In Sweet, Anne P. & Snow, Catherine E. (Hrsg.): *Rethinking Reading Comprehension*. New York, London: Guilford, 82–98.

Heinemann, Wolfgang & Viehweger, Dieter (1991): *Textlinguistik. Eine Einführung.* Tübingen: De Gruyter.
Henschel, Sofie; Roick, Thorsten; Brunner, Martin & Stanat, Petra (2013): Leseselbstkonzept und Textart: Lassen sich literarisches und faktuales Leseselbstkonzept trennen? *Zeitschrift für Pädagogische Psychologie* 27: 181–191.
Kintsch, Walter (1998): *Comprehension: A Paradigm for Cognition.* Cambridge: Cambridge University Press.
Kintsch, Eileen & Kintsch, Walter (1995): Strategies to Promote Active Learning from Text: Individual Differences in Background Knowledge. *Swiss Journal of Psychology* 54: 141–151.
Köster, Juliane & Rosebrock, Cornelia (2009): Lesen – mit Texten und Medien umgehen. In Bremerich-Vos, Albert; Granzer, Dietlinde; Behrens, Ulrike & Köller, Olaf (Hrsg.): *Bildungsstandards für die Grundschule: Deutsch Konkret.* Berlin: Cornelsen, 104–138.
McNamara, Danielle S.; Kintsch, Eileen; Butler Songer, Nancy & Kintsch, Walter (1996): Are Good Texts Always Better? Interactions of Text Coherence, Background Knowledge, and Levels of Understanding in Learning from Text. *Cognition and Instruction* 14 (1): 1–43.
Meutsch, Dietrich & Schmidt, Siegfried J. (1985): On the Role of Conventions in Understanding Literary Texts. *Poetics* 14: 551–574.
Mosenthal, Peter B. (1996): Understanding the Strategies of Document Literacy and Their Conditions of Use. *Journal of Educational Psychology* 88 (2): 314–332.
Notzen, Konrad (Hrsg.) (2004): *Verstehen und Gestalten G5.* Berlin: Oldenbourg.
O'Reilly, Tenaha & McNamara, Danielle S. (2007): Reversing the Reverse Cohesion Effect: Good Texts Can Be Better for Strategic, High-Knowledge Readers. *Discourse Processes* 42 (2): 121–152.
Ozuru, Yasuhiro; Dempsey, Kyle & McNamara, Danielle S. (2009): Prior Knowledge, Reading Skill, and Text Cohesion in the Comprehension of Science Texts. *Learning and Instruction* 19: 228–242.
Raatz, Ulrich; Grotjahn, Rüdiger & Wockenfuß, Verena (2006): Das TESTATT-Projekt: Entwicklung von C-Tests zur Evaluation des Fremdsprachenlernerfolgs. In Grotjahn, Rüdiger (Hrsg.): *The C-Test: Theory, Empirical Research, Applications.* Frankfurt a. M.: Lang, 85–99.
Rosebrock, Cornelia (2007): Anforderungen von Sach- und Informationstexten; Anforderungen literarischer Texte. In Bertschi-Kaufmann, Andrea (Hrsg.): *Lesekompetenz – Leseleistung – Leseförderung. Grundlagen, Modelle und Materialien.* Seelze: Klett Kallmeyer; Zug: Klett und Balmer, 50–65.
Rosebrock, Cornelia & Nix, Daniel (2014): *Grundlagen der Lesedidaktik und der systematischen schulischen Leseförderung.* Baltmannsweiler: Schneider Verlag Hohengehren.
Rothstein, Björn (2017): *Tempus.* Heidelberg: Winter.
Rothstein, Björn; Kröger-Bidlo, Hanna; Schmitz, Anke; Gräsel, Cornelia & Rupp, Gerhard (2014): Desiderata zur Erforschung des Einflusses von Kohäsion auf das Leseverständnis. In Averintseva-Klisch, Maria & Peschel, Corinna (Hrsg.): *Aspekte der Informationsstruktur für die Schule.* Baltmannsweiler: Schneider Verlag Hohengehren, 75–86.
Schaffner, Ellen (2009): Determinanten des Leseverstehens. In: Lenhard, Wolfgang & Schneider, Wolfgang (Hrsg.): *Diagnostik und Förderung des Leseverständnisses.* Göttingen: Hogrefe, 19–44.
Schmitz, Anke (2016): *Verständlichkeit von Sachtexten: Wirkung der globalen Textkohäsion auf das Textverständnis von Schülern.* Wiesbaden: VS Springer.

Schmitz, Anke & Gräsel, Cornelia (2016): Bei welchen Lernenden fördert globale Textkohäsion das Verständnis von Sachtexten? Eine Studie zu Wechselwirkungen zwischen globaler Textkohäsion und kognitiven Verständnisvoraussetzungen. *Unterrichtswissenschaft* 44 (3): 267–281.

Schmitz, Anke; Gräsel, Cornelia & Rothstein, Björn (2017): Students' Genre Expectations and the Effects of Text Cohesion on Reading Comprehension. *Reading and Writing. An Interdisciplinary Journal* 30 (5): 1115–1135.

Schmitz, Anke; Schuttkowski, Caroline; Rothstein, Björn & Gräsel, Cornelia (2016): Textkohäsion und deren Bedeutung für das Textverständnis: Wie reagieren Lernende auf temporale Kohäsion am Beispiel eines Sachtextes? *Leseforum 2*. http://www.leseforum.ch/myUploadData/files/2016_2_Schmitz_et_al.pdf (*26. 9. 2018*).

Schneider, Wolfgang; Schlagmüller, Matthias & Ennemoser, Marco (2007): *LGVT 6–12. Lesegeschwindigkeits- und -verstehenstest für die Klassen 6–12*. Göttingen: Hogrefe.

Schnotz, Wolfgang (1994): *Aufbau von Wissensstrukturen. Untersuchungen zur Kohärenzbildung beim Wissenserwerb mit Texten*. Weinheim: Beltz.

Schnotz, Wolfgang (2006): Was geschieht im Kopf des Lesers? Mentale Konstruktionsprozesse beim Textverstehen aus der Sicht der Psychologie und der kognitiven Linguistik. In: Blühdorn, Hardarik; Breindl, Eva & Waßner, Ulrich H. (Hrsg.): *Text–Verstehen. Grammatik und darüber hinaus*. Berlin, New York: De Gruyter, 222–238.

Schnotz, Wolfgang & Dutke, Stephan (2004): Kognitionspsychologische Grundlagen der Lesekompetenz: Mehrebenenverarbeitung anhand multipler Informationsquellen. In: Schiefele, Ulrich; Artelt, Cordula; Schneider, Wolfgang & Stanat, Petra (Hrsg.): *Struktur, Entwicklung und Förderung von Lesekompetenz. Vertiefende Analysen im Rahmen von PISA 2000*. Wiesbaden: Verlag für Sozialwissenschaften, 61–100.

Schuttkowski, Caroline; Rothstein, Björn; Schmitz, Anke & Gräsel, Cornelia (2015): Lautes Denken als Forschungsinstrument für grammatikdidaktische Fragestellungen? – Diskussion zweier Studien. *Zeitschrift für Angewandte Linguistik* 63 (1): 265–291.

Schwarz-Friesel, Monika & Consten, Manfred (2014): *Einführung in die Textlinguistik*. Darmstadt: Wissenschaftliche Buchgesellschaft.

Zwaan, Rolf A. (1994): Effect of Genre Expectations on Text Comprehension. *Journal of Experimental Psychology: Learning, Memory, and Cognition* 20 (4): 920–933.

Zwaan, Rolf A. (1996): Toward a Model of Literary Comprehension. In Britton, Bruce K. & Graesser, Arthur C. (Hrsg.): *Models of understanding text*. Mahwah, NJ: Lawrence Erlbaum, 241–255.

Jennifer Dröse und Susanne Prediger
Scaffolding für fachbezogene textsortenspezifische Lesestrategien – Entwicklungsforschungsstudie zur Förderung des Umgangs mit Textaufgaben

1 Einleitung: Fachspezifität der Rezeption von Textaufgaben

Lesekompetenz ist eine wichtige Voraussetzung für die Teilnahme an vielen Bereichen des gesellschaftlichen Lebens (Rosebrock & Nix 2010), dies gilt auch für das Verständnis mathematikspezifischer Textsorten (Schukajlow 2013). Der vorliegende Beitrag fokussiert auf fachspezifische Lesestrategien zur wichtigsten Textsorte des Mathematikunterrichts, den Textaufgaben. Zahlreiche Studien konnten zeigen, dass allgemeine Lesekompetenz einen wichtigen Prädiktor für die Kompetenz bildet, Textaufgaben zu bewältigen, sowohl querschnittlich (Knoche & Lind 2004: 206; Bos, Wendt, Köller & Selter 2012: 237) als auch längsschnittlich (Paetsch et al. 2016). Doch sind Prädiktoren nicht zwangsläufig mit der zu fördernden Kompetenz gleichzusetzen: Die Förderung allgemeiner Lesestrategien führte in zwei quasi-experimentellen Interventionsstudien nicht zu einer messbar besseren Bewältigung von Textaufgaben, dies zeigen die Studien von Hellmich & Förster (2015) für Klasse 3 und Hagena, Leiß & Schwippert (2017) für Klasse 7. Bei Hellmich & Förster (2015) zeigten sich durch ein wortschatzbasiertes Lesestrategietraining keine Transfereffekte auf mathematische Textaufgaben. Hagena, Leiß & Schwippert (2017) vermuten in ihrer Studie in Klasse 7 zum Einfluss der Förderung auf Modellierungskompetenzen: „Perhaps rather than supporting general comprehension strategies, more support on other mathematics-specific comprehension strategies focusing on relations connecting information would have been more useful." (Hagena, Leiß & Schwippert 2017: 4078). Diese empirischen Befunde deuten an, dass allgemeine Lesestrategietrainings nur eine begrenzte Wirkung haben, deshalb lassen die Studien außer-

---

Anmerkung: Das Projekt *MuM-Lesen* wurde durchgeführt in Kooperation mit dem Projekt *Mathe sicher können* unter der Leitung von Susanne Prediger und Christoph Selter, das 2011–2020 finanziert wird durch die Deutsche Telekom Stiftung. Wir danken den Förderern ebenso wie allen beteiligten Lehrkräften und Kindern.

https://doi.org/10.1515/9783110570380-006

dem vermuten, dass die rezeptiven Anforderungen fachspezifisch sind. Dies begründet noch einmal die Forderung, dass die Entwicklung fachspezifischer Lesekompetenz eine Aufgabe jedes einzelnen Faches sein muss (Leisen 2011; Kruse 2011).

Für den Mathematikunterricht bilden die Textaufgaben die wichtigste und herausforderndste Textsorte, für die zahlreiche Hürden im konzeptuellen, sprachlichen und strategischen Bereich im Lese- und Bearbeitungsprozess von Lernenden bereits vielfältig empirisch analysiert wurden (Mevarech, Terkieltaub, Vinberger & Nevet 2010; Prediger & Krägeloh 2015). Weniger empirisch fundierte Ansätze gibt es dagegen für eine Förderung der fachbezogenen rezeptiven Kompetenzen. Zur Reduktion dieser Forschungslücke soll der vorliegende Artikel beitragen. Ein Fokus liegt dabei auf Ansätzen zur Förderung von geeigneten Lesestrategien, da einige Studien erste Hinweise auf mögliche individuelle Leistungssteigerungen durch Strategietrainings geben (Leiß et al. 2010; Schütte, Wirth & Leutner 2012; Prediger & Krägeloh 2015).

Vorgestellt wird ein Lehr-Lern-Arrangement zur Förderung mathematikspezifischer Lese- und Verstehensstrategien für Textaufgaben zu den Grundrechenarten in Klasse 5 und erste empirische Befunde aus den initiierten Lernprozessen. Dazu wird in Abschnitt 2 der Lerngegenstand unter Rückgriff auf den Forschungsstand spezifiziert sowie in Abschnitt 3 das Lehr-Lern-Arrangement und seine Fundierung vorgestellt. Der methodologische Rahmen der fachdidaktischen Entwicklungsforschung und die konkreten Methoden der Datenerhebung und -auswertung werden in Abschnitt 4 dargestellt. Der Abschnitt 5 bietet erste Einblicke in eine tiefergehende Analyse der Bearbeitungsprozesse der Lernenden.

2 Spezifizierung des Lerngegenstands: Strategien zur Konstruktion eines Situationsmodells für Textaufgaben

2.1 Lesen als Rezeptionsprozess zur Konstruktion mentaler Modelle

Lesen lässt sich breit fassen als Informationsentnahme aus und das Verstehen von kontinuierlichen, diskontinuierlichen und multimedialen Texten (Hurrelmann 2011). Die Lesepsychologie charakterisiert den Prozess auf Wort-, Satz- und Textebene (Christmann & Groeben 2013): Hierarchieniedrigere Prozesse dienen vor allem der Dekodierung von Wörtern und der lokalen Kohärenzbildung auf Satzebene. Hierarchiehöhere Prozesse ermöglichen die globale Kohärenzbildung auf Textebene und damit die Konstruktion eines mentalen Modells (Lenhard 2013). Dabei wurde die Konstruktion eines mentalen Modells – auch wenn nicht unmittelbar empirisch erfassbar (Christmann & Groeben 2013) – in der Lesedidaktik (König 2009), Kognitionspsychologie (Reusser 1997) und Mathematikdidaktik (Leiß et al. 2010) als entscheidender Schritt identifiziert. Die Fähigkeit des Textverständnisses sowie dessen aktive Nutzung zur Wissenskonstruktion wird als Lesekompetenz bezeichnet (Gold 2010).

Vier Merkmalsklassen haben dabei Einfluss auf die Leseprozesse (synthetisiert in Lenhard 2013):
1. Merkmale des Lesers (z. B. individuelle Voraussetzungen)
2. Aktivität des Lesers (z. B. Anwendung von Strategien)
3. Leseanforderungen (z. B. Aufgabenstellung)
4. Merkmale des Textes (z. B. Aufbau und Struktur des Textes).

Die textseitigen Merkmale (3) & (4) sind wichtig, um die Spezifizität der mathematikspezifischen Textsorte Textaufgaben zu erfassen, sie wurden andernorts genauer beschrieben (Niederhaus, Pöhler & Prediger 2016). Die Aktivitäten der Lernenden (2) werden durch die Förderung adressiert.

2.2 Textaufgabenspezifische Rezeptionsprozesse im Mathematikunterricht

Mit Textaufgaben im weiteren Sinne werden in der Mathematikdidaktik vielfältige Aufgabenformate bezeichnet, mit denen Realitätsbezüge und Lerngelegenheiten für Mathematisierungsprozesse geschaffen werden (Reusser 1997). In der Literatur werden verschiedene Varianten adressiert (z. B. Modellierungsaufgaben, Problemlöseaufgaben, Fermiaufgaben u. a.), die nach unterschiedlichen Kriterien, wie z. B. nach ihrer Struktur, dem angeregten Prozess oder ihrem kontextuellen Bezug unterschieden werden können (für einen Überblick zum Sachrechnen in der Sekundarstufe vgl. Greefrath 2010). Im vorliegenden Beitrag wird auf Textaufgaben im Sinne von Reusser (1997) und Greefrath (2010) fokussiert, d. h. auf in (komplexe) Sachsituationen eingekleidete Mathematikaufgaben, die aufgrund einer Problemfrage eindeutig zu bearbeiten sind. Sie stellen nur eine Art mathematikhaltiger Texte dar und sollten im Unterricht durch reichhaltigere und authentischere Texte ergänzt werden.

Für die Spezifizierung der Anforderungen im Rezeptions- und Bearbeitungsprozess von Textaufgaben hat sich das Prozessmodell von Reusser (1997) bewährt, da es im Unterschied zu verschiedenen Versionen des Modellierungskreislaufs (z. B. Blum & Leiß 2007) eine Fokussierung auf die Bildung eines Situationsmodells ermöglicht. Der Rezeptions- und Bearbeitungsprozess stellt sich in Reussers (1997) Prozessmodell wie folgt dar:

- Aus dem Problemtext wird zunächst eine Textbasis generiert.
- Diese Textbasis wird fragengeleitet oder fragengenerierend in das episodische Situations-/Problemmodell überführt (Reusser 1997). Das Situationsmodell ist „jene personale kognitive Struktur, worauf sich der Verstehensvorgang richtet. Ein Situationsmodell ist das kognitive Korrelat der vom Autor eines Textes gemeinten bzw. von einem Leser verstandenen Situationsstruktur" (Reusser 1989: 136). Für die vorliegende Studie werden Situations- und Problemmodell unter dem Begriff Situationsmodell zusammengefasst, da alle verwendeten Textaufgaben bereits Problemfragen enthalten.
- Das Situationsmodell wird durch Reduktion erst in das mathematische Problemmodell, dann in die Verknüpfungsstruktur überführt, die numerische Antwort bestimmt und innerhalb eines Antwortsatzes interpretiert (Reusser 1997). Für diese Prozessschritte sind sowohl konzeptuelles Wissen als auch prozedurale Verfahren der Mathematik nötig, die über die rezeptiven Aspekte hinausgehen. Sie stehen daher im vorliegenden Beitrag nicht im Zentrum.

2.3 Rezeptionsstrategien als zentraler Lerngegenstand – Allgemeine Konzeptualisierung und Spezifizierung für Textaufgaben

Unter dem Begriff der Lesestrategien werden allgemein Handlungen des Lesers im Rezeptionsprozess gefasst, die den Prozess der globalen Kohärenzbildung und der Konstruktion konsistenter mentaler Modelle unterstützen (Gold 2010). Fachübergreifend hat sich die Förderung von Lesestrategien als erfolgsversprechend für tragfähige Situationsmodellkonstruktionen erwiesen (Kruse 2011). Für Modellierungsaufgaben im Mathematikunterricht leitet Schukajlow (2013) erste Kriterien zur Förderung von Lesestrategien her, welche u. a. auf dem Überblick von Schukajlow & Leiß (2011) über die selbstberichtete Nutzung kognitiver und metakognitiver Lesestrategien von Lernenden basieren. Empirische Hinweise zur Förderung von Lese- und Verstehensstrategien für Textaufgaben gibt des Weiteren eine qualitative Studie zum Lesen und Verstehen von algebraischen Textaufgaben in Klasse 8 (Prediger & Krägeloh 2015), auf die in der vorliegenden Studie aufgebaut wird.

Lesestrategien werden gemäß ihrer Zielsetzung klassifiziert als kognitive, metakognitive und ressourcenbezogene Strategien (Lenhard 2013; Gold 2010). Im Folgenden fokussiert dieser Beitrag auf die kognitiven Strategien, da diese

der Informationsentnahme und -organisation dienen (Lenhard 2013) und damit für den Prozess der Situationsmodellbildung relevant sein können (Schukajlow 2013). Unter den kognitiven Strategien werden unterschieden
- Wiederholungsstrategien (zum wiederholten Lesen des Textes)
- Elaborationsstrategien (zur Anbindung der Informationen oder Aufgaben an bestehendes Wissen)
- Organisationsstrategien (zur Strukturierung der Informationen)
- Reduktionsstrategien (die Texte auf das Wesentliche reduzieren)

Während Reduktionsstrategien für die hoch verdichteten mathematischen Textaufgaben (Niederhaus, Pöhler & Prediger 2016) kaum Relevanz haben, spielen Elaborations- und Organisationsstrategien für die Bearbeitungsprozesse eine große Rolle, da sie die Möglichkeit bieten, die komplexen und verdichteten sprachlichen und inhaltlichen Beziehungsgefüge zu explizieren und aufzufalten. Diese fachübergreifende Konzeptualisierung von Lesestrategien ist allerdings für die Entwicklung von textsortenspezifischen Förderungen nicht ausreichend: Um solche Strategie-Klassen für Textaufgaben fördern zu können, muss zunächst genauer spezifiziert werden, wie sie spezifisch für Textaufgaben angepasst werden können. Eine entsprechende Forschungslücke haben Schukajlow & Leiß bereits 2011 konstatiert.

Für die empirische Identifizierung relevanter (tragfähiger und nicht tragfähiger) Strategien der Klassen der Elaborations- und Organisationsstrategien wurden qualitative Analysen der Bearbeitungsprozesse von Lernenden durchgeführt: Schon 1975 identifizierten Nesher & Teubal zwei Bearbeitungsweisen von Lernenden, die allerdings nur für manche Aufgabenstrukturen tragfähig sind:
1. direkte sequenzielle Übertragung des Textes in eine mathematische Struktur
2. Identifikation der dem Text zugrunde liegenden Problemstruktur und sukzessive Übersetzung in die mathematische Struktur

Die erste Bearbeitungsweise führt bei vielen Lernenden zur Konstruktion eines fehlerhaften oder falschen Situationsmodells, sie basiert häufig auf nur selten tragfähigen Oberflächenstrategien wie der Auswahl aller Zahlen, der Orientierung an Schlüsselwörtern oder den Operationen des aktuellen Themas sowie einer nicht planvollen Sequenzierung (Überblick zu Oberflächenstrategien in Prediger & Krägeloh 2015). Für die erfolgreiche Bildung eines adäquaten Situationsmodells ist es dagegen nötig, dass die Lernenden Protagonisten identifizieren, zugrunde liegende Handlungsabfolge/-ordnung rekonstruieren, Zustände und ihre Zusammenhänge herausstellen sowie Problemfragen identifizieren und nutzen (Reusser 1997; Wilhelm 2016).

Durch die Analyse erfolgreicher individueller Bearbeitungsprozesse (vgl. Aebli, Ruthemann & Staub 1986; Capraro, Capraro & Rupley 2012; Reusser 1994, Prediger & Krägeloh 2015) sind die folgenden drei Strategien (im Folgenden als Zielstrategien bezeichnet) als besonders relevant für den Konstruktionsprozess eines Situationsmodells identifiziert worden:

(S1) Suchen der relevanten Informationen (kurz: Gegeben-Gesucht-Strategie)
(S2) Fokussieren der Informationen mit ihren Bedeutungen (kurz: Fokus auf Bedeutungen)
(S3) Fokussieren der Beziehungen zwischen den Informationen (kurz: Fokus auf Beziehungen), für diese Studie unterteilt in (S3A) Einzelbeziehungen und (S3B) Gesamtbeziehungen

Diese Strategien bilden den Lerngegenstand des im Folgenden vorzustellenden Lehr-Lern-Arrangements.

3 Design eines Lehr-Lern-Arrangements: Strategisches Scaffolding mit Info-Netzen

Das Lehr-Lern-Arrangement zur Strategieförderung wurde von Dröse, Prediger und Marcus (2017) konzipiert für die Klassenstufe 5/6. Als Kleingruppenförderung für mathematisch Schwache wurde es für etwa 7 Doppelstunden entwickelt, für den Klassenunterricht wurde das Material in einer Kurzform für ca. 5–6 Doppelstunden adaptiert. Beide Materialversionen sind unter http://mathe-sicher-koennen.dzlm.de/008 frei verfügbar. Vorgestellt werden hier das Design und seine theoretischen Hintergründe.

3.1 Strategisches Scaffolding als Design-Prinzip zur Förderung der Strategien

Da die Nutzung von Strategien bei Lernenden nicht allein durch ein Vormachen der Lehrkraft und ein sich direkt daran anschließendes Nachmachen der Lernenden angeregt werden kann, wird für den systematischen Aufbau von Strategien das Design-Prinzip des strategischen Scaffoldings (Hannafin, Land & Oliver 1999) genutzt.

Allgemein werden als Scaffolding spontane oder längerfristig geplante und umgesetzte Maßnahmen bezeichnet, die bestimmte Denkprozesse und Aktivitäten von Lernenden zeitweilig durch Unterstützungsmaßnahmen, so genannte

Gerüste (engl. Scaffold), unterstützen (Lajoie 2005; Hannafin, Land & Oliver 1999). Sobald die Lernenden die Denkprozesse und Aktivitäten internalisieren, wird das Gerüst wieder abgebaut, im sogenannten Fading-Out. Die Gestaltung der Scaffolds wird dabei insbesondere von ihrem Zweck und dem Lerngegenstand bestimmt. Ihre Funktion reicht von interaktivem, konzeptuellem, prozeduralem, metakognitivem bis hin zu *strategischem Scaffolding*, das sich auf Strategieaktivierung bezieht (Hannafin, Land & Oliver 1999).

Konkret wird in dem entwickelten Lehr-Lern-Arrangement strategisches Scaffolding genutzt, um
1. den abstrakten Lerngegenstand einer Strategie für die Lernenden durch geeignete Materialisierung greifbar zu machen.
2. die Strategienutzung der Lernenden durch ein Scaffold in mehreren Schritten aufzubauen und längerfristig zu unterstützen.

3.2 Das Info-Netz – ein Scaffolding-Werkzeug auf der Basis von Concept Maps

Aus einer Vielzahl möglicher strategischer Scaffolding-Werkzeuge (wie z. B. Leseplänen, Concept Maps und anderen, vgl. Prediger & Krägeloh 2015) wurde für das vorliegende Lehr-Lern-Arrangement aus folgenden Gründen ein *visuell-schematisches Gerüst* ausgewählt: Externe Visualisierungstechniken haben als strategische Scaffolding-Werkzeuge in der Lernstrategieforschung in den vergangenen Jahren an Bedeutung gewonnen, denn sie besitzen neben den Aspekten der Reduktion, Organisation und Elaboration von Begriffen sowie Informationen und Konzepten (Tiefenverarbeitungsfunktion) auch Metakognitions- (Schließen von Lücken), Übersetzungs- (Wechsel zwischen Darstellungsformen) und Inferenzfunktionen (Ableiten neuer Informationen) (Renkl & Nückles 2006). Unter den Visualisierungstechniken sind Mappingtechniken wie das Mind Map und das Concept Map besonders geläufig, wobei Concept Maps im Vergleich zu Mind Maps Informationen *und ihre Beziehungen* analytischer und systematischer darstellen (Renkl & Nückles 2006), daher wurden sie hier ausgewählt.

Im Mathematikunterricht haben Concept Maps als fachübergreifendes und nicht mathematikspezifisches Visualisierungsinstrument bisher nur eine geringe Bedeutung gehabt, dennoch geben einige Fallstudien erste Hinweise auf eine unterstützende Wirkung von Concept Maps auf die Performanz bei Aufgabenlösungen: Die bei Schukajlow & Leiß (2012) sowie Kaiser (2009) vorliegenden Ansätze wurden in der hier vorzustellenden Studie in spezifischer Weise adaptiert.

> **II.8 Streichelzoo**
>
> Im Streichelzoo kostet eine Packung Futter für die Ziegen 2 €.
> Die Geschwister Paula und Jonas möchten die Ziegen füttern.
> Von ihren Eltern bekommt jeder 2 €.
> Paula nimmt zusätzlich 3 € Taschengeld mit, Jonas nur 1 €.
> Ihrem Bruder Jonas gibt sie 1 € ab.
> Wie viele Packungen Futter kann sich jeder kaufen?

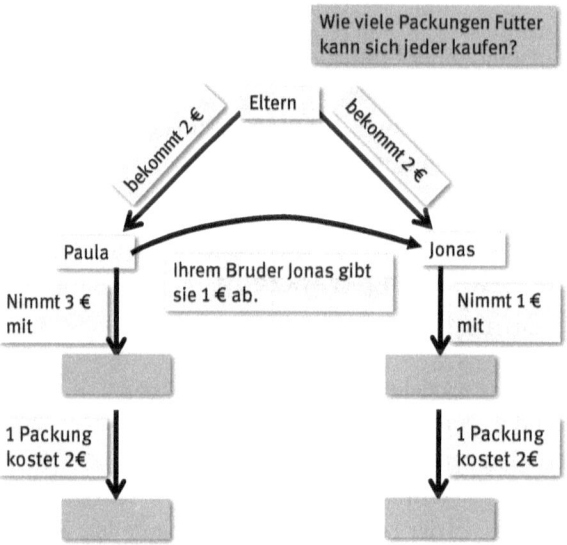

Abb. 1: Textaufgabe mit Info-Netz (Bsp.).

Für die Lernenden der Klasse 5 wird eine spezifische Form der Concept Maps genutzt und als Info-Netze bezeichnet: Abb. 1 zeigt exemplarisch ein mögliches Info-Netz für eine Aufgabe aus der Förderung. Die Frage und die Informationen werden auf Karten geschrieben, die den Lernenden in unbegrenzter Anzahl zur Verfügung gestellt werden. Die Beziehungen zwischen den Informationen werden durch handgezeichnete gerichtete Pfeile ausgedrückt, für deren Beschriftung eine große Vielfalt möglicher Beziehungen zugelassen ist. Fehlende Informationen und Ergebnisse werden auf andersfarbigen Karten eingebunden.

Damit das Info-Netz auch Organisationsstrategien unterstützen kann, werden seine Elemente auf Karten geschrieben. Dadurch können diese flexibel angeordnet und umorganisiert werden, sodass ein Fokus u. a. auf die Organisation gelegt wird. Auch die fehlende Lesereihenfolge trägt zum Potenzial der Info-Netze bei, Prozesse des Umdenkens und Umorganisierens anzuregen (Nesbit & Adesope 2006).

Leseplan

(1) Text lesen
(2) Gesucht? Fragekarte schreiben (← Scaffold für S1)
(3) Gegeben? Info-Karten schreiben
 (Zahlen mit Einheit und erläuternden Worten)
 (← Scaffold für S1 & S2)
(4) Zusammenhänge? Info-Netz konstruieren,
 indem Relation zwischen je zwei Info-Karten durch
 beschrifteten Pfeil expliziert wird (← Scaffold für S3)
(5) (Zwischen-)Ergebnisse berechnen
(6) Ergebnis überprüfen

Abb. 2: Leseplan für Textaufgaben.

Weitere Potentiale der Info-Netze sind analog zu Beobachtungen bei anderen materialbasierten Visualisierungen zu vermuten (Reusser 1994; Kaiser 2009):
- *Diagnostische Funktion:* für Lehrende können Info-Netze Einblicke in das Denken der Lernenden geben.
- *Explikations-Funktion:* Info-Netze ermöglichen die Explikation impliziten Wissens. Sie bieten aber auch ein Ausdrucksmittel, das sprachliche Erläuterungen unterstützen kann.
- *Veränderungs-Funktion:* Info-Netze können sich in bestimmten Fällen den Voraussetzungen der Lernenden anpassen und nachträglich verändert werden.
- *Kommunikations-Funktion:* Info-Netze ermöglichen anderen Lernenden, Beziehungen nachzuvollziehen und über diese zu kommunizieren.

Im entwickelten Lehr-Lern-Arrangement werden die Lernenden in die Nutzung der Info-Netze mithilfe des sogenannten Leseplans eingeführt, der die Schritte der Erstellung, Fragen und Handlungsaufforderungen strukturiert (Abb. 2). Ähnliche Pläne haben auch ohne weitere externe Visualisierung bereits positive Wirkungen auf die Strukturierung von Lösungsprozessen gezeigt (Schukajlow, Kolter & Blum 2015). Nach der Etablierung der Info-Netze dient der Leseplan auch als übergreifende Orientierungs- und Planungshilfe.

Die Teilschritte (2) bis (4) gehören unmittelbar zu den Bestandteilen der Info-Netze und dienen dazu, die Strategien S1, S2, S3 anzuregen, wie im empirischen Teil gezeigt werden wird. Wie bei allen Lösungsplänen verläuft auch der so angeleitete Bearbeitungsprozess meist nicht linear, gerade die Schritte (3) und (4) werden in der Regel mehrfach durchlaufen und iterativ ausgebaut.

3.3 Sukzessive Einführung und Fading-Out des Scaffoldings in mehreren Phasen

Da die Strategienutzung immer auch von textseitigen Merkmalen (vgl. Abschnitt 2.1) abhängt und sich sprachliche Charakteristika, wie z. B. Referenzstrukturen im Satz, als spezifische Herausforderung der Textsorte erwiesen haben (Duarte, Gogolin & Kaiser 2011), wird die Förderung der Strategienutzung in dem Lehr-Lern-Arrangement kombiniert mit einer diesbezüglichen Sensibilisierung.

Tab. 1: Sequenzierungsstruktur des Lehr-Lern-Arrangements.

Sequenzen	Phasen-Ziele bzgl. des Strategieerwerbs	Phasen-Ziele bzgl. der sprachlichen Sensibilisierung
Sequenz I: Einführung in Info-Netze und Sensibilisierung	– Einführung in Nutzung der Info-Netze – relevante von irrelevanten Informationen unterscheiden (S1/S2)	– Fragen nach Zustand und Änderung durch variierte Fragestellungen erkennen
Sequenz II: Fokus auf Beziehungen auf Satzebene	– Beziehungen zwischen Informationen (S3) – Ablösung von der Textchronologie	– Beziehungen auf Satzebene durch variierte grammatikalische Strukturen erkennen
Sequenz III: Fokus auf Beziehungen in strukturtragenden Phrasen	– Beziehungen zwischen Informationen (S3)	– Beziehungen auf Textebene durch Referenzstrukturen erkennen
Sequenz IV: Festigung und Ablösung der Netze	– Ablösung der Info-Netze (Fading-Out)	– Festigung des Umgangs mit sprachlichen Charakteristika der Referenzstrukturen

Die Strukturierung des Lehr-Lern-Arrangements (in Tab. 1) in vier Sequenzen folgt der Strategieentwicklung mittels strategischem Scaffolding. Der Zugang endet mit schrittweisem Fading-Out, um die Lernenden zur Strategienutzung auch ohne Info-Netze anzuregen.

3.4 Forschungsfragen für die empirischen Analysen der Bearbeitungsprozesse

Das vorgestellte Lehr-Lern-Arrangement wurde im Rahmen der Entwicklungsforschungsstudie iterativ optimiert. Die qualitative Beforschung der initiierten Rezeptionsprozesse dient außerdem der empirisch begründeten Theoriebildung in Bezug auf folgende Forschungsfragen:

(F1) Wie verändert sich die Strategienutzung der Lernenden nach Einführung des Info-Netzes?
(F2) Welche Gemeinsamkeiten und Unterschiede zeigen die Verläufe der Strategieentwicklung?

4 Forschungsdesign und Methodologie

4.1 Methodologischer Rahmen: Fachdidaktische Entwicklungsforschung

Fachdidaktische Entwicklungsforschung ist ein geeigneter methodologischer Rahmen für die vorliegende Studie, der die mehrfach iterierte Entwicklung eines Lehr-Lern-Arrangements verknüpft mit qualitativen Analysen der initiierten Lehr-Lern-Prozesse und empirisch begründeter Theoriebildung (Gravemeijer & Cobb 2006; Dube & Prediger 2017; Prediger et al. 2012). In der vorliegenden Entwicklungsforschungsstudie wurden mehrere Designexperiment-Zyklen durchgeführt. In jedem Designexperiment-Zyklus werden vier Arbeitsbereiche miteinander verknüpft: (1) Spezifizierung und Strukturierung des Lerngegenstands (der Strategien S1–S3 und ihre Bezüge zu den textseitigen sprachlichen Anforderungen), (2) Design des bereits beschriebenen Lehr-Lern-Arrangements zur strategie- und sprachintegrierten Förderung, (3) Durchführung und Auswertung der Design-Experimente und (4) empirisch begründete Theoriebildung zu Verläufen und Hürden der Bearbeitungs- und Lernprozesse sowie Wirkungsweisen und Bedingungen des Scaffoldings (Prediger et al. 2012).

4.2 Methoden der Datenerhebung

In fünf Zyklen wurden jeweils 4–7 Designexperimentsitzungen à 90 Minuten durchgeführt. In Zyklus 3–4, die als Datengrundlage der folgenden Analysen dienen, wurden insgesamt 26 Lernende der Klasse 5 (Gesamtschule) in 13 Paaren durch 4 Förderlehrpersonen gefördert. Mithilfe eines kurzen Tests wurden für die Förderung Kinder ausgewählt, die vier Textaufgaben noch nicht erfolgreich bearbeiteten und dabei die Zielstrategien S1–S3 bislang kaum nutzten. Die Designexperimente wurden videographiert und in ausgewählten Teilen transkribiert. Zum Datenkorpus gehören auch die Fotos der von den Lernenden gelegten Info-Netze.

Für die hier vorzustellende Fallstudie zur Entwicklung der Strategienutzung wurde das insgesamt 3905 min. umfassende Videomaterial aus Zyklus 3–4 auf 450 min. eingegrenzt, sowohl bzgl. der zu analysierenden Aufgaben als auch auf Fokuskinder:

Für die Fallstudie wurde auf drei Aufgaben fokussiert, die aus verschiedenen Teilen des Fördermaterials stammen und an denen die Entwicklung von Strategien besonders gut sichtbar wird:
1. Aufgabe I.1a und I.3 (aus Sequenz I gemäß Tabelle 1): Die Aufgaben sind Teil des Einführungsprozesses des Info-Netzes als Scaffolding-Werkzeug und dienen der Förderung der Strategien S1 und S2. I.1a initiiert eine Bearbeitung ohne Info-Netz, in I.1b und I.2 (hier nicht analysiert) werden das Info-Netz und der Leseplan eingeführt. Bei I.3 zeigt sich eine bereits eingespielte Nutzung.
2. Aufgabe II.8 (aus Sequenz II): Die Aufgabe dient insbesondere der Sensibilisierung für Referenzstrukturen auf Satzebene z. B. durch Pronomen und grammatikalische Strukturen, die einen Rückbezug im Text erfordern sowie der Förderung der Strategie S3A und S3B.

Für die Fallstudie dieses Artikels wurden sechs Lernende ausgewählt: Pinar und Laura (10/11 Jahre, Pinar ist mehrsprachig, Laura einsprachig) wurden zur Analyse ausgewählt, weil ihr Prozess facettenreiche Phänomene aufzeigt, insbesondere der Vergleich ihrer Bearbeitung von Aufgabe II.8 mit und ohne Info-Netz (Transkriptumfang: 20 Seiten). Hali und Mia aus Zyklus 4 (beide 11 Jahre, beide mehrsprachig) dienen zum Kontrastieren des Vorgehens bzgl. der Aufgaben I.1a und I.3 (Transkriptumfang: 28 Seiten). Seyda und Selin aus Zyklus 3 (beide 11 Jahre, beide mehrsprachig) wurden ausgewählt, da der Verlauf und die Produkte ihrer Bearbeitungen einen maximalen Kontrast zu der Bearbeitung von Laura und Pinar bzgl. der Aufgabe II.8 aufweisen (Transkriptumfang: 10 Seiten). Die Ergebnisse zu den sechs zuvor genannten Lernenden werden eingebettet in weitere Analysen zu den übrigen sechs Lernenden aus Zyklus 4, die durchgängig teilnahmen.

4.3 Methoden der Datenanalyse: Videobasierte Analyse mit Strategienutzungs-Prozessgraphen

Zur qualitativen Erfassung der möglichen individuellen Strategieentwicklung wurde das Analyseinstrument der Strategienutzungs-Prozessgraphen (im Folgenden nur als Prozessgraphen bezeichnet) entwickelt. Neben illustrierenden Transkriptstellen werden die Prozessgraphen im Folgenden zur Beantwortung der Forschungsfrage genutzt. Für die Erstellung der Prozessgraphen werden zuerst systematisch die verbalen Äußerungen, Gesten und Handlungen der Lernenden kodiert bzgl. der Nutzung der intendierten Strategien und der Bearbeitungsphasen des Prozessmodells gemäß Kodiermanual (verkürzt in Abb. 3). Für jede

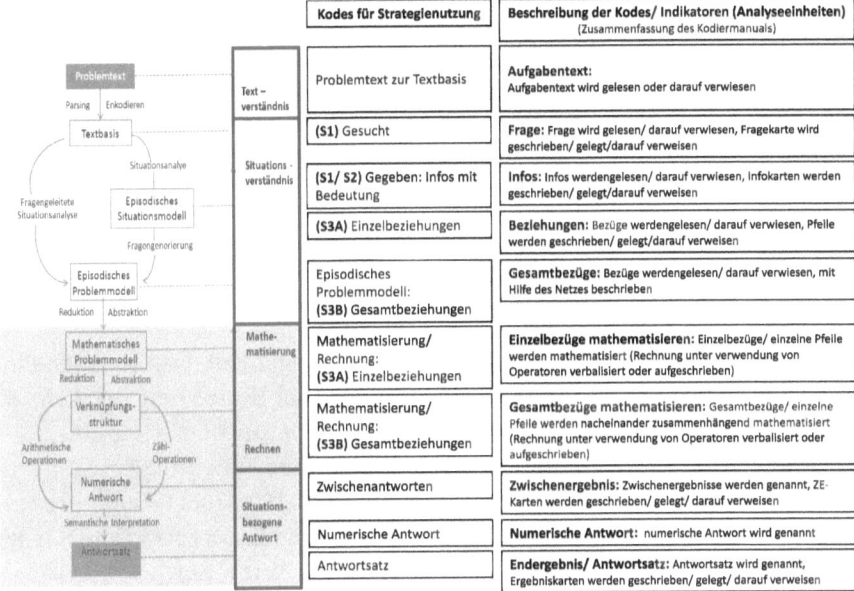

Abb. 3: Verkürztes Kodiermanual mit Bezug zum Prozessmodell (Reusser 1997).

der erfassten Zielstrategien (S1S3) wurde anschließend der Impulsgeber kodiert, immer diejenige Person, welche die Strategienutzung initiiert (Förderlehrkraft, einer der Lernenden). Die Interraterreliabilität der von drei Ratern durchgeführten Kodierung der Strategien und von zwei Ratern durchgeführten Kodierung der Impulse wurde in 20 % des Materials geprüft und erreicht für die Strategien ein Krippendorffs α ordinal von 0.89 und für die Impulse ein Kappa n von 0.75.

Anschließend werden die Verläufe der Strategienutzung graphisch über einer gleichmäßig skalierten Zeitachse dargestellt (Beispiel in Abb. 4). Dies ermöglicht, die Bearbeitungsprozesse bzgl. der genutzten Strategien in kompakter Form miteinander zu vergleichen sowie Gemeinsamkeiten und Unterschiede in den einzelnen Aufgabenbearbeitungen und in der Entwicklung zwischen Aufgaben zu rekonstruieren (ausgewählte Aufgaben sind in Abb. 1 und Abb. 7 dargestellt).

Diese Analysemethode bietet die Möglichkeit, die von den Lernenden genutzten Zielstrategien (S1S3) vertieft und im Verlauf zu betrachten, legt aber keinen Fokus auf die übrigen von den Lernenden ggf. aktivierten Strategien. Zudem zeigen die Prozesse durch die Betrachtung von ausgewählten Aufgaben und nicht des kompletten Aufgabensets noch keine Prozesse des Fading-Outs.

5 Erste Einblicke in empirische Ergebnisse

Durch die Kodierung der Strategien und Bearbeitungsphasen und deren Darstellung im Prozessgraphen können Veränderungen der Bearbeitungsprozesse vor und nach der Einführung der Info-Netze visualisiert und analysiert werden.

5.1 Pinar und Laura und die Aufgabenbearbeitung zu „Streichelzoo" mit und ohne Info-Netz

Pinar und Laura sind insofern ein interessanter erster Fall, weil sie nach Einarbeitung in die Info-Netze in der Sequenz II bei der Bearbeitung der Aufgabe Streichelzoo aus Abb. 1 wieder einen Bearbeitungsversuch ohne Info-Netz starten. Der Vergleich ihrer Bearbeitung ohne und mit Info-Netz ermöglicht Antworten zur Forschungsfrage F1 (Wie verändert sich die Strategienutzung der Lernenden nach Einführung des Info-Netzes?). Pinar und Laura entwickeln nur auf Textbasis bereits Lösungsideen, noch bevor sie das Netz legen:

229 Lehrer Okay, wir haben ja die Frage, wie viele Packungen Futter kann sich jeder kaufen? Ne?
230 Laura   Ja, ich weiß es
231 Lehrer Ja?
232 Laura   Ach. wie viele? Ich habe das Geld zusammengezählt

Laura hat unmittelbar eine Idee (in Z. 230), die sie mit Bezug auf die Rephrasierung der Frage durch den Förderlehrer (in Z. 229) teilweise zurücknimmt („Ach, wie viele? Ich habe [...]" in Z. 232). Nicht das Geld, sondern die Packungen werden relevant gesetzt. Zunächst wird noch nicht deutlich, ob sie ein für das Geld adäquates Situationsmodell mit Beträgen für jeden der Geschwister Jonas und Paula aufgebaut hat oder mit „zusammengezählt" (Z. 232) den Gesamtbetrag meint. Dies wird im weiteren Verlauf expliziter.

237 Laura   Ich weiß, wie viele die holen können.
238 Pinar   Wie viele?
239 Laura   Soll ich sagen?
240 Pinar   Ja
241 Laura   Sechs Packungen

Laura hat ihr Situationsmodell gemäß der Frage adjustiert auf Packungen, doch ihre Äußerung „wie viele die holen können" (Z. 237) und ihr Ergebnis in Z. 241

geben Hinweise darauf, dass sie beide Geschwister zusammenfasst, also noch kein adäquates Situationsmodell aufgebaut hat. Pinar fordert Laura daraufhin auf, ihren Lösungsweg noch einmal zu erklären:

242	Pinar	Wie? Wer?
243	Laura	Ja guck mal, zwei Euro plus drei Euro habe ich gezählt, und dann, plus einen Euro plus ein Euro sind ja insgesamt sieben Euro, da – aber die können nur für zwei
244	Pinar	Warte warte warte warte
245	Laura	Euro
246	Pinar	Ich rechne gerade
247	Laura	Ziegenfutter, holen, also ist das eben
248	Pinar	Das ist ja voll unfair
249	Laura	[lacht]
250	Pinar	Die Schwester kriegt sechs Packungen, der Bruder bekommt zwei Packungen
251	Laura	Ja? Bekommt jeder

Laura scheint bis Z. 243 keine der zuvor als tragfähig identifizierten Strategien anzuwenden. Sie greift vielmehr auf Oberflächenstrategien zurück, indem sie alle Zahlen auswählt und diese addiert. Pinar dagegen bezieht das „jeder" in der Fragestellung korrekt auf die einzelne Betrachtung der beiden Geschwister, übernimmt aber Lauras Strategie der Zahlauswahl.

Im Prozessgraphen dargestellt (Abb. 5), ist zu erkennen, dass Laura von der Fokussierung der Frage direkt zur Auswahl der Informationen und Berechnung der Antwort übergeht. Es wird deutlich, dass Laura nicht explizit ein Situationsmodell konstruiert und zur Mathematisierung der Aufgabe nutzt. Im weiteren Verlauf legen Pinar und Laura zum Bearbeiten der gleichen Aufgabe (Abb. 1) dann ein Info-Netz (Schritte siehe Abb. 4). Der Förderlehrer hat bereits die Anordnung der ersten Informationen angeleitet (Abb. 4, 1. Schritt abgeschlossen).

311	Lehrer	Okay, jetzt haben wir schon eine vernünftige Beziehung dargestellt, ne? Also wir haben ja, jeder bekommt von den Eltern zwei Euro, dass heißt, die zwei Euro wandern von den Eltern zu Jonas [*Lehrer zeigt auf den Pfeil von Eltern zu Jonas*] und von den Eltern zu Paula wandern auch zwei Euro [*Lehrer zeigt auf den Pfeil von Eltern zu Paula*]. Okay jetzt haben wir schon mal eine Information verarbeitet, jetzt müssen wir mit der nächsten weitermachen.
312	Laura	Warte, jetzt weiß ich, was hier hin kommt [*zeigt auf die Fläche unter Paula*] ... Da kommt natürlich, Paula nimmt zusätzlich drei Euro von ihrem Taschengeld. *[Abb. 4, 2. Schritt]*

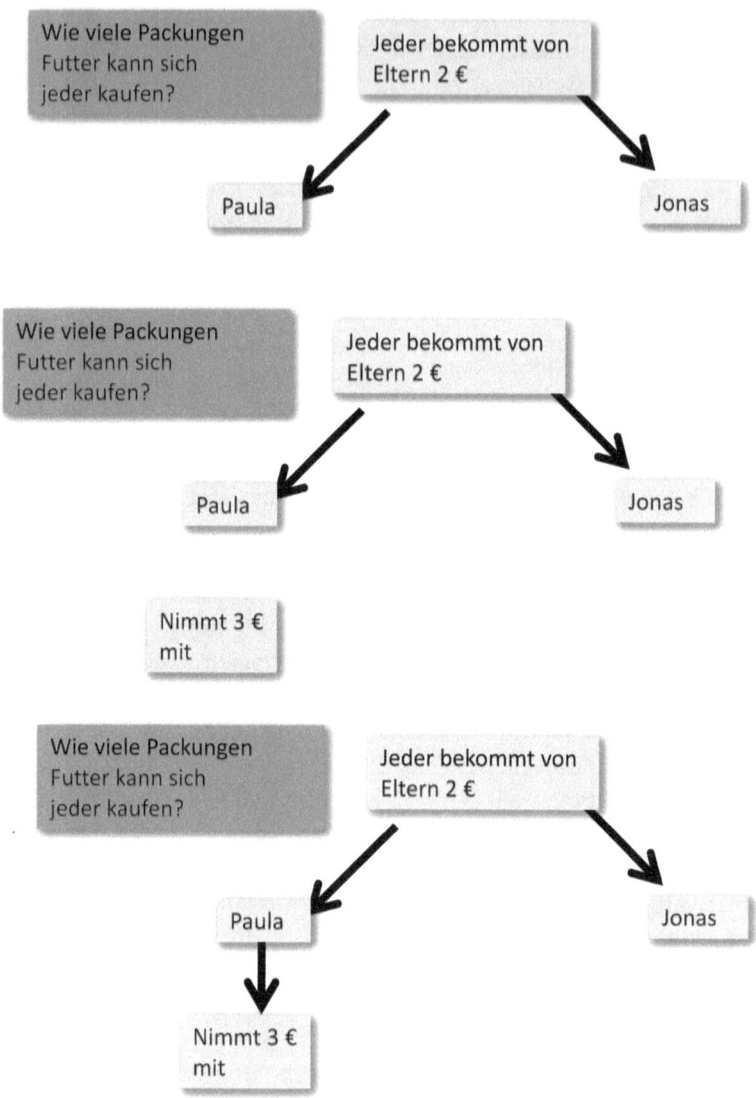

Abb. 4: Schritte der Netzerstellung im Bearbeitungsprozess.

Nachdem der Förderlehrer mit den Lernenden zunächst die Bedeutung von „jeder bekommt 2 €" visualisiert hat, benennt Laura auf die Aufforderung des Förderlehrers hin nicht nur die Zahl, sondern versieht sie auch mit ihrer Bedeutung im Kontext, sie nutzt somit (lehrerinitiiert) die Strategie S2. Des Weiteren setzt sie diese Information visuell in Beziehung zu den bereits angeordneten

Informationen. Durch den Verweis auf den Platz unter Paula macht sie deutlich, dass die Information mit Paula in Beziehung steht, dies wird hier gedeutet als Indikator für die Aktivierung der Strategie S3A. Gemeinsam mit Pinar sucht sie die entsprechende Karte und legt sie hin. Pinar möchte die Beziehung anschließend über einen Pfeil visualisieren:

320	Pinar	Wo?
321	Laura	Hier, ein kleiner *[zeigt wo der Pfeil gemalt werden soll]*
322	Pinar	*[malt einen Pfeil][Abb. 4, 3. Schritt]*
	(...)	*[anderweitiges Gespräch]*
325	Laura	Warum jetzt so einen Pfeil? Egal, und, dann kommt noch, Jonas nur einen Euro Taschengeld. *[zeigt auf die Stelle unter Jonas]*

Laura und Pinar visualisieren gemeinsam die Beziehung über einen Pfeil. Anschließend sucht Laura die nächste Information mit ihrer Bedeutung („Jonas nur einen Euro Taschengeld" – S2) und macht bereits deutlich, zu welchen bereits angeordneten Informationen diese in Beziehung stehen (S3A).

326	Pinar	Ja der nimmt nur einen Euro ab, der nimmt sich *[Abb. 4, 4. Schritt]*
327	Laura	Das steht hier, das da, nein, hä warum liegt sie jetzt hier? Wir haben eine Inform–äh mm, eine Karte vergessen zu schreiben.
328	Pinar	Ja was für eine Karte?
329	Laura	Jonas, nimmt nur ein Euro Taschengeld *[Pinar schreibt die Informationskarte] [6 Sek.]*

Pinar möchte die Info-Karte Jonas zuordnen, auf der steht „Ihrem Bruder Jonas gibt sie 1 € ab." Diese passt nicht zur von Laura genannten Information „Jonas nur ein Euro Taschengeld" (als das Geld, das Jonas zusätzlich mitnimmt). Durch die genaue Betrachtung der auf der Karte beschriebenen Bedeutungen der Informationen (S2) bemerkt Laura, dass sie eine Information („Jonas nur ein Euro Taschengeld") noch nicht aus dem Text auf eine Karte übernommen haben. Diese wird dann ergänzt. Während Pinar die Karte schreibt, betrachtet Laura bereits weitere Karten:

329	Laura	Und dann…naja das *[zeigt auf die Karte „Sie gibt ihrem Bruder 1 € ab."]* würde ich auch hier so in der Mitte tun, weil sie gibt ja Jonas, einen Euro ab#
330	Pinar	Ja das würde ich auch dahin tun, wo steht das? Dass er einen Euro *[Abb. 4, 5. Schritt]*
	(...)	*[anderweitiges Gespräch]*

332 Lehrer   Wie würdest du da den Pfeil machen?
333 Laura   Ja so, und dann so *[beschreibt einen Pfeil von Paula zu Jonas mit dem Finger]*

Laura beschreibt anschließend die Bedeutung der Informationen (S2) und der Beziehung zwischen Paula und Jonas (S3A). Nach der Erstellung des Informations-Netzes, das die gesamte Situationsstruktur abbildet, berechnen die Lernenden mit Hilfe des Informations-Netzes die fehlenden Informationen und formulieren einen korrekten Antwortsatz.

5.1.2 Einordnung des Prozesses in dem Strategienutzungsgraphen

Die genutzten Strategien des in Auszügen dargestellten Bearbeitungsprozesses von Pinar und Laura werden in Abbildung 6 zusammenfassend dargestellt (ab dem Zeitpunkt, zu dem die Info-Karten bereits geschrieben sind). Der Vergleich beider Bearbeitungsprozesse (mit und ohne Info-Netz) im Graphen zeigt die deutlich reichhaltigere Aktivierung von Strategien mit Info-Netz, insbesondere auch der Zielstrategien S2 und S3. Für den Fall von Laura in Aufgabe II.8 zeigt sich also, dass bei Nutzung des Info-Netzes mehr Zielstrategien adressiert werden als ohne. Die Überwindung von Adhoc-Lösungen liegt zum einen an der generellen Verlangsamung des Prozesses durch die Netze (wie auch der Vergleich der Prozesse mit und ohne Netz in Abb. 8 und Abb. 9 für andere Paare zeigt), doch zeigen sich auch spezifischer die intendierten Wirkungen der in Abbildung 2 aufgeführten Leseplanschritte im Umgang mit dem Info-Netz.

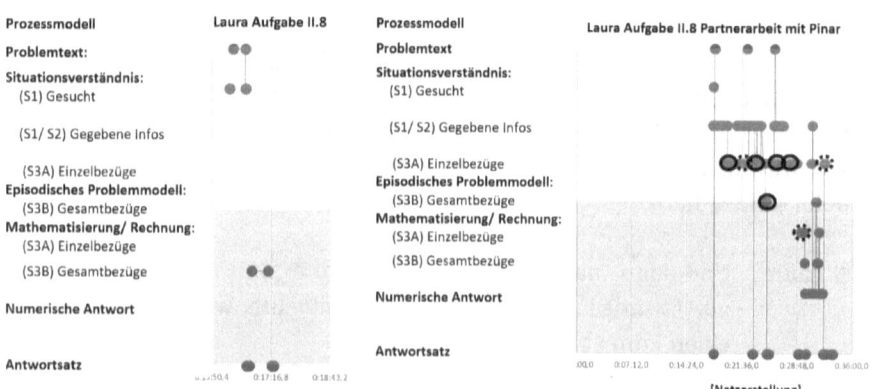

Abb. 5: Prozessgraph von Lauras Bearbeitung zu II.8 ohne Info-Netz.

Abb. 6: Prozessgraph von Lauras und Pinars Bearbeitung zu II.8 mit Info-Netz.

5.2 Weitere Vergleiche zur Aktivierung von Zielstrategien nach Nutzung von Info-Netzen

Hinweise auf die Entwicklung zu einer vermehrten Nutzung von Zielstrategien lassen sich auch im Vergleich der Prozessgraphen zu den Aufgaben I.1a und I1.3, jeweils von Hali und Mia, aufzeigen.

Sie äußern bei der Bearbeitung von Aufgabe I.1 a (Abb. 7) folgende Überlegungen:

I.1a Zooeintritt

Die Klasse 5a fährt mit ihrem Lehrer Herrn Peters in den Zoo. Für ihren Besuch hat die Klasse 250 € in ihrer Klassenkasse.

Der Eintritt kostet mit Gruppenkarte 110 €, später zahlen sie 90 € für das Mittagessen.

A. Wie viel Geld ist vor dem Mittagessen in der Klassenkasse?

Abb. 7: Textaufgaben I.1a der Fördereinheit.

36	Hali	Ich weiß die Lösung schon, aber ich weiß nicht wie ich das den Rechenweg. Ich habs nur im Kopf gerechnet, das sind ja hun-darf ich das laut sagen?
37	Mia	Ich weiß das auch. 140.
38	Lehrer	Mhm, wie seid ihr denn auf 140 gekommen?
	(...)	*[anderweitiges Gespräch]*
42	Hali	Okay, also ich hab 250 minus 90 gerechnet. Dann hab ich erstmal die 50 abgezogen und dann hab ich, ähm, und dann hab ich die 40 von der hun–äh 200 abgezogen.
	(...)	*[Rechnung]*
50	Hali	Ich sag 160 ...*[flüsternd]* warte.
51	Lehrer	Du nicht?
52	Mia	Hmm, nee.
53	Lehrer	Was du denn sonst #
54	Mia	#Ich hab 30.

In der Bearbeitung von I.1a ohne Info-Netz nutzen die beiden ähnlich wie Laura nur wenige der als tragfähig identifizierten Strategien zur Konstruktion eines Situationsmodells (vgl. Abb. 8 & Abb. 9 jeweils links). Stattdessen berechnen sie direkt mehrere unterschiedliche sowohl korrekte als auch nicht korrekte Adhoc-

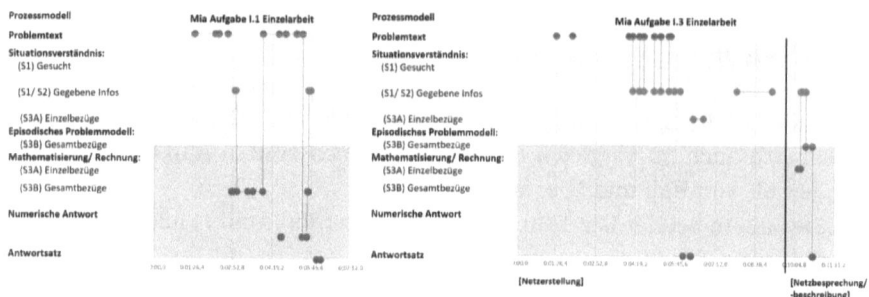

Abb. 8: Prozessgraphen von Mias Bearbeitung zu I.1 und I.3.

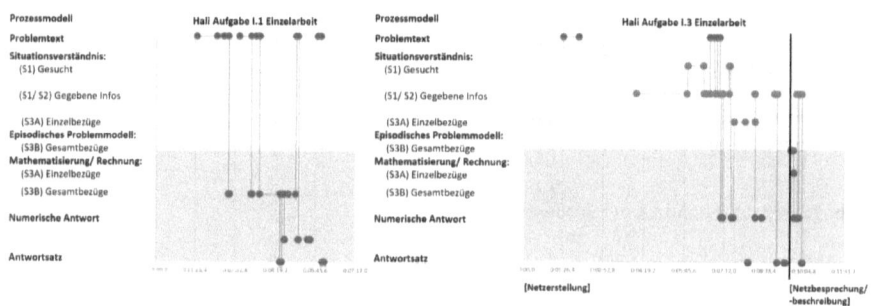

Abb. 9: Prozessgraphen von Halis Bearbeitung zu I.1 und I.3.

Lösungen. Auf eine gemeinsame Lösung können sie sich nicht verständigen. Die Schilderung der Rechnung zeigt, dass die Strategienutzung nicht nur im Hintergrund abläuft und nicht sichtbar wird, sondern tatsächlich in Teilen ausbleibt.

Bei der Bearbeitung von I.3 mit Info-Netz (vgl. Abb. 8 & Abb. 9 jeweils rechts) dagegen sieht man im Prozessgraphen, dass beide Lernenden mehr tragfähige Strategien nutzen. In der (hier nicht abgedruckten) zugrunde liegenden Transkriptanalyse wird ähnlich wie bei Pinar und Laura sichtbar, wie die Aufforderung zur Erstellung eines Info-Netzes die Strategienutzung der Lernenden anregt.

Die bei den vier Fällen gefundenen Muster wurden im nächsten Schritt eingebettet in die Analysen weiterer Lernender, um Gemeinsamkeiten und Unterschiede herauszustellen. Auch wenn diese hier nicht im Einzelnen gezeigt werden können (dazu sei auf Dröse i. V. verwiesen), zeigen sie in der Eingangsaufgabe I.1a ein recht einheitliches Bild begrenzter Strategienutzung und Explikationsfähigkeit:

- Bei allen Lernenden sind ohne Info-Netz nur die Phasen der Betrachtung des Aufgabentextes, der Rechnung und der Nennung eines numerischen Ergebnisses oder Antwortsatzes zu identifizieren.
- Die Hälfte der Lernenden zeigt ein ähnliches fehlerhaftes Vorgehen wie Hali und Mia.
- Die übrigen Lernenden (ohne fehlerhafte Antwort) wenden bei der Bearbeitung bereits einen Teil der tragfähigen Strategien an. Sie bestimmen ein korrektes Ergebnis bspw. nachdem die Förderlehrkraft explizit einzelne Elemente der Frage betont hat.
- Mehr als die Hälfte der Lernenden mit korrekter Antwort können jedoch ihr Vorgehen der Lehrkraft nicht tragfähig beschreiben oder die Informationsauswahl nicht (unter Rückgriff auf die Frage) begründen.

Bei I.3 nach Einführung der Info-Netze dagegen lassen sich jeweils Weiterentwicklungen aufzeigen:
- Bei allen Lernenden ist in I.3 aufgrund der Materialnutzung die Nutzung der Strategien S1–S3A zu identifizieren.
- Die Bearbeitungsprozesse der Lernenden unterscheiden sich (ebenso wie bei Hali und Mia) hinsichtlich ihrer Dauer sowie ihres Ablaufs und des Wechsels zwischen den verschiedenen Prozessphasen.
- Ebenso wie bei Hali und Mia zeigen sich auch bei den übrigen Lernenden die größten Unterschiede in der Nutzung der Strategien S3A und S3B.

5.3 Unterschiede in der Strategienutzung bei der Strategie S3 („Fokus auf Beziehungen")

Die in 5.2 bereits angedeuteten Unterschiede bzgl. der Nutzung der Strategie S3 werden durch die Kontrastierung von Lauras Prozessgraphen (Abb. 5) mit Seydas und Selins vertieft analysiert. Seyda und Selin bearbeiten die Aufgabe zunächst einzeln, dann beschreiben und erklären sie jeweils das von ihnen erstellte Info-Netz und verändern es anschließend gemeinsam so, dass es zu einer korrekten Beantwortung der Frage führt (Abb. 10 & Abb. 11).

Der Vergleich der Bearbeitungsprozesse von Seyda und Selin zeigt Differenzen in den adressierten Einzelbezügen und Gesamtbezügen: Während der Einzelarbeitsphase der Netzerstellung fokussiert Seyda hauptsächlich Einzelbezüge, die Gesamtbezüge rücken bei ihr erst am Ende der Netzerstellung und im Rahmen der Mathematisierung in den Fokus. Insgesamt ist bei Seyda ein lineares Durchlaufen der Prozessmodellphasen zu erkennen. Die Umfokussierung auf Gesamtbezüge wird erst durch Selin bei der Überarbeitung des Netzes

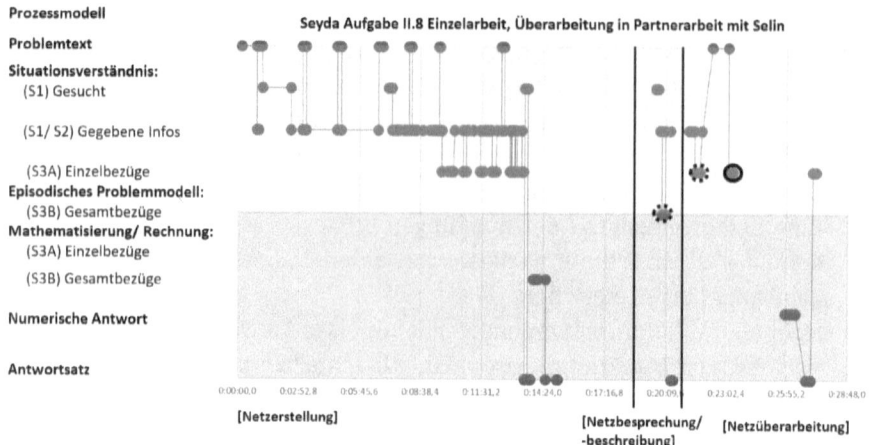

Abb. 10: Prozessgraphen von Seydas Bearbeitung zu II.8.

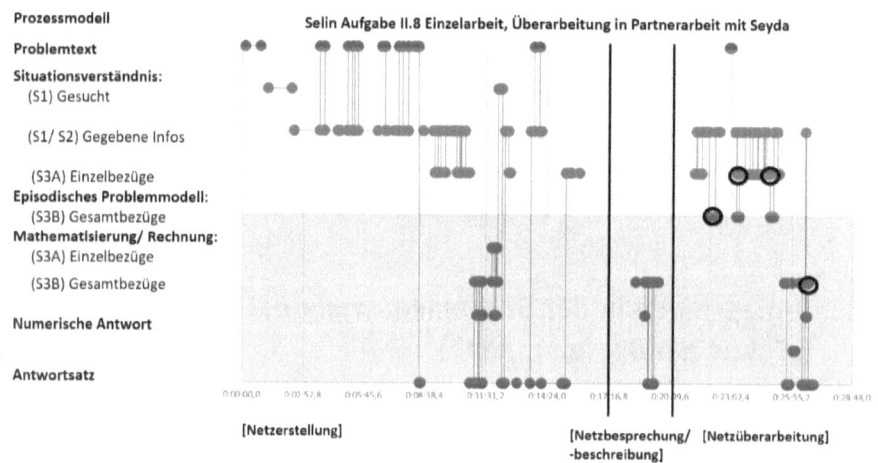

Abb. 11: Prozessgraphen von Selins Bearbeitung zu II.8.

initiiert. Selin adressiert die Strategien S1 und S2 ähnlich wie Seyda, wechselt dann aber zwischen unterschiedlichen Prozessschritten und zwischen der Fokussierung von Einzel- und Gesamtbezügen. Dieser Vergleich gibt Hinweise darauf, dass die Nutzung der Strategien S3A und S3B und der Ablauf des Gesamtprozesses zwischen den Lernenden differieren kann. Beide Lernende fokussieren die Strategien dennoch zunächst ohne externe Impulse durch andere Personen.

Um mehr über das Zusammenspiel von Material und Moderation zu erfahren, wurden in den Prozessgraphen (Abb. 5, Abb. 10 & 11) die kodierten Impulse dargestellt: Impulse der Lehrkraft (geschlossene Kreise als Kennzeichnung in Graphen) oder anderer Lernender (gestrichelte Kreise als Kennzeichnung in Graphen). Dabei zeigt der Vergleich der drei Lernenden, dass die Fokussierung der Strategien S3A und S3B auch ohne einen Impuls durch die Lehrkraft erfolgen kann, z. B. in den Einzelbearbeitungsprozessen von Seyda und Selin. Dennoch fokussieren die Lernenden in kooperativen Bearbeitungsprozessen (wie bei Laura und Pinar) oder Überarbeitungsprozessen (Seyda und Selin) die Einzelbeziehungen (S3A) meist durch einen Impuls der Lehrkraft oder eines anderen Lernenden. Die Gesamtbezüge (S3B) fokussieren sie anschließend an die Fokussierung der Einzelinformationen, dann aber mitunter selbstgesteuert.

Die unterschiedliche Nutzung der Strategien S3A und S3B durch verschiedene Lernende in unterschiedlichen Phasen und Aufgaben zeigt dass diese Unterschiede sowohl durch Entscheidungen der Lernenden im Bearbeitungsprozess als auch durch Aufgabencharakteristika (die hier nicht näher erläutert werden konnten) und Impulse der Lehrkraft beeinflusst sein können.

6 Diskussion und Ausblick

Vor dem Hintergrund der Relevanz der Lesekompetenz (Rosebrock & Nix 2010; Schukajlow 2013) und der Vielschichtigkeit von Leseprozessen (Christmann & Groeben 2013), haben Strategietrainings als erfolgversprechendes Instrument zur Steigerung von Lesekompetenz in der Forschung an Bedeutung gewonnen (Leiß et al. 2010; Schütte, Wirth & Leutner 2012; Prediger & Krägeloh 2015). Dennoch können nicht alle Lesestrategien fachübergreifend gelernt und anschließend fachspezifisch eingesetzt werden. Vielmehr scheinen auch fachspezifische rezeptive Strategien zur Erschließung von Texten nötig zu sein (Hellmich & Förster 2015; Hagena, Leiß & Schwippert 2017).

Ziel des hier in Ausschnitten vorgestellten Entwicklungsforschungs-Projekts ist deshalb die Förderung fachbezogener rezeptiver Strategien für die Bearbeitung von Textaufgaben in Klasse 5 durch strategisches Scaffolding mit Concept Maps (hier als Info-Netze).

Auch wenn ein quantitativer Wirksamkeitsnachweis noch aussteht, zeigt bereits die in diesem Beitrag dokumentierte qualitative Analyse der Bearbeitungsprozesse von 12 Kindern mithilfe der Prozessgraphen, bezogen auf Forschungsfrage F1: Lernende, die zuvor nicht-tragfähige Strategien nutzen, aktivieren bei Nutzung des Scaffolds vermehrt die erwünschten tragfähigen Strategien. Außerdem scheint es insbesondere bei der Nutzung der Strategien S3A und S3B Unterschiede zwischen den Lernenden zu geben (Forschungsfrage F2): Beide Strategien können zwar selbst- und materialgesteuert ohne

Impulse der Lehrkraft adressiert werden, dennoch adressieren Lehrpersonen in Überarbeitungsprozessen durch Impulse häufig die Strategie S3A. Die Nutzung dieser Strategien insgesamt scheint von mehreren unterschiedlichen Faktoren abhängig.

Abschließend bleiben die methodischen Grenzen der Studie zu betonen, die sich derzeit nur auf einen spezifischen Lerngegenstand, eine Altersgruppe und Lerngruppe beschränkt. Anschlussstudien innerhalb desselben Projekts werden das Sampling ausweiten und auch das Fading-Out der letzten Sequenz in den Blick nehmen und quantitative Wirksamkeitsnachweise erbringen. Weitere Projekte sollten dann eine Übertragbarkeit der Ergebnisse auf andere Themenbereiche und Altersstufen prüfen.

Literatur

Aebli, Hans; Ruthemann, Ursula & Staub, Fritz (1986): Sind Regeln des Problemlösens lehrbar? *Zeitschrift für Pädagogik* 32 (5): 617–638.

Blum, Werner & Leiß, Dominik (2007): How do students and teachers deal with modelling problems? In Haines, Christopher; Galbraith, Peter; Blum, Werner & Khan, Sanowar (Hrsg.): *Mathematical Modelling: Education, Engineering and Economics*. Chichester: Horwood, 222–231.

Bos, Wilfried; Wendt, Heike; Köller, Olaf; & Selter, Christoph (Hrsg.) (2012): *TIMSS 2011 – Mathematische und naturwissenschaftliche Kompetenzen von Grundschulkindern in Deutschland im internationalen Vergleich*. Münster: Waxmann.

Capraro, Robert M.; Capraro, Mary Margaret & Rupley, William H. (2012): Reading-Enhanced Word Problem Solving: a Theoretical Model. *European Journal of Psychology of Education* 27 (1): 91–114.

Christmann, Ursula & Groeben, Norbert (2013): Psychologie des Lesens. In Franzmann, Bodo; Hasemann, Klaus; Löffler, Dietrich & Schön, Erich (Hrsg.), *Handbuch lesen* (Reprint). Münster: Saur, 145–223.

Dröse, Jennifer; Prediger, Susanne & Marcus, Antje (2017): Förderbaustein S3 – Verstehen von Textaufgaben. In Prediger, Susanne; Selter, Christoph; Nührenbörger, Marcus & Hußmann, Stephan (Hrsg.), *Mathe sicher können. Förderbausteine und Handreichungen für eine Diagnose- und Förderkonzept zur Sicherung mathematischer Basiskompetenzen. Sachrechnen*. Berlin: Cornelsen, 42–51. http://mathe-sicher-koennen.dzlm.de/008 (28. 11. 2017).

Dröse, Jennifer (2019): Textaufgaben lesen und verstehen lernen. Entwicklungsforschungsstudie zur mathematikspezifischen Leseverständnisförderung. Dissertation, betreut von S. Prediger. TU Dortmund.

Duarte, Joana; Gogolin, Ingrid & Kaiser, Gabriele (2011): Sprachlich bedingte Schwierigkeiten von mehrsprachigen Schülerinnen und Schülern bei Textaufgaben. In Prediger, Susanne & Özdil, Erkan (Hrsg.): *Mathematiklernen unter Bedingungen der Mehrsprachigkeit – Stand und Perspektiven der Forschung und Entwicklung in Deutschland*. Münster u. a.: Waxmann, 35–53.

Dube, Juliane & Prediger, Susanne (2017): Design-Research – Neue Forschungszugriffe für unterrichtsnahe Lernprozessforschung in der Deutschdidaktik. *leseforum.ch* 1. https://www.leseforum.ch/sysModules/ obxLeseforum/Artikel/602/2017_1_Dube_Prediger.pdf (21. 09. 2018).
Gold, Andreas (2010): *Lesen kann man lernen. Lesestrategien für das 5. und 6. Schuljahr* (2. Aufl.). Göttingen: Vandenhoeck & Ruprecht.
Gravemeijer, Koeno & Cobb, Paul (2006): Design research from a learning design perspective. In Van den Akker, Jan; Gravemeijer, Koeno; McKenney, Susan & Nieveen, Nienke (Hrsg.): *Educational design research: The design, development and evaluation of programs, processes and products.* London: Routledge, 17–51.
Greefrath, Gilbert (2010): *Didaktik des Sachrechnens in der Sekundarstufe.* Heidelberg: Springer Spektrum.
Hagena, Maike; Leiß, Dominik & Schwippert, Knut (2017): Using Reading Strategy Training to Foster Students' Mathematical Modelling Competencies: Results of a Quasi-Experimental Control Trial. *Eurasia Journal of Mathematics Science and Technology Education* 13 (7b): 4057–4085.
Hannafin, Michael J.; Land, Susan M. & Oliver, Kevin M. (1999): Open Learning Environments: Foundations, Methods and Models. In Reigeluth, Charles M. (Hrsg.): *Instructional-Design Theories and Models* (Vol. 2). Mahwah u. a.: Lawrence Erlbaum, 115–140.
Hellmich, Frank & Förster, Sabrina (2015): Transfereffekte eines wortschatzbasierten Lesestrategietrainings auf die Bearbeitungsqualität mathematischer Textaufgaben bei Grundschülerinnen und -schülern mit Zuwanderungsgeschichte. In Blömer, Daniel; Lichtblau, Michael; Jüttner, Ann-Kathrin; Koch, Katja; Krüger, Michaela & Werning, Rolf (Hrsg.): *Perspektiven auf inklusive Bildung. Gemeinsam anders lehren und lernen.* Wiesbaden: VS Springer, 255–260.
Hurrelmann, Bettina (2011): Modelle und Merkmale der Lesekompetenz. In Bertschi-Kaufmann, Andrea & Graber, Tanja (Hrsg.): *Lesekompetenz – Leseleistung – Leseförderung. Grundlagen, Modelle und Materialien* (4. Aufl.). Seelze: Klett Kallmeyer; Zug: Klett und Balmer, 18–28.
Kaiser, Hansruedi (2009): Modelle bauen und begreifen – mehr als blindes Rechnen bei angewandten Aufgaben. In Gesellschaft für Didaktik der Mathematik (GDM); Leuders, Timo; Hefendehl-Hebeker, Lisa & Weigand, Hans-Georg (Hrsg.): *Mathemagische Momente.* Berlin: Cornelsen, 74–85.
Knoche, Norbert & Lind, Detlef (2004): Bedingungsanalysen mathematischer Leistungen: Leistungen in den anderen Domänen, Interesse, Selbstkonzept und Computernutzung. In Neubrand, Michael (Hrsg.): *Mathematische Kompetenzen von Schülerinnen und Schülern in Deutschland: Vertiefende Analysen im Rahmen von PISA 2000*, 205–226. Wiesbaden: VS Springer.
König, Philipp (2009): *Förderung der Lesekompetenz durch kooperative und selbstgesteuerte Lernformen.* Hamburg: IGEL.
Kruse, Gerd (2011): Das Lesen trainieren: Zu Konzepten von Leseunterricht und Leseübung. In Bertschi-Kaufmann, Andrea & Graber, Tanja (Hrsg.), *Lesekompetenz – Leseleistung – Leseförderung. Grundlagen, Modelle und Materialien* (4. Aufl.) Seelze: Klett Kallmeyer; Zug: Klett und Balmer, 176–188.
Lajoie, Susanne P. (2005): Extending the Scaffolding Metaphor. *Instructional Science* 33 (5–6): 541–557.
Leiß, Dominik; Schukajlow, Stanislaw; Blum, Werner; Messner, Rudolf & Pekrun, Reinhard (2010): The Role of the Situation Model in Mathematical Modelling. Task Analyses,

Student Competencies and Teacher Interventions. *Journal für Mathematik-Didaktik* 31: 119–141.

Leisen, Josef (2011): Lesen in allen Fächern. In: Bertschi-Kaufmann, Andrea & Graber, Tanja (Hrsg.), *Lesekompetenz – Leseleistung – Leseförderung. Grundlagen, Modelle und Materialien* (4. Aufl.). Seelze: Klett Kallmeyer; Zug: Klett und Balmer, 189–197.

Lenhard, Wolfgang (2013): *Leseverständnis und Lesekompetenz. Grundlagen – Diagnostik – Förderung*. Stuttgart: Kohlhammer.

Mevarech, Zemira R.; Terkieltaub, Shirlei; Vinberger, Tova & Nevet, Vered (2010): The Effects of Meta-Cognitive Instruction on Third and Sixth Graders Solving Word Problems. *ZDM Mathematics Education* 42 (2): 195–203.

Nesbit, John C. & Adesope, Olusola O. (2006): Learning With Concept and Knowledge Maps: A Meta-Analysis. *Review of Educational Research* 76 (3): 413–448.

Nesher, Perla & Teubal, Eva (1975): Verbal Cues as an Interfering Factor in Verbal Problem Solving. *Educational Studies in Mathematics* 6 (1): 41–51.

Niederhaus, Constanze; Pöhler, Birte & Prediger, Susanne (2016): Relevante Sprachmittel für mathematische Textaufgaben – Korpuslinguistische Annäherung am Beispiel Prozentrechnung. In Tschirner, Erwin; Bärenfänger, Olaf & Möhring, Jupp (Hrsg.): *Deutsch als fremde Bildungssprache: Das Spannungsfeld von Fachwissen, sprachlicher Kompetenz, Diagnostik und Didaktik*. Tübingen: Stauffenburg, 135–162.

Paetsch, Jennifer; Radmann, Susanne; Felbrich, Anja; Lehmann, Rainer & Stanat, Petra (2016): Sprachkompetenz als Prädiktor mathematischer Kompetenzentwicklung von Kindern deutscher und nicht-deutscher Familiensprache. *Zeitschrift für Entwicklungspsychologie und pädagogische Psychologie* 48 (1): 27–41.

Prediger, Susanne (2015): Wortfelder und Formulierungsvariation – Intelligente Spracharbeit ohne Erziehung zur Oberflächlichkeit. *Lernchancen* 18 (104): 10–14.

Prediger, Susanne & Krägeloh, Nadine (2015): Low Achieving Eighth Graders Learn to Crack Word Problems: A Design Research Project For Aligning a Strategic Scaffolding Tool to Students' Mental Processes. *ZDM Mathematics Education* 47 (6): 947–962.

Prediger, Susanne; Link, Michael; Hinz, Renate; Hußmann, Stephan; Thiele, Jörg & Ralle, Bernd (2012): Lehr-Lernprozesse initiieren und erforschen – Fachdidaktische Entwicklungsforschung im Dortmunder Modell. *Der mathematische und naturwissenschaftliche Unterricht* 65 (8): 452–457.

Renkl, Alexander & Nückles, Matthias (2006): Lernstrategien der externen Visualisierung. In Mandl, Heinz & Friedrich, Helmut F. (Hrsg.): *Handbuch Lernstrategien*. Göttingen: Hogrefe, 135–147.

Reusser, Kurt (1989): *Vom Text zur Situation zur Gleichung. Kognitive Simulation von Sprachverständnis und Mathematisierung beim Lösen von Textaufgaben*. Habilitation. Bern: Universität Bern.

Reusser, Kurt (1994): Tutoring Mathematical Text Problems: From Cognitive Task Analysis to Didactic Tools. In Vosniadou, Stella; de Corte, Erik & Mandl, Heinz (Hrsg.): *Technology-Based Learning Environments*. Berlin: Springer, 174–182.

Reusser, Kurt (1997): *Erwerb mathematischer Kompetenzen: Literaturüberblick*. In Weinert, Franz E. & Helmke, Andreas (Hrsg): Entwicklung im Grundschulalter. Weinheim: Beltz / Psychologie Verlags Union, 141–155.

Rosebrock, Cornelia & Nix, Daniel (2010): *Grundlagen der Lesedidaktik und der systematischen schulischen Leseförderung* (3. Aufl.). Baltmannsweiler: Schneider Verlag Hohengehren.

Schukajlow, Stanislaw (2013): Lesekompetenz und mathematisches Modellieren. In Borromeo Ferri, Rita; Greefrath, Gilbert & Kaiser, Gabriele (Hrsg.): *Mathematisches Modellieren für Schule und Hochschule. Theoretische und didaktische Hintergründe.* Wiesbaden: Springer Spektrum, 125–143.

Schukajlow, Stanislaw; Kolter, Jana & Blum, Werner (2015): Scaffolding mathematical modelling with a solution plan. *ZDM Mathematics Education* 47 (7): 1241–1254.

Schukajlow, Stanislaw & Leiß, Dominik (2011): Selbstberichtete Strategienutzung und mathematische Modellierungskompetenz. *Journal für Mathematik-Didaktik* 32 (1): 53–77.

Schukajlow, Stanislaw & Leiß, Dominik (2012): Mapping: Ein Erklärungsinstrument im anwendungsorientierten Mathematikunterricht. In Blum, Werner; Borromeo Ferri, Rita & Maaß, Katja (Hrsg.): *Mathematikunterricht im Kontext von Realität, Kultur und Lehrerprofessionalität. Festschrift für Gabriele Kaiser.* Wiesbaden: Springer Spektrum, 116–128.

Schütte, Melanie; Wirth, Joachim & Leutner, Detlev (2012): Lernstrategische Teilkompetenzen für das selbstregulierte Lernen aus Sachtexten. *Psychologische Rundschau* 63 (1): 26–33.

Wilhelm, Nadine (2016): *Zusammenhänge zwischen Sprachkompetenz und Bearbeitung mathematischer Textaufgaben. Quantitative und qualitative Analysen sprachlicher und konzeptueller Hürden.* Wiesbaden: Springer Spektrum.

Marie Hempel, Jessica Neumann und Bernt Ahrenholz
Komplexe Attributionen in Schulbuchtexten der Fächer Biologie und Geographie

1 Einleitung

Im Rahmen der Registertheorie wird davon ausgegangen, dass es einen engen Zusammenhang zwischen der Funktion einer Sprachhandlung in einer bestimmten Sprachverwendungssituation und ihrer konkreten sprachlichen Gefasstheit gibt (vgl. Halliday 1978). Betrachtet man nun den Sprachgebrauch im schulischen Fachunterricht als ein Register (oder eine Gruppe von Registern), das im Rahmen von Wissensvermittlung und -aneignung zur Anwendung kommt, stellt sich die Frage, durch welche spezifischen sprachlichen Mittel diese Funktionalität[1] realisiert wird und wie sich die sogenannte „Bildungssprache" (vgl. Gogolin & Duarte 2016) sprachlich konkret im mündlichen Unterrichtsdiskurs und in Schulbuchtexten manifestiert (vgl. Ahrenholz 2017, Busch-Lauer 2016: 83). Anstelle einer solchen funktionalen und empirisch basierten Betrachtung des schulischen Sprachgebrauchs wird jedoch häufig auf Listen sogenannter bildungssprachlicher Indikatoren[2] zurückgegriffen, die bestimmte, als typisch bildungssprachlich geltende Mittel auf Wort- (z. B. Komposita), Satz- (z. B. Passiv, Satzgefüge) und Textebene (z. B. kohärenzstiftende Mittel) umfassen. Auf vielen dieser Indikatorenlisten werden auch Attribute als ein typisches syntaktisches Merkmal des bildungssprachlichen bzw. fachsprachlichen Sprachgebrauchs genannt, wobei allerdings meist nur einzelne Attributtypen oder das Phänomen der komplexen (mehrfachen) Attribution ohne nähere Spezifizierung der hierbei kombinierten Attributtypen aufgeführt sind.[3]

Im vorliegenden Aufsatz soll daher ein Vorschlag für einen empirischen und korpusbasierten Zugang zur Beschreibung von Attributvorkommen in Schulbuchtexten präsentiert werden. Die aus einem Schulbuchtextkorpus (vgl.

---

[1] Bei Morek & Heller (2012) wird spezifiziert, dass Sprache im Fachunterricht sowohl eine kommunikative, eine wissensvermittelnde wie auch eine epistemische, das Denken unterstützende und sozialsymbolische, soziale Zugehörigkeiten ausdrückende Funktion hat bzw. haben kann.
[2] Vgl. Übersicht in Hövelbrinks 2014 und kritisch Ahrenholz 2017.
[3] Beispielsweise „umfängliche Attribute", „Attribution durch Adjektive und Relativsätze", „komplexe Attribute", „Nominalstil mit umfangreichen Nominalphrasen", „Appositionen" (vgl. Hövelbrinks 2014: 104–109).

Kap. 3.1) extrahierten Attribute werden zunächst nach ihrer Komplexität klassifiziert und hinsichtlich der jeweils kombinierten Attributtypen analysiert. Das Ziel dieser Analyse besteht einerseits darin, einen Überblick über den Bestand an einfachen und komplexen Attributionen in Schulbüchern zu geben und andererseits zentrale *Attributionsmuster*, also wiederkehrende Kombinationen verschiedener Attributtypen, zu identifizieren. Die hier vorgestellten Ergebnisse zu häufigen Attributionsmustern in Biologie- und Geographietexten können damit u. a. eine empirische Grundlage für weitere Untersuchungen zur Verständlichkeit von Attributionen bieten und didaktische Entscheidungen zum Umgang mit diesem bildungssprachlichen Phänomen im Fachunterricht fundieren.

Der Beitrag geht zunächst den übergeordneten Fragen nach, ob Attribute als ein typisches Merkmal von Schulbuchtexten gelten können und inwiefern sie eine potenzielle Verstehenshürde beim Textverstehen oder ein Lernproblem für Nicht-MuttersprachlerInnen darstellen (vgl. Kap. 2.1). Es folgen ein knapper Überblick über Attributtypen auf der Basis verschiedener Grammatiken (vgl. Kap. 2.2) und ein Exkurs zur Beschreibung komplexer Attributionen (vgl. Kap. 2.3). In Kapitel 3 werden anschließend das korpusanalytische Vorgehen sowie die Ergebnisse der Analyse vorgestellt.

2 Komplexe Attributionen in Schulbuchtexten

2.1 Attribute in Schulbuchtexten als potenzielle Verstehenshürde und Lernproblem

Schulbücher spielen für die Wissensvermittlung und -aneignung in den verschiedenen Schulfächern nach wie vor eine große Rolle (vgl. Ahrenholz, Hövelbrinks & Neumann 2017: 15; Doll, Frank, Fickermann & Schwippert 2012: 9). Da im Gegensatz zum mündlichen Unterrichtsdiskurs bei der Nutzung von Schulbüchern eine „zerdehnte Sprechsituation" (Ehlich 1984) vorliegt, sind hier in besonderem Maße sprachliche Explizitheit, referenzielle Eindeutigkeit, inhaltliche Kondensiertheit und argumentative Klarheit – also Merkmale konzeptioneller Schriftlichkeit – gefordert (vgl. Morek & Heller 2012: 71, Ortner 2009: 2228, Koch & Oesterreicher 1994: 588). Die Sprache in wissensvermittelnden Texten sollte gleichzeitig auch die Funktion einer „Mittlersprache zwischen fachlichen Experten und Nichtexperten" haben (Busch-Lauer 2016: 83), da Schulbücher eine Brückenfunktion zur Überwindung eines Wissensgefälles übernehmen. Sie sind folglich auch durch Anschaulichkeit, eine gewisse Redundanz und eine deskriptiv-induktive Darbietung von fachlichen Inhalten gekennzeichnet (vgl.

Busch-Lauer 2016: 84).[4] Diesen vielfältigen sprachlichen Anforderungen, die an Schulbuchtexte gestellt werden, scheinen Attribute besonders zu entsprechen, da sie durch die Modifikation eines Bezugswortes sowohl zu dessen Spezifizierung als auch zur näheren Charakterisierung und damit zur Veranschaulichung des Basiskonzeptes beitragen können:

> Attribute stellen eine sprachliche Struktur dar, die charakteristisch ist für bestimmte Vertextungsstrategien und damit auch für bestimmte Textsorten; sie sind, insofern ihre Funktion darin besteht, zu modifizieren bzw. zu spezifizieren, typisch für deskriptive Teiltexte [...]. (Thurmair 2007: 170)

Vor allem das Hinzutreten einer Mehrfachattribution zum Bezugsnomen ermöglicht in Schulbuch- oder Fachtexten eine inhaltlich präzise Darstellung bei gleichzeitiger Berücksichtigung einer ökonomischen Textgestaltung. Doch gerade diese komplexen Attribuierungen zählt Engelen (1971) zu den syntaktischen Strukturen, die die sprachliche Komplexität bestimmter Texte des Alltags und öffentlichen Lebens[5] erhöhen und damit mutmaßlich „für einen relativ großen Teil der Bevölkerung ein adäquates Verständnis derartiger Texte sehr erschweren, wenn nicht gar unmöglich machen" (Engelen 1971: 236). Heringer (1989) sieht als

> Hauptschwierigkeit für das Verständnis von Attributstrukturen, daß in einer Nominalphrase mehrere nominale Attribute enthalten sein können. Der Hörerleser muss also erkennen, welche Nominalphrasen alle einem Bezugsnomen untergeordnet sind. Hat er aber sozusagen die Schlußklammer der ganzen Nominalphrase mit ihren Attributen erfaßt, so bleibt ihm noch das Problem, die Zuordnung und Unterordnung der für sich geklammerten Nominalphrasen zu bestimmen. (Heringer 1989: 220)

Bei der Voranstellung von umfangreichen Attributen ergibt sich für LeserInnen zudem die Schwierigkeit, dass alle attributiven Informationen zu einem Bezugsnomen solange im Kurzzeitgedächtnis präsent gehalten werden müssen, bis das Bezugswort als eigentlicher Träger dieser Merkmale genannt wird (vgl. Weinrich 2007: 356 f.). In diesem Zusammenhang verweist Fandrych (2011: 54) darauf, dass erweiterte Partizipialattribute als stark linksverzweigende Konstruktionen

---

4 Baumann (1998: 728 ff.) zählt Schulbuchtexte zu den populärwissenschaftlichen Vermittlungstexten, die das Ziel haben, „einem heterogenen nichtfachlichen Adressatenkreis fachliche Informationen auf eine kommunikativ-kognitive Weise zu vermitteln, die Kommunikationskonflikte ausschließt" (Baumann 1998: 730).
5 Engelen (1971: 235) bezieht sich konkret auf folgende Textsorten: technische Darstellungen und Anleitungen, Gebrauchsanweisungen, wissenschaftliche Darstellungen, Zeitungsartikel, Sprache der politischen Rede und Diskussion sowie die Sprache des amtlichen Bereichs.

des Deutschen die Form „eingebettete[r] Mini-Exkurse" annehmen können und damit auch eine besondere Herausforderung für DaF-Lernende darstellen:[6]

> Solche Einbettungen können in wissensbereitstellenden, im weiteren Sinne didaktisch orientierten Texten die Funktion haben, sozusagen ‚nebenbei' komplexe Vorgeschichten als besondere Merkmale des beschriebenen nominalen Konzepts (des Bezugssubstantivs) verfügbar zu machen [...]. (Fandrych 2011: 54)

Auch Kaiser & Peyer (2011: 185) erklären das schwierigere Verständnis von erweiterten Linksattributen mit deren „erhöhte[r] konzeptuelle[r] Dichte", kommen aber nach einem Lesetest mit 595 DaF-Lernenden insgesamt zu einer differenzierteren Einschätzung. Solange die Semantik des erweiterten Linksattributs eindeutig ist, d. h. die Reihenfolge der Inhaltswörter nur eine mögliche Interpretation zulässt, stellen Adjektiv- und Partizipialattribute keine Verstehenshürde dar. Kommen allerdings mehrere Interpretationen in Frage, führt ein solches Attribut zu größeren Verständnisschwierigkeiten als ein paralleler Relativsatz (vgl. Kaiser & Peyer 2011: 185).

Insgesamt gibt es aber kaum empirische Studien, die den Einfluss von komplexen Attributionen auf das Satz- oder Textverständnis systematisch untersuchen und damit ihren Status als Verständnishürde beim Leseverstehen oder als Lernproblem beim Erwerb des Deutschen als Zweitsprache bestätigen. Die folgenden drei psycholinguistischen Studien untersuchen jedoch Teilaspekte der Frage, ob das Vorkommen von komplexen Attributen das Satzverständnis beeinflusst. In einem Laborexperiment zur Verständlichkeit von Nachrichtensendungen erhob Weber (1980) neben anderen syntaktischen Variablen auch den Anteil komplexer Satzglieder.[7] Diesen verringerte er in Varianten der Sendung systematisch, um den Einfluss syntaktischer Strukturen auf die Verständlichkeit zu prüfen. Die Vereinfachung der syntaktischen Variablen allein bewirkte jedoch keine signifikante Verbesserung der Verständlichkeit (vgl. Weber 1980: 64). Sichelschmidt (1989) stellte in einem psycholinguistischen Experiment zum Verstehen von pränominalen Adjektivfolgen fest, dass die Reihen-

---

[6] Auch Buhlmann & Fearns (2000: 78) weisen in ihrer Bewertung verschiedener fachsprachlicher Merkmale mit Blick auf deren Vermittlung darauf hin, dass nach Einschätzung von Lehrkräften Partizipialattribute ein Lernproblem für Deutschlernende darstellen. Fabricius-Hansen (2010: 189) stellt fest, dass bei der Übersetzung von umfangreichen pränominalen Attributionen in bestimmte Sprachen inhaltliche Vereinfachungen und Satzteilungen notwendig sind. Auf der Grundlage dieser Beobachtung nimmt Hennig daher an, „dass das Erlernen deutscher Attributkonstruktionen eine Herausforderung für den Bereich Deutsch als Fremdsprache" (Hennig 2016: 8) darstellen kann.

[7] Weber (1980: 53) unterscheidet dabei zwischen einfachen Komplexen mit einem Attribut und mehrstufigen Komplexen, d. h. Satzgliedern mit mehreren Attributen.

folge von Adjektivattributen nur dann verarbeitungsrelevant ist, wenn es keine anderen Strukturierungshilfen wie z. B. Kommata gibt. Im Rahmen eines Lesezeit-Experimentes untersucht Pepouna (2015) den Einfluss von Junktionen zwischen den Attributen einer komplexen Attribution auf die Verständnisleistung von LeserInnen und versucht damit, die drei *Komplexitätsdimensionen*[8] Junktortyp, Junktionsklasse und Hierarchieebene empirisch zu überprüfen. Er kommt zu dem Ergebnis, dass die Dimensionen Junktortyp und Junktionsklasse z. T. einen signifikanten Einfluss auf die Verständnisleistung sowie die Lese- und Bearbeitungszeit der Probanden haben.[9] Diese Studien zeigen, dass sich Rezeptionsprobleme aus dem komplexen Aufbau einer Attribution ergeben können. Im Folgenden soll daher ein Überblick über die verschiedenen Attributtypen und Formen komplexer Attribution gegeben werden.

2.2 Attributtypen

Hinter dem Begriff *Attribut* verbergen sich nicht nur *eine* konkrete sprachliche Form, sondern ganz unterschiedlich strukturierte sprachliche Einheiten (Adjektivphrasen, Präpositionalphrasen, Nominalphrasen u. a.), die je spezifische Formen und Funktionen haben. Mit dem Begriff Attribut, der sich vom lat. *attribuere* ('zuteilen' oder 'als Eigenschaft belegen') ableitet, wird die primäre Leistung dieser Einheiten hervorgehoben: die nähere Charakterisierung und Modifikation eines Bezugswortes bzw. Gliedes im Satz. Als Attribute im engen Sinn werden im Speziellen die Gliedteile von Nominalphrasen beschrieben (vgl. Duden 2016: Kap. 2.1.3; Eisenberg 2004). Abgesehen von Nomen können ebenso Adjektive, Pronomen (*du da*) und Adverbien (*einen Tag vorher*) (Duden 2016: 848) attribuiert vorkommen.[10]

Die semantischen Relationen zwischen Attributen und Bezugsnomen sind kaum festgelegt und können sehr unterschiedlich sein. Zudem besteht im Deut-

---

8 Hennig (2015a) geht davon aus, dass attributive Junktion, also die Verknüpfung mehrerer Attribute, zur Komplexität einer Nominalphrase beiträgt und nimmt folgende sechs Komplexitätsdimensionen attributiver Junktion an: Junktionsklasse (Koordination vs. Subordination), Paarigkeit des Junktors, Skopus der Ellipse, Attributtiefe/Hierarchieebene, Mehrfachphänomene und Erweiterungen der Konnekte.
9 Pepouna (2015: 230) weist selbst darauf hin, dass die Untersuchung Schwächen aufweist und u. a. die Nichtberücksichtigung von Längenunterschieden der Items (Experimentalsätze mit paarigem Junktor sind tendenziell länger als jene mit einfachem Junktor) möglicherweise die Ergebnisse der Studie verfälscht haben könnte.
10 Der vorliegenden Untersuchung (siehe Kap. 3) liegt ein enger Attributbegriff zugrunde, der nur Nomen als mögliche Bezugswörter von Attributen vorsieht.

schen die Möglichkeit, gleiche oder sehr ähnliche Relationen mit verschiedenen Attributen zum Ausdruck zu bringen (vgl. z. B. *Steiners Beschreibung der Hochzeit, Steiners Beschreibung von der Hochzeit* oder *die Beschreibung der Hochzeit durch Steiner*) (Eisenberg 2004: 267).

vorangestellte Attribute		Kern-nomen	nachgestellte Attribute				
Sächsischer Genitiv	Adjektiv-attribut/ Partizipial-attribut		enge Apposition	Genitiv-attribut	Präpositional-attribut	lockere Apposition	Satzattribute: Relativsatz, *dass*-NS, *zu*-Infinitiv

Abb. 1: Vorangestellte und nachgestellte Attributtypen.

Auch wenn eine einheitliche Definition der Kategorie Attribut noch aussteht (vgl. Fuhrhop & Thieroff 2005), können die in Abbildung 1 dargestellten Attributtypen mit der Dudengrammatik (2016), Eisenberg (2004) und Helbig & Buscha (2001) durchaus als Kernbestand adnominaler Attribution beschrieben werden. Anhand von Beispielen aus dem untersuchten Schulbuchkorpus (vgl. Kap. 3.1) werden diese im Folgenden kurz beschrieben.

Abgesehen vom Sächsischen Genitiv (GenA) (1) sind vorangestellte Attribute größtenteils syntagmatisch über Flexion (Genus, Kasus, Numerus) in die Nominalphrase integriert. Formal handelt es sich dabei um adjektivische Attribute (ADJA) (2) oder Partizipialattribute (PartA) mit Partizip-I- (3) und Partizip-II-Phrasen (4).

(1) *[Scotts] Tagebuch* (TERRA_7-8_2005)

(2) *Den [knorpeligen] Kehlkopf* (BIO_7-8_2012_170)

(3) *Der [immer stärker um sich greifende] Bergbau* (TERRA_7-8_2005_19)

(4) *Eine [dem Boden und dem Klima angepasste] Fruchtfolge* (GEO_5-6_2008_114)

Dem Kernnomen direkt syntaktisch nachgestellt werden enge Appositionen (Appo) wie beispielsweise Konstruktionen mit Eigennamen (5) und Formulierungen mit Maßangaben (6) (vgl. Eisenberg 2004: 256–259). Auch Genitivattribute sind syntaktisch sehr eng mit dem Bezugsnomen verbunden und folgen ihm direkt. Die inhaltliche Beziehung zwischen Bezugsnomen und Genitivattribut ist jedoch nicht immer gleich. Es werden verschiedene Typen des Genitivattributs klassifiziert (vgl. Eisenberg 2004: 248–250), darunter z. B. Genitivus obiectivus (7) und Genitivus possessivus (8). Präpositionalattribute (PräpA) (9) und lockere Appositionen (10) werden auch dem Nomen nachgestellt, sind aber im Hinblick auf die Stellung innerhalb der Nominalphrase wesentlich flexibler.

(5) *der Norweger [Roald Amundsen]* (TERRA_7-8_2005_8)

(6) *null Millimeter [Niederschlag]* (UErde_7-8_2009_60-61)

(7) *die Durchblutung [der Haut]* (BIO_7-8_2012_205)

(8) *Die Haut [eines Erwachsenen]* (BIO_7-8_2012_180)

(9) *Die Wirkung [von Haschisch auf den einzelnen Menschen]* (BIO_7-8_2012_196)

(10) *In jeder Zeitzone gilt die gleiche Zeit[, die Zonenzeit]* (UErde_7-8_2009_49)

Als formal typischste Satzattribute werden Relativsätze (RS) (11) beschrieben. Aber auch *dass*-Nebensätze, uneingeleitete Nebensätze, indirekte Fragesätze oder erweiterte *zu*-Infinitive (zu-Inf) (12) können attributive Funktion übernehmen (vgl. Hentschel & Weydt 2003: 401). Im Allgemeinen werden diese nachgestellten Attribute in einem syntagmatisch weniger dichten postnominalen Feld verortet.

(11) *Benenne die Monate [, in denen Frost herrscht].* (UErde_7-8_2009_60-61)

(12) *Erdbeben bieten die einzige Möglichkeit [, das Erdinnere zu erforschen].* (UErde_7-8_2009_10-11)

Neben den bisher genannten Attributen werden bei der Analyse der Geographie- und Biologietexte auch noch die Erweiterungen von Partizipialattributen durch Ergänzungen bzw. Angaben (13) sowie Partikelattribute (14) berücksichtigt, da sie wesentlich zur Komplexität von Attributionen beitragen können.

(13) *Eine [dem Boden und dem Klima] angepasste Fruchtfolge* (GEO_5-6_2008_114)

(14) *die [zu] lange Lagerung* (GEO_5-6_2008_106)

2.3 Komplexe Attributionen

Nach Einschätzung von Hennig (2015b: 40) liegt der Fokus der Attributbeschreibung in vielen Grammatiken vor allem auf der Erfassung der einzelnen Attributtypen und bestimmter Serialisierungsphänomene und weniger auf der Beschreibung von Komplexitätsformen. Außerhalb von Grammatiken findet sich in diesem Zusammenhang auch der anschaulichere Begriff „Verschachtelung" (u. a. Fandrych 2011: 49), um die sprachliche Dichte und Komplexität von Attributen, die selbst wieder durch Attribute näher bestimmt sind, abzubilden. Unter einer komplexen Attribution wird hier nach Hennig (2016: 6) ein mehrfach attribuierter Nominalkern verstanden. Die Erforschung solcher Mehrfachattribuierungen hinsichtlich der Art der Verknüpfung und der möglichen Attributtypen stellt einen „fast weiße[n] Fleck auf der Landkarte der germanistischen Linguistik" (Hennig 2016: 1) dar. Eine der wenigen empirischen Forschungsarbeiten zur Verknüpfung mehrerer Attribute zu einer komplexen Attribution ist Schmidts Untersuchung zur *Attribuierungskomplikation* in der erweiterten Substantivgruppe (Schmidt 1993). Schmidt unterscheidet hierbei einfache Erweiterungen, die aus dem Nominalkern und einem Attribut bestehen, und drei verschiedene Typen von Mehrfacherweiterungen: Koordination (Typ 1), Unterordnung (Typ 2) und Gleichstufigkeit (Typ 3) (vgl. Schmidt 1993: 80 f.). Zwischen Attributen eines Bezugsnomens besteht ein koordinatives Verhältnis (Typ 1), wenn sie durch eine nebenordnende Konjunktion verbunden oder theoretisch damit verbindbar sind („die Begriffe von Zeit und Gleichzeitigkeit"[11]). Bestimmt jedoch eines der Attribute das andere näher und wird von diesem regiert, handelt es sich um eine komplexe Attribution des Typs 2 („den Versuch einer Rekonstruktion der Vorgeschichte"). Das Auftreten mehrerer Attribute, die weder koordiniert noch voneinander abhängig sind, bezeichnet Schmidt (1993) als Gleichstufigkeit („die Wanderung zur Weinlese nach Freyburg").

Für die vorliegende Untersuchung wurde die systematische Klassifikation von Schmidt (1993) zunächst übernommen, aber leicht modifiziert. Um terminologische Verwechslungen mit den valenzgebundenen und freien Erweiterungsgliedern von Partizipial- und Adjektivattributen (vgl. Helbig & Buscha 2001: 504 f.) zu vermeiden, wird hier (vgl. Abb. 2) statt zwischen einfacher und mehrfacher *Erweiterung* zwischen der einfachen und komplexen (mehrfachen) *Attribution* eines Nominalkerns unterschieden. Die Bezeichnung *einfache* Attribution verweist dabei lediglich darauf, dass eine Nominalphrase nur ein Attribut enthält (hier: [a] – NK),[12] und stellt keine Aussage zu ihrer Verständlichkeit oder einem geringeren kognitiven Verarbeitungsaufwand dar.

Während Schmidt für die mehrfache Erweiterung insbesondere die Verknüpfung als distinktives Merkmal zur Unterscheidung von Typ 1 (Koordination) und Typ 3 (Gleichstufigkeit) ansetzt, liegt der Fokus im vorliegenden Beitrag auf der Gleichartigkeit bzw. Unterschiedlichkeit der Attributtypen innerhalb einer Attri-

---

11 Bei den Beispielen handelt es sich um diejenigen, die Schmidt (1993: 8081) selbst zur Erklärung der drei Typen von Mehrfacherweiterungen aufführt.
12 Pronomina bzw. Artikelwörter wie bspw. Possessivartikel werden hier nicht als Attribute berücksichtigt, auch wenn sie zum Teil in der Literatur zu den Attributen gezählt werden (vgl. z. B. Duden 2016: 838).

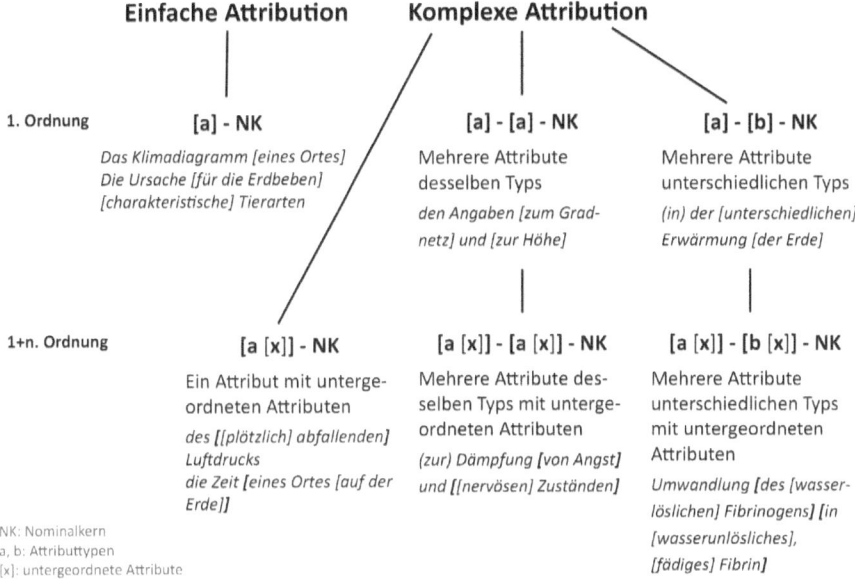

Abb. 2: Klassifikation von einfacher und komplexer Attribution (eigene Darstellung).

bution. Daher unterscheiden wir Attributionen mit gleichgeordneten Attributen desselben Attributtyps (hier: [a] – [a] – NK) von solchen mit Attributen unterschiedlichen Typs ([a] – [b] – NK). Der Typ 2 (Unterordnung) nach Schmidt für Attribute der zweiten oder dritten Ordnung (hier: *1 + n. Ordnung*) wird hingegen unverändert übernommen (hier: [a [x]] – [b [x]] – NK).

Abbildung 2 stellt eine schematische Darstellung dieser Zusammenhänge dar. Die Variablen [a] und [b] stehen stellvertretend für die verschiedenen voran- und nachgestellten Attributtypen, die an einer komplexen Attribution beteiligt sein können und deren Anzahl – entgegen der hier verdichteten Darstellung – nicht auf zwei Attributtypen pro komplexer Attribution beschränkt ist. Die einzelnen Attribute einer komplexen Attribution können auch explizit durch Junktionen (z. B. *und*, *oder*) miteinander verbunden sein. Die Variable [x] kennzeichnet untergeordnete Attribute, die ein anderes Attribut erster Ordnung näher bestimmen ([a *[x]*]-NK → *des [[plötzlich] abfallenden] Luftdrucks*). Dabei muss aber nicht jedes in der schematischen Darstellung angegebene untergeordnete Attribut auch tatsächlich bei allen involvierten Attributen erster Ordnung realisiert sein ([a [x]] – [b [x]] – NK → *(zur) Dämpfung [von Angst] und [[nervösen] Zuständen]*).

Schmidt (1993) weist darauf hin, dass syntaktisch besonders komplexe Mehrfachattribuierungen vor allem dann vorliegen, wenn mehrere dieser Erweiterungstypen miteinander kombiniert sind (vgl. Schmidt 1993: 85). Als besonders komplex gelten dabei Attribute, die „sowohl im Vorfeld als auch im Nachfeld erweiterte Attribute (bzw. Attributkombinationen)" (Punkki-Roscher 1995: 64) aufweisen. Mit der Bezeichnung „Attributkombinationen" verweist Punkki-Roscher hier *en passant* auf einen bisher kaum untersuchten Aspekt der Attributforschung – das gemeinsame Auftreten bestimmter Attributtypen in komplexen Nominalphrasen. Solche Kombinationen werden in Kapitel 3 hinsichtlich ihrer Frequenz und der jeweils enthaltenen Attributtypen für Schulbuchtexte der Fächer Biologie und Geographie ausgewertet.

Zur Minimierung von Redundanzen können verschiedene Bestandteile einer Attribution elliptisch sein. Dies kann zu einer höheren strukturellen Komplexität führen (vgl. Hennig 2015a: 183) und möglicherweise die Textrezeption erschweren. Auf diesen Aspekt der attributiven Komplexität wird bei der Ergebnisdarstellung in Kapitel 3 aus Platzgründen jedoch nicht eingegangen.

3 Korpusbasierte Analyse komplexer Attributionen und Attributionsmuster

3.1 Zielstellung und Daten

Wenn Attribute als typisch für wissensvermittelnde Texte gelten (vgl. Kap. 2.1) und maßgeblich zur Verdichtung von Schulbuchtexten beitragen können, so stellt sich die Frage, welche Attributtypen in den Texten überhaupt verwendet und miteinander kombiniert werden. Von Interesse ist dabei auch, ob bestimmte Kombinationen von Attributtypen häufiger als andere auftreten oder sich eher eine hohe Variantenvielfalt abzeichnet. Für den vorliegenden Artikel wurden deshalb die Attributionen in Schulbuchtexten der Fächer Biologie und Geographie mit dem Ziel analysiert, einen Überblick über den Bestand an einfachen und komplexen Attributionen zu geben und zentrale Attributionsmuster zu identifizieren.[13] Diese korpusbasierte Analyse stellt damit einen ersten empirischen Zugang zu Attributvorkommen in Schulbuchtexten dar.

Als Datengrundlage dient ein Teilkorpus aus dem digitalen Schulbuchkorpus des Fach-DaZ-Projektes (vgl. Ahrenholz 2013), welches Texte aus einem Biologieschulbuch für die Schulstufe 7/8 (Themen: Ernährung, Verdauung, Atmung, Blut) und aus Geographieschulbüchern für die Schulstufen 7/8 bzw.

---

[13] Wir möchten uns ganz herzlich bei Jenny Reichel für ihre Unterstützung bei der Datenauswertung und bei Tinghui Duan für die Kontrolle des Zahlenwerks bedanken.

Tab. 1: Zusammensetzung des Schulbuchteilkorpus.[14]

Schulbücher	Seiten-anzahl	Worttoken <text> + <block>	Worttoken gesamt	Anzahl der Nomen <text> + <block> absolut (normalisiert auf 10.000 Token)
GEO 5/6	55	6.872	14.579	1.968 (2.864)
GEO 7/8	85	11.884	21.129	3.503 (2.948)
BIO 7/8	53	15.192	21.086	4.375 (2.880)
Gesamt	193	33.948	56.794	9.846 (2.900)

5/6 zu den Themen ‚Klima' und ‚Landwirtschaft' enthält (vgl. Tab. 1). Mit diesem Teilkorpus ist ein Vergleich zwischen einem naturwissenschaftlichen und einem gesellschaftswissenschaftlichen Fach auf einer Schulstufe möglich. Gleichzeitig kann ein Vergleich verschiedener Schulstufen innerhalb eines Faches zeigen, ob in den Texten in Abhängigkeit von der Schulstufe und damit dem Alter der SchülerInnen eine Zunahme komplexer Attributionen zu verzeichnen ist.

Im Korpus sind die verschiedenen Textformate einer Schulbuchseite[15] entsprechend ihrer Funktion und graphischen Präsentation annotiert. Für die Analyse wurden nur Attribute im Fließtext (<text>) und in Texteinheiten, die in Blöcken bspw. Zusatzinformationen oder Definitionen enthalten (<block>), berücksichtigt, da sie in vollständigen Sätzen ausformuliert sind. Außerdem stellen diese Texte in der Regel die wesentlichen Fachinhalte dar und lassen deshalb komplexe Attributionen erwarten.

Die Texte liegen zudem automatisch mit Lemmata und Wortarten getaggt und manuell korrigiert vor. Für die Auswertung konnten daher wesentliche Attributtypen wie Adjektivattribute oder Partizipialattribute, aber auch Relativsätze über eine automatische Wortartensuche extrahiert werden. Auch Präpositionalattribute wurden über die Wortart Präposition erhoben. Allerdings war hier eine aufwändige Selektion der relevanten Belege notwendig, da Satzglieder in Form von Präpositionalphrasen nicht automatisch ausgeschlossen werden

---

[14] Die Seitenzahlen können nicht ohne Weiteres als Orientierung dienen, da sich z. B. auf 55 Geographiebuchseiten der Klassenstufe 5/6 in den Formaten <text> und <block> 125 Worttoken pro Seite finden, in BIO 7/8 hingegen 287 Worttoken/Seite. Deshalb wurden für die Teilkorpora thematische Einheiten gewählt, die insgesamt eine ähnliche Anzahl Nomen enthalten (vgl. normalisierte Tokenzahl).
Bei der Berechnung der Tokenanzahl wurden Satzzeichen ausgeschlossen.
[15] Zum Aufbau von Schulbüchern und zu Textformaten vgl. Ahrenholz & Grießhaber (i. d. Bd.), Ahrenholz et al. (i. Vorb.).

konnten. Andere Attributtypen wie Genitivattribute und lockere sowie enge Appositionen wurden über Wortartenabfolgen dem Korpus entnommen.[16]

Zu jedem Einzelbeleg wurden die Attribute 1. Ordnung und 1 + n. Ordnung angeführt und die Kombinationen in der Form Linksattribut + Nominalkern + Rechtsattribut (mit untergeordnetem Linksattribut/Rechtsattribut) angegeben. Das folgende komplexe Beispiel soll zur Verdeutlichung dienen.

(15) ein [schmales]$_{ADJA}$ Gebiet [[[äußerst]$_{Prtl}$ niedrigen]$_{ADJA}$ Luftdrucks]$_{GenA}$ (UErde_7-8_2009_58-59)

Nominalkern: *Gebiet*
Attribute 1. Ordnung: **ADJA + NK + GenA**
Attribute 1 + n. Ordnung: ADJA + NK + GenA**[ADJA[Prtl]]**

Für die Auswertung wurde bei den Belegen entsprechend der Klassifikation in Abbildung 2 weiterhin gekennzeichnet, ob es sich um einfache Attributionen, komplexe Attributionen mittels eines Attributtyps oder komplexe Attributionen mittels verschiedener Attributtypen handelt.

3.2 Ergebnisse

3.2.1 Verteilung der einfachen und komplexen Attributionen

Von den insgesamt 9.846 Nomen im Korpus sind ca. 25 % attribuiert (aufgeteilt auf die Teilkorpora: BIO 7/8: 26 %, GEO 7/8: 23 %, GEO 5/6: 28 %).[17] Von diesen werden 62 % mit genau einem Attribut näher beschrieben (= einfache Attribution), während 38 % komplexe Attributionen (vgl. Abb. 2) aufweisen. Von diesen entfallen wiederum 18 % auf die *Typen [a]-[b]-NK* und *[a[x]]-[b[x]]-NK* und 14 % auf den *Typ [a[x]]-NK*. Prozentual am geringsten treten komplexe Attributionen der *Typen [a]-[a]-NK* und *[a[x]]-[a[x]]-NK* auf (zusammen 7 %). So wurden beispielsweise im Biologieteilkorpus (vgl. Abb. 3) absolut 712 Nominalphrasen mit einfacher Attribution und 416 mit komplexer Attribution unter-

---

16 Weitere Attribute z. B. in Form von *zu*-Infinitivsätzen, *dass*-Sätzen oder Adverbien konnten nicht systematisch aus den Daten extrahiert werden, da die händische Nachbereitung zu aufwändig gewesen wäre. Einige Beispiele finden sich dennoch im aufbereiteten Material in den Belegen, die mehr als das eine extrahierte Attribut enthalten oder auch derartige Attribute in Unterordnung einschließen.

17 Für die quantitative Auswertung werden die in Kapitel 3.1 genannten Attributtypen berücksichtigt.

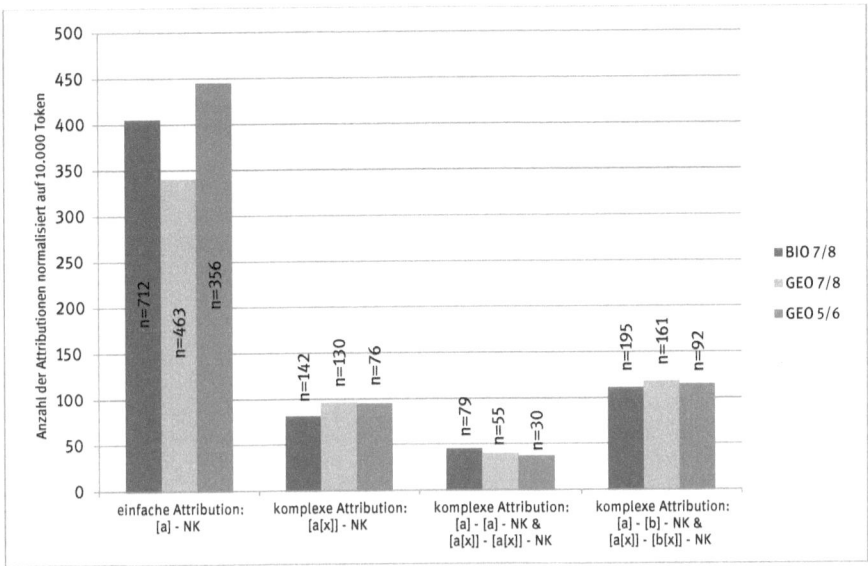

Abb. 3: Gesamtzahl der einfachen und komplexen Attributionen in den Teilkorpora BIO und GEO.

schiedlichen Typs vorgefunden. Normiert auf 10.000 Token entspricht dies einer Gesamtzahl von 405 einfachen bzw. 237 komplexen Attributionen.

3.2.2 Komplexe Attributionen ohne und mit Unterordnung

Im Folgenden wird zwischen Attributionen ohne und mit untergeordneten Attributen unterschieden (vgl. Tab. 2). Hier zeigt sich, dass ein Großteil der identifizierten Attributionen erster Ordnung ist und keine Unterordnungen aufweist. Attributionen mit untergeordneten Attributen kommen wesentlich seltener vor. Bei komplexen Attributionen der *Typen [a]-[a]-NK* und *[a]-[b]-NK* verschiebt sich jedoch dieses Verhältnis zugunsten der komplexen Attributionen mit Unterordnung. Besonders auffällig erscheinen hier die Biologietexte.

Betrachtet man zunächst einfache Attributionen vom *Typ [a]-NK* wie z. B. *das Klimadiagramm [eines Ortes]* im Vergleich zu Attributionen des *Typs [a[x]]-NK* wie in *die Zeit [eines Ortes [auf der Erde]]*, so zeigt sich, dass bei diesem Typ in allen drei Teilkorpora bei ca. 80 % der Belege nur eine einfache Attribuierung (*[a]-NK*) erfolgt, während ca. 20 % der Attribute selbst attribuiert sind (*[a[x]]-NK*) (vgl. Tab. 2).

Tab. 2: Attributionen ohne und mit untergeordneten Attributen in BIO 7/8, GEO 7/8 und GEO 5/6.

	ohne Unterordnungen*	mit Unterordnungen*
	[a]-NK	[a [x]]-NK
BIO 7/8	83 %	17 %
GEO 7/8	78 %	22 %
GEO 5/6	82 %	18 %
	[a]-[a]-NK	[a [x]]-[a [x]]-NK
BIO 7/8	62 %	38 %
GEO 7/8	78 %	22 %
GEO 5/6	84 %	16 %
	[a]-[b]-NK	[a [x]]-[b [x]]-NK
BIO 7/8	57 %	43 %
GEO 7/8	74 %	26 %
GEO 5/6	70 %	30 %

* prozentualer Anteil der Belege an der Gesamtmenge auf 10.000 Token, alle Angaben zu komplexen Attributionen sind grau hinterlegt.

Bei komplexen Attributionen mit mehreren Attributen des gleichen Typs in erster Ordnung (Typ *[a]-[a]-NK*) wie in *den Angaben [zum Gradnetz] und [zur Höhe]* zeigen sich Unterschiede nach Jahrgangsstufe und Fach. In BIO 7/8 werden 38 % dieser komplexen Attributionen selbst wieder attribuiert wie in *zur Dämpfung [von Angst] und [[nervösen] Zuständen]*.[18] In den Texten der Geographieschulbücher finden sich hingegen weniger Attribute 1 + n. Ordnung; dies gilt insbesondere für die Texte der Jahrgangsstufe 5/6 (16 %).

Werden Nominalkerne auf erster Hierarchieebene mit zwei unterschiedlichen Attributtypen spezifiziert – handelt es sich also um komplexe Attributionen vom *Typ [a]-[b]-NK* (*in der [unterschiedlichen] Erwärmung [der Erde]*) oder vom *Typ [a[x]]-[b[x]]-NK* – erfolgen häufiger als bei den anderen Typen weitere Attribuierungen. Insbesondere im Teilkorpus BIO 7/8 finden sich in 43 % der Attributionen untergeordnete Attribute (*Umwandlung [des [wasserlöslichen] Fibrinogens] [in [wasserlösliches], [fädiges] Fibrin]*). In den Geographiebüchern kommen komplexe Attributionen dieses Typs seltener vor (26 % in GEO 7/8 bzw. 30 % in GEO 5/6).

---

18 Im Typ [a[x]]-[a[x]]-NK sind auch solche Attributionen enthalten, in denen – wie im gegebenen Beispiel – nur eine der zwei oder mehr Attribute selbst attribuiert werden.

In den untersuchten Schulbuchtexten zeigen sich komplexe Attributionen also insbesondere in Attributionen erster Ordnung, während Attributionen 1 + n. Ordnung in den meisten Texten deutlich seltener zu finden sind. Allerdings werden Attributionen mit zwei unterschiedlichen Attributtypen häufiger selbst wieder attribuiert, wodurch eine besonders dichte Form der Attribution entsteht. Gleichzeitig zeigt sich eine erkennbare Zunahme an Komplexität von der Klassenstufe 5/6 zur Stufe 7/8 und ein Komplexitätsunterschied zwischen den Schulbuchtexten der Fächer Biologie und Geographie.

3.2.3 Attributkombinationen

Ein noch differenzierteres Bild bietet ein Vergleich der Anzahl der Attributkombinationen, also der verschiedenen Kombinationen von Attributtypen (z. B. Adjektivattribut und Genitivattribut) in einer komplexen Attribution, in den Teilkorpora (vgl. Tab. 3). Betrachtet man zunächst die Anzahl der Kombinationen für den *Typ [a[x]]-NK*, fällt die mit 56 unterschiedlichen Kombinationen deutlich höhere Variation im Teilkorpus GEO 7/8 auf.

Bei den komplexen Attributionen des *Typs [a]-[a]-NK* werden für beide Fächer und beide Jahrgangsstufen noch relativ ähnliche Häufigkeiten (sieben bzw. neun Kombinationen) verzeichnet. Deutlichere Unterschiede zwischen den Teilkorpora zeigen sich aber in 1 + n. Ordnung. Hier weisen die Texte im Teilkorpus GEO 5/6 mit nur vier verschiedenen Kombinationen die mit Abstand geringste Variation auf. Sie unterscheiden sich damit deutlich von den Geographie- und Biologietexten der Klassenstufe 7/8, in denen mehr Varianten zu finden sind. Im Teilkorpus BIO 7/8 können neun unterschiedliche Kombinationen verschiedener Attributtypen auf zweiter Ebene identifiziert werden und im Teilkorpus GEO 7/8 sogar zwölf verschiedene Varianten (vgl. Tab. 3).

Umgekehrt gestaltet sich das Bild bei den komplexen Attributionen des *Typs [a[x]]-[b[x]]-NK*. Der oben bereits beschriebene hohe Anteil an Belegen mit Unterordnung in BIO 7/8 korrespondiert hier mit einer ebenfalls hohen Anzahl an unterschiedlichen Attributkombinationen (46 Varianten, zum Vergleich: GEO 7/8: 38 und GEO 5/6: 19).

Der Vergleich der Geographiebelege für komplexe Attributionen der *Typen [a]-[b]-NK* und *[a[x]]-[b[x]]-NK* nach Schulstufen zeigt, dass die Anzahl verschiedener Attributkombinationen sowohl bei den komplexen Attributionen ohne Unterordnung (GEO 5/6: 22; GEO 7/8: 37) als auch bei denjenigen mit Unterordnung (GEO 5/6: 19; GEO 7/8: 38) im Schulbuch für die 5./6. Stufe deutlich geringer ist als in den Geographiebüchern der 7./8. Klasse.

Die Analyse der Attributvorkommen in den drei Teilkorpora zeigt, dass die Komplexität des Attributbestandes eines Schulbuches erst umfassend beschrie-

Tab. 3: Anzahl verschiedener Attributkombinationen in BIO 7/8, GEO 7/8 und GEO 5/6.

	Attributkombinationen in 1. Ordnung	Attributkombinationen in 1 + n. Ordnung
	[a]-NK	[a [x]]-NK
BIO 7/8	7	39
GEO 7/8	11	56
GEO 5/6	10	34
	[a]-[a]-NK	[a [x]]-[a [x]]-NK
BIO 7/8	7	9
GEO 7/8	7	12
GEO 5/6	9	4
	[a]-[b]-NK	[a [x]]-[b [x]]-NK
BIO 7/8	33	46
GEO 7/8	37	38
GEO 5/6	22	19

ben werden kann, wenn einerseits das Vorhandensein möglicher Unterordnungen und andererseits die Anzahl unterschiedlicher Attributkombinationen berücksichtigt wird. Denn bei ausschließlicher Betrachtung der Gesamtzahlen der Attributionen in den Schulbuchtexten sind zunächst keine erheblichen Unterschiede hinsichtlich der Fächer und Schulstufen erkennbar. Die genauere Auswertung der Korpusbelege deutet jedoch darauf hin, dass attributive Komplexität in den Texten der beiden Schulfächer unterschiedlich verortet werden kann. Komplexität schlägt sich im hier untersuchten Biologiebuch vor allem in der großen Anzahl von Belegen mit Unterordnungen nieder, in den Geographietexten der 7./8. Schulstufe hingegen in der hohen Anzahl an Kombinationsvarianten bei den *Typen [a[x]]-NK* und *[a[x]]-[a[x]]-NK*. Beim *Typ [a[x]]-[b[x]]-NK* sticht wiederum die Kombinationsvielfalt im Biologiebuch heraus. Inwieweit dieser Befund typisch für die betrachteten Fächer und Schulstufen ist oder vielleicht nur stilistische Präferenzen von AutorInnen zeigt, muss bei der kleinen Datenbasis offen bleiben.

3.2.4 Muster komplexer Attribution

Nominalphrasen mit mehreren gleichgeordneten Attributen unterschiedlichen Typs (*[a]-[b]-NK*) kommen in den drei Teilkorpora mit ähnlich hoher Anzahl vor (vgl. Abb. 3, S. 145). Die Zahlen geben allerdings noch keine Auskunft darüber, welche Attributtypen in Kombination auftreten, ob diese Kombinationen besonders häufig vorkommen und bestimmten Attributionsmustern entsprechen.

Der Begriff des *Musters* ist unseres Wissens für Attributionen bisher noch nicht in der Linguistik konkretisiert. In der Textlinguistik wird von einem *Textmuster* gesprochen, wenn eine „bestimmte formale Grundgestalt des Textes, die mit bestimmten interaktionalen Konstellationen korreliert" (Heinemann & Viehweger 1991: 170) gemeint ist. Ähnlich werden auch aus pragmalinguistischer Perspektive *Handlungsmuster* und *Diskursmuster* als Resultate „massenhafter Interaktion" (Ehlich 2010: 216) und „charakteristische [...] Kombination unterschiedlicher Sprechhandlungen" (Ehlich 2010: 222) zu einem spezifischen Zweck bezeichnet. Ausgehend von gängigen Verwendungen kann ein *Muster* eine Vorlage oder eine sich wiederholende Kombination bzw. ein Schema sein, das als Exemplar individuellen Charakter trägt, aber mit der Eigenschaft der Repetition als konventionell beschrieben werden kann. Unter dem Begriff *Attributionsmuster* verstehen wir daher eine Typisierung von Kombinationen von Attributen zu einem Nominalkern, die sich hinsichtlich der Anzahl der beteiligten Attributtypen wie auch hinsichtlich der Position relativ zum Nominalkern ähneln und mit einer gewissen Häufigkeit empirisch nachweisen lassen.

Im untersuchten Korpus wurden insgesamt 448 Belege für Nominalkerne mit mehreren unterschiedlichen Attributtypen erster Ordnung (inkl. solcher mit untergeordneten Attributen) vorgefunden. Da die Anzahl möglicher Varianten der Attribuierung exponentiell mit der Anzahl der Unterordnungen zunimmt und dadurch die Attributkombinationen in 1 + n. Ordnung äußerst vielfältig und individuell sind, können kaum einheitliche Muster für untergeordnete Attributionen gefunden werden. Attributionsmuster werden daher nur für die erste Hierarchieebene im Satz angegeben. Um zu aussagekräftigen Mustern zu gelangen, wurden die 448 Belege nach den oben genannten zwei Kriterien (Struktur und Häufigkeit) zusammengefasst. Auf diese Weise konnten folgende Muster mit alternativen Besetzungen des linken und/oder rechten Feldes induktiv aus dem Datenmaterial abgeleitet werden:

- A-NK-A: *[blumenkohlartige] Auswüchse [aus vielen kleinen Wassertröpfchen]* (GEO_5-6_2008_29)
- A-NK-A-A: *Dem [scheinbaren] Wandern [des Sonnenstandes zwischen nördlichem und südlichem Wendekreis]* (TERRA_7-8_2005_125)
- A-NK-A-A-A: *das [große] Stallgebäude [mit dem Kuhstall], [der Melkanlage] sowie [dem Stall für das Jungvieh]* (GEO_5-6_2008_110)
- A-A-NK: *ein [rund 10 cm langer], [von hufeisenförmigen Knorpelspangen offen gehaltener] Schlauch* (BIO_7-8_2012_170)

- A-A-NK-A: *ein [lang anhaltendes], [außergewöhnlich starkes] Zurückweichen [des Wassers]* (UErde_7-8_2009_22-23)
- NK-A-A: *die Rotation [der Erde] [um ihre Achse]* (UErde_7-8_2009_52)[19]

Weiterhin wurden all diejenigen strukturell gleichartigen Kombinationen, die häufiger als zweimal auftreten, zu Kombinationstypen gebündelt (z. B. ADJA-NK-PräpA = Nominalkern mit Adjektivattribut und nachgestelltem Präpositionalattribut). Bei den genannten 448 komplexen Attributionen wurden so 54 verschiedene Kombinationstypen (Types) identifiziert. Kombinationen, die zwar nur ein- oder zweimal vorkommen, aber einem Muster zugeordnet werden konnten, werden in Tabelle 4 unter dem entsprechenden Muster als *weitere Kombinationstypen* angegeben. Elf Korpusbelege mit komplexer Attribution konnten keinem der Muster zugeordnet werden und bilden daher eine Restgruppe mit neun Kombinationstypen.

In den untersuchten Schulbuchtexten dominiert das Attributionsmuster A-NK-A mit Anteilen in den Teilkorpora von 61,5 % (BIO 7/8), 72,1 % (GEO 7/8) und 73,9 % (GEO 5/6). Der Kombinationstyp aus vorangestelltem Adjektivattribut und nachgestelltem Präpositionalattribut kommt bei diesem Muster in allen drei Teilkorpora am häufigsten vor (21 % in BIO 7/8, 22 % in GEO 7/8, 27 % in GEO 5/6). Eine vergleichsweise hohe Belegzahl kann auch für Kombinationstypen desselben Musters aus Adjektivattribut und postnominalem Genitivattribut, Apposition oder Relativsatz (betrifft v. a. Geographietexte) festgestellt werden.

Die Verteilung der übrigen Kombinationstypen auf die weiteren fünf Muster fällt in den drei Teilkorpora unterschiedlich aus. Während für alle Texte noch Attributionen des Musters A-NK-A-A auffällig sind, sticht für das Biologieteilkorpus weiterhin das Muster A-A-NK heraus und dabei insbesondere der Kombinationstyp aus pränominalem Adjektivattribut und Partizipialattribut, die so nur im Biologiekorpus vorkommen. Mit einem Anteil von 8,7 % sind für das Geographiekorpus 7/8 noch Attributionen des Musters NK-A-A erwähnenswert, wobei die Kombination NK-GenA-PräpA am häufigsten in den Belegen vertreten ist.

In GEO 5/6 finden sich wiederum noch vergleichsweise viele Belege für das Muster A-A-NK-A (8,7 %) und hier ausschließlich in der Kombination ADJA-ADJA-NK-GenA. Abgesehen von den bereits genannten Mustern sind in GEO 5/6 zum großen Teil nur noch Einzelvorkommen für die identifizierten Kombinationstypen zu finden oder aber auch keine Belege. In den Texten der Schulstufe 7/8 wird dagegen auf viele unterschiedliche Attributionsvarianten zurückgegriffen.

---

[19] Die Beispiele in den Mustern machen deutlich, dass viele Attribute erster Ordnung weiterhin Attribute in Unterordnung enthalten. Diese bleiben für die Beschreibung der Muster unberücksichtigt.

Tab. 4: Muster und Kombinationstypen komplexer Attributionen in Biologie- und Geographietexten.

Muster (6) und Kombinationstypen (54)	BIO 7/8 (n = 195) Anzahl der Belege in % (absolut)	GEO 7/8 (n = 161) Anzahl der Belege in % (absolut)	GEO 5/6 (n = 92) Anzahl der Belege in % (absolut)
Muster A-NK-A*	**61,5 %**	**72,1 %**	**73,9 %**
ADJA-NK-PräpA	21,0 % (41)	21,7 % (35)	27,2 % (25)
ADJA-NK-GenA	20,0 % (39)	16,8 % (27)	16,3 % (15)
ADJA-NK-Appo	10,7 % (21)	13,0 % (21)	10,9 % (10)
ADJA-NK-RS	5,6 % (11)	13,0 % (21)	15,2 % (14)
PartA-NK-PräpA	1,5 % (3)	2,5 % (4)	1,1 % (1)
PartA-NK-RS	1,0 % (2)	1,2 % (2)	(0)
PartA-NK-GenA	1,0 % (2)	1,2 % (2)	3,3 % (3)
PartA-NK-Appo	1,0 % (2)	0,6 % (1)	(0)
weitere Kombinationstypen (4):	0,5 % (1)	1,9 % (3)	(0)
Muster A-NK-A-A	**11,3 %**	**8,1 %**	**5,4 %**
ADJA-NK-GenA-PräpA	2,6 % (5)	2,5 % (4)	(0)
ADJA-NK-PräpA-RS	(0)	1,9 % (3)	(0)
ADJA-NK-Appo-RS	1,0 % (2)	0,6 % (1)	2,2 % (2)
ADJA-NK-PräpA-PräpA	2,1 % (4)	1,2 % (2)	1,1 % (1)
ADJA-NK-Appo-Appo	3,6 % (7)	(0)	(0)
weitere Kombinationstypen (7):	2,1 % (4)	1,9 % (3)	2,2 % (2)
Muster A-NK-A-A-A	**1,0 %**	**1,9 %**	**3,3 %**
ADJA-NK-PräpA-PräpA-PräpA	(0)	1,2 % (2)	2,2 % (2)
weitere Kombinationstypen (3):	1,0 % (2)	0,6 % (1)	1,1 % (1)
Muster A-A-NK	**9,2 %**	**1,9 %**	**0 %**
PartA-ADJA-NK	4,1 % (8)	1,9 % (3)	(0)
ADJA-PartA-NK	5,1 % (10)	(0)	(0)
Muster A-A-NK-A	**7,7 %**	**5,0 %**	**8,7 %**
ADJA-ADJA-NK-GenA	1,5 % (3)	1,2 % (2)	8,7 % (8)
ADJA-ADJA-NK-PräpA	1,0 % (2)	1,2 % (2)	(0)
ADJA-ADJA-NK-RS	3,1 % (6)	0,6 % (1)	(0)
weitere Kombinationstypen (5):	2,1 % (4)	1,9 % (3)	(0)
Muster NK-A-A	**6,7 %**	**8,7 %**	**5,4 %**
NK-GenA-PräpA	2,1 % (4)	3,7 % (6)	2,2 % (2)
NK-PräpA-RS	2,1 % (4)	1,2 % (2)	(0)
NK-Appo-PräpA	(0)	1,9 % (3)	2,2 % (2)
NK-Appo-RS	1,0 % (2)	0,6 % (1)	(0)
NK-GenA-Appo	1,0 % (2)	(0)	1,1 % (1)
weitere Kombinationstypen (2):	0,5 % (1)	1,2 % (2)	(0)

Tab. 4: (fortgesetzt)

Muster (6) und Kombinationstypen (54)	BIO 7/8 (n = 195) Anzahl der Belege in % (absolut)	GEO 7/8 (n = 161) Anzahl der Belege in % (absolut)	GEO 5/6 (n = 92) Anzahl der Belege in % (absolut)
weitere Kombinationstypen ohne Muster:	2,1 % (4)	2,5 % (4)	3,3 % (3)
ADJA-ADJA-NK-Appo-PräpA-PräpA		(1)	
ADJA-ADJA-NK-GenA-PräpA		(1)	
ADJA-ADJA-NK-GenA-PräpA+PräpA	(1)		
ADJA-ADJA-NK-Appo-RS	(1)		
ADJA-PartA-NK-GenA-RS			(1)
ADJA-ADJA-PartA-NK			(1)
NK-GenA-GenA-PräpA		(1)	(1)
NK-GenA-PräpA-PräpA	(1)	(1)	
ADJA-NK-Appo-Appo-Appo-Appo	(1)		

* A: beliebiger Attributtyp; NK: Nominalkern

Insgesamt zeigt sich ein sehr hoher Variantenreichtum bei den komplexen Attributionen in den Schulbuchtexten, wobei die Geographietexte der Schulstufe 5/6 aufgrund der geringeren Anzahl an Kombinationstypen durchaus als weniger komplex eingeschätzt werden können. Wir beschreiben hier allerdings nur die im Datenmaterial vorgefundenen Muster. Ihre Zahl kann sich bei einem größeren Korpus oder bei Texten anderer Schulfächer ohne Weiteres deutlich erhöhen.

4 Fazit

Obwohl Attribute in der Diskussion um die Sprache des Fachunterrichts oft als ein Indikator für Bildungssprache aufgeführt werden, ist wenig darüber bekannt, wie die Attributvorkommen in Schulbuchtexten genau beschaffen sind. Anliegen dieses Beitrages war es daher, nach entsprechender empirischer Evidenz zu schauen und einen Einblick in die Vorkommenshäufigkeit einfacher und komplexer Attributionen zu geben. Darüber hinaus sollte methodisch modellhaft gezeigt werden, dass – anders als in den Indikatorenlisten – nicht nur einzelne Attributtypen erster Ordnung, sondern auch Attribute 1 + n. Ordnung sowie Attributkombinationen und -muster erfasst werden müssen, um den Attributgebrauch angemessen abzubilden.

Forschungsmethodisch erweist sich ein solches Unterfangen als schwierig, da zwar mit Hilfe des Wortarten-Tagsets Attributtypen identifiziert werden können, aber für die Analyse von Attributkombinationen und Attributionsmustern u. W. keine passenden Parser vorliegen. Hier liegt also für die Weiterführung der Arbeit mit größeren Datenmengen eine besondere Herausforderung.

In den untersuchten Schulbuchtexten werden 25 % aller Nomen attribuiert. Dabei ist eine sehr hohe Zahl an Attributkombinationen zu erkennen. In einer Systematisierung lassen sich für die betrachteten Texte sechs Attributionsmuster ausmachen, denen aber jeweils eine Vielzahl von konkreten Attributkombinationen zugrunde liegt. Auch Besonderheiten der Fächer und Schulstufen sind erkennbar: Während sich im hier untersuchten Biologiebuch (7./8. Klassenstufe) vor allem eine große Anzahl von komplexen Attributionen mit Unterordnungen zeigt, weisen Geographietexte der 7./8. Schulstufe hingegen eine hohe Anzahl an Kombinationsvarianten auf. In den Geographietexten der Klassenstufe 5/6 finden sich zudem deutlich weniger komplexe Konstruktionen als in den Texten der höheren Klassenstufen. Trotz der berücksichtigten 9846 Nomen und 2491 Attributionen ist die Datenbasis allerdings zu klein, um verallgemeinerbare Aussagen zu treffen. Dies gilt nicht nur für den gesamten Fächerkanon, sondern auch für die Fächer Biologie und Geographie.

Im vorliegenden Beitrag ist von „einfachen" und „komplexen" Konstruktionen die Rede. Dies ist jedoch als rein strukturelle Beschreibung zu verstehen. Ob es sich im Sinne des Textverständnisses um einfachere oder komplexere Strukturen handelt, bleibt zu untersuchen. Wenn man jedoch davon ausgeht, dass strukturelle Komplexität das Leseverstehen beeinflusst, zeigt die vorliegende Analyse zur Vielfalt komplexer Attribution, welche Herausforderungen mit Schulbuchtexten einhergehen.

Literatur

Ahrenholz, Bernt (2013): Sprache im Fachunterricht untersuchen. In Röhner, Charlotte & Hövelbrinks, Britta (Hrsg.): *Fachbezogene Sprachförderung in Deutsch als Zweitsprache. Theoretische Konzepte und empirische Befunde zum Erwerb bildungssprachlicher Kompetenzen*. Weinheim: Beltz Juventa, 87–98.

Ahrenholz, Bernt (2017): Sprache in der Wissensvermittlung und Wissensaneignung im schulischen Fachunterricht. In Lütke, Beate; Petersen, Inger & Tajmel, Tanja (Hrsg.): *Fachintegrierte Sprachbildung. Forschung, Theoriebildung und Konzepte für die Unterrichtspraxis*. Berlin, Boston: de Gruyter, 1–31.

Ahrenholz, Bernt; Hövelbrinks, Britta & Neumann, Jessica (2017): Verben und Verbhaltiges in Schulbuchtexten der Sekundarstufe 1. In Ahrenholz, Bernt; Hövelbrinks, Britta & Schmellentin, Claudia (Hrsg.): *Fachunterricht und Sprache in schulischen Lehr-/Lernprozessen*. Tübingen: Narr, 15–26.

Ahrenholz, Bernt; Neumann, Jessica; Hövelbrinks, Britta; Hempel, Marie; Reichel, Jenny & Duan, Tinghui (i.Vorb.): *Das Digitale Schulbuchkorpus (DSBK). Zielsetzung, Aufbau, Annotationen*.

Baumann, Klaus-Dieter (1998): Fachsprachliche Phänomene in den verschiedenen Sorten von populärwissenschaftlichen Vermittlungstexten. In Hoffmann, Lothar; Kalverkämper, Hartwig & Wiegand, Herbert Ernst (Hrsg.): *Fachsprachen. Ein internationales Handbuch zur Fachsprachenforschung und Terminologiewissenschaft*. Berlin, New York: de Gruyter, 728–735.

Buhlmann, Rosemarie & Fearns, Anneliese (2000): *Handbuch des Fachsprachenunterrichts: Unter besonderer Berücksichtigung naturwissenschaftlich-technischer Fachsprachen* (6., überarb. und erw. Auflage). Tübingen: Narr.

Busch-Lauer, Ines (2016): Wie manifestiert sich Bildungssprache in deutschen Sach- und Lehrbuchtexten? Eine exemplarische diskursiv-textuelle Betrachtung. In Tschirner, Erwin; Bärenfänger, Olaf & Möhring, Jupp (Hrsg.): *Deutsch als fremde Bildungssprache. Das Spannungsfeld von Fachwissen, sprachlicher Kompetenz, Diagnostik und Didaktik*. Tübingen: Stauffenburg, 81–95.

Doll, Jörg; Frank, Keno; Fickermann, Detlef & Schwippert, Knut (Hrsg.) (2012): *Schulbücher im Fokus. Nutzungen, Wirkungen und Evaluation*. Münster: Waxmann.

Duden. *Die Grammatik. Band 4.* 9., vollständig überarbeitete und aktualisierte Auflage, hrsg. von Angelika Wöllstein & Dudenredaktion (2016). Berlin: Dudenverlag.

Ehlich, Konrad (1984): Zum Textbegriff. In Rothkegel, Annely & Sandig, Barbara (Hrsg.): *Text – Textsorten – Semantik. Linguistische Modelle und maschinelle Verfahren*. Hamburg: Buske, 9–25.

Ehlich, Konrad (2010): Funktionale Pragmatik – Terme, Themen und Methoden. In Hoffmann, Ludger (Hrsg.): *Sprachwissenschaft. Ein Reader* (3., akt. u. erw. Aufl.). Berlin, New York: de Gruyter, 214–231.

Eisenberg, Peter (2004): *Grundriß der deutschen Grammatik. Band 2: Der Satz* (2. Aufl.). Stuttgart: Metzler.

Engelen, Bernhard (1971): Zum Problem der rezeptiven Sprachbarrieren bei komplexen Strukturen. In Moser, Hugo (Hrsg.): *Sprache und Gesellschaft: Beiträge zur soziolinguistischen Beschreibung der deutschen Gegenwartssprache* (Sprache der Gegenwart, 13). Düsseldorf: Schwann, 234–244. https://ids-pub.bsz-bw.de/frontdoor/deliver/index/docId/1221/file/Engelen_Zum_Problem_der_rezep-tiven_Sprachbarrieren_bei_komplexen_Strukturen_1971.pdf (20. 09.*2018).

Fabricius-Hansen, Cathrine (2010): Adjektiv-/Partizipialattribute im diskursbezogenen Kontrast (Deutsch–Englisch/Norwegisch). *Deutsche Sprache* 38: 175–192.

Fandrych, Christian (2011): … die auf Sockeln stehenden Monumentalfiguren: Verschachtelung und Entschachtelung im DaF-Unterricht. In Schmenk, Barbara & Würffel, Nicola (Hrsg.): *Drei Schritte vor und manchmal auch sechs zurück. Internationale Perspektiven auf Entwicklungslinien im Bereich Deutsch als Fremdsprache. Festschrift für Dietmar Rösler zum 60. Geburtstag*. Tübingen: Narr, 49–58.

Fuhrhop, Nanna & Thieroff, Rolf (2005): Was ist ein Attribut? *Zeitschrift für germanistische Linguistik* 33 (2/3): 306–342.

Gogolin, Ingrid & Duarte, Joana (2016): Bildungssprache. In Kilian, Jörg; Brouër, Birgit & Lüttenberg, Dina (Hrsg.): *Handbuch Sprache in der Bildung*. Berlin, Boston: de Gruyter, 478–499.

Halliday, Michael A. K. (1978): *Language as Social Semiotic: The Social Interpretation of Language and Meaning*. London: Edward Arnold.

Heinemann, Wolfgang & Viehweger, Dieter (1991): *Textlinguistik. Eine Einführung*. Tübingen: Max Niemeyer.

Helbig, Gerhard & Buscha, Joachim (2001): *Deutsche Grammatik. Ein Handbuch für den Ausländerunterricht.* Berlin: Langenscheidt.
Hennig, Mathilde (2015a): Strukturelle Komplexität attributiver Junktion. In Hennig, Mathilde & Niemann, Robert (Hrsg.): *Junktion in der Attribution. Ein Komplexitätsphänomen aus grammatischer, psycholinguistischer und praxistheoretischer Perspektive.* Berlin, Boston: de Gruyter, 163–202.
Hennig, Mathilde (2015b): Explizite und elliptische Junktion in der Attribution: Eine Bestandsaufnahme. In Hennig, Mathilde & Niemann, Robert (Hrsg.): *Junktion in der Attribution. Ein Komplexitätsphänomen aus grammatischer, psycholinguistischer und praxistheoretischer Perspektive.* Berlin, Boston: de Gruyter, 21–84.
Hennig, Mathilde (2016): Einleitung. In Hennig, Mathilde (Hrsg.): *Komplexe Attribution. Ein Nominalstilphänomen aus sprachhistorischer, grammatischer, typologischer und funktionalstilistischer Perspektive.* Berlin, Boston: de Gruyter, 1–19.
Hentschel, Elke & Weydt, Harald (2003): *Handbuch der deutschen Grammatik.* Berlin: de Gruyter.
Heringer, Hans Jürgen (1989): *Lesen lehren lernen: Eine rezeptive Grammatik des Deutschen.* Tübingen: Niemeyer.
Hövelbrinks, Britta (2014): *Bildungssprachliche Kompetenz von einsprachig und mehrsprachig aufwachsenden Kindern. Eine vergleichende Studie in naturwissenschaftlicher Lernumgebung des ersten Schuljahres.* Weinheim, Basel: Beltz Juventa.
Kaiser, Irmtraud & Peyer, Elisabeth (2011): *Grammatikalische Schwierigkeiten beim Lesen in Deutsch als Fremdsprache: eine empirische Untersuchung.* Baltmannsweiler: Schneider Verlag Hohengehren.
Koch, Peter & Oesterreicher, Wulf (1994): Schriftlichkeit und Sprache. In Günther, Hartmut & Ludwig, Otto (Hrsg.): *Schrift und Schriftlichkeit / Writing and its Use. Ein interdisziplinäres Handbuch internationaler Forschung. Halbband 1.* Berlin, New York: de Gruyter, 587–604.
Morek, Miriam & Heller, Vivien (2012): Bildungssprache – Kommunikative, epistemische, soziale und interaktive Aspekte ihres Gebrauchs. *Zeitschrift für Angewandte Linguistik* 57 (1): 67–101.
Ortner, Hanspeter (2009): Rhetorisch-stilistische Eigenschaften der Bildungssprache. In Fix, Ulla; Gardt, Andreas & Knape, Joachim (Hrsg.): *Rhetorik und Stilistik / Rhetoric and Stylistics. Ein internationales Handbuch historischer und systematischer Forschung. Halbband 2.* Berlin, New York: de Gruyter, 2227–2240.
Pepouna, Soulemanou (2015): Lesen und Verstehen von Sätzen mit attributiver Junktion. In Hennig, Mathilde & Niemann, Robert (Hrsg.): *Junktion in der Attribution. Ein Komplexitätsphänomen aus grammatischer, psycholinguistischer und praxistheoretischer Perspektive.* Berlin, Boston: de Gruyter, 203–237.
Punkki-Roscher, Marja (1995): *Nominalstil in populärwissenschaftlichen Texten. Zur Syntax und Semantik der komplexen Nominalphrasen.* Frankfurt am Main: Lang.
Sichelschmidt, Lorenz (1989): *Adjektivfolgen. Eine Untersuchung zum Verstehen komplexer Nominalphrasen.* Opladen: Westdeutscher Verlag.
Schmidt, Jürgen Erich (1993): *Die deutsche Substantivgruppe und die Attribuierungskomplikation.* Tübingen: Niemeyer.
Thurmair, Maria (2007): „Ihre katzengrünen Augen blickten auf das mit edlem Buchenholz getäfelte Parkett". Zur Textsortenspezifik von Attributen. In Buscha, Joachim & Freudenberg-Findeisen, Renate (Hrsg.): *Feldergrammatik in der Diskussion. Funktionaler*

Grammatikansatz in Sprachbeschreibung und Sprachvermittlung. Frankfurt am Main u. a.: Peter Lang, 165–183.
Weber, Andreas (1980): Untersuchungen zur Verständlichkeit von Nachrichtensendungen im Fernsehen am Beispiel der „Tagesschau". *Muttersprache* 90: 43–67.
Weinrich, Harald (2007): *Textgrammatik der deutschen Sprache* (4., rev. Aufl.). Hildesheim: Olms.

Schulbücher

Bergmann, Hans-Heiner; Engelhardt, Brigitte; Esders, Stefanie; Fedrowitz, Jürgen; Gotthard, Werner; Hampl, Udo & Heinrich, Dieter (2012): *Biologie 7/8. Sekundarstufe I Berlin*. Berlin: Cornelsen. [BIO 7/8] [BIO_7-8_2012]
Flath, Martina; Jung, Lynnette; Maroske, Rolf; Mathesius-Wendt, Ute; McClelland, Susanne; Meyer, Christiane & Rudyk, Ellen (2009): *Unsere Erde – Gymnasium Niedersachsen. 7./8. Schuljahr*. Berlin: Cornelsen. [GEO 7/8] [UErde_7-8_2009]
Flath, Martina; Krautter, Yvonne; Kühnen, Frank Velix; McClelland, Susanne; Neumann, Jürgen; Rudyk, Ellen & Wenzel, Anette (2008): *Unsere Erde – Realschule Niedersachsen. 5./6. Schuljahr*. Berlin: Cornelsen. [GEO 5/6] [GEO_5-6_2008]
Geiger, Michael; Paul, Herbert; Borstell, Thomas (2005): *Terra – EWG. Erdkunde, Wirtschaftskunde, Gemeinschaftskunde. Realschule, Baden-Württemberg*. Gotha u. a.: Klett-Perthes. [GEO 7/8] [TERRA_78_2005]

Bernt Ahrenholz und Wilhelm Grießhaber
Texte in Schulbüchern und ihre Analyse

Wissensvermittlung und -aneignung geschieht in der Schule sicherlich in vielfältiger Weise, aber nach wie vor haben Schulbücher insbesondere ab der Sekundarstufe I dabei eine wichtige Funktion.[1] Da die Vermittlung und Aneignung des Wissens im wesentlichen sprachgebunden ist, kommt der Sprachlichkeit von Schulbüchern eine besondere Rolle zu. Die Aneignung der hierfür erforderlichen sprachlichen Register stellt immer auch einen Prozess des Spracherwerbs dar. In diesem Sinne kann man Schulbücher für Schülerinnen und Schüler mit Deutsch als L1 wie auch – in z. T. spezifisch anderer Weise – für diejenigen, für die Deutsch Zweitsprache ist, als eine spezifische Form von Input auffassen. Aus dieser Perspektive ergibt sich das Interesse, wenn nicht sogar die Notwendigkeit, diesen medial wie konzeptionell schriftlichen Input empirisch zuverlässig zu beschreiben. Da solche Beschreibungen bisher weitgehend fehlen, werden im folgenden Beitrag einige grundsätzliche Überlegungen zu einer linguistischen Schulbuchanalyse vorgetragen und beispielhaft einige Analysen präsentiert.[2]

1 Linguistische Schulbuchanalyse

Linguistische Schulbuchanalysen liegen bisher nur in begrenzter Zahl vor. Zu nennen wären insbesondere erste Überlegungen von Haller (2002), die Analysen von Demonstrativa in DaF-Lehrwerken (Ahrenholz 2007), die korpuslinguistische Untersuchung von Schulbüchern im Berufsschulbereich durch Niederhaus (2011), die Analysen von Obermayer zu Textverständlichkeit (2013), Bryant et al. (2017) zu bildungssprachlicher Komplexität und die Sammelbände von Kiesendahl und Ott (2015) und Ott, Heinz & Kiesendahl (2015). Ergänzend zu den bisherigen Analysen möchten wir uns im Folgenden mit dem Aufbau von

---
1 Vgl. Doll, Fickermann, Schwippert, Frank (2012: 8): Schulbücher sind immer noch „eine zentrale Größe bei dem Bemühen, Curricula in Wissen und Können von Schülerinnen und Schülern zu transferieren". Nach Gogolok (2006) fehlen aber empirische Untersuchungen. Erste Ansätze hierzu finden sich z. B. in Graf (1989), Niederhaus (2011), Becher (2011) oder Ahrenholz, Hövelbrinks, Neumann (2017).
2 In dem Projekt „Fachunterricht und Deutsch als Zweitsprache" an der Arbeitsstelle für Deutsch als Zweitsprache an der Friedrich-Schiller-Universität Jena wird derzeit ein digitales Schulbuchkorpus (DSBK) aufgebaut, für das auch weitere Beispielanalysen vorliegen (vgl. Ahrenholz 2013, Ahrenholz & Maak 2012 und Ahrenholz, Hövelbrinks & Neumann 2017).

https://doi.org/10.1515/9783110570380-008

Schulbüchern am Beispiel einer Doppelseite aus einem Biologiebuch befassen und die Bedeutung bestimmter Textformate in Hinblick auf ihre sprachliche Gefasstheit am Beispiel von Nomen und Verben in Beispielanalysen zeigen. Dabei werden auch Fragen der Frequenz und der Bestimmbarkeit von Fachlichkeit angesprochen.

Schulbücher deutscher Verlage haben derzeit – mit Variation nach Fach – vielfach einen typischen Aufbau und eine charakteristische Form.[3] Der Aufbau zeichnet sich durch eine Großgliederung in verschiedene Kapitel oder Lehrwerkseinheiten aus, die dann in weitere Untereinheiten gegliedert sind. Typischerweise sind z. B. in Biologie- und Geographiebüchern solche Untereinheiten auf Doppelseiten platziert, bei denen der Fließtext auch seitenübergreifend verlaufen kann (Abb. 1). In Einzelfällen sind thematische Untereinheiten auch auf zwei Doppelseiten untergebracht.[4]

Die Schulbuchtexte zeichnen sich weiter durch eine starke Bildunterstützung aus, die z. B. der Illustration dient, eigene Informationen enthält oder Wissen in Form von Graphiken aufbereitet. Auch die Bilder und Graphiken orientieren sich im Allgemeinen – mehr oder weniger substantiell – an dem thematischen Rahmen einer Doppelseite (vgl. auch Drumm 2017).

Die Texte, die spezifische Funktionen in der Wissensdarstellung haben, sind wiederum unterschiedlicher Art (vgl. Abb. 1). Zu diesen Texten gehören zunächst der Haupttext, ein Fließtext mit der umfassenden Darstellung des jeweiligen Themas. Dieser Fließtext hat meist mehrere Absätze oder Abschnitte mit mehreren Absätzen, die den Inhalt gliedern. Diese Gliederung wird ergänzt durch Überschriften oder Zwischenüberschriften.

Des Weiteren finden sich aber auch graphisch abgehobene Kästen, in denen beispielsweise zentrale Informationen zusammengefasst sind oder Definitionen präsentiert werden.

Zudem enthalten die Seiten oft Aufgabenblöcke zur Durcharbeitung oder Nachbereitung des auf der Doppelseite präsentierten Stoffs. Schließlich sind auch noch die Bildunterschriften und die Bildbeschriftungen zu nennen, die einen anderen Typ sprachlicher Information darstellen. Solche unterschiedlichen Verwendungen von Text und Bild nennen wir Textformat.[5]

---

3 Neben möglicher Variation nach Verlagen bestehen auch kulturelle Variation und unterschiedliche Lehrtraditionen (vgl. z. B. Adamzik 2012) sowie historisch unterschiedliche Realisierungen (vgl. z. B. Becher 2011).
4 Hier kann nicht diskutiert werden, in wieweit die Layoutvorgabe Doppelseite wiederum Auswirkungen auf Dichte und Umfang der Texte haben (vgl. kritisch Schmellentin, Dittmar, Gilg, Schneider (2017: 7).
5 Vgl. auch Ahrenholz et al. (i. Vorb. a).

Für die linguistische Analyse von Schulbüchern und für die Interpretation der sprachlichen Formen als Input im Spracherwerb sind diese Differenzierungen relevant, da sie sich je nach Textformat sehr unterscheiden können. Welche Unterschiede sich in Bezug auf die unterschiedlichen Texte oder Textformate u. U. zeigen, soll im Folgenden beispielhaft in Zusammenhang mit Analysen zu Nomen und Verben demonstriert werden. Ergänzend zu den Unterschieden auf Textformatebene ist für die Wortebene die typographische Hervorhebung von Begriffen oder Texten z. B. durch Fett- oder Kursivdruck zu nennen, die die Aufmerksamkeit des Lesers auf bestimmte Stellen im Text lenkt.

2 Globale Charakterisierung

Als Beispiel für die Gestaltung von Schulbüchern dienen die gegenüberliegenden Seiten 70 und 71 aus dem Biologielehrwerk „Erlebnis Biologie 2" für die 7. und 8. Klasse an Gesamtschulen oder Regelschulen (Dobers 2008; vgl. Abb. 1). Das Thema des umfassenderen Kapitels ist „Stoffwechsel des Menschen", das Thema der fünf Doppelseiten umfassenden Unterrichtseinheit ist „Blut und Blutkreislauf" (ÜBERSCHRIFT 1).[6] Abbildung 1 zeigt die Seiten 70 und 71 sche-

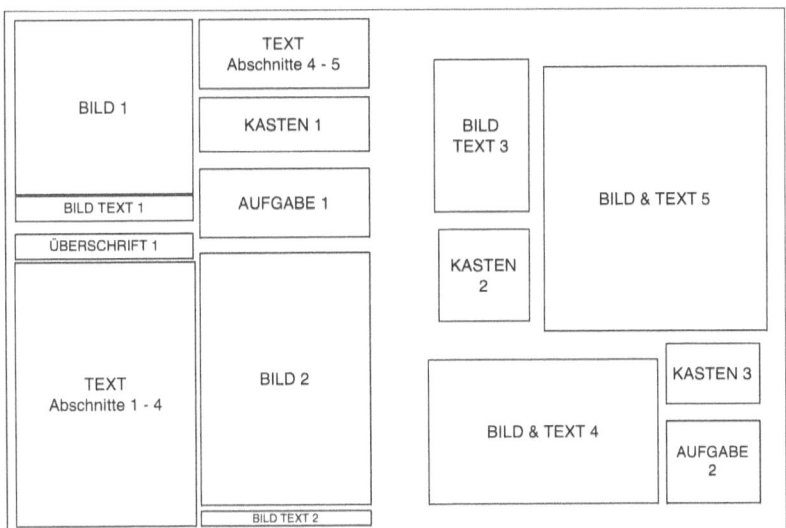

Abb. 1: Doppelseite aus einem Biologielehrwerk (Dobers 2008, S. 70–71).

---

6 Es folgen vier weitere Doppelseiten mit Themen wie „Alles fließt: das Kreislaufsystem" (S. 72 u. 73), Aufgaben oder „Ausflügen in die Medizin".

matisch; hier werden Zusammensetzung des Blutes und seine Aufgaben thematisiert. Die linke Seite ist in zwei Spalten unterteilt, die rechte ist wie eine Pinnwand aus Kork gestaltet, auf die verschiedene Objekte geheftet sind. Im oberen Drittel befindet sich links eine beschriftete Abbildung (BILD TEXT 3) und darunter ein Textkasten (KASTEN 2), rechts eine Übersicht mit drei Abschnitten und Bildern zu den Blutzellen (BILD & TEXT 5). Im unteren Drittel ist in einem Kasten links neben einer Weltkugel Text mit Aufzählungspunkten (BILD & TEXT 4), rechts davon ist oben ein Textkasten (KASTEN 3) und darunter ein Kasten mit Aufgaben (AUFGABE 2). Die linke Seite wird durch zwei große farbige Abbildungen links oben (BILD 1) und rechts unten (BILD 2) dominiert. Links unter der ersten Abbildung beginnt ein längerer Fließtext, der oben rechts weitergeführt wird (TEXT). Unter dem Fließtext befindet sich ein grün hinterlegter Textkasten (KASTEN 1) und darunter ein Block mit Aufgaben (AUFGABE 1).

Die hier gezeigten Textformate finden sich in Schulbüchern der Fächer Biologie und Geographie, wie sie auch im Digitalen Schulbuchkorpus enthalten sind und dort ähnlich kategorisiert werden.[7] Bei der Analyse von Schulbüchern anderer Fächer sind vermutlich auch andere Textformate hinzuzufügen. So unterscheiden Geschichtsbücher z. B. zusätzlich zwischen sog. Verfassertexten, also Texten der SchulbuchautorInnen, und Quellentexten.

Die bisherige Charakterisierung orientiert sich an den druckgraphischen Darstellungen der Wissensgegenstände und folgen v. a. didaktischen Zielsetzungen. Zentrale, komplexe Aussagen finden sich in Fließtext bzw. Textblock, zusammenfassende, kondensierte Aussagen, die vielleicht zu memorieren sind, in einem Kasten. Andere Textblöcke in Kästen und Text- und Bildkombinationen bieten zusätzliche, z. T. multimodale Informationen zum Gegenstand; Aufgaben zur Bearbeitung des Themenfeldes werden zudem häufiger graphisch abgehoben.

Unabhängig von der graphischen Form gibt es zuweilen wie in unserem Beispieltext aber auch Textpassagen, die aus didaktischen Gründen verwendet werden, aber nicht eigentlich zum thematischen Gegenstand gehören, d. h. sie antworten nicht auf die Quaestio des Textes (vgl. von Stutterheim 1997). Diese Unterscheidung ist insofern von Bedeutung, als diese Passagen hinsichtlich der

---

[7] Im Digitalen Schulbuchkorpus werden FLIESSTEXT, ÜBERSCHRIFTEN, BLOCK, TITEL von Bildern und Texten sowie LISTEN unterschieden. Während im vorliegenden Beitrag mit BILD & TEXT auf den multimodalen Charakter abgehoben wird, steht im DSBK insbesondere mit den häufig auf Bildern untergebrachten listenartigen Aufzählungen die sprachliche Form im Vordergrund (vgl. Ahrenholz et al. i. Vorb. a). Entsprechende Kategorisierungen anderer Autoren scheinen kaum vorzuliegen. Für Geschichtsbücher gibt es Ansätze, die aber eher pädagogischen Fragestellungen folgen (z. B. Heer 2010).

verwendeten sprachlichen Mittel anderen Vorgaben unterliegen, als in den Quaestio-bezogenen Passagen (vgl. Ausführungen zum Tempus in 4.5).[8]

Zwischen den verschiedenen Textformaten, ihren Funktionen in der Wissensvermittlung und der verwendeten Sprache gibt es systematische Beziehungen, die im Folgenden an den ausgewählten Schulbuchseiten exemplarisch behandelt werden. Das Augenmerk ist dabei insbesondere auf Substantive und Verben gerichtet, denn Nomen und Verben wird im Spracherwerb besondere Bedeutung zugeschrieben (vgl. Kauschke 2007, Dietrich 1990 oder Behrens 1999), im Kontext von Sprachlichkeit im Fachunterricht ergibt sich das Interesse an Substantiven aufgrund ihrer terminologischen Bedeutung; Verben wird hingegen trotz ihrer kommunikativen Relevanz häufig weniger Aufmerksamkeit geschenkt (vgl. aber unten).

3 Substantive

3.1 Frequenz und Fachlichkeit

In der Wissensvermittlung kommt den Substantiven eine besondere Rolle zu. Dies gilt für Biologie in besonderer Weise, da in ihr viele Objekte und Beziehungen zwischen den Objekten behandelt werden. Zur Bezugnahme auf die Objekte werden vornehmlich Substantive verwendet. Manchmal gibt es auch doppelte Benennungen, eine allgemeinsprachnahe deutsche und eine fachlich fremdsprachliche, z. B. *rote Blutkörperchen* und *Erythrozyten*. Auch für die Eigenschaften der Objekte und deren Interaktionen gelangen hoch differenzierte Ausdrucksmittel zur Anwendung. Insgesamt sind von den 596 Wörtern (alle Token) auf der betrachteten Doppelseite 206 Substantive (Token, 94 Lemmata, Maßangaben nicht mitgezählt), d. h. jedes dritte Wort ist ein Substantiv. In einem Pilotkorpus des Fach-DaZ-Projektes finden sich auf 53 Seiten aus einem Biologiebuch unter 21.086 Worttoken 6607 Substantive, also 31,3 % (Ahrenholz et al. i. Vorb. b). Damit liegt der Nomenanteil in den betrachteten Biologieschulbüchern höher als in anderen vergleichbaren Korpora, für die ein Anteil von

---

[8] Im Quaestio-Modell wird zwischen Hauptstrukturäußerungen unterschieden, die als Antwort auf die übergeordnete Textfrage verstanden werden können, und spezifizierenden Nebenstrukturäußerungen, die sich nicht in die spezifische referentielle Bewegung einfügen. Darüber hinaus gibt es Quaestio-unabhängige Textpassagen wie die lebensweltliche Beschreibung im Beispieltext, die nicht der Textquaestio (Wie ist Blut beschaffen?) zugeordnet werden können („*Aua!*" Marc hat sich beim Basteln mit der Schere in den Zeigefinger gestochen. ...).

24 % bis 26 % festgestellt wurde (vgl. Hudson, Detmer & Brown 1992; Hudson 1994: 332).⁹ Die Verteilung der Substantive auf die verschiedenen Textformate ist dabei sehr ungleichmäßig (s. Tab. 4, S. 167).

Die Analyse der Substantive und ihrer Rolle in der Wissensvermittlung erfordert ein mehrperspektivisches Vorgehen. Zunächst werden der Aufbau des Lehrwerks und typografische Gestaltungsmittel erfasst (s. o.). Die folgende, im engeren Sinne linguistische Analyse bezieht sich auf die Zahl und Verwendung der Substantive und deren Fachlichkeit. Mit Blick auf die Rezeption ist schließlich auch der innere Aufbau nominaler Gruppen relevant. Bei den daraus resultierenden Analyseschritten werden die sprachlichen Mittel generell zunächst in kleine Einheiten zerlegt, aus denen anschließend ein Gesamtbild entwickelt wird.

Auf die Identifizierung der zu untersuchenden Substantive folgt die Bestimmung ihrer Fachlichkeit. Semantisch sind sie dem Allgemein- oder dem Fachwortschatz zuzurechnen. Zwischen den beiden Polen gibt es einen Übergangsbereich, in dem Fachlexeme auch allgemeinsprachlich oder allgemeinsprachliche Lexeme mit einer spezifischen fachlichen Bedeutung verwendet werden (vgl. Seibicke 1976: 71, Grießhaber 2010: 39). Die Fachlichkeit wird indirekt über die Verwendungshäufigkeit und direkt über die Zuschreibung zur Fachsprache der Biologie bestimmt. Beim indirekten Weg wird für jedes Substantiv ermittelt, wie häufig es in einem allgemeinsprachlichen Schriftsprachkorpus vertreten ist. Je seltener es dort auftritt, umso eher lässt es sich als fachlich einordnen und je häufiger es vertreten ist, umso eher als allgemeinsprachlich. Aus dem Vergleich mit einem Wörterbuch für die 3. und 4. Grundschulklasse soll hier die Allgemeinsprachlichkeit der Lexeme ermittelt werden.¹⁰ Speziell für die Biologie kann ein Verzeichnis der biologischen Fachbegriffe verwendet werden (vgl. Graf 1989). Aus der Zusammenführung der indirekt und direkt ermittelten Daten lässt sich weitgehend automatisierbar die Fachlichkeit eines Substantivs in einem Annäherungsverfahren ermitteln.

Weitere Aspekte der Analyse des substantivischen Wortschatzes betreffen den morphologischen Aufbau der Substantive und der Nominalgruppen. Auch die Verteilung der Substantive auf die einzelnen Bestandteile des Lehrwerks ist für die Analyse relevant.

Im Folgenden werden zunächst die zwei Verfahren zur Bestimmung der Fachlichkeit vorgestellt. Im allerersten Schritt werden die Lexeme des Korpus nach den oben vorgestellten Textfomaten erfasst und die Wortart ermittelt. Zur

---

9 Hudson (1994) bezieht sich auf schriftliche englischsprachige Texte. Eine Publikation zur Wortartenverteilung im Deutschen findet sich in Ahrenholz et al. (i. Vorb. b).
10 Es wird davon ausgegangen, dass der Wortschatz der Grundschule als eine Art Basiswortschatz für die Sekundarstufe angesehen werden kann, da ein echter Vergleichswortschatz fehlt.

Tab. 1: Häufigkeitsklassen von Substantiven und die Fachlichkeit von Substantiven.

	sehr selten	selten	mittel	frequent	hochfrequent
absolut	≤ 10	11–100	101–1.000	1.001–9.999	≥ 10.000
relativ	≥ 2^{20}	$2^{19}-2^{16}$	$2^{15}-2^{12}$	$2^{11}-2^{10}$	≤ 2^9
Beispiel	2^{21}	2^{16}	2^{14}	2^{10}	2^8
	Blutzufluss	*Blutzellen*	*Eiweiß*	*Blut*	*Aufgabe*
Dobers	13 %	24 %	31 %	15 %	17 %
GWS	0 %	15,4 %	47,4 %	71,4 %	100 %
Fach	88 %	67 %	34 %	12 %	5 %

Legende: absolut = absolute Zahl der Nachweise im Wortschatzportal; relativ = relative Häufigkeit in Bezug auf *der*, je höher der Wert, desto seltener ist es; Dobers: Anteil der Substantive auf den Beispielseiten (Dobers 2008: 70–71) in Bezug auf die Häufigkeitsklassen im Wortschatzportal Leipzig; GWS = Verteilung der Substantive auf den Beispielseiten nach dem Grundwortschatz nach Sennlaub (1994, 2001) und Häufigkeitsklassen; Fach: Anteil der Substantive mit medizinischem Bezug, z. B. *Hormon* auf die Häufigkeitsklassen.

Erfassung der Fachlichkeit von Substantiven dient als Bezugskorpus das Wortschatzportal Leipzig (Wortschatz 1998–2015; vgl. Quasthoff & Richter 2005), das für jedes Lexem die absolute Häufigkeit im Korpus und dessen relative Häufigkeit angibt.[11] Die relative Häufigkeit eines Lexems wird in Bezug zu dem frequentesten Lexem des Korpus, *der*, ermittelt. Für *Blut* beträgt der Wert 2^{10}, d. h. *der* ist 2^{10}-mal häufiger im Referenzkorpus vertreten, d. h. *der* kommt 1024-mal häufiger vor als *Blut*. Je höher der Exponent ist, desto seltener ist das Lexem im Bezugskorpus. Auf der Grundlage der absoluten und relativen Häufigkeit lassen sich fünf Häufigkeitsklassen bilden (s. Tab. 1).

Als direkter Beurteilungsmaßstab der Allgemeinsprachlichkeit dient das Wörterbuch von Sennlaub (2001) für die 3. und 4. Grundschulklasse. Es wird angenommen, dass das Wörterbuch nur in Ausnahmefällen Fachwörter enthält. Das Vorkommen eines Substantivs im Grundschulwörterbuch dient demnach als Indiz für seine Allgemeinsprachlichkeit.

Tabelle 1 zeigt ein klares Bild: Alle hochfrequenten Lexeme sind auch im Grundwortschatz für die 3. und 4. Klasse enthalten und können somit zum Allgemeinwortschatz gerechnet werden. Einige nicht im Grundwortschatz enthaltene und sehr seltene Lexeme werden bei diesem Vorgehen zum Fachwortschatz gerechnet, auch wenn es sich bei einigen dieser Lexeme nicht um Fachwörter, sondern um typisch umgangssprachlich mündlich verwendete Lexeme handelt.

---

11 http://wortschatz.uni-leipzig.de

Tab. 2: Merkmale von Simplicia und Komposita.

	Anteil	LPZ	GWS	Fach	unikal
Simplicia	53 %	11,5	70 %	32 %	78 %
Komposita	47 %	17,0	–	75 %	64 %

Anteil: Anteil im Korpus; LPZ: relative Häufigkeit im Wortschatzportal; GWS: Anteil im Grundwortschatz (Sennlaub 2001); Fach: Anteil der Lexeme mit medizinischem Bezug, z. B. *Hormon*; unikal: Anteil der nur einmal im Text enthaltenen Substantive

Solche Lexeme, die im schriftbasierten Wortschatzportal selten enthalten sind, finden sich nicht auf den Schulbuchseiten. Nach Tabelle 1 steigt mit zunehmender Verwendungshäufigkeit auf den Beispielseiten die Präsenz im Grundwortschatz, während die Fachlichkeit abnimmt. Gleichzeitig weisen die im GWS besonders häufigen Lexeme mit sehr geringer Fachlichkeit auch auf den Schulbuchseiten eine niedrigere Frequenz auf. Das Verfahren gibt somit von zwei sich ergänzenden Seiten her einen Einblick in die Wortschatzcharakteristik.

Die Substantive auf den beiden untersuchten Seiten weisen einen hohen Anteil seltener oder sehr seltener Lexeme auf und indizieren damit eine hohe Fachlichkeit des nominalen Wortschatzes. Zur Überprüfung der Fachlichkeit wird auch die Semantik berücksichtigt. Als Ausgangspunkt dienen die Angaben im Wortschatzportal. Für das Thema „Kreislauf" ist unter den angegebenen Sachgebieten im Biologieunterricht „Medizin" einschlägig. Die Zuweisung muss derzeit noch manuell moderiert werden. Der Anteil der manuell markierten Fachlexeme sinkt stetig von 88 % bei den sehr seltenen bis auf 5 % bei den hochfrequenten Lexemen. Das Konzept ermöglicht eine quantitativ basierte Erfassung und Aufbereitung von Lehrwerkstexten.

Auch die Bildung der Substantive gibt Hinweise auf deren Fachlichkeit (s. Tab. 2). Die insgesamt 94 verschiedenen Substantive verteilen sich ungefähr zu gleichen Teilen auf Simplicia (53 %) und Komposita (47 %). Dabei werden Fremdwörter wie *Erythrozyt* als Simplicia betrachtet, da sich den Schülerinnen und Schülern die Wortbildung nicht erschließt.

Simplicia unterscheiden sich nach Tabelle 2 in allen Bereichen von den Komposita. Nach dem Wortschatz-Bezugskorpus fallen die auf den beiden Seiten enthaltenen Simplicia in die Gruppe der frequenten Lexeme, die Komposita in die der seltenen. Die Umrechnung in absolute Zahlen zeigt den großen Abstand. Im Vergleich zu den Simplicia kommt *der* durchschnittlich 2896-mal häufiger vor, eine im Vergleich zu den Komposita mit einem Wert von 131.072 sehr große Differenz. Beim Vergleich mit dem Wörterbuch von Sennlaub (2001) zählen zwar 70 % der Simplicia zum Grundwortschatz für die 3. und 4. Klasse, aber kein einziges Kompositum. Die stärkere Involviertheit der Komposita in die Wissensvermittlung zeigt sich auch darin, dass sie häufiger als die Simplicia mehrfach im Korpus vorkommen, also bestimmtes Wissen mehrmals präsentieren.

3.2 Typographische Hervorhebungen

Im Folgenden werden die Substantive und ihre typographische Gestaltung näher betrachtet. Durch Fett- und/oder Kursivdruck werden einige Lexeme hervorgehoben und so in den Fokus des Rezipienten gerückt, so dass sie als Kern des zu vermittelnden Wissens betrachtet werden können.

Nach Tabelle 3 sind nur drei der 25 typografisch hervorgehobenen Substantive, nämlich *Sprache*, *Zahl* und *Zusammensetzung*, hochfrequent allgemeinsprachlich. Fast jedes zweite Substantiv (48 %) enthält das Lexem *Blut*. Vier sehr seltene Substantive, *Erythrozyt*, *Fibrinnetz*, *Leukozyt* und *Thrombozyt*, sind aus dem Griechischen bzw. Lateinischen entlehnte Fachwörter. *Fibrinnetz* ist ein Kompositum aus dem lateinischen Kern *fibrin* und dem deutschen *Netz*.

Vier der 21 verschiedenen Substantive sind in zwei Kategorien nach Tabelle 3 enthalten, auf der anderen Seite sind zehn nur einmal im Korpus. *Blut* und *Blutkörperchen* sind bspw. insgesamt je 14mal im Korpus vertreten und davon jeweils in zwei verschiedenen Textformaten hervorgehoben. Diese häufig verwendeten Lexeme bilden eine Art lexikalisch-semantisches Netz in den Lehrwerkstexten. Beide sind deutschsprachig, bzw. ein aus deutschen Wörtern gebildetes Kompositum. Nach der Frequenz liegen sie in der Mitte zwischen Allgemein- und Fach-

Tab. 3: Typographisch hervorgehobene Substantive nach Häufigkeitsklasse und Platzierung.

	sehr selten	selten	mittel	frequent	hochfrequent
F–Ü	*Blutbestandteil* *Blutflüssigkeit* *Blutzelle* *Fibrinnetz* *Erythrozyt* *Leukozyt* *Thrombozyt*	*Blutkreislauf*	Blutkörperchen Zusammensetzung	Blut	Aufgabe Sprache Zahl
F–T		*Blutplasma* *Blutplättchen* *Blutserum*	Blutkörperchen	Blut	
K–T	*Blutflüssigkeit* *Blutzelle*	*Blutgerinnung* *Fibrin* *Körperwärme*	Hormon		

F–Ü: Fettdruck in Überschriften; F–T: Fettdruck im Text; K–T: Kursivdruck im Text; Kursiv: Lexem nur einmal im Korpus

sprache und stellen eine Verbindung vom Alltagswissen zum Fachwissen her. Dagegen befinden sich die entlehnten Fachwörter (z. B. *Erythrozyt*) in einer peripheren Stellung, für die der Text jeweils auch deutsche, hervorgehobene Entsprechungen enthält. Es ist deshalb fraglich, ob diese Fachwörter erforderlich sind und wirklich erworben werden. Die vier nicht-fachlichen Lexeme im hochfrequenten und mittleren Verwendungsbereich (*Aufgabe, Sprache, Zahl, Zusammensetzung*) ohne eigenen fachlichen Stellenwert sind Bestandteil von Überschriften. Zusätzlich dazu enthält BILD & TEXT 5 (s. o. Abb. 1) fünf kursiv gesetzte Lexeme, steckbriefartige Beschreibungskategorien für die drei Arten von Blutzellen, z. B. *Aussehen, Herkunft, Aufgabe*. Ohne eigene Fachbedeutung gliedern sie die Informationen über Gestalt und Funktionen der Blutzellen. Sie liefern sozusagen kognitive Adressen für das aufzunehmende Wissen.

Von den hervorgehobenen Substantiven sind 81 % fachlich und 64 % sehr selten oder selten. Die typografische Gestaltung gibt demnach Hinweise auf die in der Vermittlung fokussierten Lexeme und hebt häufiger besonders relevante Fachbegriffe hervor. Die ausgeprägte Fachlichkeit der hervorgehobenen Lexeme müsste bei der Rezeption durch ein- wie mehrsprachige Schülerinnen und Schüler Beachtung finden. Auch der sehr hohe Anteil von Komposita (57 %) ist zu berücksichtigen (s. u.).

3.3 Textformate und Substantivvorkommen

Im folgenden Schritt wird die Verteilung und Verwendung der Substantive in den unterschiedlichen Textformaten betrachtet. Das Layout und die Funktionen der Wissenspräsentation sind mit entsprechenden Verwendungen der Substantive verbunden. Tabelle 4 zeigt die Substantive (NO) nach Textformaten. Bei komplexen Nominalgruppen mit zwei oder mehr Substantiven werden die Substantive jeweils getrennt betrachtet. So werden z. B. bei der komplexen Nominalgruppe ‚*Krankheitserreger außerhalb der Blutgefäße*' ‚*Krankheitserreger*' und ‚*außerhalb der Blutgefäße*' getrennt erfasst. Weiterhin erfasst werden der Anteil komplexer Nominalgruppen mit zwei und mehr Substantiven (≥ 2N), der Anteil der Substantive ohne bestimmten oder unbestimmten Artikel (O-A), der Anteil mit unbestimmtem Artikel (Unb.-A) und der Anteil mit bestimmtem Artikel (Best.-A). Der Grad der Fachlichkeit wird mit Angaben im Wortschatzportal Leipzig (LPZ), dem Anteil der Substantive im Grundwortschatz (GWS) und dem Anteil mit medizinischem Fachbezug (Fach) erfasst. Hinsichtlich des syntaktischen Aufbaus wird der Anteil der Komposita (Komp.) und die Einbindung in komplexe Syntaxmuster (STX) bestimmt.

Die Textformate Bild & Text sowie Text weisen mit Abstand den höchsten Anteil an Substantiven auf. Rund jedes dritte Wort ist ein Substantiv. Bei den

Tab. 4: Substantive nach Texten bzw. Textformaten.

	NO	≥ 2N	O-A	Unb.-A	Best.-A	LPZ	GWS	Fach	Komp.	STX
Bild & Text	39,8%	11,0%	89,0%	3,7%	7,3%	13,9	46%	37%	48%	10%
Text	32,0%	28,6%	42,4%	9,1%	48,5%	15,0	61%	38%	50%	38%
Kasten	15,5%	23,8%	81,2%	–	18,8%	15,3	63%	34%	53%	17%
Aufgabe	10,7%	35,3%	36,4%	9,1%	54,5%	12,6	41%	50%	27%	89%
Titel	1,9%	33,3%	100%	–	–	14,2	53%	39%	47%	28%
Alle	100%	20,9%	65,5%	5,3%	27,2%					

NO: Anteil der Nomen an den Textformaten insgesamt jeweils inklusive Überschrift; ≥ 2N: Anteil der NG mit 2 oder mehr Nomen; O-A: ohne Artikel; Unb.-A: mit unbestimmtem Artikel; Best.-A: mit bestimmtem Artikel; LPZ: relative Häufigkeit im Wortschatzportal; GWS: Anteil im Grundwortschatz (Sennlaub 2001); Fach: Anteil der Lexeme mit medizinischem Bezug, z. B. *Hormon*; Komp.: Anteil von Komposita; STX: Anteil komplexer Satzmuster mit einer Inversion, einem Nebensatz, einem eingeschobenen Nebensatz oder einem erweiterten Partizipialattribut

anderen Parametern unterscheiden sich die beiden Textformate jedoch stark. Bild & Text haben den geringsten Anteil von Nominalgruppen mit zwei und mehr Substantiven, sie haben einen sehr hohen Anteil artikelloser Substantive und sie haben eine eher geringe Fachlichkeit und eine sehr niedrige syntaktische Komplexität. Dagegen haben die Text-Abschnitte einen höheren Anteil von Nominalgruppen mit zwei und mehr Substantiven und einen sehr hohen Anteil bestimmter Artikel. Die Fachlichkeit ist wie die syntaktische Komplexität hoch.

In den Kästen fällt der sehr hohe Anteil artikelloser Nominalgruppen und der niedrige Anteil der unbestimmten Artikel sowie vor allem der bestimmten Artikel auf. Die Fachlichkeit ist dagegen wie der Anteil von Komposita am höchsten. Umgekehrt dazu ist die syntaktische Komplexität mit Abstand am niedrigsten.

Die Aufgaben haben (von den Titeln abgesehen) den geringsten Anteil von Substantiven, aber den höchsten Anteil an Nominalgruppen mit zwei und mehr Substantiven. Der Anteil artikelloser Substantive und Nominalgruppen mit bestimmtem Artikel ist ebenfalls hoch. Besonders auffällig ist die hohe syntaktische Komplexität.

Die sehr einfachen syntaktischen Muster in Bild & Text sind meist ohne finites Verb oder Subjekt (83% syntaktisch bruchstückhafte Äußerungen).[12] Dieser geringen syntaktischen Integration entspricht auch der sehr hohe Anteil von Substantiven ohne Artikel (89,0%), gefolgt von den Texten in den Kästen

---

[12] Die Äußerungen mit Subjekt- und Verbellipsen werden hier im Sinne der Profilanalyse (Grießhaber 2012) als „bruchstückhaft" kategorisiert.

(81,2 %). Diesen Äußerungen fehlen Informationen über die Referenzeinführung vs. den Referenzerhalt und wichtige Eigenschaften der Substantive, insbesondere über ihr Genus, was die Rezeptionsanforderungen insbesondere für Schülerinnen und Schüler mit Deutsch als Zweitsprache erschweren dürfte. Ohne bestimmten oder unbestimmten Artikel verwendete Substantive stehen für sich und werden womöglich beim Lesen als unbestimmt angesehen, obwohl sehr häufig ein generischer Status ausgedrückt wird. Dieser insgesamt häufige artikellose Gebrauch der Substantive (65,5 %) kann die Integration in vorhandenes Wissen erschweren.

Die Fachlichkeit der Substantive liegt bei den Aufgaben mit 50 % deutlich über den Werten der drei übrigen Textformate (34 %–38 %). In den Aufgaben sind vor allem Fachlexeme aus dem mittleren Häufigkeitsbereich, der noch mit dem Allgemeinwortschatz verbunden ist, enthalten. Dies ist ein Indiz dafür, dass die mit der Bearbeitung der Aufgaben angezielte fachliche Wissenselaboration, die von den Schülerinnen und Schülern selbst zu leisten ist, noch nicht dem höchsten Fachlichkeitsgrad entspricht. Der hohe syntaktische Komplexitätsgrad ergibt sich aus den Aufforderungen, die der Stufe 3 der Profilanalyse (Äußerungen mit Subjekt im Mittelfeld) zugerechnet werden (vgl. Grießhaber 2012). Im Unterschied dazu enthält der Fließtext fast viermal so viele komplexe Satzmuster ab der Stufe 3[13] wie die Bildinformationen. Der Fließtext weist auch für alle Fachlichkeitsindikatoren hohe Werte auf: die Frequenz nach dem Wortschatzportal und der Fachbezug der Lexeme und der Anteil von Komposita. In Verbindung mit dem hohen syntaktischen Komplexitätsgrad werden im Fließtext neue Wissensbestände eingeführt und miteinander vernetzt.

3.4 Nominalgruppen

Einen wichtigen Aspekt der Substantivverwendung stellt der Umfang der Nominalgruppen dar.[14] Als Grundlage dienen die kompletten Nominalgruppen, auch komplexe mit mehreren Substantiven. Als Referenzgröße dient die Anzahl der Wörter in den Nominalgruppen. Tabelle 5 gibt einen Überblick über Umfang und wichtige Bestandteile. Im Hinblick auf die Textverwobenheit werden in Tabelle 5 vor allem Artikel und Präpositionen berücksichtigt.

Zwei Verwendungsweisen liegen an der Spitze: Die absolute Verwendung von Substantiven ohne ein weiteres Lexem (*Blutzellen*) und die Verwendung mit einem weiteren Lexem (*die Blutplättchen*). Die Verwendung ohne Erweiterung

---

13 Stufe 3: Inversion, Stufe 4: Verb-End in Nebensätzen.
14 Einen anderen Ansatz findet sich in Hempel, Neumann, Ahrenholz (i. d. Bd.), in dem Nominalphrasen in Schulbuchtexten in Hinblick auf Attributionen untersucht werden.

Tab. 5: Komponentieller Aufbau von Nominalgruppen.

Anz.	NG	≥ 2N	Lexeme der Nominalgruppe	uA	bA	A+	P+	≥ 2P	andere
1	29,4 %	–	Blutzellen						
2	34,4 %	1,8 %	weiße Blutkörperchen	11 %	24 %	33 %	13 %	–	19 %
3	16,6 %	14,8 %	der rote Blutstropfen	8 %	13 %	4 %	63 %	–	12 %
4	9,2 %	86,7 %	aus dem gelösten Fibrinogen	9 %	18 %	–	36 %	7 %	37 %
5	9,2 %	100 %	das fadenartige feste Eiweiß Fibrin	8 %	33 %	–	50 %	20 %	9 %
≥ 6	2,5 %	100 %	der Transport von Sauerstoff zu den Gewebezellen				25 %		

Anz.: Anzahl der Lexeme in der Nominalgruppe (NG); NG: Anteil an den NG mit Nomen; ≥ 2N: Anteil der NG mit 2 oder mehr Nomen; uA: Anteil der unbest. Artikel; bA: Anteil der best. Artikel; A+: Adjektiv oder Adjektiv mit weiterem Lexem; P+: Präposition oder Präposition mit weiterem Lexem; ≥2P: Anteil der NG mit 2 oder mehr Präpositionen; andere: z. B. Numeral

ist geringer als in Tab. 4, da dort nur Gruppen mit einem Substantiv erfasst wurden, während hier auch erweiterte Nominalgruppen mit zwei oder mehr Substantiven erfasst sind. Die absolute Verwendung kann sich auf verschiedene Sachverhalte beziehen. Im Singular (*Blut, Sauerstoff*) bezieht es sich auf den Stoff ‚Blut'.[15] Im Plural (*Blutbestandteile, Blutzellen*) bezieht es sich auf mehrere, nicht näher bestimmte Elemente von ‚Blutbestandteilen' bzw. ‚Blutzellen'. Der hohe Anteil von absolut verwendeten Substantiven stellt somit hohe Anforderungen an die Rezeption. Blutzellen wird nur im Plural verwendet. Es wird absolut in Bildtexten (*Blutzellen*), mit bestimmtem Artikel (*die Blutzellen*), mit Adjektiv (*andere Blutzellen*), einer Präposition (*aus Blutzellen*), oder einer komplexen Präpositionalkonstruktion (*von der dritten Gruppe der Blutzellen*) verwendet. Da es sich bei den Blutzellen um verschiedene handelt, ist jeweils bei der Rezeption im Kontext genauer zu bestimmen, welche Gruppe von Blutzellen gemeint ist. Es fällt auf, dass Kombinationen mit einem Adjektiv (*weiße Blutkörperchen*) oder mit einer Präposition (*bei Frauen*) bei den Zweier-Gruppen den größten Anteil stellen.[16] Mit diesen Konstruktionen wird auf eine unbestimmte Menge

---

[15] Vgl. die Analysen der Vermittlung des Artikelgebrauchs in einem Gymnasium mit türkischsprachigen Schülerinnen und Schülern in Baur & Rehbein 1979.
[16] Eine entsprechende Verteilung von Attributionen findet sich auch bei einer Untersuchung von 193 Schulbuchseiten durch Hempel, Neumann, Ahrenholz (i. d. Bd.); dort werden 62 %

von Objekten Bezug genommen, die vom Rezipienten im Kontext des Textes aktualisiert werden muss. Bei der Verwendung mit einem Determinativ (*die Blutplättchen, ein Enzym*) spielt dagegen der Status des Wissens in Bezug auf die Objekte die zentrale Rolle.

Diese Funktion steht auch bei insgesamt 21 % der dreigliedrigen Nominalgruppen im Vordergrund, die mit einem unbestimmten (8 %) oder bestimmten (13 %) Artikel beginnen. In drei der 27 dreigliedrigen Nominalgruppen wird das allgemein frequente Muster mit bestimmtem Artikel und Adjektiv verwendet. Die dreigliedrigen Nominalgruppen beginnen überwiegend mit Präpositionen (63 %). Dabei stehen lokale Beziehungen im Vordergrund (87 %), z. B. *in den Adern*. Nominalgruppen mit vier und mehr Lexemen sind deutlich seltener vertreten, insgesamt mit knapp 20 %. Sie enthalten überwiegend zwei oder mehr Substantive und oft zwei Präpositionen in der Nominalgruppe. Mit dieser höheren Komplexität stellen sie erhöhte Anforderungen an die Rezeption. Dies zeigt sich u. a. daran, dass 86,7 % der viergliedrigen Nominalgruppen zwei Substantive enthalten, z. B. *die Adern im Finger* oder *Eine Gruppe dieser Blutzellen*. Bei diesen Konstruktionen wird das erste Substantiv durch das zweite näher bestimmt. Diese Beziehungen prägen auch Gruppen, die mit einem Substantiv beginnen, z. B. *Krankheitserreger außerhalb der Blutgefäße*. Auch bei initialer Präposition tritt diese Abhängigkeit auf (*bei Berührung der Wundränder*). Die konditionale Beziehung in dieser Konstruktion kann mit einem Nebensatz aufgelöst werden (*wenn die Wundränder berührt werden*). Ähnlich komplex sind Partizipialattribute mit einem Substantiv (*aus dem gelösten Fibrinogen*), die ebenfalls durch einen Nebensatz auflösbar sind (*wenn das Fibrin gelöst ist*). Die viergliedrigen Nominalgruppen verdichten also Information und stellen dadurch sehr hohe Anforderungen an gelingende Rezeption.[17]

Alle Nominalgruppen mit mehr als vier Lexemen enthalten mindestens zwei Substantive, so dass das Verhältnis zwischen ihnen zu klären ist. Die Nominalgruppe *der Transport von Sauerstoff zu den Gewebezellen* enthält zwei Präpositionen und drei Substantive. Sehr komprimiert wird ausgedrückt, dass es um den Transport einer Substanz geht und dass das Ziel des Transports Gewebezellen sind. Solche komplexen Nominalgruppen sind relativ frequent (vgl. Hempel, Neumann, Ahrenholz, i. d. Bd.) und dürften besondere Hürden beim Leseverständnis darstellen.

---

aller attribuierten Nomen mit nur einem Element attribuiert, wobei Artikel nicht als Teil der Attribution gerechnet werden.
[17] Vgl. auch Darstellung der komplexen Attributkombinationen und Attributionsmuster in Hempel, Neumann, Ahrenholz (i. d. Bd.).

4 Verben

Auch Verben haben eine zentrale Rolle bei der Wissensvermittlung und Wissensaneignung in der Schule (vgl. Ahrenholz, Hövelbrinks & Neumann 2017; Ahrenholz 2017: 15 ff.). Während Nomen auf eine Welt von Entitäten referieren, beziehen sich Verben auf Vorgänge, Handlungen oder Zustände und haben insbesondere für die Darstellung von Prozessen eine hohe Relevanz.[18]

Verben gelten gleichzeitig als „besondere Kategorie" (Behrens 1999), deren Erwerb sowohl im Erst- wie im Zweitspracherwerb tendenziell langsamer verläuft als der von Nomen (vgl. für Erstspracherwerb Kauschke 2000: 130 ff., für Zweitspracherwerb Dietrich 1990). Der Erwerb verläuft vermutlich langsamer, da a) ihre Bedeutung häufig weit weniger gut aus dem situativen Kontext erschlossen werden kann als bei vielen Nomen (vgl. Behrens 1999: 32 f.), b) ihre große Formenvielfalt aufgrund der Verbflektion im Input ihre Identifizierung erschwert,[19] c) es insbesondere im Bereich der Präfix- und Partikelverben durch die Präfigierung zu nicht immer leicht zu durchschauenden Bedeutungsverschiebungen[20] kommen kann und d) bei Partikelverben aufgrund der möglichen Distanzstellung diese nicht in jedem Fall auf Anhieb erkennbar sind. Insbesondere Partikelverben gelten daher auch als Herausforderung im Zweitspracherwerb (Ahrenholz 2017, Grießhaber 2018).

4.1 Fachlichkeit und Frequenz

Während Fachlichkeit sich insbesondere im Bereich der Substantive zeigt, scheint diese bei Verben weniger ausgeprägt. Mit Hilfe von Nomen (und Namen) wird die Welt der Objekte und Sachverhalte begrifflich gefasst. Auf Handlungen und Prozesse wird hingegen – jedenfalls im schulischen Kontext – weit seltener im engeren fachlichen Sinne mit Verben referiert. *Aufkohlen* oder *galvanisieren* (vgl. Buhlmann & Fearns 2000: 35) mögen hierfür als Beispiel stehen, vielleicht

---

[18] Zu den schwierigen Fragen der Kategorisierung von Substantiven und Verben vgl. Kauschke (2007: 7 ff.). Zu der „traditionellen" Aufteilung in Handlungs- Vorgangs- und Zustandsverben vgl. Hentschel & Weydt (2013: 31 f.). Behrens (1999: 32) unterscheidet auch zwischen der referierenden Funktion von Nomen und der prädizierenden von Verben. Insgesamt kann das weite Feld der semantischen, syntaktischen und morphologischen Eigenschaften von Verben hier nicht diskutiert werden, auch wenn es aus der Perspektive des Zweitspracherwerbs nicht unerheblich sein kann, dass in isolierenden Sprachen eine Unterscheidung von Substantiven und Verben schwierig erscheint (vgl. Hentschel 2010: 377).
[19] Dabei scheint es gleichzeitig so, dass v. a. im mündlichen Sprachgebrauch der Anteil an Verbtoken zuweilen größer ist als der von Nomen (Kauschke 2007: 133).
[20] Vgl. z. B. *stehen* vs. *bestehen*, *bauen* vs. *etwas anbauen*.

auch *verdauen* wie im Beispieltext.[21] Verben spielen wiederum in dem Bereich zwischen Fachwortschatz und allgemeinsprachlichen Wortschatz (vgl. Seibicke 1976; Grießhaber 2010) eine größere Rolle als Nomen; sie gehören vielleicht in besonderer Weise dem Register an, das ansonsten unter „Bildungssprache" diskutiert wird (vgl. zum Begriff; Gogolin & Duarte 2016; Ahrenholz 2017), denn es handelt sich bei Verben anders als bei den fachlichen Termini häufig um sprachliche Mittel, die fachübergreifend relevant sein können. Entsprechend ist der Anteil der Verben in der für bildungssprachliche Diagnostik auf empirischer Basis entwickelten BiSpra-Item-Liste hoch (56 von 118 Items, vgl. Köhne et al. 2015).

Durchsucht[22] man die Beispielseiten nach finiten oder infiniten Verbvorkommen, so machen diese erwartungsgemäß einen kleineren Anteil aus als Nomen. Unter den 596 Token finden sich 72 Verb-Token und 51 Verb-Lemmata,[23] 206 Substantiv-Token und 94 Substantiv-Lemmata. Auch in diesem Vergleich bestätigt sich die Bedeutung von Substantiven für Biologietexte.[24]

Untersucht man, wie häufig die vorgefundenen Verben in anderen Kontexten verwendet werden, wie wahrscheinlich es also ist, dass sie den Schülerinnen und Schülern bereits bekannt sind oder nicht, so ergibt sich im Prinzip ein relativ einheitliches Bild, auch wenn die Korpora – hier das Leipziger Wortschatzportal, Duden-online und childLex im Vergleich – etwas unterschiedliche Befunde zeigen. Insgesamt handelt es sich überwiegend um auch in anderen Kontexten häufiger verwendete Verben. 80 % bis 90 % fallen in die Gruppe der mittel-, stark- oder hochfrequenten Lexeme, wobei insbesondere der Bereich der „mittleren" und „frequenten" Häufigkeit ausgeprägt ist.[25] Nur relativ wenige Verben (10 %) fallen in die Gruppe der „seltenen" oder „sehr seltenen" Verben (vgl. Tab. 6).

Bei den seltenen oder sehr seltenen Verben handelt es sich auf den Beispielseiten um *eindellen* und *heruntertropfen* (sehr selten in LPZ) sowie *hängenbleiben*, *umschlingen* und *verengen* (selten). Die Schwierigkeit einer entsprechenden Klassifizierung hinsichtlich der Häufigkeit sollen allerdings nicht verborgen

---

21 Auch hier stellt sich die Frage, inwieweit *verdauen* nicht inzwischen Teil des allgemeinsprachlichen Wortschatzes ist, zumal es auch in übertragener Bedeutung verwendet wird.
22 Die Seiten wurden im Rahmen der Arbeit am Digitalen Schulbuchkorpus (DSBK) einem POS-Tagging unterzogen, was manuell korrigiert wurde (vgl. Ahrenholz 2013 und Ahrenholz et al. i. Vorb. a). Wir danken Tinghui Duan für die Unterstützung bei der Auswertung der Daten.
23 Unter den 72 Token und 52 Types sind 5 Vorkommen an Hilfs- bzw. Modalverben (3 Types), die im Folgenden nicht berücksichtigt werden.
24 Hudson (1994: 332) hat für schriftliche englische Texte in großen Korpora das Vorkommen von Nomen untersucht und einen Anteil von 24 %–26 % festgestellt.
25 Die Unterschiede hängen vermutlich mit 10 Verben zusammen, die im Leipziger Wortschatzportal die Frequenzklasse 2^9 haben, im Duden aber der Häufigkeitsklasse 4 (und nicht 5) zugeordnet werden.

Tab. 6: Häufigkeitsklassen von Verben.[26]

	sehr selten	selten	mittel	frequent	hochfrequent
absolut	≤ 10	11–100	101–1.000	1.001–9.999	≥ 10.000
relativ	≥ 2^{20}	2^{19}–2^{16}	2^{15}–2^{12}	2^{11}–2^{10}	≤ 2^9
Beispiel	2^{22}, *eindellen*	2^{16}, *verengen*	2^{13}, *stechen*	2^{10}, *beteiligen*	2^8, *erreichen*
Dobers	4 %	6 %	29 %	20 %	41 %
Duden	6 %	14 %	35 %	35 %	10 %
GWS	0 %	0 %	7 %	10 %	68 %
childLex	0 %	3 %	10 %	17 %	52 %

Wie in Tabelle 1 werden fünf Frequenzklassen unterschieden (Wert absolut) und mit den Indikatoren des Wortschatzportals Leipzig (Wert relativ) verglichen, es folgt ein Beispiel aus dem ausgewählten Text. „Dobers" steht für die Verteilung der Verben auf der Doppelseite in Dobers (2008), „Duden" gibt die Werte für die Frequenzklassen im Duden-online wieder, GWS die Verteilung im Wörterbuch von Sennlaub, childLex: Frequenz der Lemmata im Gesamtkorpus.[27]

werden. Zum einen stellt sich die Frage nach einem brauchbaren Vergleichskorpus. Nimmt man die Lebenswelt von Kindern oder Jugendlichen als gewünschten Rahmen, so ist am ehesten childLex ein Vergleichskorpus (vgl. Schroeder et al. 2015). Da es sich um die Auswertung von Kinder- und Jugendliteratur bis zum Alter von 12 Jahren handelt, bleiben für Lehrbücher der Sekundarstufe die bekannten großen Korpora interessant. Die Frage ist aber, welche Aussagekraft für Untersuchungen zu den genannten Sprachwelten das Wortschatzportal Leipzig, das DWDS oder COSMAS haben.

Das zweite Problem liegt in der Gleichsetzung von „im Korpus selten" = „vermutlich unbekannt" = „schwer(er) zu verstehen oder zu behalten". Zum einen

---

26 Das *Wortschatzportal* Leipzig ist in diesem Fall weniger geeignet, da dort keine Lemmatisierung erfolgt. Da Verben eine große Formenvielfalt aufweisen, scheinen uns nur Vergleiche mit lemmatisierten Korpora besonders aussagekräftig. *Finde, finden, fand, fandest, gefunden* etc. lassen sich im *Wortschatzportal* nur je für sich abfragen, im lemmatisierten *DWDS* erhält man formübergreifende Frequenzen. Im elexico und *Duden Cosmas* sind ebenfalls die Lemmata abfragbar. Das DWDS unterscheidet 7 Frequenzklassen, das elexico 15, der Duden 5.

27 childLex umfasst 10 Millionen Token mit ca. 200.000 unterschiedlichen Wörtern. Ausgewertet wurden 500 Kinder- und Jugendbücher in drei Gruppen: 6–8 Jahre, 9–10 Jahre und 11–12 Jahre (vgl. Schroeder et al. 2015). Für die Auswertung im vorliegenden Beitrag wurde auf die Gesamtliste aller Wörter zurückgegriffen und für die Verblemmata ausgewertet. Dabei wurde auch ein relativer Wert zum häufigsten Wort ermittelt, das im childLex-Korpus aber nicht *der* – wie im Wortschatzportal Leipzig –, sondern *und* ist. Nimmt man den geringeren Wert von *der* als Vergleichsgröße, fallen die Befunde noch deutlicher aus.

fehlen u. W. genaue Untersuchungen hierzu, zum anderen wäre auch die Frage der Wortbildung und Ableitbarkeit zu thematisieren. So hat *herunter* im LPZ den Häufigkeitswert 12 (hier: mittel), *tropfen* den Wert 17 (hier: selten) und *heruntertropfen* den Wert 23 (hier: sehr selten); insgesamt könnte man sich zudem *heruntertropfen* oder *hängenbleiben* auch in Alltagswelten vorstellen. *Eindellen*, *umschlingen* und *verengen* würde man hingegen intuitiv eher dem Bereich konzeptioneller Schriftlichkeit zuordnen. Diesem Bereich werden in der BiSpraliste (für die Grundschule) nur drei der hier betrachteten Verben zugeschrieben (*bestehen <aus>, enthalten, ergeben*).

Auffallend ist im Vergleich zu den Substantivvorkommen, dass die Gruppe der seltenen und sehr seltenen Verben mit zusammen 10 % nicht nur im Vergleich zu den übrigen Verben klein ist, sondern auch im Vergleich zur Frequenzdistribution der Substantive; dort wurden 37 % der Substantive als selten bzw. sehr selten eingestuft. Deutlich wird auch ein altersbezogener Aspekt. Während in den Duden-Frequenzangaben der Anteil der seltenen oder sehr seltenen Lexeme mit zusammen 20 % noch relativ hoch ist, finden sich entsprechende seltene Verben so gut wie nicht im childLex-Korpus und sie fehlen im Wörterbuch für die Grundschule. Während alle Verben auch im childLex-Korpus aufzufinden sind, fehlen 19 der 60 Verben im Grundschulwörterbuch von Sennlaub (2011).[28]

Von den 48 Verblemmata kommen schließlich 40 (83 %) nur einmal vor; was aber in erster Linie auf die sehr kleine Textmenge zurückgehen dürfte.

4.2 Typographische Hervorhebungen

Anders als bei den Substantiven finden sich bei Verben weder auf den Beispielseiten noch auf anderen von uns gesichteten Schulbuchseiten typographische Hervorhebungen. Sollten sie vorkommen, sind sie – jedenfalls in den Fächern Biologie und Geographie – äußerst selten. Da in den allermeisten Fällen auch keine spezifische Fachlichkeit vorliegt, verwundert der Befund nicht.

4.3 Textformate und Verben

Beachtet man für die Verteilung der Wortarten die Textformate, so enthält der Haupttext (TEXT) erwartungsgemäß zahlreiche Verben, aber auch die Texte auf den Bildern, in den gesonderten Textblöcken (KASTEN) und in AUFGABEN enthalten Verben.

---

[28] Eine Interpretation dieses Befundes muss offenbleiben. Denkbar wäre z. B. eine geringe Bedeutung der 19 Verben im Grundschulalter. Dagegen sprechen die Daten des childLex-Korpus, das nur sehr wenige gering frequente Verben enthält.

Tab. 7: Verben nach Textformaten.

	Dobers (n Token/n Lemmata/ % Token)	GWS (Vorkommen in %)	childLex Häufigkeit
Bild & Text	13/13/ (20 %)	70 %	10
Text	36/33 (54 %)	48 %	9,6
Kasten	9/8 (13 %)	89 %	9,6
Aufgabe	9/7 (13 %)	100 %	6,5
Alle	67/61 (100 %)	63 %	9,2

Dobers: Verteilung auf die Textformate, bei Text inklusive Überschrift (ohne Hilfs- und Modalverben); GWS: Anteil im Grundwortschatz (Sennlaub 2017), childLex: durchschnittlicher Häufigkeitswert (vgl. Tab. 6).

Auffallend ist auf den vorliegenden Beispielseiten insbesondere die Verbindung von Text und Bild. Wesentliche Informationen werden listenartig auf einem Bild einer Pinnwand platziert; es handelt sich also nicht um Bildbeschriftungen, sondern um illustrierte wesentliche neue Informationen zu verschiedenen Aspekten des Themas „Blut":[29] Blutzellen *sind eingedellt, enthalten den eisenhaltigen roten Blutfarbstoff Hämoglobin, vernichten Krankheitserreger.*

Der Vergleich mit dem GWS zeigt besonders für TEXT und BILD & TEXT einen relativ hohen Prozentsatz an Verben, die nicht im GWS enthalten sind, den Schülerinnen und Schülern also eher unbekannt sein könnten und einen höheren Grad an Fachlichkeit oder Bildungssprachlichkeit haben. Gleichwohl zeigt der Vergleich mit childLex, dass dort im Durchschnitt eine große Häufigkeit vorliegt, wobei einzelne Verben weniger häufig sind (vgl. Tab. 7).

4.4 Verbtypen

Partikel- und Präfixverben gelten als ein typisches Merkmal konzeptioneller Schriftlichkeit, auch wenn sie in konzeptioneller Mündlichkeit ebenfalls frequent sind (vgl. Hövelbrinks 2014, Ahrenholz 2017). Dennoch ist ihr Anteil in bildungssprachlichen Kontexten relativ groß (s. u.) und insbesondere bei Partikelverben kann auch von einer erschwerten Textrezeption ausgegangen werden (Hövelbrinks 2014 für Erwerb). Semantische Verschiebungen (*lösen – auslösen*) und Distanzstellung wie im Beispiel 01 stellen vermutlich eine spezifische Leseanforderung dar (vgl. Redder 2013).

---

[29] In Ahrenholz et al. (i. Vorb. a) werden diese Schulbuchelemente daher auch nach der sprachlichen Form als „Listen" erfasst.

Tab. 8: Tokenverteilung nach Verbtypen.

	Partikelverben	Präfixverben	Verben ohne Partikel oder Präfix
Text	5 (14 %)	14 (40 %)	16 (46 %)
Kasten		7 (78 %)	2 (22 %)
Aufgabe	2 (22 %)	4 (45 %)	3 (33 %)
Bild+Text	1 (8 %)	5 (42 %)	6 (50 %)
Alle*	8 (12 %)	30 (46 %)	27 (42 %)

* Hier sind Hilfsverben und Modalverben nicht mitgezählt.

(01) *Eine Gruppe dieser Blutzellen, die Blutplättchen,* **lösen** *die Blutgerinnung* **aus**

Auf den untersuchten Beispielseiten finden sich unter den insgesamt 48 Verb-Lemmata 8 Partikelverben (8 Token, Bsp. 02) und 24 Präfixverben (30 Token, Bsp. 03; vgl. Tab. 8).

(02) *sie ... scheiden ein Enzym aus*

(03) *Blut ... enthält feste Bestandteile*

In Ahrenholz, Hövelbrinks & Neumann (2017) ergibt die Analyse für 59 Seiten aus Biologie- und Geographieschulbüchern bei Präfixverben bei den Token einen Anteil von 41–43 % und 22–30 % Partikelverben, während bei den Lemmata die Verbtypen etwa je ein Drittel ausmachen. Die unterschiedlichen Distributionen hängen vermutlich mit den jeweiligen Themen zusammen. Da Partikelverben eine besondere Funktion in Darstellungen von Prozessen haben, sind sie in entsprechenden Kontexten frequent.

Der Anteil der reflexiven Verben ist nicht sehr hoch. Dennoch kommt ihnen eine zu beachtende Rolle zu, da sie eine Form unpersönlicher Konstruktion bilden und Prozesse darstellen. Es handelt sich in allen Fällen um unechte reflexive Verben (Bsp. 4). Insgesamt gibt es vier Vorkommen, wobei eins im Sinne des Quaestio-Modells nicht zu berücksichtigen wäre (*Marc hat sich ... gestochen*), da die Äußerung nicht die Frage der Beschaffenheit oder Funktion des Blutes betrifft. Anders verhält es sich bei den Vorkommen wie in Beispiel (04), in dem die Wirkung des Fibrins beschrieben wird.

(04) *außerdem verengen sich die Adern ....*

4.5 Verbformen

Betrachtet man die Verbformen, so finden sich – wie für ein Biologiebuch zu erwarten – ausschließlich Formen der dritten Person Singular oder Plural. Als Tempus finden sich überwiegend Präsens-Indikativ-Formen zur Markierung von „dauerhaften Merkmalen und Eigenschaften der untersuchten Gegenstände, Prozesse oder Verfahren" (Buhlmann & Fearns 2000: 18). Nur in der lebensweltlichen Einführung, in der es darum geht, dass ein Junge sich in den Finger gestochen hat und Blut aus der Wunde tropft, finden sich zwei Perfektformen.[30] Bei dieser Textpassage handelt es sich aber um eine Nebenstruktur i. S. des Quaestio-Modells (vgl. von Stutterheim 1997), die keine Antwort auf die übergeordneten Textfragen enthält, wie das Blut beschaffen ist und welche Funktionen es hat. Gleiches gilt für die Konjunktiv II-Formen, die sich in einem bildlichen Vergleich finden, in dem die Menge der 30 Billionen roten Blutkörperchen veranschaulicht werden soll.

In Bezug auf das Genus verbi finden sich zwei Vorkommen des Vorgangs- und drei des Zustandspassivs, z. T. in elliptischer Form. Der Anteil ist damit etwas niedriger als in der Fallbetrachtung von 214 Sätzen in Ahrenholz & Maak 2012, bei der ca. 10 % aller finiten Verbformen im Vorgangspassiv vorkommen und 4,5 % in einem Zustandspassiv.

In den AUFGABEN finden sich Imperativformen und die Handlungsverben *erklären, nennen* – die sich nur in Aufgaben finden – sowie *feststellen* und *bestehen*.

Verbhaltiges findet sich auch in Attributionen (*gelöstes Fibrinogen*). Entsprechende Partizip-Formen (3 Partizip II-Token) werden hier aber nicht berücksichtigt.

Insgesamt dominieren die Verbvorkommen im TEXT und in AUFGABEN sieht man sehr deutlich den Einfluss des Textformates auf die Verbform:

Tab. 9: Verbformen.

	alle Verbformen	finite Formen	infinite Formen	Imperative	Partizip II
Text	32	25	3	0	4
Kasten	8	7	0	0	1
Aufgabe	9	4	0	5	0
Bild+Text	17	12	4	0	1
Alle	66	48	7	5	6

---

30 Auch biographische Darstellungen von Wissenschaftlern oder bspw. Arbeitsberichte können ein anderes Tempus aufweisen.

5 Schlussbetrachtung

Anliegen des Beitrages ist es, für linguistische Schulbuchanalysen die Notwendigkeit der Berücksichtigung unterschiedlicher Textformate deutlich zu machen. Den unterschiedlichen Textformaten liegen unterschiedliche Ziele zugrunde, die man auch mit Hilfe des Quaestio-Modells beschreiben könnte. In jedem Fall haben die Texte in Abhängigkeit von ihrem kommunikativen Ziel auch unterschiedliche sprachliche Ausprägungen, die bei Fragen sprachlicher Merkmale von Schulbuchtexten zu beachten sind.

Will man etwa die Distribution von Nomen und Verben vergleichen, ergeben sich je nach Textformat sehr unterschiedliche Befunde. In den listenartigen Beschreibungen von Merkmalen (hier des Blutes) oder gar bei der Benennung von Bestandteilen eines Gegenstandsbereichs bspw. dominieren Substantive.

Auch bei der Frage nach der Relevanz von Verben im schulischen Bildungsprozess ist bspw. zwischen dem Verbgebrauch im Textformat AUFGABEN einerseits, der wenig Verbvariation enthält und leicht beschreibbar ist, und dem Verbgebrauch in den darstellenden Haupttexten andererseits, die thematisch gebunden sind, zu unterscheiden.

Welche Unterschiede sich dabei im Format TEXT für den Gebrauch von Substantiven, die stärker an die zentralen Kategorien und Termini der Fächer gebunden sind, und Verben, die vermutlich stärker fachübergreifend zum Einsatz kommen, zeigen, bleibt zu untersuchen.

Will man die sprachlichen Aspekte der Vermittlung bestimmten Wissens genauer fassen, sind in quantitativen Beschreibungen der Distribution entsprechender Mittel genau genommen nur die Passagen eines Lehrmaterials zu erfassen, die auch der Gegenstandsdarstellung dienen. Pädagogische Formate wie Aufgaben sind gesondert zu betrachten, da sie einer eigenen Quaestio folgen. Gleiches gilt für lebensweltliche Einführungen in eine Thematik.

Ein eigenes Thema stellt die multimodale Dimension von Schulbuchtexten, und – in Zukunft verstärkt – von digitalen Präsentationsformaten dar. Hier steht noch viel Forschung an (vgl. z. B. Drumm 2017).

Versucht man den Sprachgebrauch im schulischen Fachunterricht als besonderes Register zu beschreiben, so sind Bezugsgrößen u. a. Fachlichkeit und Frequenz. Hierfür wurden mögliche Optionen der Bestimmung von Frequenz in anderen Kontexten gezeigt, aber auch deren Grenzen angesprochen. Es fehlt vor allem ein überzeugendes Vergleichskorpus.

Illustriert wurden die Überlegungen beispielhaft an einer Schulbuchdoppelseite aus dem Fach Biologie. Um zu verallgemeinerbaren Aussagen zu kommen, bedarf es größerer Korpora wie dem im Aufbau befindlichen Digitalen Schulbuchkorpus (DSBK; vgl. Ahrenholz et al. i. Vorb. a), aber auch einer Datenbasis, die ebenso eine Analyse verschiedener Fächer, Jahrgänge und Schularten erlaubt, wobei die Berücksichtigung weiterer Fächer auch zur Charakterisierung weiterer Textformate und weiterer sprachlicher Mittel führen dürfte.

Literatur

Ahrenholz, Bernt (2007): *Verweise mit Demonstrativa im gesprochenen Deutsch. Grammatik, Zweitspracherwerb und Deutsch als Fremdsprache.* Berlin, New York: De Gruyter.
Ahrenholz, Bernt (2013): Sprache im Fachunterricht untersuchen. In Röhner, Charlotte & Hövelbrinks, Britta (Hrsg.): *Fachbezogene Sprachförderung in Deutsch als Zweitsprache. Theoretische Konzepte und empirische Befunde zum Erwerb bildungssprachlicher Kompetenzen.* Weinheim, Basel: Beltz-Juventa, 87–98.
Ahrenholz, Bernt (2017): Sprache in der Wissensvermittlung und Wissensaneignung im schulischen Fachunterricht. In Lütke, Beate; Petersen, Inger & Tajmel, Tanja (Hrsg.): *Fachintegrierte Sprachbildung. Forschung, Theoriebildung und Konzepte für die Unterrichtspraxis.* Berlin, Boston: De Gruyter, 1–31.
Ahrenholz, Bernt; Hövelbrinks, Britta & Neumann, Jessica (2017): Verben und Verbhaltiges in Schulbuchtexten der Sekundarstufe 1 (Biologie und Geographie). In Ahrenholz, Bernt; Hövelbrinks, Britta & Schmellentin, Claudia (Hrsg.): *Fachunterricht und Sprache in schulischen Lehr-/Lernprozessen.* Tübingen: Narr, 15–36.
Ahrenholz, Bernt & Maak, Diana (2012): Sprachliche Anforderungen im Fachunterricht. Eine Skizze mit Beispielanalysen zum Passivgebrauch in Biologie. In Roll, Heike & Schilling, Andrea (Hrsg.): *Mehrsprachiges Handeln im Fokus von Linguistik und Didaktik. Festschrift für Wilhelm Grießhaber zum 65. Geburtstag.* Duisburg: Universitätsverlag Rhein-Ruhr, 135–152.
Ahrenholz, Bernt; Neumann, Jessica; Hövelbrinks, Britta; Hempel, Marie; Reichel, Jenny, Duan, Tinghui (i. Vorb. a): *Das Digitale Schulbuchkorpus (DSBK). Zielsetzung, Aufbau, Annotationen.*
Ahrenholz, Bernt; Duan, Tinghui; Neumann, Jessica; Hempel, Marie & Reichel, Jenny (i. Vorb. b): *Wortartenprofile im Schulbuch. Untersuchungen zum Digitalen Schulbuchkorpus (DSBK).*
Baur, Rupprecht S. & Rehbein, Jochen (1979): Lerntheorie und Lernwirklichkeit. Zur Aneignung des deutschen Artikels bei türkischen Schülern: ein Versuch mit der Gal'perinschen Konzeption. In *OBST* 10/79, 70–104.
Behrens, Heike (1999): Was macht Verben zu einer besonderen Kategorie im Spracherwerb? In Meibauer, Jörg & Rothweiler, Monika (Hrsg.): *Das Lexikon im Spracherwerb.* Tübingen [u. a.]: Francke, 32–50.
Buhlmann, Rosemarie & Fearns, Anneliese (2000): *Handbuch des Fachsprachenunterrichts. Unter besonderer Berücksichtigung naturwissenschaftlich-technischer Fachsprachen.* 6., überarb. u. erw. Aufl. Tübingen: Narr.
Dietrich, Rainer (1990): Nouns and Verbs in the Learner's Lexicon. In Dechert, Hans W. (Hrsg.): *Current Trends in European Second Language Acquisition Research.* Clevedon: Multilingual Matters, 13–22.
Dobers, Joachim (2008): *Erlebnis Biologie 2., 7./8. Schuljahr.* Braunschweig: Schroedel.
Doll, Jörg; Frank, Keno; Fickermann, Detlef; Schwippert, Knut (Hg.) (2012): *Schulbücher im Fokus. Nutzungen, Wirkungen und Evaluation.* Münster: Waxmann.

Drumm, Sandra (2017): Gemischte Zeichenkomplexe verstehen lernen: Arbeit mit Sachtexten im Fach Biologie. In: Ahrenholz, Bernt; Hövelbrinks, Britta & Schmellentin, Claudia (Hg.): *Fachunterricht und Sprache in schulischen Lehr-/Lernprozessen.* Tübingen: Narr, 37–53.

Gogolin, Ingrid; Duarte, Joana (2016): Bildungssprache. In Kilian, Jörg; Brouër, Birgit & Lüttenberg, Dina (Hg.): *Handbuch Sprache in der Bildung.* Berlin, Boston: De Gruyter, 478–499.

Graf, Dittmar (1989): *Begriffslernen im Biologieunterricht der Sekundarstufe I. Empirische Untersuchungen und Häufigkeitsanalysen.* Frankfurt am Main: Lang.

Grießhaber, Wilhelm (2010): (Fach-)Sprache im zweitsprachlichen Fachunterricht. In Ahrenholz, Bernt (Hrsg.): *Fachunterricht und Deutsch als Zweitsprache.* 2. Auflage. Tübingen: Narr, 37–53.

Grießhaber, Wilhelm (2012): Die Profilanalyse. In Ahrenholz, Bernt (Hrsg.): *Einblicke in die Zweitspracherwerbsforschung und ihre methodischen Verfahren.* Berlin, Boston: De Gruyter, 173–194.

Grießhaber, Wilhelm (2018): Syntaktische Komplexität im L2-Erwerb: Befunde und Erklärungen. In Hövelbrinks, Britta; Fuchs, Isabel; Maak, Diana; Duan, Tinghui; Lütke, Beate (Hg.): *Der-Die-DaZ. Forschungsbefunde zu Sprachgebrauch und Spracherwerb von Deutsch als Zweitsprache.* Berlin, Boston: De Gruyter.

Haller, Joachim (2002): LiLa: Linguistisch intelligente Lehrwerksanalyse. *Zeitschrift für Interkulturellen Fremdsprachenunterricht [Online]* 1.

Heer, Nelly (2010): Das Schulbuch als textlinguistischer Forschungsgegenstand. In: Marina Foschi Albert, Marianne Hepp, Eva Neuland und Martine Dalmas (Hg.): *Text und Stil im Kulturvergleich. Pisaner Fachtagung 2009 zu interkulturellen Wegen germanistischer Kooperation.* München: Iudicium, 471–481.

Hentschel, Elke (2010): *Deutsche Grammatik.* Berlin: De Gruyter.

Hentschel, Elke & Weydt, Harald (2003): *Handbuch der deutschen Grammatik.* 3., völlig neu bearb. Aufl. Berlin [u. a.]: De Gruyter.

Hentschel, Elke & Weydt, Harald (2013): *Handbuch der deutschen Grammatik.* 4., vollst. überarb. Aufl. Berlin [u. a.]: De Gruyter.

Hövelbrinks, Britta (2014): *Bildungssprachliche Kompetenz von einsprachig und mehrsprachig aufwachsenden Kindern. Eine vergleichende Studie in naturwissenschaftlicher Lernumgebung des ersten Schuljahres.* Weinheim, Basel: Beltz-Juventa.

Hudson, Richard (1994): About 37% of word-tokens are nouns. *Language* 70, 331–339.

Hudson, Thom; Detmer, Emily & Brown, J. D. (1992): *A Framework for Testing Cross-Cultural Pragmatics.* Honulu: University of Hawaii Press.

Kauschke, Christina (2000): *Der Erwerb des frühkindlichen Lexikons. Eine empirische Studie zur Entwicklung des Wortschatzes im Deutschen.* Tübingen: Narr.

Kauschke, Christina (2007): *Erwerb und Verarbeitung von Nomen und Verben.* Tübingen: Niemeyer.

Kiesendahl, Jana; Ott, Christine (Hrsg.) (2015): *Linguistik und Schulbuchforschung. Gegenstände – Methoden – Perspektiven.* Göttingen: V&R unipress.

Köhne, Judith; Kronenwerth, Sibylle; Redder, Angelika; Schuth, Elisabeth & Weinert, Sabine (2015): Bildunssprachlicher Wortschatz – linguistische und psychologische Fundierung und Itementwicklung. Entwicklung eines Testinstruments. In Redder, Angelika; Naumann, Johannes & Tracy, Rosemarie (Hrsg.): *Forschungsinitiative Sprachdiagnostik und Sprachförderung – Ergebnisse.* Münster: Waxmann, 67–92.

Niederhaus, Constanze (2011): *Fachsprachlichkeit in Lehrbüchern. Korpuslinguistische Analysen von Fachtexten der beruflichen Bildung.* Münster: Waxmann.

Obermayer, Annika (2013): *Bildungssprache im grafisch designten Schulbuch. Eine Analyse von Schulbüchern des Heimat- und Sachunterrichts.* Bad Heilbrunn: Klinkhardt.

Ott, Christine; Heinz, Tobias & Kiesendahl, Jana (Hrsg.): *Sprachliche Bildung und linguistische Schulbuchforschung. Bildungssprache und Verständlichkeit im Fokus.* (Mitteilungen des Deutschen Germanistenverbandes 4/2015, Jg. 62). Göttingen: V&R unipress.

Pandel, Hans-Jürgen & Schneider, Gerhard (Hrsg.) (2011): *Handbuch Medien im Geschichtsunterricht.* 6., erw. Aufl., Schwalbach/Ts.: Wochenschau-Verl.

Quasthoff, Uwe & Richter, Matthias (2005): Projekt Deutscher Wortschatz. *Babylonia* 3, 33–35.

Redder, Angelika (2013): Produktivität der Diskontinuität: Verbalkomplex und komplexe Verben in der „Bildungssprache". In: Klaus-Michael Köpcke und Arne Ziegler (Hg.): Schulgrammatik und Sprachunterricht im Wandel (Reihe Germanistische Linguistik, 297), 307–328.

Schroeder, Sascha; Würzner, Kay-Michael; Heister, Julian; Geyken, Alexander, Kliegel, Reinhold (2015): childLex – Eine lexikalische Datenbank zur Schriftsprache für Kinder im Deutschen. Online verfügbar unter https://www.mpib-berlin.mpg.de/sites/default/files/media/pdf/409/childlex_rundschau_3rdrevision_2015-01-27.pdf.

Seibicke, Wilfried (1976): Zur Lexik der Fachsprachen. In Rall, Dietrich; Schepping, Heinz & Schleyer, Walter (Hrsg.): *Beiträge zur Arbeitstagung an der RWTH Aachen vom 30. September bis 4. Oktober 1974.* Bonn: DAAD, 69–75.

Sennlaub, Gerhard (2001, 2006, 2017): *Wörterbuch LolliPop für Kinder der Grundschule.* Berlin: Cornelsen.

von Stutterheim, Christiane (1997): *Einige Prinzipien des Textaufbaus. Empirische Untersuchungen zur Produktion mündlicher Texte.* Tübingen: Niemeyer.

IV **Mündliche Partizipation am Unterricht**

Patrick Voßkamp
Mündliches Präsentieren in der Grundschule – ein Beitrag zum Erwerb bildungssprachlicher Praktiken?

1 Mündliches Präsentieren im Fachunterricht und bildungssprachliche Praktiken

In diesem Beitrag steht die multimodale Kommunikationsform des Präsentierens im Mittelpunkt.[1] Zentral ist die Frage danach, ob das Präsentieren bereits in der Grundschule dazu genutzt werden kann, bildungssprachliche Kompetenzen bei den Schülerinnen und Schülern zu fördern. Denn das mündliche Präsentieren stellt nicht allein eine Möglichkeit dar, Schülerinnen und Schüler während des institutionellen Ereignisses Unterricht aus der „massenhaften Kommunikationssituation" (Ehlich 1981) heraustreten zu lassen. Beim Präsentieren wird ihnen zudem Raum überlassen, in der epistemischen Rolle der „Experten"/„Wissenden" selbstständig längere, übersatzmäßige Einheiten zu strukturieren und sich im Umgang mit literaten Strukturmerkmalen zu erproben. Insbesondere die schülerseitig zu produzierenden explanativen Diskurseinheiten sind in diesem Kontext zu erwähnen.

Wenn mit Morek & Heller (2012: 93) bildungssprachliche Praktiken definiert werden als „die (vorzugsweise in Bildungsinstitutionen) situierten, mündlichen wie schriftlichen sprachlich-kommunikativen Verfahren der Wissenskonstruktion und -vermittlung, die stets auch epistemische Kraft entfalten (können) und zugleich bestimmte bildungsaffine Identitäten indizieren", dann tritt das Potential von Präsentationen im Unterricht bereits zutage. Denn „[g]ut angeleitetes Lernen durch Lehren verspricht besonders eindrückliche und nachhaltige Effekte

---

[1] Datengrundlage der folgenden Überlegungen bilden 13 authentische Präsentationen, die in vierten Klassen in zwei Grundschulen gefilmt und anschließend transkribiert wurden, und von denen hier zwei exemplarisch betrachtet werden. Aus Gründen des Datenschutzes dürfen leider keine Videostandbilddaten der präsentierenden Schülerinnen und Schüler in den Text eingebettet werden. Die Aufnahmen sind dem Sachunterricht entnommen, der die Schülerinnen und Schüler zusätzlich zur kommunikativen Herausforderung des Präsentierens vor spezifische und hohe (fach)sprachliche Anforderungen stellt (vgl. Ahrenholz 2010, Benholz & Rau 2011, Harren 2011).

Anmerkung: Ich danke Heike Roll für eine anregende Diskussion der Transkripte.

im Hinblick auf die Unterrichtsgestaltung, das sprachliche und inhaltliche Lernen" (Baurmann & Berkemeier 2014: 8). Damit stellt das Präsentieren eine Schlüsselqualifikation auch für das fachliche Lernen dar, indem schülerseitige Präsentationen als Teil der institutionellen Wissensvermittlung gesehen werden. Bartnitzky (2000: 38), der vom „sachbezogenen Vortragen" spricht, hebt das Potential dieser mündlichen Handlungsform ebenfalls hervor:

> Für das vortragende Kind wird das Durchdringen der Sache gefördert, wenn es einen Sachverhalt vor einer Gruppe darstellt, das Interesse der Zuhörer gewinnt, wenn es Gesagtes durch eine Veranschaulichung, ein Bild, Stichwörter an der Tafel oder auf der Folie erklärt. Es fördert aber auch seine mündliche Rede und damit den Mut, vor anderen zu sprechen; es fördert das planvolle Sprechen und die didaktische Kompetenz, weil es anderen die Sache interessant und verständlich machen will.

Indem schülerseitige Präsentationen im Fachunterricht stattfinden, werden Situationen geschaffen, die den Redeanteil von Schülerinnen und Schülern nicht nur erhöhen, sondern darüber hinaus den kompetenten Umgang mit Bildungssprache fördern können (vgl. Schneider et al. 2013: 74), da das Präsentieren hier sowohl als Medium der Wissensdarstellung als auch des Wissenstransfers fachspezifischen Wissens fungiert. Damit nutzen Lernende produktiv bildungssprachliche Mittel und Strukturen und eigenen „sich – im erfolgreichen Falle – auch das System bildungssprachlichen Handelns (vgl. Ortner 2009) an, wachsen […] in die kognitiven und kommunikativen Praktiken bestimmter fachlicher Gemeinschaften hinein" (Morek & Heller 2012: 76). Als Präsentierende nehmen die Kinder, indem sie etwa Sachverhalte erklären, die epistemische Rolle der Expertin/des Experten ein, insofern „kann das Liefern von Erklärungen rahmen- und rollendefinitorische Funktion haben" (Morek 2012: 40).

Beim mündlichen Präsentieren erleben Kinder zudem eine Veränderung ihres gewohnten Sprachgebrauchs: „Das betrifft […] das sprachliche Register (Wortschatz, Satzstrukturen usw.), das produktiv und rezeptiv in Richtung standard-, fach- und bildungssprachlichen Gebrauchs entwickelt werden soll" (Behrens 2015: 9).

Das Ziel der komplexen mündlichen Handlungsform Präsentieren – definiert als Oberbegriff für Vortragen, Referieren, Rezitieren, mündliches Zusammenfassen, Darstellen etc. (vgl. Berkemeier & Pfennig 2009: 544) – kann als „Informationsmanagement" bzw. „interaktive[s] Problemlösen" (Berkemeier 2009: 157) bezeichnet werden: „Die Problemlöseaufgabe besteht darin, dass die Sprecher/innen Informationen so präsentieren müssen, dass die Zuhörenden sie verarbeiten und die Zusammenhänge verstehen können." Die Kinder müssen demnach als (zumindest partielle) Experten für ihr Themengebiet dazu in der Lage sein, thematisches Wissen zu prozessieren, dieses Wissen adressatengerecht zu kommunizieren und einen Perspektivwechsel zu vollziehen, um etwa Verstehensprobleme auf Seiten ihrer Zuhörerschaft zu antizipieren, zu identifizieren und zu bearbeiten.

Bedeutsam ist beim Präsentieren die sprachlich-kognitive Handlung des Erklärens, die auch in den Bildungsstandards explizit aufgeführt wird (s. unten). Erklären, das sich „auf ein sehr breites Spektrum von Handlungen (vom Instruieren bis zum Erzählen)" (Kotthoff 2009: 53) bezieht, verknüpft die Interaktion mit der Kognition und ist damit „ein zentrales Mittel von Lehr-Lern-Prozessen", wie Neumeister & Vogt (2009: 562) ausführen (zur Differenzierung der semantischen Typen von Erklärungen, „Erklären-Was", „Erklären-Wie" und „Erklären-Warum", vgl. Klein 2001: 1327; vgl. auch Kotthoff 2009).

Dabei stellt das Erklären eine „noch anspruchsvollere Tätigkeit als die anderen mündlichen Teilkompetenzen" dar, wie Spreckels (2009: 117) ausführt. Ebenso hält Ossner (2007: 223) fest: „Erklärkompetenz als didaktische Kategorie gehört [...] zu den Lehrkräften wie zu den Schülerinnen und Schülern. [...] Im Bereich der eigenen Sprache kann man sogar argumentieren, dass das höchste Level erreicht ist, wenn man zu einer systematischen Erklärung eines Sachverhaltes vorgedrungen ist – ein Umstand, der sich alles andere als leicht erreichen lässt" (vgl. auch Kotthoff 2009 sowie Morek 2012).

Darüber hinaus ist das Sprechen während einer Präsentation in der Regel ein „von visuellen Informationen begleitetes Sprechen, welches [...] besondere koordinative, kohärenzstiftende Aktivitäten verlangt" (Gätje, Krelle, Behrens & Grundler 2016: 7). Dieses ist ferner dadurch gekennzeichnet, dass sprachliche, visuelle und performative Aspekte miteinander verknüpft werden und es durch ein Zusammenspiel dieser drei Modalitäten geprägt ist (vgl. Lobin 2012), was von den Präsentierenden die Koordination sprachlicher, medialer und kognitiver Kompetenzen erfordert (vgl. Gätje, Krelle, Behrens & Grundler 2016: 1).

Die Darstellung von fachlichen Inhalten geht aber noch über das zuvor Skizzierte hinaus. Man denke etwa an sprachliche Handlungen und Veranschaulichungsverfahren wie *Wiederholen, Vergleichen, Begründen, Zusammenfassen, Beschreiben, Reformulieren, Gliederungsmarker setzen, Beispiele geben, Szenarios entwerfen* etc. Daher sollte das Präsentieren nicht ausschließlich dem Deutschunterricht zugerechnet werden:

> Sachunterrichtliches Arbeiten leistet dabei durch mündliche und schriftsprachliche Bearbeitungsprozesse, durch Austausch und Erläuterung von Überlegungen und Ergebnissen und nicht zuletzt durch die Klärung von Fachbegriffen und fachlichen Zusammenhängen einen wichtigen Beitrag zur sprachlichen Entwicklung und Förderung. (Richtlinien und Lehrpläne für die Grundschule in Nordrhein Westfalen, 2008, 39)

Wenn nun beispielsweise Hausendorf & Quasthoff (1996: 324) feststellen, dass es „sehr wenige Unterrichtsformen [gibt, P. V.], in denen Grundschulkindern der

Boden (floor) für längere, das heißt übersatzmäßige, selbstständig zu strukturierende Einheiten" überlassen wird, und nach wie vor gilt, dass sich „Unterricht in weiten Teilen über lehrerseitig gesteuerte, kleinschrittige Frage-Antwort-(Feedback)-Sequenzen vollzieht" (Morek 2012: 23; vgl. auch Becker-Mrotzek 2009: 114), dann tritt das Potential des Präsentierens zusätzlich zutage. Denn das institutionelle Kommunikationsereignis Unterricht (vgl. etwa Ehlich & Rehbein 1986) ist nach wie vor dadurch charakterisiert, dass die Lehrkräfte in den meisten Schulen „weit über 50 % der Redeanteile [haben, P.V.], während sich die verbleibenden Redeanteile auf 20–30 SchülerInnen verteilen" (Schneider et al. 2013: 73; vgl. auch Becker-Mrotzek & Vogt 2009).

Nicht zuletzt vor dem Hintergrund dieser quantitativen Angaben zeigt sich, dass das Präsentieren umfassende Möglichkeiten bieten kann, bildungssprachliche Kompetenzen aufzubauen und zu fördern. Auch im Hinblick auf die Implementierung des Präsentierens als Schlüsselqualifikation in die mittleren Bildungsabschlüsse sowie des Abiturs erscheint eine frühe Vermittlung und Erprobung der hier thematisierten Aspekte bereits in der Grundschule sinnvoll.

2 Präsentieren in den Bildungsstandards

Für das Fach Deutsch für den Primarbereich (Jahrgangsstufe 4) wird in den Bildungsstandards Folgendes aufgeführt: „Aufgabe des Deutschunterrichts in der Grundschule ist es, den Schülerinnen und Schülern eine grundlegende sprachliche Bildung zu vermitteln, damit sie in gegenwärtigen und zukünftigen Lebenssituationen handlungsfähig sind" (KMK 2004: 6). Dabei wird das Ziel verfolgt, dass die Kinder während ihrer Grundschulzeit „ihre Sprachhandlungskompetenz in den Bereichen des Sprechens und Zuhörens, des Schreibens, des Lesens und Umgehens mit Texten und Medien sowie des Untersuchens von Sprache und Sprachgebrauch" (KMK 2004: 7) erweitern.

Als mündliche Handlungsform kann das Präsentieren vor allem dem Kompetenzbereich *Sprechen und Zuhören* zugerechnet werden. Der Blick auf die einzelnen dort aufgeführten Aspekte zeigt, dass es als Lernziel und Kompetenzerwartung an mehreren Stellen explizit oder implizit angesprochen wird.

Konkret wird von Schülerinnen und Schülern am Ende der 4. Klasse erwartet, dass sie die folgenden Standards erfüllen:
– Gespräche führen,
– zu anderen sprechen,
– verstehend zuhören,
– szenisch spielen und
– über Lernen sprechen.

Unter den Ausführungen zum Standard *zu anderen sprechen* finden wir Punkte, die insbesondere mit Blick auf das Präsentieren bedeutsam sind. Dort ist festgehalten, dass die Kinder sich an der gesprochenen Standardsprache orientieren und artikuliert sprechen, die Wirkungen der Redeweise kennen und beachten sowie funktionsangemessen sprechen sollen. Neben dem Erzählen, Argumentieren und Appellieren ist an dieser Stelle auch das Informieren aufgeführt. Ferner sollen Sprechbeiträge und Gespräche situationsangemessen geplant werden (vgl. KMK 2004: 10).

Darüber hinaus finden sich im Standard *über Lernen sprechen* weitere Hinweise, die mit Blick auf das Präsentieren relevant sind, da es hier um die Reflexion von Lernprozessen geht. Ein Aspekt, der vor allem in der Feedback-Runde von Interesse ist, wenn die Schülerinnen und Schüler den Präsentierenden Ratschläge und/oder Verbesserungshinweise geben, Lob aussprechen, Rückfragen stellen etc. Auf diese Weise sprechen Schülerinnen und Schüler über ihr Lernen und ihr Miteinander (vgl. Abraham 2007). Die Bewertung und Verbesserung der eigenen und fremden Präsentation erfordern es zudem, Leistungen entsprechend einschätzen und beurteilen zu können (s. Standard *Sprache und Sprachgebrauch untersuchen*).

Konkret sollen Viertklässler:
- Beobachtungen wiedergeben,
- Sachverhalte beschreiben,
- Begründungen und Erklärungen geben,
- Lernergebnisse präsentieren und dabei Fachbegriffe benutzen,
- über Lernerfahrungen sprechen und andere in ihren Lernprozessen unterstützen (KMK 2004: 10).

Doch kann an dieser Stelle festgehalten werden, dass auf dem Weg zur Realisierung einer Präsentation weitere Standards berührt sind, die über den Bereich *Sprechen und Zuhören* hinausgehen. Anders formuliert: Das Präsentieren ist quer zu den Kompetenzbereichen einzuordnen (vgl. Gätje, Krelle, Behrens & Grundler 2016: 7).

Schauen wir uns diese Bereiche genauer an: Schülerinnen und Schüler müssen zur Vorbereitung ihrer Präsentation recherchieren (s. Standard *Methoden und Arbeitstechniken*), Texte lesen und verstehen. Mit Berkemeier (2006) können wir hier von der Situation 1 sprechen (s. Abb. 1). Sie müssen relevante Informationen herausfiltern und den Präsentationsgegenstand durchdringen (s. Standard *Lesen – mit Texten und Medien umgehen*). Im Rahmen der Präsentationsplanung werden Gedankenstützen bzw. Stichwortzettel/Sprechvorlagen erstellt, Plakate beschriftet oder Visualisierungen gestaltet, die ihrerseits einer spezifischen Textsorte angehören (s. Standard *Schreiben*, mitsamt der Einzelstandards).

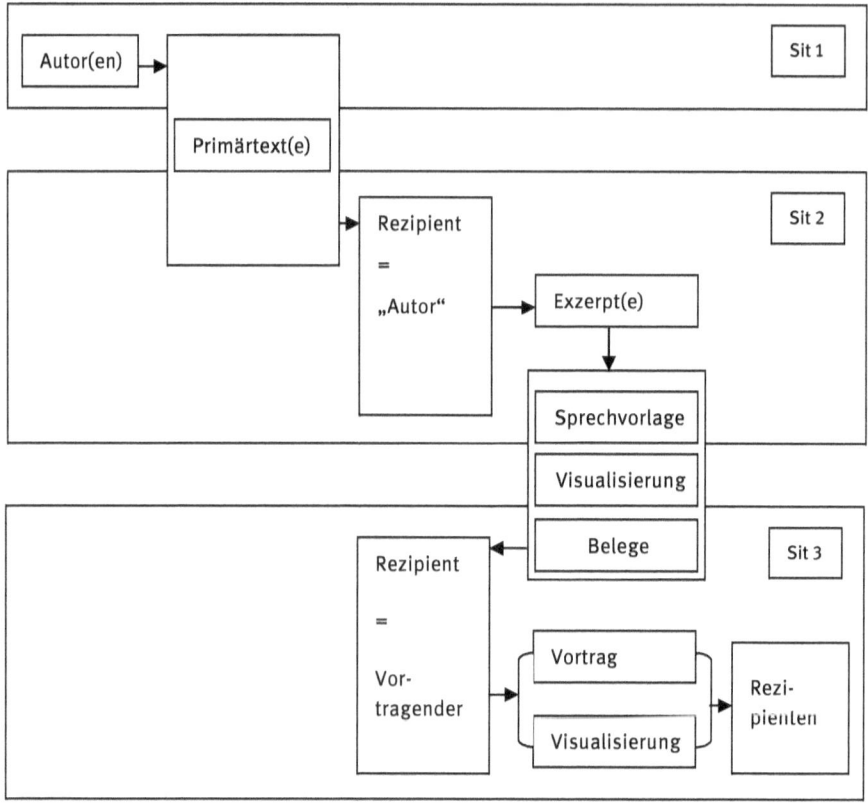

Abb. 1: Zerdehnte Sprechsituation bei vorbereiteten mündlichen Präsentationen nach Berkemeier (2006).

An diesem Punkt zeigt sich zudem die Herausforderung der Antizipationskompetenz (als Teilkompetenz des Konstrukts Schreibkompetenz (vgl. Baurmann & Pohl 2011)): Die Präsentierenden schreiben ihre Sprechvorlagen – häufig auf der Grundlage von Primärtexten – und müssen diese sprachlich so gestalten, dass ihre während der Erstellung der Sprechvorlage nicht kopräsenten Mitschülerinnen und -schüler diese nachvollziehen können. Die Schülerinnen und Schüler erlernen dazu neue Textmuster, wie etwa die Erstellung eines Redemanuskripts bzw. eines Stichwortzettels, das/der „in seiner syntaktischen Komplexität und seiner propositionalen Dichte auf die kognitiven Sprachverarbeitungskapazitäten des Adressaten [...] abgestimmt sein" muss, wie Behrens & Eriksson (2011: 47) festhalten.

Grundlegend für den Erfolg ist dabei das Durchdringen der gewählten oder von der Lehrkraft zur Verfügung gestellten Quellen. Diese zeichnen sich gerade im Fachunterricht wiederum häufig durch bildungssprachliche Merkmale aus (auf lexikalischer, morphologischer und syntaktischer Ebene): beispielsweise Nominalisierungen, mehrgliedrige Komposita, normierte Fachbegriffe, Fachvokabular, Passivformen oder komplexe Nominalphrasen (vgl. Gogolin & Lange 2011, Feilke 2012, Stahns 2016). Dies hat nun wiederum Auswirkungen auf das Textverstehen der Kinder (vgl. Ahrenholz 2010).

Der Zusammenhang von Mündlichkeit und literalen Fähigkeiten ist daher zentral für das Präsentieren. So sind „die zur Vorbereitung und Ausarbeitung eines raumzeitlich situierten softwaregestützten Präsentationsereignisses durchzuführenden Handlungen als genuin schriftkulturell zu verstehen" (Gätje, Krelle, Behrens & Grundler 2016: 8). Dies, so können wir hier ergänzen, gilt nicht allein für softwaregestützte Präsentationen, sondern ebenso für die Erstellung von Visualisierungen oder Sprechvorlagen. Insofern spielt auch die sprachbezogene Medienerziehung eine wichtige Rolle (vgl. Berkemeier & Brauch 2014: 5).

Wie der Blick in den Kernlehrplan zeigt, sind im Zusammenhang mit dem Präsentieren im Fachunterricht also sowohl der rezeptive Bereich (Hören und Lesen) als auch der produktive Sprachgebrauch (Sprechen und Schreiben) zu berücksichtigen und zu fördern (vgl. Benholz & Rau 2011: 3). Damit befindet sich das Präsentieren sowohl im Spannungsfeld zwischen Text und Diskurs als auch zwischen Mündlichkeit und Schriftlichkeit (vgl. Berkemeier 2006: S. 69).

Inwiefern dies bereits von Kindern im Grundschulalter gemeistert werden kann, muss hinterfragt werden. Denn „[s]urprisingly, however, systematic research on the promotion of public speaking competence among elementary school children is scarce" (Herbein et al. 2018: 158).

3 Präsentieren im Unterricht

Im Folgenden sollen auf der zuvor dargestellten theoretischen Basis exemplarische Beobachtungen der unterrichtlichen Praxis erfolgen. Diese dienen dazu, einen Eindruck davon zu erhalten, wie Kinder das komplexe Geschehen einer mündlichen Präsentation im Unterricht[2] tatsächlich umsetzen.

---

[2] Die Videoaufzeichnung wurde während der Unterrichtsstunde mit einem HD-Camcorder der Firma Canon (Legria HFS20) aufgezeichnet. Dieser wurde im hinteren Teil des Klassenraums auf einem Stativ platziert, um die Kamerapräsenz im Sinne eines Beobachterparadoxons so gering wie möglich zu halten. Seine geringe Größe und wenig aufwändige Bedienung kamen dem Anspruch nach Unauffälligkeit entgegen. Die Videoaufnahmen wurden anschließend transkribiert.

3.1 Präsentation *Elefanten*

Das erste Beispiel[3] stammt aus einer Präsentation, die die neunjährige Julia[4] im Sachunterricht einer vierten Klasse zum Thema *Elefanten* hält.

Vor der Analyse der Präsentation ist hervorzuheben, dass Julia alleine präsentiert. Im gesamten Korpus findet sich nur dieses Beispiel für ein solch solistisches Vortragen. Für die Dauer der Präsentation hat Julia allein das Rederecht inne und trägt damit als Vortragende die Hauptverantwortung für die inhaltliche Progression und Strukturierung der Präsentation.

Bsp. 1. Elefanten
Ju = Julia (Schülerin, 4. Klasse, 9 Jahre)
{00:07–03:10}

001 Ju ich erzähl euch jetzt etwas über elefanten; (1.5),

Mittels der Temporaldeixis *jetz* (Z. 001) kontextualisiert Julia ihre Präsentation, markiert den Beginn ihres Vortrags und adressiert zugleich mit dem Reflexivpronomen *euch* die Zuhörerinnen und Zuhörer, was als Ausdruck für eine explizite Orientierung an den Rezipienten gewertet werden kann. Ebenso zeigt die Adressierung der restlichen Klasse mithilfe des Anredepronomens *ihr* an (Z. 027), dass sie ihre Präsentation durchgehend als Mittel der Wissensdarstellung und des Wissenstransfers begreift.

Julia führt den Gegenstand ihrer Präsentation explizit ein: *ich erzähl euch jetz etwas über elefanten* – *erzählen* hier mit Ehlich als *erzählen 1* definiert. Die Schaffung eines solchen Bezugsrahmens gelingt im Übrigen in allen der 13 aufgezeichneten Videos. Durch diese Eröffnung ist für die Dauer des Vortrags eine hierarchische Kommunikationsbeziehung zwischen ihr und der Klasse geklärt: Julia hat die epistemische Rolle der Wissenden/der Expertin inne (vgl. Morek

---

[3] Das Transkript folgt dem Gesprächsanalytischen Transkriptionssystem 2 (GAT 2, Selting et al. 2009). Die für den hier diskutierten Ausschnitt wichtigsten Transkriptionskonventionen sind: Großschreibung akzentuierter Silben, besonders starke Akzente werden mit zusätzlichen Ausrufezeichen markiert (z. B. vierzig!TAU!send); Doppelpunkte zeigen gedehntes Sprechen an (z. B. grä:ser); Pausenlängen werden in runden Klammern notiert – dabei wird unterschieden zwischen Mikropausen (.) bzw. kurzen Pausen (-) sowie gemessenen Pausen in Sekunden (1.0). Sprechgeschwindigkeitsveränderungen werden mit <<all> > (allegro) angezeigt. Sprachbegleitende para- und außersprachliche Handlungen und Ereignisse werden mit Reichweite in eckigen Klammern markiert <<zeigt auf das Plakat >. Mit dem Schrägstrich / werden Selbstkorrekturen gekennzeichnet.
[4] Sämtliche Schülernamen wurden geändert.

2012: 38), die übrige Klasse zählt zu den Nicht-Wissenden; wenngleich einige Mitschüler über ein partielles Wissen zum Präsentationsgegenstand verfügen.

Julia stellt beinahe durchgängig Blickkontakt zu ihren Zuhörerinnen und Zuhörern her. Dies gelingt ihr, weil sie fast die gesamte Präsentation über frei spricht. Nur an einzelnen Stellen benötigt sie einen Blick auf ihre Sprechvorlage. Damit kommt Julia dem Ideal des „fresh talk" (Goffman 1981: 172) ausgesprochen nahe. An dieser Stelle ist allerdings Gätje, Krelle, Behrens & Grundler (2016: 9) zuzustimmen, die vom vordergründigen freien Sprechen reden, „weil das freie Sprechen in der Regel auch dann noch als frei angesehen wird, wenn die vortragende Person dabei eine Stichwortliste oder den Folientext verwendet. Aber auch ohne dies ist das freie Sprechen in Situationen des Präsentierens vorbereiteter Inhalte als literal zu werten, insofern das freie Sprechen im Kern als Resultat einer intensiven Auseinandersetzung mit in schriftlicher Form vorliegendem Wissen zu begreifen ist".

Auf der Ebene der Vertextung, dem inneren Aufbau, finden sich kleinere Mängel, da die thematische Gliederung einige sachlogische Sprünge aufweist. So beginnt die Viertklässlerin ihre Präsentation mit Informationen zu Größe und Gewicht der Elefanten, der sich Ausführungen zu Nahrung, Lebensraum, biologischen Eigenschaften (tag- vs. nachtaktiv), Tragezeit und Feinde anschließen, bevor sie erneut das Gewicht (von Jungtieren) anspricht (Z. 002–015).

Bsp. 2. Elefanten
Ju = Julia (Schülerin, 4. Klasse, 9 Jahre)

```
002  Ju   elefanten werden bis zu VIER meter groß und
003       wiegen ZWei bis FÜNF komma vier tonn;
004       sie fressen grä:ser´ und blätter´ und bei nahrungsknappheit
005       äste und dornbüsche; (.) u/ und <<all> sowas in der art>
006       afrikanische elefantn´ lebn/ haben früher überall in afrika gelebt´
007       heute nur noch im OSten und SÜden afrikas
008       <<all> und hauptsächlich> in nationalparks;
009       asiAtische elefanten´ lebn in nepal´ (.) china´ (.) thailand´ ((...)) (2.0)
010       afrikanische elefanten sind TAG und NACHTaktiv
011       asiatische elefantn hauptsächlich in der dämmerung; (1.5)
012       ihre tragzeit beträgt zwanzig bis ZWEIundzwanzig monate
013       ihre FEInde sind löwen´ tiger´ (.) <<all> denen es allerdings nur
014       =gelingt jungtiere zu erbeuten>; (.) und der mensch (1.0) ä::h
015       junge (.) wiegen (.) schon bei der Geburt bis zu hundert kilo;
```

Dass die Vortragende sich intensiv mit ihrem Gegenstand beschäftigt hat, wird an weiteren Stellen ersichtlich. Darauf deutet beispielsweise ihr Umgang mit der von ihr erstellten Visualisierung hin; ein Plakat, das an eine Stellwand geheftet wurde und vor dem sie steht. Sie ist dazu in der Lage, die Inhalte ihrer Präsentation multimodal zu bearbeiten, um das Wissensdefizit auf Seiten der (Erklär-)Rezipienten zu beseitigen. Dabei spielen ihre Zeigegesten per Hand bzw. ausgestrecktem Zeigefinger in Kombination mit sprachlicher Lokal- (Z. 027 *ihr seht nämlich hier den asiatischen elefanten*) und Temporaldeixis (Z. 033) im Kontext der Kohärenzbildung eine zentrale Rolle (vgl. Lobin 2012: 67 ff.). Auf der Ebene des Aufgabenfeldes der sprachlichen Markierung zeigt sich damit, dass Julia sprachliche Formen zu nutzen weiß, die für die Diskursart Präsentieren typisch sind (vgl. Quasthoff 2009: 88). Hervorzuheben ist ebenso die sinnvolle Betonung, die wir als Qualitätsmerkmal guter Präsentationen fassen können (vgl. Baurmann & Berkemeier 2014: 7). So setzt Julia zum Beispiel vor und nach *der rüssel* Grenzpausen, die den Rezipienten helfen, sich auf das neue Teilthema einzustellen und ihr gleichzeitig die Gelegenheit geben, die nächste Texteinheit zu planen (vgl. Bose 1994, 141).

Bsp. 3. Elefanten
Ju = Julia (Schülerin, 4. Klasse, 9 Jahre)

018 Ju (.) der rüssel (1.5) ((...))
019   in einem elefantenrüssel sind keine knochen aber vierzig!TAU!send muskeln
020   dadurch kann der elefant (.) den rüssel sehr gut bewegen (0.5)
021   mit dem rüssel TAStet und riecht der elefant außerdem noch (1.0)
022   in einem zug kann ein elefant !ACHT! bis ze:hn liter trinken (.) wasser

Neben den Zeigegesten – die Knoblauch (2007: 120) als „Dreh- und Angelpunkt zwischen dem Sprechen, dem Publikum und dem visualisierten Text" bezeichnet – sind auch Julias Körperbewegungen und -stellungen für ihre Zuhörerinnen und Zuhörer hilfreich (Z. 028 und Z. 033). So steht Julia zunächst frontal vor ihrem Publikum. Sobald sie ihr Plakat in den Vortrag mit einbezieht, sehen wir sie in einer Halbstellung – halb zum Publikum, halb zum Plakat (vgl. Baurmann & Berkemeier 2014: 7).

Dass Julias visuelle Ordnungsstruktur zur Sachstruktur passt (vgl. Baurman & Berkemeier 2014: 6), dürfte im vorliegenden Fall dazu führen, dass sowohl die Vortragende als auch die Rezipienten entlastet werden, „da komplexe sprachliche Beschreibungen vereinfacht werden" (Baurmann & Berkemeier 2014: 6). So verdeutlichen die Abbildungen von afrikanischen und asiatischen Elefanten die zuvor bereits verbal aufgeführten Unterschiede – eine Redundanz, die nicht nur der Aufmerksamkeitssteuerung, sondern ebenso der Verständnissicherung dient (etwa in Z. 028 oder 033).

Hervorzuheben ist an dieser Stelle, dass Julia sprachlich komplex vorgeht, indem sie afrikanische und asiatische Elefanten gegenüberstellt und damit vergleicht. Es handelt sich um ein Vorgehen, das mit Brünner & Gülich (2002) den Veranschaulichungsverfahren zugerechnet werden kann, die dazu dienen, ein Wissensgefälle zwischen Interaktionspartnern auszugleichen resp. zu überbrücken. Die Autorinnen unterscheiden zwischen Verfahren wie Reformulierungen, Explizierungen und Erklärungen (vgl. Brünner & Gülich 2002: 24) auf der einen und „Veranschaulichungen durch sprachliche Bilder unterschiedlicher Art" (Brünner & Gülich 2002: 24) auf der anderen Seite. Dazu zählen Metaphern, Analogien und eben auch Vergleiche. Doch „nicht nur verbale Veranschaulichungen, sondern auch visuelle Bilder und Mittel der Veranschaulichung (Filme, Bilder, Schemazeichnungen, Tabellen u. ä., aber auch Gestik) [werden, P. V.] zur Unterstützung des sprachlichen Vermittlungsprozesses eingesetzt [...]" (Brünner & Gülich 2002: 24).

Bsp. 4. Elefanten
Ju = Julia (Schülerin, 4. Klasse, 9 Jahre)

027 Ju ihr seht nämlich hier den asiatischen elefanten; und den afrikanischen elefanten;
028   und auf diesem schaubild kann man hier <<zeigt auf Abbildungen auf ihrem
029   ihrem Plakat> die/ die Unterschiede direkt gut erkenn>;
030   ein afrikanischer elefant hat zum beispiel größere OHRn als ein asiatischer'
031   und auch einen längeren rüssel als (.) asiatische elefantn; (1.0)
032   dafür aber auch (.) ein wen/ weniger gebogene stoßZÄHNE als die asiatischen
033   ((...)) hier hab ich jetzt noch mal die ARTEN von <<verweist mit Zeigefinger auf
034   eine andere Stelle ihres Plakats> elefanten aufgelistet>
035   viele leute denken nämlich dass es nur zwei Art/
036   ZWEI zwei elefantenarten geben würde
037   =den afrikanischen und den asiatischen;
038   es gibt aber noch (.) ein paar UNTERarten;
039   zum beispiel den waldelefant´ ((...))

Interessant ist Julias sprachliches Vorgehen in Z. 035. Indem sie ein in ihren Augen weit verbreitetes Missverständnis aufgreift, antizipiert sie mögliche rezipientenseitige Verständnis- und Verstehensprobleme und liefert gleichzeitig selbst die Begründung dafür, dass sie nochmals die Elefantenarten und nachfolgend – in einem höheren Grad der Detailliertheit – exemplarisch den Waldelefanten als Unterart aufführt. Damit wählt sie ein Veranschaulichungsverfahren, das erneut sprachlich wie visuell dargeboten wird, das „(i) der verständlichen Vermittlung komplizierter Sachverhalte, (ii) der Herstellung eines Alltagsbezugs und damit der Rückbindung des vermittelnden Wissens an die Lebenswelt des Gegenübers sowie (iii) der Herstellung eines Adressatenbezugs" (Ehmer 2013: 3 f.) dient.

In der Feedbackrunde,[5] in der ihre Mitschülerinnen und Mitschüler übrigens keine Verbesserungshinweise geben, wird ebenso deutlich, dass Julia sämtliche Fragen zu beantworten imstande ist. Dabei gibt sie spontan auch solche Informationen, die sie während des Vortrags noch nicht erwähnt hat.

Eine besondere Szene stellt dabei die Frage eines Mitschülers dar, der wissen möchte, was Elefanten fressen. Hier entgegnet Julia *Hab ich doch gesagt* und wiederholt in derselben Reihenfolge wie zu Beginn ihres Vortrags: *sie fressen grä:ser und blätter* (Z. 004). Ob es sich dabei um die Wiedergabe einer Konstruktion handelt, die sie aus Texten hat, welche zur Vorbereitung gedient haben, kann nur vermutet werden. Wesentlicher ist, dass sie mit dem Verweis darauf, dass sie bereits diese Information weitergegeben hat, auch eine (epistemische) Autorität zu etablieren versucht. Fast hat es den Anschein, als interpretiere Julia die Nachfrage als face-threatening-act – dem Vorwurf, eine zentrale Information nicht während des Vortrags geliefert zu haben, entkräftet sie durch die erneute Aufzählung umgehend. Auf diese Weise zeigt Julia „die mit dem bildungssprachlichen Handeln verbundene Einnahme einer Expertenposition" (Morek & Heller 2012: 80) an; sie hat die Rolle der fachlichen Autorität inne. Bildungssprache zeigt sich hier in ihrer Funktion als Mittel der sozialen Positionierung innerhalb von Kommunikationssituationen (vgl. Morek & Heller 2012: 79).

3.2 Präsentation *Die Sonne*

Das zweite Beispiel ist der Präsentation einer vierköpfigen Jungengruppe – Florian (10 Jahre), Luca (10 Jahre), Chris (9 Jahre) und Dario (9 Jahre) – zum Thema *Die Sonne* entnommen. Es steht exemplarisch für die besonderen Herausforderungen des literalen Ereignisses.

---

[5] Da das Feedback grundsätzlich ein eigenes Gegenstandsfeld bildet, das den Rahmen dieses Textes überschreiten würde, erfährt es hier keine genauere Betrachtung.

Als Grundlage der Präsentation diente die Sachunterrichtsreihe *Sonne, Mond und Sterne*. Zunächst wurde innerhalb der Reihe das Sonnensystem besprochen. Danach sammelten die Kinder selbstständig Daten zur Erde, den Mondphasen etc. Zunächst haben die Kinder u. a. in der Schülerbücherei oder im Internet eigenständig recherchiert. Im Anschluss daran begann die Gruppenarbeitsphase. Dabei organisierten sich die Kinder in ihren Gruppen im Hinblick auf die Materialrecherche (teils in der Schule, teils zu Hause), die Gestaltung der Sprechvorlagen und Plakate (in der Schule während der Sachunterrichtsstunden) und die Verteilung der Redeanteile größtenteils eigenständig. Der Lehrerin wurde in dieser Phase eine beratende, unterstützende Funktion zuteil.

Während ihres Vortrags stehen die vier Jungen vor der Tafel. Hinter ihnen stehen zudem zwei Mitschüler, die das Gruppenplakat den gesamten Vortrag über in die Höhe halten. Im Vordergrund befindet sich ein Tisch mit einem von der Gruppe gestalteten Modell von Sonne, Erde und Mond. Alle Jungen halten Sprechvorlagen in Händen, von denen sie ihre Texte ablesen. Die gesamte Präsentationsdauer beträgt 12:13 Minuten, unser Ausschnitt reicht von Minute 2:40 bis 3:32.

Bsp. 5. Sonne
Chr = Chris (Schüler, 4. Klasse, 9 Jahre), Dar = Dario (Schüler, 4. Klasse, 9 Jahre)
{02:40–03:32}

001	Chr	warum ist die sonne so heiß;
002		auf der sonne tobt ein ungeheurer; (.) feuersturm;
003		unvorstellbare explosion findn da statt;
004		=da wird/dabei wird der wasser(.)stoff so; <<h< ho:>ch er<<t hi:>tzt dass er zu helium wird;
005		=indem zwei wasserstoff(.)atome zu einem heliumatom geschmolzn werdn;
006		KERNfusion;
007		das ist eine gewaltige energie; die hitze ist darin (.) nur ein element;
008		viel wichtag/viel wichtiger ist der druck´ (.)
009		de:n ohne diesn druck findet keine fusion statt
010		=es gelingt auf der (.) erde´ ähnliche energie zu erzeugen;
011		mit wasserstoffbomben;
012		davon ist eine so´ sta:´rk; dass sie (.) eine großstadt wie BERlin oder paris
013		komple:´tt; zu gas verdampfen lassen könnte
014		=eine schreckliche waffe? (.) die sich d/ da/ äh: die sich da: mh: (1.0)
015		gebastelt haben (2.0)

016 Dar   so wichtig ist das eigentlich au nich
017   denn noch vor (.) fünfhundert Jahren (–) (.) galt (.) es (.) als (.) g/ äh: ähm (.)
018   gottes(.)läs(.)terung? Wenn man von der erde behauptet hätte (–) (2.0)
019 Chr   so wichtig ist das eigentlich au nich ((...))

Schon bei der ersten Lektüre dürften Zweifel aufkommen, ob die Referenten tatsächlich verstanden haben, was sie ihren Mitschülerinnen und Mitschülern an Inhalten präsentieren – ein Zweifel, der sich beim Ansehen des Videos verstärkt. So finden wir intonatorische Auffälligkeiten (Z. 006 *KERNfusion*), eine in Teilen kontraintuitive Betonung (etwa in Z. 004 *so; <<h< ho:>ch er<<t hi:>tzt*) sowie eine Fülle von Stimmhebungen und -senkungen. Hinzu kommen Unregelmäßigkeiten im Lesefluss, der an zahlreichen Stellen als stockend charakterisiert werden kann, vor allem bei Dario. Da vorwiegend von der Sprechvorlage abgelesen wird, wird von den beiden Jungen in der Folge kaum Blickkontakt mit dem Publikum hergestellt.

Körpersprachliche Effekte zur Unterstützung der inhaltlichen Ausführungen sind so gut wie nicht vorhanden. Das Modell von Sonne, Mond und Erde wird erst in der Feedback-Runde genutzt (nachdem die Lehrerin mit der Frage „Wollt ihr euer Modell einmal erklären?" eine Diskurseinheit initiiert), das Plakat wird in den Vortrag nicht zielführend eingebaut – lediglich einzelne Beschriftungen werden vorgelesen. Damit dient die Visualisierung weniger der Verständnissicherung auf Seiten der Rezipienten denn vielmehr als weitere Sprechvorlage der Präsentierenden. Dann jedoch stehen die Präsentierenden mit dem Rücken zu ihren Zuhörerinnen und Zuhörern und sind akustisch schlecht zu verstehen. Unterstützende Zeigegesten werden während der Präsentation nicht eingesetzt.

Doch schauen wir uns den Ausschnitt einmal genauer an. Chris initiiert mit seiner rhetorischen Frage in Z. 001 *warum ist die sonne so heiß;* einen multi-unit-term, eine übersatzmäßige Äußerung. Damit dient seine „Lehrerfrage" (vgl. Ehlich 1981) als vorbereitender Job für die Hervorbringung einer explanativen Diskurseinheit, die wir als eine in sich geschlossene und intern strukturierte Informationseinheit definieren können, die von einem einzelnen Sprecher verantwortet wird (vgl. Hausendorf & Quasthoff 1996).

Durch diese Frage thematisiert er einen möglichen Erklärungsgegenstand; er antizipiert Erklärbedarf auf Seiten seiner Mitschülerinnen und -mitschüler. Damit nehmen die übrigen Interaktanten die Rolle von Zuhörerinnen und Zuhörern ein, eine hierarchisch strukturierte Kommunikationsbeziehung zwischen ihnen und Chris ist hergestellt. Gleichzeitig setzt sich Chris unter Zugzwang, nach der von ihm selbst gestellten Frage auch die Antwort darauf zu liefern. So schafft er einen thematischen Bezugsrahmen: das Explanandum wird konstituiert und in den Aufmerksamkeitsfokus der Klassenkameradinnen und -kameraden gerückt (vgl. Morek 2012: 166).

Trotzdem bleibt ein Eindruck bestehen, den auch schon Baurmann & Berkemeier (2014: 9) im Zusammenhang mit schülerseitigen Präsentationen beschrieben haben: „Man hat den Eindruck [...], dass die vorgelesenen Textteile von der präsentierenden Person gar nicht verstanden, sondern nur kopiert worden sind." Neben den bereits genannten Punkten liegt dies bspw. an der hochfrequenten Nutzung bildungssprachlicher Merkmale wie Fachtermini aus dem Bereich der Chemie und der chemischen Prozesse (z. B. die *so-dass*-Konstruktion). Die Fachtermini stellen jedoch nicht nur den jeweiligen Präsentierenden, sondern auch die Nicht-Wissenden, die Zuhörerinnen und Zuhörer, vor große Herausforderungen. Schließlich gilt für die Verwendung von Fachtermini: „Der Novize muss ein neues Lexem und mit ihm ein neues Aussageprogramm lernen, um sagen zu können, was er sagen will" (Ortner 2009: 2231).

Zusätzlich erschwert ein thematischer Bruch die Rezeption. Indem Dario in Z. 016 einschränkend formuliert *so wichtig ist das eigentlich au nicht*; kann kein neuer, kein geteilter Bezugsrahmen geschaffen werden; die Herstellung von „Inhaltsrelevanz" (vgl. Morek 2012: 64) gelingt nicht. Deutlich wird, dass Dario seinem Vorredner inhaltlich nicht gefolgt ist, da er mit historischen Informationen aufwartet, die in keinem sachlogischen Zusammenhang mit den zuvor behandelten Aspekten stehen. Wir können dies als Problem der Vertextung charakterisieren (vgl. Quasthoff 2009).

In der sich dem Vortrag anschließenden Feedback-Runde wird schließlich deutlich, dass die Jungen nur in Teilen dazu in der Lage sind, thematisches Wissen zu prozessieren und ihren Zuhörerinnen und Zuhörern Prozesse, Eigenschaften etc. zu erklären: Auf die wesentliche Frage, ob sich die Erde um die Sonne dreht oder die Sonne um die Erde, kommt es auf Grund von divergierenden Meinungen zu einer Auseinandersetzung innerhalb der Gruppe.

Die Ursache für die nicht geglückte Wissensvermittlung zwischen Jungengruppe und der restlichen Klassengemeinschaft ist relativ einfach durch eine Suche im Internet erklärt:[6] Die vier Jungen bedienen sich eines Textes, den sie im Internet gefunden haben und nahezu wortgleich vorlesen. Auch werden während des Vortrags metatextuelle Gliederungsmarker nicht als solche identifiziert.

Doch nicht allein der vorgelesene Primärtext führt zu einer nicht optimalen Präsentation. Denn auch die Visualisierung erweist sich als hinderlich für den

---

6 Der Text findet sich auf der Seite „Primolo" (https://www.primolo.de).

Wissenstransfer, da sie selbst für die Zuhörerinnen und Zuhörer in der ersten Reihe unlesbar ist: die Textelemente sind zu klein geschrieben, die Handschrift schwer zu entziffern. Zahlreiche Bilder auf dem Plakat sind ebenfalls zu klein und können von den Zuhörerinnen und Zuhörern kaum erkannt werden. Schließlich ist die Visualisierungskompetenz zentral „für die eigene Verstehenssicherung und angemessene Verwendung sprachlicher Mittel bei der Darstellung von Sachverhalten" (Baurmann & Berkemeier 2014: 9). Wesentlicher im vorliegenden Fall ist hingegen das Problem, dass es den Viertklässlern nicht gelingt, „sprachliche Formen und Handlungen [...] aus der medialen Schriftlichkeit in die mediale Mündlichkeit" (Gätje, Krelle, Behrens & Grundler 2016: 6) zu übertragen.

Wichtig sind daher die didaktischen Konsequenzen, die aus diesem Beispiel gezogen werden müssen. Ohne eine gute Text-, Quellen-, Material- und Informationsgrundlage für die präsentierenden Schülerinnen und Schüler kann der Vortrag nicht gelingen.

4 Fazit und didaktische Überlegungen

Die beiden vorgestellten Schülerpräsentationen stellen Extrempole im Korpus dar. Doch können mithilfe dieser Pole didaktische Überlegungen angestellt und Konsequenzen für das Präsentieren in der Grundschule gezogen werden.

Das mündliche Präsentieren bietet zunächst in der Schule die Chance, „dass schülerseitig global-strukturierte Beiträge realisiert werden können" (Heller & Morek 2015: 4). Dies trägt auch einer Forderung Becker-Mrotzeks Rechnung: Mit Blick auf die Förderung mündlicher kommunikativer Kompetenzen in der Institution Schule führt er aus, dass sich während des Unterrichts „Phasen der Instruktion durch den Lehrer, kooperatives Lernen und Arbeiten in Gruppen, selbstreguliertes oder selbstgesteuertes Lernen in der Einzel- und Partnerarbeit sowie Gespräche im Klassenverbund" (2011: 34) abwechseln sollten.

Schließlich haben wir es beim mündlichen Präsentieren mit einer integrierten Förderung von Diskurskompetenz dergestalt zu tun, dass fachliches und diskursives Lernen miteinander verknüpft werden. Kinder lernen so schon in der Grundschule „mit globalen sequenziellen Erwartungen in Gesprächen produktiv und rezeptiv kontextualisierend umgehen zu können" (Quasthoff 2009: 88). Auf diese Weise können Schülerinnen und Schüler schon zu einem frühen Zeitpunkt ihrer schulischen Sozialisation Interaktionserfahrungen sammeln, in denen sie sich als kompetente Präsentatorinnen und Präsentatoren erfahren. Denn gerade „im Bereich der mündlichen Sprachkompetenz ist das Selbstkonzept aber von entscheidender Bedeutung. Im mündlichen Sprachgebrauch kommt die Persönlichkeit stark ins Spiel: Kann ich gut reden? Komme ich an? Werde ich verstanden? Bin ich interessant? Nimmt man mich ernst? Kann ich mich durchsetzen? Bin ich zu schüchtern, zu laut, zu wenig fordernd?" (Behrens & Eriksson 2011: 48 f.). Nicht zuletzt aus diesen Gründen muss es sich beim Präsentieren um eine angeleitete Tätigkeit handeln. Hier sind die Lehrkräfte gefordert, in kleinen Schritten auf die multimodale und komplexe sprachliche Kommunikationshandlung *Präsentieren* vorzubereiten. Dabei ist Grundlegend, dass sie sowohl Lernziel als auch Lernmedium des Unterrichts sind (was generell für sprachlich-kommunikative Praktiken im Unterricht gilt (vgl. Becker-Mrotzek & Quasthoff 1998).

Will man Kinder nicht überfordern, ist genau zu überlegen, wie das Potential des Präsentierens abgerufen werden kann. Um einen Selbstläufer handelt es sich dabei jedenfalls nicht – anders als es etwa Bartnitzkys Ausführungen zum sachbezogenen Vortragen suggerieren (s. oben). Andernfalls kann es dazu kommen, dass sie Texte für ihre Präsentationen heranziehen, die durch bildungssprachliche Merkmale die Inhaltsentnahme erschweren. Anders formuliert: Grundschülerinnen und -schüler müssen schon bei der Vorbereitung – bei Themenwahl und Recherche angefangen – angeleitet und unterstützt werden. Die Material- und Quellensuche darf nicht ausschließlich in ihrer Eigenverantwortung liegen, da die in der Vorbereitungs- bzw. Planungsphase „relevanten Fähigkeiten (Recherche, Lektüre, Zuhörerantizipation, Zeitmanagement etc.) [...] wesentlichen Einfluss auf die Qualität der Präsentation (Situation II)" haben (Gätje, Krelle, Behrens & Grundler 2016: 10).

Auch wenn es eine defensive Strategie darstellt: Sachtexte müssen gegebenenfalls von Lehrkräften entlastet werden. Die Intensität, mit der Schülerinnen und Schüler bei der Text- und Materialsuche unterstützt werden, ist ebenso abhängig von der Klassenstufe wie vom Übungsstand bei der Bewältigung von Präsentationen. In der Grundschule sollten Schülerinnen und Schülern altersgerechte Texte und Materialien zur Verfügung gestellt werden (vgl. Berkemeier & Brauch 2014). Hier bieten sich auch Internetsuchmaschinen für Kinder an wie etwa www.fragfinn.de, www.blinde-kuh.de oder für die Suche zum Thema *Tiere* www.kindernetz.de/oli/tierlexikon. Ein gut strukturierter, übersichtlich gegliederter Text mit einem möglichst hohen Maß an Redundanz bietet eine gute Grundlage dafür, dass Schülerinnen und Schüler relevante Informationen erkennen und entnehmen.

Ferner helfen – im Sinne des Scaffolding – Standardformulierungen, die den Kindern an die Hand gegeben werden und eine Gliederung des Vortrags nahelegen. Generell ist festzuhalten, dass es sich von der Vorbereitung über den konkreten Vortrag bis zur Nachbereitung um Aspekte handelt, die „als Teilkompetenzen beschreibbar" sind (Baurmann & Berkemeier 2014: 8) und demnach gezielt gefördert werden können. Eine zentrale Rolle nimmt hier die Schulung der Visualisierungskompetenz ein; auch auf digitaler Basis aufgrund der leichteren Überarbeitungsmöglichkeiten. Für die digitale Bildersuche eignet sich etwa die Bilderdatenbanken www.find-das-bild.de und www.pixabay.com.

Stets sollte mit einer Präsentation auch eine Feedback-Phase (am Ende von Situation 3, s. Abb. 1) einhergehen, in der die Rezipienten „anschließend ebenso authentisch zurückmelden, ob der Vermittlungsprozess aus ihrer Sicht gelungen ist" (Baurmann & Berkemeier 2014: 8).

Für frühe Präsentationserfahrungen spricht, dies wurde am Beispiel des solistischen Erklärens von Julia dargelegt, dass das Präsentieren eine rollendefinitorische Funktion haben kann, indem sich Schülerinnen und Schüler als Wissende bzw. als Expertinnen und Experten erfahren. Wenn Präsentationen funktional in den Deutschunterricht eingebunden werden (vgl. Becker-Mrotzek 2005: 10), haben sie im Vergleich zu lediglich begrenzt übertragbaren Rollenspielen den Vorteil, dass die Vortragenden wirklich das erwerben, was von ihnen auch außerhalb der Schule verlangt wird: selbsttätig (wenn auch nicht unbegleitet) Wissen zu vermitteln, das für das Publikum neu ist. Ferner kann das Präsentieren einen Beitrag dazu leisten, dass Kindern Interaktionserfahrungen sammeln, wodurch deren „sprachlich-kommunikativer Erfahrungsraum" erweitert wird – vor allem „auch derjenigen Kinder [...], denen in ihren Familieninteraktionen solche Gelegenheiten nur eingeschränkt zur Verfügung stehen" (Morek 2012: 282). Kurzum: Wir sollten im Unterricht mehr Präsentationsgelegenheiten schaffen, um diskursive Aktivitäten und damit einhergehend bildungssprachliche Praktiken von Schülerinnen und Schülern zu fördern.

Literatur

Abraham, Ulf (2007): *Sprechen als reflexive Praxis. Mündlicher Sprachgebrauch in einem kompetenzorientierten Deutschunterricht.* Freiburg i. Br.: Klett Fillibach.

Ahrenholz, Bernt (2010): Bildungssprache im Sachunterricht der Grundschule. In Ahrenholz, Bernt (Hrsg.): *Fachunterricht und Deutsch als Zweitsprache.* Tübingen: Narr, 15–35.

Bartnitzky, Horst (2000): *Sprachunterricht heute. Sprachdidaktik, Unterrichtsbeispiele, Planungsmodelle.* Berlin: Cornelsen Scriptor.

Baurmann, Jürgen & Berkemeier, Anne (2014): Präsentieren – multimedial. *Praxis Deutsch* 244: 4–11.

Baurmann, Jürgen & Pohl, Thorsten (2011): Schreiben – Texte verfassen. In Bremerich-Vos, Albert; Granzer, Dietlinde; Behrens, Ulrike & Köller, Olaf (Hrsg.): *Bildungsstandards für die Grundschule: Deutsch konkret.* Berlin: Cornelsen Scriptor, 75–103.

Becker-Mrotzek, Michael (2005): Präsentieren. *Praxis Deutsch* 190: 6–13.

Becker-Mrotzek, Michael (2009): Unterrichtskommunikation als Mittel der Kompetenzentwicklung. In Becker-Mrotzek, Michael (Hrsg.): *Mündliche Kommunikation und Gesprächsdidaktik.* Baltmannsweiler: Schneider Verlag Hohengehren, 103–115.

Becker-Mrotzek, Michael (2011): Der Erzählkreis als Exempel für die Besonderheiten der Unterrichtskommunikation. *Osnabrücker Beiträge zur Sprachtheorie* 80: 31–45.
Becker-Mrotzek, Michael & Quasthoff, Uta (1998): Unterrichtsgespräche zwischen Gesprächsforschung, Fachdidaktik und Unterrichtspraxis. *Der Deutschunterricht* 1: 3–13.
Becker-Mrotzek, Michael & Vogt, Rüdiger (2009): *Unterrichtskommunikation. Linguistische Analysemethoden und Forschungsergebnisse* (2. Aufl.). Tübingen: Niemeyer.
Behrens, Ulrike (2015): Vom Hören zum Verstehen. Zuhörfähigkeit fördern in der Grundschule. *Deutsch differenziert. Zeitschrift für die Grundschule* 1: 8–10.
Behrens, Ulrike & Eriksson, Brigit (2011): Sprechen und Zuhören. In Bremerich-Vos, Albert; Granzer, Dietlinde; Behrens, Ulrike & Köller, Olaf (Hrsg.): *Bildungsstandards für die Grundschule: Deutsch konkret*. Berlin: Cornelsen, Scriptor, 43–74.
Benholz, Claudia & Rau, Sarah (2011): *Möglichkeiten der Sprachförderung im Sachunterricht*. https://www.uni-due.de/imperia/md/content/prodaz/sprachfoerderung_sachunterricht_grundschule.pdf (15.04.2018).
Berkemeier, Anne (2006): *Präsentieren und Moderieren im Deutschunterricht*. Baltmannsweiler: Schneider Verlag Hohengehren.
Berkemeier, Anne (2009): Visualisierend Präsentieren als eine Form des Informationsmanagements. In Krelle, Michael & Spiegel, Carmen (Hrsg.): *Sprechen und Kommunizieren. Entwicklungsperspektiven, Diagnosemöglichkeiten und Lernszenarien in Deutschunterricht und Deutschdidaktik*. Baltmannsweiler: Schneider Verlag Hohengehren, 156–170.
Berkemeier, Anne & Brauch, Andrea (2014): Inhalte herausgesucht – Präsentation ‚in der Tasche'? Präsentationen reflektieren, beurteilen und überarbeiten. *Praxis Deutsch* 244: 40–45.
Berkemeier, Anne & Pfennig, Lothar (2009): SchülerInnen präsentieren. In Becker-Mrotzek, Michael (Hrsg.): *Mündliche Kommunikation und Gesprächsdidaktik*. Baltmannsweiler: Schneider Verlag Hohengehren, 544–552.
Bose, Ines (1994): *Zur temporalen Struktur frei gesprochener Texte*. Frankfurt am Main: Hector.
Brünner, Gisela & Gülich, Elisabeth (2002): Verfahren der Veranschaulichung in der Experten-Laien-Kommunikation. In Brünner, Gisela & Gülich, Elisabeth (Hrsg.): *Krankheit verstehen. Interdisziplinäre Beiträge zur Sprache in Krankheitsdarstellungen*. Bielefeld: Aisthesis, 17–94.
Ehlich, Konrad (1981): Schulischer Diskurs als Dialog? In Schröder, Peter & Steger, Hugo (Hrsg.): *Dialogforschung*. Düsseldorf: Schwann, 334–369.
Ehlich, Konrad & Rehbein, Jochen (1986): *Muster und Institution. Untersuchungen zur schulischen Kommunikation*. Tübingen: Narr.
Ehmer, Oliver (2013): Veranschaulichungsverfahren im Gespräch. In Birkner, Karin & Ehmer, Oliver (Hrsg.): *Veranschaulichungsverfahren im Gespräch*. Mannheim: Verlag für Gesprächsforschung, 2–17.
Feilke, Helmuth (2012): Bildungssprachliche Kompetenzen – fördern und entwickeln. *Praxis Deutsch* 233: 4–13.
Gätje, Olaf; Krelle, Michael; Behrens, Ulrike & Grundler, Elke (2016): Präsentieren als literale Kompetenz. *leseforum.ch – Online-Plattform für Literalität* 1 (2016). https://www.leseforum.ch/sysModules/obxLeseforum/Artikel/562/2016_1_Gaetje_et_al.pdf (10.08.2018).
Goffman, Erving (1981): *Forms Of Talk*. Philadelphia: University of Pennsylvania Press.

Gogolin, Ingrid & Lange, Imke (2011): Bildungssprache und durchgängige Sprachbildung. In Fürstenau, Sara & Gomolla, Mechtild (Hrsg.): *Migration und schulischer Wandel. Mehrsprachigkeit.* Wiesbaden: VS Springer, 107–127.

Harren, Inga (2011): Die verborgene Arbeit der Fachlehrer – sprachliche Anforderungen im Fachunterricht. *Osnabrücker Beiträge zur Sprachtheorie* 80: 101–123.

Hausendorf, Heiko & Quasthoff, Uta (1996): *Sprachentwicklung und Interaktion. Eine linguistische Studie zum Erwerb von Diskursfähigkeit bei Kindern.* Wiesbaden: Westdeutscher Verlag.

Heller, Vivien & Morek, Miriam (2015): Unterrichtsgespräche als Erwerbskontext: Kommunikative Gelegenheiten für bildungssprachliche Praktiken erkennen und nutzen. *leseforum.ch – Online-Plattform für Literalität* 3 (2015). https://www.leseforum.ch/sysModules/obxLeseforum/Artikel/548/2015_3_Heller_Morek.pdf (10. 08. 2018).

Herbein, Evelin; Golle, Jessika; Tibus, Maike; Schiefer, Julia; Trautwein, Ulrich & Zettler, Ingo (2018): Fostering elementary school children's public speaking skills: A randomized controlled trial. *Learning and Instruction* 55: 158–168. https://www.sciencedirect.com/science/article/pii/S095947521730628X (15. 04. 2018).

Klein, Josef (2001): Erklären und Argumentieren als interaktive Gesprächsstrukturen. In Brinker, Klaus; Antos, Gerd; Heinemann, Wolfgang & Sager, Sven F. (Hrsg.): *Text- und Gesprächslinguistik. Ein internationales Handbuch zeitgenössischer Forschung. 2. Halbband: Gesprächslinguistik.* Berlin, New York: de Gruyter, 1309–1329.

Knoblauch, Hubert (2007): Die Performanz des Wissens. Zeigen und Wissen in Powerpoint-Präsentationen. In Koblauch, Hubert & Schnettler, Berndt (Hrsg.): *Powerpoint-Präsentationen. Neue Formen der gesellschaftlichen Kommunikation von Wissen.* Konstanz: UVK, 117–137.

Kotthoff, Helga (2009): Gesprächsfähigkeiten: Erzählen, Argumentieren, Erklären. In Krelle, Michael & Spiegel, Carmen (Hrsg.): *Sprechen und Kommunizieren. Entwicklungsperspektiven, Diagnosemöglichkeiten und Lernszenarien in Deutschunterricht und Deutschdidaktik.* Baltmannsweiler: Schneider Verlag Hohengehren, 41–63.

Kultusministerkonferenz (2004): *Bildungsstandards im Fach Deutsch für den Primarbereich.* https://www.kmk.org/fileadmin/Dateien/veroeffentlichungen_beschluesse/2004/2004_10_15-Bildungsstandards-Deutsch-Primar.pdf (08. 10. 2017).

Lobin, Henning (2012): *Die wissenschaftliche Präsentation. Konzept, Visualisierung, Durchführung.* Paderborn: Schöningh.

Ministerium für Schule und Weiterbildung des Landes Nordrhein-Westfalen (2008): *Richtlinien und Lehrpläne für die Grundschule in Nordrhein-Westfalen.* Frechen: Ritterbach.

Morek, Miriam (2012): *Kinder erklären. Interaktionen in Familie und Unterricht im Vergleich.* Tübingen: Stauffenburg.

Morek, Miriam & Heller, Vivien (2012): Bildungssprache – Kommunikative, epistemische, soziale und interaktive Aspekte ihres Gebrauchs. *Zeitschrift für Angewandte Linguistik* 57: 67–101.

Neumeister, Nicole & Vogt, Rüdiger (2009): Erklären im Unterricht. In Becker-Mrotzek, Michael (Hrsg.:): *Mündliche Kommunikation und Gesprächsdidaktik.* Baltmannsweiler: Schneider Verlag Hohengehren: 662–583.

Ortner, Hanspeter (2009): Rhetorisch-stilistische Eigenschaften der Bildungssprache. In Fix, Ulla; Gardt, Andreas & Knape, Joachim (Hrsg.): *Rhetorik und Stilistik*, Band 2. Berlin, New York: de Gruyter, 2227–2240.

Ossner, Jakob (2007): Wissen, System und Erklärungskompetenz in der Sprachthematisierung. In Gailberger, Stephan & Krelle, Michael (Hrsg.): *Wissen und Kompetenz. Entwicklungslinien und Kontinuitäten in Deutschdidaktik und Deutschunterricht.* Baltmannsweiler: Schneider Verlag Hohengehren, 211–227.

Quasthoff, Uta (2009): Entwicklung der mündlichen Kommunikationskompetenz. In Becker-Mrotzek, Michael (Hrsg.): *Unterrichtskommunikation und Gesprächsdidaktik.* Baltmannsweiler: Schneider Verlag Hohengehren, 84–100.

Selting, Margret; Auer, Peter; Barth-Weingarten, Dagmar; Bergmann, Jörg; Bergmann, Pia; Birkner, Karin; Couper-Kuhlen, Elizabeth; Deppermann, Arnulf; Gilles, Peter; Günthner, Susanne; Hartung, Martin; Kern, Friederike; Mertzlufft, Christine; Meyer, Christian; Morek, Miriam; Oberzaucher, Frank; Peters, Jörg; Quasthoff, Uta; Schütte, Wilfried; Stukenbrock, Anja & Uhmann, Susanne (2009): Gesprächsanalytisches Transkriptionssystem 2 (GAT 2). Gesprächsforschung. Online-Zeitschrift zur verbalen Interaktion 10: 353–402. http://www.gespraechsforschung-ozs.de/heft2009/px-gat2.pdf (10.04.2018).

Schneider, Hansjakob; Becker-Mrotzek, Michael; Sturm, Afra; Jambor-Fahlen, Simone; Neugebauer, Uwe; Efing, Christian; Kernen, Nora (2013): *Expertise zur Wirksamkeit von Sprachförderung.* Bildungsdirektion des Kantons Zürich. http://www.mercator-institut-sprachfoerderung.de/fileadmin/user_upload/Expertise_Sprachfoerderung_Web_final_03.pdf (15.10.2017).

Spreckels, Janet (2009): Mündliches Erklären im Deutschunterricht. In Krelle, Michael & Spiegel, Carmen (Hrsg.): *Sprechen und Kommunizieren. Entwicklungsperspektiven, Diagnosemöglichkeiten und Lernszenarien.* Baltmannsweiler: Schneider Verlag Hohengehren, 117–138.

Stahns, Ruven (2016): Bildungssprachliche Merkmale von Texten und Items. Zur Operationalisierung des Konstrukts ‚Bildungssprache'. *Didaktik Deutsch* 41: 44–55.

Sören Ohlhus
Fachliches Lernen als domänenspezifischer Diskurserwerb

Eine Fallstudie aus dem mathematischen Förderunterricht

1 Fachliche Lernprozesse und Diskurserwerb

Fachliche Lernprozesse in der Schule sind ganz überwiegend sprachlich vermittelte Prozesse, in denen nicht allein am jeweils domänenspezifischen Wissen der Beteiligten, sondern auch und zugleich an dessen Versprachlichung gearbeitet wird. Die Aneignung von Wissen ist in diesem Sinne eng verknüpft mit den spezifischen sprachlich-diskursiven Umgangsweisen damit, die ihrerseits in vielen Fällen zuerst erworben werden müssen. Fachliches und diskursives Lernen erscheinen in diesem Sinne als zwei Seiten einer Medaille. In den folgenden Abschnitten möchte ich deshalb anhand einer Fallstudie aus dem Bereich des mathematischen Lernens der Frage nachgehen, inwieweit und mit welchem Gewinn sich fachliche Lernprozesse als Prozesse des Diskurserwerbs beschreiben lassen.

Eine Vielzahl von Studien und Publikationen hat in den letzten Jahren die Bedeutung der Sprache für das fachliche Lernen in der Schule zum Thema gemacht (vgl. etwa Becker-Mrotzek, Schramm, Thürmann & Vollmer 2013; Ahrenholz, Hövelbrinks & Schmellentin 2017). Der Zusammenhang von Sprache und sprachlichem Lernen mit fachlichen Lernprozessen wurde dabei aus unterschiedlichen Perspektiven in den Blick genommen:

Einerseits geht es um die Beschreibung von strukturellen Eigenschaften und daraus resultierenden Anforderungen eines sprachlichen Registers, das etwa als Bildungssprache (Gogolin & Lange 2011; Feilke 2013), *Academic Language* (Snow & Uccelli 2009) oder *Language of Schooling* (Schleppegrell 2004) bezeichnet und als Grundlage schulischer Lernprozesse betrachtet wird. Sprache erscheint in dieser Betrachtungsweise als eine strukturelle Ressource des Lernens, deren lexikalische Mittel und syntaktische Muster Potenziale insbesondere für die kognitive Analyse und Aneignung eines Lerngegenstandes bereitstellen (für mathematische Lernprozesse vgl. etwa Prediger 2013). Sie stellt in diesem Sinne eine Voraussetzung des fachlichen Lernens dar, auch wenn diese Potenziale möglicherweise erst in der Auseinandersetzung mit dem Lerngegenstand ganz erschlossen werden.

In einem stärker pragmatisch geprägten Zugriff geht es zweitens um die Funktion und Verwendung von Sprache in schulischen Lernprozessen, um die

https://doi.org/10.1515/9783110570380-010

Identifikation von „Diskursfunktionen" sprachlicher Formen (Vollmer & Thürmann 2010; Hövelbrinks 2017), um das Zusammenspiel sprachlicher Basisqualifikationen und sprachlichen Handelns (Redder, Guckelsberger & Graßer 2013; Redder 2016) oder die Rekonstruktion „bildungssprachlicher Praktiken" in Unterrichtssettings (Morek & Heller 2012; Heller, Quasthoff, Prediger & Vogler 2017). In dieser Sichtweise ist es insbesondere die Teilnahme an bestimmten schultypischen Praktiken des Sprechens, wie Erklären, Beschreiben und Argumentieren, in denen Sprache und fachliches Lernen aufeinander bezogen werden.

Drittens nun kann das fachliche Lernen selbst als ein Prozess des Erwerbs symbolischer und insbesondere sprachlicher Handlungsweisen aufgefasst werden. In diesem Sinne spricht etwa Hallet (2013) in Anlehnung an Halliday (1978) und die Sydney School von *generischem Lernen*: Die sprachlichen (und anderen symbolischen) Formen und Praktiken des fachlichen Lernens stellen demnach „nicht bloß die sprachliche Hülle des Wissens dar, sondern sie *sind* selbst dieses Wissen" (Hallet 2013: 65, Hervorhebung im Original). Auch wenn sich ‚rein' diskursive Kompetenzen oder die Beherrschung bildungssprachlicher Strukturen *analytisch* von der Inhaltsdimension fachlichen Wissens unterscheiden lassen, erscheinen sie doch im Lernen selbst als zwei Aspekte *eines* Geschehens. Das fachliche Lernen wäre in dieser Perspektive als eine gegenstandsbezogene Ausdifferenzierung von Diskursfähigkeiten anzusehen, in der sprachliche Formen und schulische Praktiken mit konkreten Lerngegenständen verknüpft werden. Es wäre also eine Art von domänenspezifischem Diskurserwerb, in dem die Lernenden kommunikative Umgangsweisen mit den jeweiligen Lerngegenständen erwerben.

In der Fallstudie, die ich im Folgenden vorstelle, möchte ich der letztgenannten Konzeption der weitgehenden Identifikation von sprachlichem und fachlichem Lernen nachgehen und auf ihre Plausibilität und Fruchtbarkeit für die empirische Rekonstruktion von fachlichen Lernprozessen hin befragen. Bei der Studie handelt es sich um die Rekonstruktion eines individuellen Lernprozesses im Bereich Mathematik, in dem sich ein Grundschüler im Rahmen einer Einzelförderung mit Rechenstrategien der Addition und Subtraktion auseinandersetzt. Anhand von drei Transkriptbeispielen aus einem insgesamt 13-wöchigen Förderzeitraum soll nachvollzogen werden, wie einschlägiges Wissen im Zuge eines interaktiven Lernprozesses mittels Sprache und weiterer semiotischer Ressourcen sicht- und hörbar gemacht, diskursiviert, bearbeitet und letztlich im Sinne der Herausbildung einer kommunikativen Gattung[1] im Rahmen

---

[1] Zum Begriff der kommunikativen Gattung in der Soziologie und interaktiven Linguistik vgl. Bergmann & Luckmann (1995); Günthner (1995).

der Interaktionsgeschichte von Lernenden und Lehrenden (sprachlich) routinisiert wird.

Die Betrachtung eines fachlichen Lernprozesses unter der Perspektive sprachlich-diskursiven Lernens erlaubt es dabei nicht nur, sprachliche und fachliche Prozesse des Lernens in ihrer Verschränkung genauer zu rekonstruieren. Darüber hinaus eröffnet sie die Möglichkeit, Erkenntnisse und Modellierungen aus dem Bereich des Diskurserwerbs auf das fachliche Lernen zu übertragen und damit eine Analyseperspektive zu eröffnen und Einblicke in Kompetenzaspekte und Erwerbsmechanismen zu erlauben, die sich nicht vor allem aus dem fachlichen Aspekt des Lernens, sondern aus seiner sprachlichen Verfasstheit ergeben.

Als Hintergrund der Analyse soll im folgenden Abschnitt 2 zunächst das Förderprogramm, aus dem die hier betrachtete Fallstudie entnommen ist, aus einer fachdidaktischen Perspektive charakterisiert werden. In Abschnitt 3 wird sodann ein Modell aus der aktuellen Forschung zum Diskurserwerb eingeführt, das als analytischer Rahmen für die folgenden Einzelanalysen dient, in dem der Aspekt des Diskurserwerbs im Lernprozess herausgearbeitet werden kann. In der zusammenfassenden Diskussion der Einzelanalysen (4) geht es zunächst um die Angemessenheit und Fruchtbarkeit dieser Analyseperspektive für die gewählten Daten, bevor im abschließenden Abschnitt 5 einige Überlegungen zum Verhältnis sprachlichen und fachlichen Lernens, zu den Besonderheiten des hier gewählten Falls und zur Reichweite der Ergebnisse angestellt werden.

2 Rechnen lernen – Beschreibung des Förderprogramms

Die Fallstudie, an der in den folgenden Abschnitten die Verflechtung von Diskurserwerb und fachlichem Lernen exemplarisch aufgezeigt werden soll, stammt aus dem Bereich des mathematischen Lernens. Malte (Pseudonym) besucht die zweite Klasse einer Grundschule und nimmt teil an einer Einzelförderung, die an der Beratungsstelle für Kinder mit Rechenstörungen am Institut für Didaktik der Mathematik der Universität Bielefeld angeboten wird. Er trifft dort auf zwei Studierende des Grundschullehramts, die ihn über ein Semester hinweg in insgesamt 13 Sitzungen betreuen (wobei sie selbst wiederum von erfahrenen DidaktikerInnen betreut werden). Alle Sitzungen werden videographiert, sodass der gesamte Lernprozess längsschnittlich dokumentiert ist (Rottmann & Peter-Koop 2015).

Ziele der Förderung sind insbesondere die Entwicklung eines sicheren Stellenwertverständnisses und die Anwendung nicht-zählender Rechenstrategien für Additions- und Subtraktionsaufgaben, bei denen ein Zehner überschritten

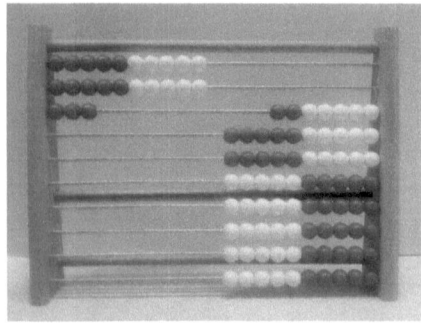

Abb. 1: Rechenrahmen mit der eingestellten Zahl 23 (und verkürzte Notation im Transkript).

wird (zum Beispiel 24 + 7, schrittweise zerlegt in 24 + 6 = 30 und 30 + 1 = 31). Um die entsprechenden Zahlvorstellungen und Rechenoperationen zugänglich zu machen, wird in dem entsprechenden Förderprogramm mit unterschiedlichen Materialien gearbeitet, insbesondere mit Steckwürfeln und einem Rechenrahmen. Diese Arbeitsmittel spielen in der Förderung eine zentrale Rolle und sie sind so ausgewählt, dass sie sich zur Veranschaulichung der einschlägigen mathematischen Konzepte eignen. Beim Rechenrahmen betrifft dies etwa die Struktur von jeweils zehn Kugeln auf einer Stange, die farblich wiederum in zwei Gruppen zu je fünf aufgeteilt sind (s. Abbildung 1). Rechen*operationen* entsprechen dem Verschieben von Kugeln auf den Stangen des Rechenrahmens und Manipulationen daran erhalten durch die Struktur des Materials selbst eine bestimmte „mathematische" Ordnung.

Mit der Bereitstellung sinnvoll strukturierter Arbeitsmittel allein ist es freilich nicht getan. Vielmehr muss der Umgang mit ihnen in einer sinnvollen semiotischen Praxis zunächst erschlossen werden. Gegenstand der Förderung sind in diesem Sinne Übersetzungsprozesse (Wartha 2011) zwischen mathematisch-symbolischen Darstellungen und ihrer Verbalisierung, bildhaften Konstelltionen im verwendeten Material und sinnvollen, struktursensitiven Materialhandlungen zur Manipulation dieser Konstellationen. Diese Übersetzungsprozesse sind es, die im Rahmen der Förderung durch sprachliche und multimodale Interaktionen zwischen den Tutor_innen und den Förderkindern erarbeitet und eingeübt werden. Als Wechsel der Darstellungsform eines mathematischen Problems sind sie in der Förderung zugleich Lernmedium und Lernziel (vgl. Bruner 1971a, b; Prediger & Wessel 2012): Sie geben Anlass zur Auseinandersetzung mit unterschiedlichen Aspekten der angezielten Rechenstrategie und dienen, wenn sie „mit Geläufigkeit" (Wittgenstein 1997: 544) ausgeführt werden, als Ausweis der erworbenen Kompetenz.

Im Weiteren konzentriere ich mich auf die Arbeit mit dem Rechenrahmen. Diese orientiert sich im Förderprogramm an einem Vier-Phasen-Modell (Wartha & Schulz 2012), in dem die Praxis des Rechnens von Additions- und Subtraktionsaufgaben über den Förderzeitraum hinweg in je unterschiedlichen Konstellationen bzw. Beteiligungsrahmen (Goodwin 2007) vorgenommen wird, die insbesondere auch jeweils unterschiedliche Ansprüche an die sprachliche Durchführung stellen (Kern, Ohlhus & Rottmann 2017):

1. In der ersten Phase hat das Kind Zugriff auf den Rechenrahmen, den es zur Lösung der Aufgabe benutzen soll. Dabei sollen die mathematischen Konzepte und Operationen begleitend versprachlicht werden.
2. In der zweiten Phase hat das Kind nur noch visuellen Zugriff auf den Rechenrahmen, der nun von den Tutor_innen manipuliert wird. Diese folgen den sprachlichen Instruktionen des Förderkindes.
3. In der dritten Phase versperrt ein Sichtschirm auch den visuellen Zugang zum Rechenrahmen. Das Förderkind muss sich Operationen und Zustände am Rechenrahmen vorstellen und auf dieser Basis Instruktionen an die Tutor_innen formulieren, die hinterher am Rechenrahmen überprüft werden können.
4. In der letzten Phase findet sich überhaupt kein Rechenrahmen mehr in der Situation, das Kind beschreibt seine Vorgehensweise beim Lösen einer Rechenaufgabe auf der Basis seiner Vorstellung des Rechenrahmens.

Wie man an der Sukzession der Phasen erkennen kann, spielt die *Versprachlichung* des zunächst vordringlich manuellen Rechenprozesses für die Förderung eine zentrale Rolle: Sie wird zunächst parallel zur Manipulation am Rechenrahmen auf- und ausgebaut und dann über die verschiedenen Phasen hinweg schrittweise vom manuellen Handlungsprogramm und der Anschauung des Rechenrahmens gelöst. Das Ergebnis ist ein vollständig verbales ‚Handlungsprogramm' zur Lösung von Rechenaufgaben.

3 Die Diskursivierung fachlichen Lernens

Das Zusammenspiel von fachlichem Lernen und Diskurserwerb lässt sich, bezogen auf die Charakterisierung des didaktischen Programms der *Beratungsstelle für Kinder mit Rechenstörungen*, wie folgt umreißen:

(1) Auf der Basis einer zunächst vordringlich manuellen Praxis des Umgangs mit dem Rechenrahmen wird die Bearbeitung von Aufgaben zunächst zu einem kommunikativen Projekt (Linell 2012) von Lernenden und Lehrenden gemacht.

Sie wird in diesem Sinne *diskursiviert*.[2] Der praktische Sinn dieser Umformung liegt zunächst darin, dass durch sprachliche Kommentierungen von oder Instruktionen zu Rechenhandlungen die damit verbundenen kognitiven Strategien „veröffentlicht" werden: Sie werden im Rahmen der Interaktion nicht nur für die Lehrenden, sondern auch für die Lernenden zugänglich und bearbeitbar. Lernen als diskursiver Prozess ist in diesem Sinne Lernen im Gespräch und in der Interaktion mit anderen.

(2) Im Verlauf der Förderung werden auf diese Weise immer weitere Aspekte der Rechenstrategie thematisiert und versprachlicht, das kommunikative Projekt wird in der Interaktion *ausdifferenziert*. Die grundlegende Organisationsweise dieser Interaktion ist die Herstellung einer sequenziellen Ordnung, eines Nacheinanders von Beiträgen im Gespräch. Fragen und Antworten bilden zum Beispiel eine solche sequenzielle Ordnung, in der sich die *eine* sprachliche Handlung lokal auf die *andere* beziehen lässt. Je komplexer aber die diskursiv zu bearbeitenden Wissensstrukturen werden, desto ausdifferenzierter sind auch die Strukturen des sprachlichen Handelns. Satzübergreifende diskursive Einheiten wie Erzählen, Erklären oder Argumentieren weisen entsprechend nicht nur eine *lokale* sequenzielle Ordnung auf, sondern darüber hinaus eine satzübergreifende, *interne* Strukturierung ihrer Elemente, die es erlaubt, sie entsprechend eines kommunikativen Zwecks in eine *globale* Ordnung einzubinden (Quasthoff, Heller & Morek 2017).

(3) Das Ergebnis dieses Prozesses ist eine *versprachlichte Rechenstrategie*, die im Laufe der Förderung *routinisiert* wird. In der Interaktionsgeschichte von Lernendem und Lehrenden bildet sich in diesem Sinne eine kommunikative Gattung[3] zur Bearbeitung eines wiederholt vorkommenden kommunikativen

---

[2] Man kann in dieser Diskursivierung auch eine Versprachlichung der in der gemeinsamen Rechenpraxis jeweils einschlägigen Verweisräume im Sinne von Redder, Guckelsberger & Graßer (2013) erkennen: Sprachlich gezeigt wird zunächst im Wahrnehmungsraum auf den Rechenrahmen und dann zunehmend auf vorgestellte bzw. sprachlich konstituierte Objekte.

[3] Nach Bergmann & Luckmann 1995 gehört der Begriff der kommunikativen Gattung „to a level which is located between the linguistic, code-related, and the institutional, social structure-related determination of communicative processes. It is characterized by social modelling of the key features of communicative acts" (Bergmann & Luckmann 1995: 289). Die Autoren zielen damit auf Gattungen als Teil des gesamtgesellschaftlichen kommunikativen „Haushalts" (Luckmann 1988). Eine Institutionalisierung eines kommunikativen Projektes findet im kleineren Maßstab allerdings auch im Rahmen regelmäßiger Förderstunden statt: Dieser Aspekt soll durch den Gattungsbegriff an dieser Stelle hervorgehoben werden.

Projektes heraus. – Im hier vorliegenden Fall steht die herausgebildete Gattung freilich nicht auf einer Stufe mit gesellschaftlich allgemein verbreiteten Gattungen wie dem Erzählen oder Erklären. Sie wird vielmehr in einer sehr viel kleineren Diskursgemeinschaft ausgeprägt durch die konkrete Praxis, um deren Durchführung es in der Förderung immer wieder und vor allem geht: das versprachlichte Lösen von Rechenaufgaben unter Einsatz bestimmter Rechenstrategien als einer domänenspezifischen kommunikativen Gattung.

Die Ausgangsfrage für die folgende Fallstudie ist nun, ob sich im Erwerb einer solchen domänenspezifischen Gattung ähnliche Strukturen und Erwerbsmechanismen finden lassen, wie man sie etwa aus dem Erwerb „rein sprachlicher" Gattungen kennt. Um dieser Frage nachzugehen, soll den folgenden Analysen ein Modell von Diskurskompetenzen als Heuristik zugrunde gelegt werden, das in der Analyse des Erwerbs kommunikativer Gattungen wie Erzählen und Erklären seinen Ursprung hat. Das von Quasthoff (2009) erstmals in seiner Architektur umrissene und in der Folge in unterschiedlichen Arbeiten zu einzelnen kommunikativen Gattungen und Kontexten ausdifferenzierte Modell[4] geht von drei grundlegenden Anforderungsdimensionen aus, die die Realisierung einer kommunikativen Gattung an die Beteiligten einer Interaktion stellt:

- Die *Kontextualisierung* bezeichnet die Aufgabe, die Gattung als eine soziale Praxis eines bestimmten Typs im Gespräch überhaupt erst zu etablieren und zu verankern. Was genau also macht eine Aktivität zu einem Fall der Durchführung dieser Gattung und wie lässt sie sich angemessen im Gespräch platzieren?
- In der Dimension der *Vertextung* geht es sodann darum, die Durchführung der Gattung entsprechend den damit gesellschaftlich verbundenen Strukturierungserwartungen zu gestalten: Welche Abfolge von (sprachlichen) Teilhandlungen ist notwendig, um den Zweck der Gattung zu erfüllen? Wie lassen sich diese Teilhandlungen gegebenenfalls hierarchisch zu einem Ganzen organisieren?
- Die Dimension der *Markierung* wiederum beleuchtet den Aspekt der angemessenen (sprachlichen) Form in der Durchführung der Gattung. Welche Formen also sind besonders dazu geeignet, dem Gegenüber die Mitkonstruktion des in der Durchführung der Gattung prozessierten Sinns zu gestatten? Welche sprachliche Typik hat sich für die Gattung gesellschaftlich ausgebildet?

---

4 S. Morek (2011) zum Erklären, Heller (2012) zum Argumentieren, Ohlhus (2014) zum Erzählen.

Im Diskurserwerb geht es um den Ausbau von Kompetenzen in der Bearbeitung dieser unterschiedlichen Anforderungsdimensionen. Dabei greifen die Lernenden auf externe Ressourcen wie Modelle und interaktive Unterstützungsleistungen ebenso zurück wie auf interne Ressourcen, Fähigkeiten also, die sie bereits selbst mit in die Situation einbringen und entsprechend der Anforderung des aktuellen kommunikativen Projekts anwenden, ausbauen oder umfunktionalisieren können. In jeder Erwerbsphase kann dabei ein Wechselspiel der Dimensionen Kontextualisierung, Vertextung und Markierung festgestellt werden, die zwar eine je eigene Erwerbsdynamik zeigen, aber in der konkreten Realisierung kommunikativer Gattungen im Gespräch eng aufeinander bezogen bleiben.

4 Die Fallstudie

Ausgehend von der in der Einleitung entwickelten These von der weitgehenden Identität fachlicher und sprachlicher Lernprozesse soll im Folgenden also rekonstruiert werden, inwieweit sich die drei Anforderungsdimensionen des Diskurserwerbs als interaktiv bearbeitete Aufgaben in der Durchführung der in Abschnitt zwei beschriebenen Einzelförderung auffinden lassen – inwiefern also der fachliche Lernprozess sich als ein Diskurserwerb modellieren lässt.

Das hier betrachtete Beispiel stellt sicherlich einen besonderen Fall des Lernens dar. Zum einen haben wir es mit einem Förderprogramm zu tun, das von Anfang an und ganz systematisch die wichtige Rolle der Sprache als Mittel der Symbolisierung berücksichtigt (s. o. 2). Zum anderen geht es im fachlichen Lernprozess um den Erwerb einer *Handlungsweise* im Umgang mit Zahlen. Der Aspekt der Praxis ist hier also deutlich betont gegenüber dem des deklarativen Wissens. Diese zwei Faktoren sowie die Übersichtlichkeit einer Einzelförderung, in der der Lernfortschritt relativ gut beobachtet und zugeschrieben werden kann, machen die Fallstudie aber zugleich zu einem guten empirischen Einstiegspunkt in die Modellierung der Verschränkung von diskursivem und fachlichem Lernen.

Diese soll im Folgenden geschehen anhand dreier Ausschnitte aus dem Lernprozess von Malte. Die Ausschnitte sind chronologisch geordnet und der ersten, vierten und 13. Sitzung entnommen. Ihre Auswahl soll zum einen Maltes Lernprozess sowie die zunehmende Diskursivierung des Rechnens im Förderzeitraum greifbar machen. Zum anderen wird in den Analysen jeweils ein Fokus auf eine der drei Anforderungsdimensionen Kontextualisierung, Vertextung und Markierung gelegt. Diese Einteilung hat insbesondere Gründe der Darstellung – jedes der Beispiele ließe sich auch hinsichtlich der jeweils anderen Anforderungsdimensionen analysieren. Darüber hinaus aber spiegelt sich in der gewählten Reihenfolge auch eine Verschiebung im Fokus der interaktiven Arbeit im Lernprozess wieder, in dem es zunächst um die Etablierung der Praxis, dann um ihren Ausbau und letztlich um ihre Routinisierung geht (s. u. 5). In den Blick genommen wird dabei jeweils die Praxis des Rechnens in der Fördersituation als Ganze. Es geht also nicht in erster Linie darum, auf der Ebene einzelner pragmatischer Handlungszüge und deren Diskursfunktionen die Zusammensetzung der komplexen Praxis aufzukonstruieren, sondern darum, ausgehend von einer bereits bestehenden Praxis des Rechnens deren Diskursivierung, Ausdifferenzierung und Routinierung nachzuvollziehen.

4.1 Kontextualisieren: Etablieren der Rechenpraxis im situativen Rahmen

Unter dem Aspekt der *Kontextualisierung* können in den hier betrachteten Daten zwei Anforderungen an die TeilnehmerInnen einer sozialen Praxis gefasst werden, die eng aufeinander bezogen sind. Zum einen geht es darum, die Praxis als solche, den entsprechenden Aktivitätstyp (Levinson 2001), in die laufende Interaktion einzuführen. Zum anderen und eng damit verbunden geht es um das Etablieren des und die fortlaufende Arbeit am dazugehörigen Beteiligungsrahmen (Goodwin 2007), d. h. der Art und Weise, wie sich die Beteiligten in die gemeinsame Aktivität einbringen und welche semiotischen Ressourcen sie dafür benutzen (können).

Beide Aspekte lassen sich aus dem folgenden Transkriptausschnitt rekonstruieren. Er stammt aus der ersten Sitzung in der Einzelförderung von Malte (MAL). Seine beiden Tutor_innen (ER und SIE) stellen ihm eine Reihe von Aufgaben, zu deren Lösung er den Rechenrahmen zu Hilfe nehmen kann (bzw. muss; vgl. die Phase 1 im Vier-Phasen-Modell, s. o. 2). Das folgende Transkript zeigt die dritte Aufgabe, die Malte auf diese Weise lösen soll – und die erste Subtraktion des Tages. Neben dem Transkript findet sich jeweils eine Abbildung der aktuellen Einstellung des Rechenrahmens. Zu Beginn des Ausschnittes ist auf dem Rechenrahmen noch die Ergebniskonstellation der vorherigen Aufgabe eingestellt (#1), was zu einer Dissonanz zwischen Rechenprozess und Rechenrahmen führt. Erst im Laufe der Zeit wird die Einstellung des Rechenrahmens Schritt für Schritt an die aktuelle Aufgabe angeglichen, was den Nachvollzug am Transkript möglicherweise etwas erschwert.

Bsp. 1. Malte, Sitzung 1, 14 – 7, (Mal: Malte, ER: Tutor, SIE: Tutorin)[5]
(Ausgangsposition des RR: **#1**)

```
001  ER    DANN: noch die AUfgabe VIERzehn mInus sIEben.        #1
002  MAL   <<p>ich HASse minus;>                                ①●●●●●○○○○○
003        ((sinkt zusammen, fasst sich an die Stirn))          ②●●●●●○○○○○
                                                                ③●●
004  ER    du HASst minus,
005  MAL   <<p>vierzehn->
006        ((notiert die Aufgabe, über den Zettel gebeugt))
007  ER    minus SIEben.
008        (4,8 sek)
009  MAL   .hh <<p>najajaja.>
010        ((richtet sich auf, schaut zum RR))
011        ((setzt Stift an RR an))                              #2
012        ((setzt Stift an anderer Stelle an))                  ①
013        ((schiebt 4, dann 6 von ② nach rechts))               ②
014        ((schiebt 10 von ① nach rechts)) (#2)                 ③●●
015        (insgesamt 17,3 sek.)
016        äh::
017        (<<pp>tu ich da. nein, tu (--) tu ich das da (---) dazu.>)
018        ((schiebt 10 auf ①, dann 10 auf ②)) (#3)              #3
019        (2,6)                                                 ①●●●●●○○○○○
020  SIE   kannst auch mal erZÄHlen wie du das MACHST [so        ②●●●●●○○○○○
021        ungefähr.                                             ③●●
022  MAL   [<<pp>VIERzehn:>
023        ((schiebt 6 von ② nach rechts))
024        ((hebt den Stift, zeigt damit auf die Einstellung)) (#4)  #4
025  SIE   was hast du jetzt (.) was hast du jetzt geMACHT?      ①●●●●●○○○○○
026        (.)                                                   ②●●●●
027  MAL   VIERzehn,                                             ③●●
028        (.)
029  SIE   hast du auf die SEIte (.) geschoben;=oder;
030  MAL   hm`hm´,
```

---

[5] Die Transkriptionen folgenden Konventionen des Gesprächsanalytischen Transkriptionssystems (GAT 2) nach Selting et. al. 2009. Die schematischen Darstellungen des Rechenrahmens wurden in Abbildung 1 eingeführt; sie veranschaulichen jeweils die aktuelle Konstellation auf dem Rechenrahmen (RR).

031	((schiebt 2 von ③ nach rechts)) (#5)	#5
032	ER oKAY-	① ●●●●●○○○○
033	SIE hm`hm´?	② ●●●●
034	MAL VIERzehn, mInus SIEBen;	③
035	((scheibt 4 von ② nach rechts.))	
036	((zählt 3 auf ① ab, schiebt sie nach rechts)) (#6)	#6
037	(insgesamt 8,3 sek.)	① ●●●●●●○○ ○○○
038	sind SIEBen.	②
039	((schaut zu IHR))	③
040	ER oKAY:,	
041	SIE hm`hm´?	
042	MAL ((notiert das Ergebnis))	

In den ersten vier Zeilen des Transkripts geht es um die Einführung einer neuen Aufgabe. Da es sich um die insgesamt dritte Aufgabe dieses Typs im laufenden Gespräch handelt, stellen sich weder an den Tutor noch an Malte größere Anforderungen hinsichtlich des Kontextualisierens des einschlägigen Aktivitätstyps. Die Änderung der Grundrechenart wird von Malte in Zeile 002 mit einem persönlichen Kommentar versehen („ich hasse minus"), spätestens ab Zeile 005 aber macht er sich daran, die Aufgabe zu bearbeiten – der Beginn der neuen Aktivität ist damit in der Interaktion etabliert.

Nachdem Malte die Aufgabe auf einem Zettel notiert hat, wendet er sich in Zeile 009 seufzend dem Rechenrahmen zu. Es folgt ein relativ aufwendiger und mehrschrittiger Prozess in den Transkriptzeilen 010–016, der *im Ergebnis* nur dazu dient, den Rechenrahmen auf seine Ausgangsposition zurückzustellen. Dabei übergeht Malte die zwei Kugeln auf der dritten Stange (#2), die in ihrer Position verbleiben, ohne mit der aktuellen Rechnung zu tun zu haben.

Mit Zeile 017 beginnt nun der eigentliche Rechenprozess. Malte schiebt zunächst die 10 Kugeln von der ersten und dann der zweiten Stange wieder nach links (#3). Dabei spricht er sehr leise zu sich selbst (Zeile 017). Von der Zwischenbemerkung seiner Tutorin (Zeile 020), die ihn auffordert, zu versprachlichen, was er gerade macht, lässt Malte sich zunächst nicht aus dem Konzept bringen: In den Zeilen 022 und 023 schiebt er zunächst sechs Kugeln von der zweiten Stange wieder nach rechts und verbalisiert das so erreichte Ergebnis (die Einstellung des Minuenden 14) – wiederum sehr leise und wie für sich selbst – in Zeile 022 („VIERzehn:"). Eine tippende Zeigegeste mit dem Stift scheint diesen Rechenschritt abzuschließen (Zeile 024).

Nun setzt auch die Tutorin mit einer erneuten Nachfrage wieder ein. Diesmal fragt sie spezifischer danach, was Malte jetzt gemacht hat und Malte antwortet, diesmal lauter: „VIERzehn." Die weitere Elaboration dieser Antwort übernimmt die Tutorin in Zeile 029, indem sie sie syntaktisch ergänzt („… hast du auf die Seite geschoben, oder?"). Malte stimmt dem zu (Zeile 030).

Aus der Perspektive der *Kontextualisierung* geht es hier nicht so sehr um die Aushandlung und Deutung der konkreten Operationen Maltes am Rechenrahmen, sondern um einen grundlegenden Aspekt der hier betriebenen interaktiven Praxis: Beim ‚gemeinsamen' Rechnen am Rechenrahmen geht es darum, dass die Tutorin sieht, was Malte macht, und dass er seinen Operationen selbst Bedeutung gibt, indem er sie sprachlich kommentiert. Im ersten Teil des Transkripts bis Zeile 024 behandelt Malte jedoch sowohl seine Verbalisierungen (Zeile 017) als auch seine Manipulationen am Rechenrahmen als ‚Privatsache', die, anders als das Ergebnis einer Rechnung, nur für ihn und nur als Hilfsmittel seines Denkprozesses bestimmt sind. Mit den Nachfragen der Tutorin ändert sich diese Einschätzung des Beteiligungsrahmens. Sie drängt darauf, von Malte laufend Interpretationen (wenn nicht Rechtfertigungen) zu seinen Handlungen am Rechenrahmen zu bekommen. Diese Modifikation des Beteiligungsrahmens (vgl. Kern, Ohlhus & Rottmann 2017) hat zwei wahrnehmbare Folgen:

- Zum einen beginnt Malte nun auch selbst den Rechenrahmen als eine öffentliche semiotische Ressourcen wahrzunehmen, die entsprechend in einen lesbaren Zustand versetzt werden muss. Nachdem er der Tutorin sein Zwischenergebnis mitgeteilt hat, räumt er deshalb in Zeile 31 den Rechenrahmen auf, indem er die verbliebenen zwei Kugeln auf der dritten Stange, ein Überbleibsel aus der vorherigen Aufgabe, nach rechts und aus dem Weg schiebt.
- Zum anderen wird auch die Verbalisierung nunmehr durchgängig als eine öffentliche semiotische Ressource benutzt. Anders als im ersten Teil seiner Rechnung spricht Malte nicht mehr leise und zu sich, sondern er nutzt seine Verbalisierungen, um seine Manipulationen am Rechenrahmen für die Tutorin zu interpretieren und dann in Zeile 038 das Ergebnis seiner Rechnung zu präsentieren („sind sieben"). Zu dieser neuen ‚öffentlichen' Sprache gehört wahrscheinlich auch, dass Maltes Verbalisierung sich nun ganz an der Formulierung der Aufgabe orientiert und nicht mehr, wie noch in Zeile 017, probierend eine Reihe von Manipulationen am Rechenrahmen versprachlicht.

Insgesamt haben wir also zwei Aspekte der Kontextualisierung. Zum einen wird der Abschnitt der Interaktion kontextualisiert als das *Lösen einer Rechenaufgabe* des Typs Subtraktion. Diese Aufgabe stellt sich insbesondere für den Einstieg in die Interaktionsphase. Zum anderen aber, und hier liegt ein wichtiger Aspekt des mit dem Rechnen verbundenen Lernprozesses, heißt Rechnen in diesem Beteiligungsrahmen nicht lediglich, eine Zahl von einer anderen abzuziehen, sondern die *einzelnen Schritte und Elemente des Rechenprozesses öffentlich zu machen,* damit die Tutor_innen sie nachvollziehen können. Diese Diskursivierung des Rechenprozesses setzt also bereits in dieser frühen Phase, in der ersten Sitzung der Einzelförderung, ein. Sie ist ein Teil des einschlägigen Aktivitätstyps, zu dessen Bestimmung eben auch gehört, auf welche Weise welche semiotischen Ressourcen genutzt werden müssen und wie und ob Rechenschaft für bestimmte Handlungen abgelegt werden muss. Kontextualisierende Aktivitäten dieser Art sind ein notwendiger Bestandteil von Lernprozessen, insofern sie es erlauben, auf einer bestehenden Praxis aufzubauen und diese situativ umzuformen und auszubauen. Sie sind in diesem Sinne eine Daueraufgabe und eine Quelle des Lernens.

4.2 Vertextung: Diskursiver Ausbau der Rechenstrategie

In Bezug auf Diskursfähigkeiten bezeichnet der Kompetenzaspekt der *Vertextung* die Fähigkeit zum Ausbau einer Diskurseinheit entsprechend der mit ihr verbundenen internen Strukturerwartungen (s. o.; Quasthoff 2009). Es geht also darum, *was* in einer global strukturierten Diskurseinheit einer bestimmten Gattung verbalisiert werden muss und wie es in der Sequenz des Handelns anzuordnen ist. Mit Bezug auf die Gattung des Erzählens mag man beispielsweise an die Herstellung eines Settings und eines Planbruchs mit anschließender Auflösung denken. Im hier betrachteten Fall arithmetischen Lernens ist es parallel dazu die *Schrittfolge der versprachlichten Rechenoperationen* zur Lösung einer Aufgabe, die die Vertextung steuert.

Mit Bezug auf den Aspekt der Vertextung ist das Ziel des Lernprozesses eine stärkere Ausdifferenzierung der einzelnen Strukturpositionen der Handlung. So wie es im Erwerb z. B. von Argumentierfähigkeiten darum geht, das Rechtfertigen und Begründen expliziter werden zu lassen, geht es in der hier betrachteten Fördersituation darum, Malte die Elemente der von ihm geforderten Rechenoperation deutlicher vor Augen treten zu lassen. Dies geschieht auf dem Weg ihrer Versprachlichung, wie wir bereits im vorherigen Beispiel gesehen haben. Das Beispiel 2 zeigt nun, wie ein bereits erreichtes Verbalisierungsformat in der Interaktion weiter ausgebaut werden kann. Es stammt aus der vierten Sitzung und man kann erkennen, dass Malte bereits wichtige Aspekte der Rechenoperation, die nicht in der Aufgabe enthalten sind, insbesondere die Zahlzerlegung, in seine Verbalisierung integriert. Seine Tutorin versucht nun, darüber hinaus auch die Verbalisierung von *Zwischenergebnissen* der Rechnung in die Praxis zu integrieren. Wie das vorige Beispiel findet auch diese Aufgabe unter den Bedingungen der Phase eins statt, d. h. Malte bearbeitet die Aufgabe, indem er selbst den Rechenrahmen manipuliert.

Bsp. 2. Malte, Sitzung 4, 14+7, (Mal: Malte, ER: Tutor, SIE: Tutorin)

```
001  SIE   SEHR schön. ((stellt den RR zurück und vor Mal))
002        kannst du mir auch V:IERzehn plus sieben,
003        (--) mal zeigen,
004  Mal   ((wendet sich dem RR zu))
005        (2,3)
006        VIER:zehn,
007        ((manipuliert den RR zunächst mit dem Stift, dann mit der Hand))
008        ((schiebt 10 von ① nach li))
009        ((schiebt 4 von ② nach li))
010        (#1)                                              #1
011        plus-                                             ①●●●●●●○○○○
012        ((setzt wieder Stift an, nimmt dann die Hand))    ②●●●●
013        (2,5)                                             ③
014        erstmal plus SECHS,
015        ((schiebt 6 von ②))
016        und dann noch EInen dazu,
017        ((schiebt 1 von ③))
018        sind SIEben.
019        (#2)                                              #2
020  SIE   hm`hm´,                                           ①●●●●●●○○○○
021        nehm wir mal ein bisschen weiter HIERher,         ②●●●●●●○○○○
022        ((schiebt ② 6 weiter nach re))                    ③●
023        ((schiebt ③ 1 weiter nach re)) (#3)               #3
024        hm`hm´, erstmal plus SECHS-=                      ①●●●●●●○○○○
025        ((zeigt auf ② 6))                                 ②●●●● ●○○○○○
026        =wo BIST du dann immer,                           ③ ●
027        also-
028        du hast jetzt VIERzehn erst geschoben;=
029        ((zeigt auf ① 10 und ② 4))
030        =dann hast du diese SECHS geschoben,
031        ((zeigt auf ② 6))
032        dann bist du bei WIEviel?
033  Mal   .h bei:: ((3s)) ähm ZWANzig.
034  SIE   GEnau.
035        am besten du sagst das immer daZU;
036        damit ich genau wEIß,=
037        =oKAY;=jetzt bist du bei ZWANzig,
038        und dann weißt du-=
```

```
039        =oKAY;=noch (.) EIn daZU,
040        weil sechs plus eins sind ja SIEben,=ne?
041 Mal    hm`hm´,
042 SIE    dann bist du bei EINundzwanzig.
043        KLASse.
```

Die Aufgabe lautet 14 + 7 und nach kurzem Zögern beginnt Malte, sie am Rechenrahmen zu bearbeiten. Er hat sich noch nicht entschieden, ob er den Rechenrahmen mit seinem Kugelschreiber oder mit der Hand bedienen möchte, was zu einigen Stockungen im Prozess führt. Insgesamt aber führt er die Rechnung souverän zu Ende, wobei er seine Manipulationen am Rechenrahmen jeweils verbal kommentiert. Dabei schließt er insbesondere auch die Zerlegung des zweiten Summanden in sechs und eins ein: Die Zehnerüberschreitung macht am Rechenrahmen zwei Handlungen nötig, die Malte getrennt verbalisiert (Zeile 014 und 016). Dass ihm diese Zerlegung eine besondere Konzentration abfordert, mag man daran erkennen, dass er in Zeile 018 mit „sind sieben" die Zugehörigkeit der letzten beiden Rechenschritte zur Darstellung des zweiten Summanden verbalisiert. Das Ergebnis der Rechnung, 21, ist zwar auf dem Rechenrahmen eingestellt (#2), wird aber von Malte an dieser Stelle nicht verbal expliziert.

Auch von seiner Tutorin wird die fehlende Verbalisierung des Ergebnisses nicht angemerkt. In Zeile 020 ratifiziert sie stattdessen den Abschluss des Rechenprozesses und leitet mit einem Aufräumen der gegenwärtigen Konstellation am Rechenrahmen eine ‚Manöverkritik' ein, die auf die Verbalisierung des Zwischenergebnisses nach dem ersten Teil der Zahlzerlegung zielt. Dabei nutzt sie die (von ihr leicht modifizierte) Struktur am Rechenrahmen (#3), um zeigend auf die einzelnen von Malte durchgeführten Schritte zurückzuverweisen. In Zeile 024 setzt sie zunächst beim ersten Teil des zweiten Summanden an, geht dann aber ab Zeile 027 in einer Selbstreparatur auf den Anfang der gesamten Rechnung zurück: auf die Einstellung zunächst der 14, dann der sechs. Diese Rekonstruktion der Handlungsschritte erlaubt es ihr, die *sequenzielle Position* des Zwischenergebnisses in die Interaktion einzubringen. Durch die Frage „dann bist du bei wie viel?" etabliert die Tutorin entsprechend einen lokalen Zugzwang zur Verbalisierung dieser Position. Seine richtige Antwort wird von der Tutorin in Zeile 034 bestätigt, die die Verbalisierung der Position nun noch einmal rechtfertigt, um danach die verbleibenden Schritte der Rechnung zu verbalisieren – wobei sie das Ergebnis 21 nun selbst nennt und mit „Klasse" ratifiziert, als hätte Malte es selbst eingebracht.

Was wir hier sehen, ist eine Möglichkeit, an der Dimension der Vertextung in der Interaktion zu arbeiten. Statt Malte in seiner eigenen Durchführung zu unterbrechen, nimmt die Tutorin seine Rechenschritte im Rückblick wieder auf und nutzt den Rechenrahmen dabei als eine Art von Dokumentation. Da es in der Vertextung insbesondere um die Aufeinanderfolge bestimmter Handlungsschritte geht, muss auch die Rekonstruktion diese Chronologie der Ereignisse wieder aufnehmen. An der durch die Tutorin fokussierten Stelle des Zwischenergebnisses wird Malte durch eine Frage mit einem lokalen Zugzwang in den Prozess eingebunden.

Das Ergebnis dieser Interaktion ist eine *ausgebautere* explizite Handlungsstruktur für den Umgang mit Rechenaufgaben des hier besprochenen Typs. Es ist wichtig, zu sehen, dass die damit erreichte Explikation der Schritte einschließlich des Zwischenergebnisses sich nicht irgendwie notwendig ‚aus der Sache' oder dem Material ergibt. Sie ist das Ergebnis einer Aushandlung dazu, was zur symbolischen, in diesem Fall also verbalen, Form des Rechenprozesses dazu gehört. Potenzielle Kandidaten für eine solche Versprachlichung sind neben Aktionen am Rechenrahmen auch die dadurch entstehenden Zustände desselben, also ‚Zwischenergebnisse', die durch einzelne Manipulationen entstehen. Die Integration beider Sichtweisen (Aktionen und Zustände) in die Vertextung erfordert von Malte einen Aspektwechsel in der Wahrnehmung des Geschehens: Während er bislang vor allem auf seine eigenen Aktionen fokussiert war, geht es jetzt um die Frage, was bei diesen Aktionen herausgekommen ist.

An diesem Beispiel mag ersichtlich werden, dass in der Dimension der Vertextung mehr verhandelt wird als der bloße Aufbau einer linearen Verbalisierungsroutine. Parallel dazu wird ein Gerüst etabliert, indem den einzelnen Elementen der Handlungsfolge durch ihre Positionierung und den sprachlichen Zugriff auf sie („wo bin ich?") ein spezifischer Sinn im Rahmen der Praxis als Ganzer gegeben wird.[6] Die Organisation und Routinisierung der Handlungsschritte macht diese als Teil des Ganzen kognitiv zugänglich und erlaubt eine Arbeit an einzelnen Elementen, ohne dass sie dabei ihren Sinn verlieren, den sie aus dem Gesamtprozess ziehen (vgl. auch Bruner 1971a und das Konzept des Mikroscaffoldings bei Gibbons, s. Hammond & Gibbons 2005).

4.3 Markierung: Aufbau verbaler Routinen im Umgang mit Rechenaufgaben

Beim Kompetenzaspekt der Markierung geht es darum, dass für bestimmte Aufgaben innerhalb einer sprachlichen Aktivität bestimmte Ausdrucksweisen zur

---

[6] Interessant ist in diesem Zusammenhang die Beobachtung, dass die von Malte verlangte Verbalisierungsposition im Ausbau der Vertextung gerade *nicht* mit dem Terminus ‚Zwischenergebnis' benannt wird. Sie wird allein durch die Rekonstruktion der Rechen*sequenz* identifiziert und sprachlich mit einer Deixis aufgenommen („am besten sagst du das immer daZU;", Zeile 035).

Verfügung stehen, idiomatisch geprägte Ausdrücke (Feilke 1996), die sich bei der sprachlichen Bearbeitung dieser Aufgaben als erfolgreich erwiesen haben.[7] Das folgende Beispiel 3 ist deshalb der letzten Sitzung von Maltes Einzelförderung entnommen: Die interne Struktur der Rechenstrategie und ihrer Verbalisierung ist hier bereits ausdifferenziert und eingeübt. Die Praxis des Rechnens ist zudem keine multimodale Praxis im Sinne der vorherigen Beispiele mehr: In der Phase vier des Förderprogramms (s. o. 2), zu der das Beispiel 3 gehört, gibt es keinen Rechenrahmen mehr, an dem Malte oder seine beiden Tutor_innen Rechenoperationen durchführen könnten. Das Rechnen ist eine rein diskursive Praxis geworden, in der Malte den Tutor_innen sein Vorgehen beim Lösen der Aufgabe beschreibt.

Bsp. 3. Malte, Sitzung 13, 24+7, (Mal: Malte, ER: Tutor, SIE: Tutorin)

```
003        also aber JETZT (.) musst du mir das erstmal sagen,=
004        =vierundZWANzig plus sieben.
005 SIE    ((hustet))
006 Mal    ERST, ähm <<p>achso;>
007 SIE    DOCH- SO mach (mal).
008 Mal    ERST stell ich die: (-) vierundZWANzig ein:-
009        (0,5)
010 ER     <<p>oKAY.>
011        (0,8)
012 Mal    und DANN:,
013        schieb ich zu der vierundzwAnzig SECHS;
014        .h dann bin ich (-) bei de:::r
015        ((drückt sich auf der Stuhllehne hoch, schaut in die Luft))
016        <<all>DREIßig.> ((schaut zu IHM))
017        ((schaut in die Luft))
018        und dann muss ich noch zu der drEIßig EInen (NEHmen),
019        dann bin: ich <<dim>bei der (-)
020        <<pp>EINunddreißig.>>
021 ER     hm, (-) Okay. UND (.) die-
022 Mal    <<flüsternd>ZAhlen frEUnde wAren>
023 ER     <<all>kannst n bisschen LAUter,>
024 Mal    <<staccato> Und dIE zAh lEn frEUn dE wA ren sEchs und EINS.>
025 ER     oKAY;=SUper.
```

---

[7] Vgl. auch Feilkes auf schriftliche Texte bezogenen Begriff der Textroutinen (Feilke 2012) sowie die formorientierten narrativen Verfahren in mündlichen Erzählungen in Ohlhus (2014).

In den Zeilen 006–020 beschreibt Malte seinen Rechenweg zur Lösung der Aufgabe. Er nimmt dabei verbal Bezug auf einen vorgestellten Rechenrahmen, was vor allem durch Verben wie „einstellen" oder „schieben" (Zeilen 008 und 013) deutlich wird. Auch die interne Struktur dieser satzübergreifenden Verbalisierung wird durch sprachliche Formen markiert, die sich im Zuge der Förderstufen herausgebildet und verfestigt haben. Mit „erst" (bzw. „erstmal") wird zunächst die Einstellung des ersten Summanden eingeleitet; mit „und DANN" (gewöhnlich mit Fokusakzent auf „dann") werden weitere Manipulationen am vorgestellten Rechenrahmen eingeführt, an die sich, jeweils angeschlossen durch „dann bin ich bei", die Verbalisierungen der (Zwischen)Ergebnisse anschließen. Es ergibt sich also folgende Struktur:

Erst (Manipulation)
und DANN (Manipulation)
    dann bin ich bei (Zwischenergebnis mit Fokusakzent)
und dann (Manipulation)
    dann bin ich bei (Ergebnis mit Fokusakzent)

Der Vergleich mit anderen Ausschnitten dieser Phase ergibt, dass es sich hier um eine weitgehend festgelegte *Formulierungsroutine* (Gülich 1997) handelt, die Malte zur Lösung der ihm gestellten Aufgaben nutzt. Der Rückgriff auf diese Routine erlaubt es ihm, die Aufgaben mit einer festen Handlungsstruktur anzugehen und dadurch alle Elemente zu berücksichtigen, die für eine vollständige Verbalisierung im Zuge der Förderung etabliert wurden. Nicht selten findet sich in der Durchführung auch eine rhythmische Gliederung, die deutlich macht, dass das ‚Abspulen' der vorgeformten Verbalisierung für Malte eine wichtige Stütze der damit verbundenen kognitiven Operationen darstellt (Kern & Ohlhus 2017).

    Die Bedeutung der Formseite der verbalisierten Rechenoperationen wird insbesondere auch in den Zeilen 021–025 deutlich: Hier geht es um eine Position in der Vertextung der Rechenaufgabe, die zum Erreichen des Ergebnisses eigentlich nichts beiträgt, die im Laufe der Förderstunden mit Malte allerdings interaktiv etabliert wurde. Es handelt sich um die nachträgliche Verbalisierung der Zahlzerlegung des zweiten Summanden in seine „Zahlenfreunde" (Zeile 22). Malte hat diese Position in seiner Durchführung nicht berücksichtigt und wird nun in Zeile 021 von seinem Tutor daran erinnert. Dies geschieht allerdings nicht in Form einer expliziten Thematisierung, sondern indem der Tutor durch „und" die Fortsetzung der verbalen Routinen anstößt und mit „die" einen Hinweis auf Genus und Numerus der einschlägigen Kategorie gibt. Diese Hinweise genügen, um Malte zur Fortsetzung der Formulierungsroutine zu bewegen –

wenn auch mit deutlichen Zeichen des Widerstands durch die zunächst sehr leise und dann in roboterhaftem Stakkato verbalisierte Position.

4.4 Diskursiver Aufbau fachlicher Kompetenz

Wie an den analysierten Beispielen aus Maltes Lernprozess deutlich wurde, besteht das Lernen arithmetischer Konzepte und Strategien in dem hier untersuchten Förderprogramm zu einem bedeutenden Teil darin, diese Konzepte und Strategien zu versprachlichen. Diese Versprachlichung hat zwei Facetten: Zum einen wird anhand der manuellen Operation am Rechenrahmen *über* die Elemente des Rechenprozesses gesprochen; zum anderen aber ist der Rechenprozess selbst über den Verlauf der Förderung mehr und mehr sprachlich verfasst. Das Rechnen selbst wird zu einer vordringlich sprachlichen Praxis, in deren Zentrum die Realisierung einer satzübergreifenden Diskurseinheit steht. Dem strukturellen Ausbau, der sprachlichen Ausgestaltung und der Routinisierung dieser Diskurseinheit gelten die interaktiven Bemühungen von Lehrenden wie Lernendem über den gesamten Förderzeitraum hinweg. Und sie gipfeln am Ende der Förderung in einer relativ festen, global strukturierten verbalen Routine zum Lösen von Rechenaufgaben: einer domänenspezifischen kommunikativen Gattung, die sich in der kleinen Gemeinschaft von Lernendem und Lehrenden herausgebildet hat.

Vor diesem Hintergrund liegt es also nahe, den Lernprozess mit der Brille des Diskurserwerbs zu betrachten: Die Diskursivierung und Routinisierung des mathematischen Lernens ist ein zentraler Bestandteil des Förderprogramms und wichtige Teile des damit angestrebten Lernprozesses *ähneln* deshalb nicht nur Diskurserwerbsprozessen, es handelt sich um ein und denselben Prozess, um einen domänenspezifischen Diskurserwerb.

In diesem Sinne haben wir es hier auch nicht mit zwei unterschiedlichen Praktiken zu tun, einer mathematischen und einer sprachlich-diskursiven, sondern mit nur *einer* sich wandelnden Praxis, die als vordringlich manuelle Praxis des Rechnens beginnt und im Zuge des Förderprogramms mehr und mehr in eine sprachliche Praxis überführt wird. Jede Aufgabe, die Malte in den 13 Wochen seiner Förderung gemeinsam mit seinen Tutor_innen löst, nimmt die bestehende und bis zu diesem Zeitpunkt entwickelte Praxis aktualisierend auf und modifiziert sie im interaktiven Umgang mit den jeweils vorhandenen semiotischen Ressourcen. Die Impulse für entsprechende Modifikationen kommen dabei gewöhnlich von den Tutor_innen und sie lassen sich entsprechend den Kompetenzfacetten im Diskurserwerb auf unterschiedliche Aspekte der Praxis beziehen.

Im *Kontextualisieren* geht es dabei ganz grundsätzlich um das Etablieren der Praxis, darum, welcher Typ von Aktivität gemeinsam betrieben werden soll, und – in diesem Fall besonders interessant – welche semiotischen Ressourcen bei der Durchführung auf welche Weise eingesetzt werden können. Aufbauend auf der grundsätzlichen Klärung, wie mit den gestellten Aufgaben umzugehen ist, geht es in ihrer weiteren Ausdifferenzierung insbesondere darum, die unterschiedlichen semiotischen Ressourcen zu einem Prozess zu verbinden und auf diese Weise die Multimodalität der Lernsituation zu gestalten. Manipulationen und Zeigegesten am Rechenrahmen bilden die Grundlage für die Konstitution neuer und differenzierterer Bedeutung in einer Praxis, die schrittweise weiter ausgebaut wird. Kontextualisierung in diesem Sinne spielt nicht nur in den frühen Phasen des Lernprozesses eine Rolle. Sie ist eine ständige Aufgabe, die im gesamten Prozess der Förderung zunächst multimodal, dann immer stärker selbst durch sprachliche Mittel bearbeitet wird.

Entsprechend wird auch in allen hier besprochenen Beispielen eine Orientierung der Beteiligten auf den Anforderungsaspekt der Kontextualisierung deutlich. Im didaktischen Setting ist sie durch den Gebrauch entsprechenden Materials bereits angelegt. In der Interaktion werden diese Materialien als semiotische Ressourcen eingebunden durch die Fragen und Gesten der Tutor_innen, sie werden interaktiv zu einem Lerngegenstand verbunden und geformt (s. Ohlhus 2017). Zugleich geht es aber auch um die Rolle der Sprache in der gemeinsamen Praxis und um die ‚Übersetzung' der anderen semiotischen Ressourcen in sprachliche Formen, die ihnen eine feste Bedeutung im Prozess zumessen.

Ihre rationale Verankerung im Rahmen einer sequenziellen Strategie zum Lösen von Rechenaufgaben erhalten diese Bedeutungen durch die Arbeit am Aspekt der *Vertextung*. Die Aktionen und Konstellationen auf dem Rechenrahmen, Zeigegesten oder auch Zahlwörter machen nicht schon für sich genommen arithmetischen Sinn, sondern als Teil des *Gesamtgeschehens* der Bearbeitung einer Rechenaufgabe. Als solche sind sie Teil einer linearen und zum Teil hierarchischen Ordnung, die zunächst der angemessenen Manipulation am Rechenrahmen und ausgehend davon der daraus entwickelten Verbalisierung zugrunde liegt. Durch die Verbalisierung von immer mehr Elementen und Aspekten des Rechenprozesses am Rechenrahmen wird dem Lernenden neues Wissen über diesen Prozess zugänglich. Eine Zahl in einer bestimmten Position des Prozesses wird so zum Zwischenergebnis oder zu einem „Zahlenfreund" einer anderen Zahl, auch wenn solche Kategorien lexikalisch zunächst nicht im Diskurs vorkommen müssen.

Die Arbeit an der Vertextung ist in diesem Sinne nicht bloß eine Arbeit am ‚Verbalisierungsformat', sondern eine Ausdifferenzierung des Lerngegenstandes selbst, von dem neue Elemente und Aspekte wahrnehmbar werden, die in ihrer sinnhaften Beziehung zum Ganzen versprachlicht werden. Sie wird interaktiv vor allem von den Tutor_innen organisiert, die in lokalisierenden Nachfragen einzelne Positionen *online* elaborieren (lassen) oder in zweiten Durchläufen die lineare Struktur ‚aus der Vogelperspektive' zugänglich machen. In diesem interaktiven Prozess werden schrittweise immer neue Elaborierungsmöglichkeiten erschlossen und im Rahmen der globalen Struktur der Praxis mit Sinn versehen.

Mit dem Ausbau der sequenziellen Struktur der Diskurseinheit geht ihre sprachlich-formale Routinisierung als Grundlage der *Markierung* einher. Im Vergleich etwa zum Erzählen oder Erklären weist die hier entwickelte kommunikative Gattung des gemeinsamen Lösens einer Rechenaufgabe nur sehr geringe sprachliche Variation auf. Formale Verfestigungen lassen sich entsprechend sehr schnell feststellen, und sie scheinen dem Lernenden zu helfen, sich in der internen Struktur der Vertextung zurechtzufinden und sich auf der Basis der sprachlichen Routine auch vom manuellen und visuellen Bezug auf das didaktische Material des Rechenrahmens zu lösen.

Im Gegensatz etwa zum mündlichen Erzählerwerb, in dem sich eine interaktive Bearbeitung der Formseite des Erzählens nur in Ausnahmefällen wie etwa der Verständnissicherung findet – Erzählenden und Zuhörenden geht es um den *Inhalt* der Geschichte – finden sich im Rahmen der hier betrachteten Förderung durchaus Fälle, in denen dem Lernenden von seinen Tutor_innen der Gebrauch bestimmter sprachlicher Formen nahegelegt wird. Die terminologisch gebrauchten „Zahlenfreunde" sind hierfür ein auffälliges Beispiel. Im Zusammenhang mit den anderen Dimensionen wird jedoch deutlich, auf welche Weise solche Terminologie vor und bei ihrer Einführung durch Kontextualisieren und Vertexten mit Sinn aufgeladen wird (vgl. Wygotski 1971: 346 f.) – und erst dadurch in ähnlichen Folgesituationen handlungssteuernden Charakter gewinnen kann.

Aus der Zusammenfassung der Analyse wird deutlich: Das, was durch das Förderprogramm gelernt werden soll, das Rechnen einfacher arithmetischer Aufgaben mit Zehnerüberschreitung, wird im Laufe der Förderung in immer mehr Aspekten verbalisiert und zu einer eigenständigen kommunikativen Gattung ausgebaut. Es handelt sich, ganz im Sinne von Hallet (2013), um „generisches Lernen", wenn man bereit ist, die sprachlich routinisierte Form dieser Diskurseinheit als eine kommunikative Gattung kleiner Reichweite zu betrachten. Dieser Prozess der Diskursivierung des Rechnens im Rahmen des Lernprozesses verläuft entlang der Anforderungsdimensionen, die auch ganz allgemein für den Diskurserwerb rekonstruiert wurden: Kontextualisierung, Vertextung und Markierung. Die Beteiligten, insbesondere die Lehrenden, bearbeiten in der Interaktion Probleme in diesen Anforderungsdimensionen. Die Förderung zielt in der Wiederholung des Aufgabenformats *de facto* also auf eine domänenspezifische Diskurskompetenz des Lernenden. – Aus mathematikdidaktischer Perspektive ist dieser Diskurserwerb freilich nur Mittel zum Zweck. Er ist das Medium, in dem kognitive Strategien im Lernprozess öffentlich zugänglich werden, in dem mathematische Konzepte in ihrem Kontext erschlossen und Rechenstrategien als Handlungsfolgen auf- und ausgebaut werden können. Diesen kontextuellen Bezug gerade des fachlichen Lernens allerdings bekommt man nur in den Blick, wenn man den Erwerbsprozess auch von sprachwissenschaftlicher Seite als Diskurserwerb, also als bezogen auf eine sinnvolle sprachliche Praxis und die Herausbildung einer entsprechenden kommunikativen Gattung, analysiert.

5 Ausblick: Diskurserwerb und transitorische Gattungen im fachlichen Lernen

Ist nun der mathematische Lernprozess von Malte mit dem in seiner Förderung stattfindenden Prozess des Diskurserwerbs identisch? – Sicherlich würde man sagen, dass die Fähigkeit, Aufgaben wie 24 + 7 im Kopf zu rechnen, nicht identisch ist mit derjenigen, den dazugehörigen Rechenprozess mit Zwischenergebnissen zu verbalisieren, so wie Malte es gelernt hat. Und andersherum wird gerade im letzten der analysierten Beispiele deutlich, dass Malte am Ende zwar die Routine der neuen kommunikativen Gattung beherrscht, er aber andererseits durchaus noch nicht als ein versierter Kopfrechner gelten kann. Wie lassen sich diese Beobachtungen mit der Eingangsthese von der Identität von Diskurserwerb und fachlichem Lernen übereinbringen?

Der Diskurserwerb ist, wie schon gesagt, nicht das Ziel des fachlichen Lernens, sondern sein Vehikel. Das angestrebte Ziel ist die Verfügbarkeit einer Rechenstrategie, die Bildung einschlägiger begrifflicher Werkzeuge zur Umsetzung dieser Strategie und entsprechende Wahrnehmungen, z. B. von Zahlen als etwas, das aus „Zahlenfreunden" zusammengesetzt ist. Die Verbalisierung des hier rekonstruierten Diskursmusters ist nur eine Möglichkeit, dieses Wissen nach außen zu setzen. Es ist eine didaktisch besonders geeignete Möglichkeit, da sie auf gemeinsamen symbolischen Ressourcen der Sprache und auf gemeinsamen Aushandlungsprozessen zur Angemessenheit innerhalb einer gemeinsamen Praxis aufsetzt.

Weil das so ist, ist der Lernprozess von Malte, soweit er in dem Förderprogramm stattfindet, de facto identisch mit seinem Diskurserwerb. Am Ende seines Lernprozesses scheint er jedoch an einem Punkt angelangt zu sein, an dem es Zeit wird, das erlernte explizite Verbalisierungsmuster zugunsten größerer Schnelligkeit und Flexibilität des Denkens wieder ‚einzukürzen.' So wichtig es zunächst ist, alle Aspekte des Prozesses durch die Verbalisierung wahrnehmbar zu machen im Bezug aufeinander, so wichtig ist es danach, zu erkennen, dass dieses explizite Muster nur an der Stelle einen Wert hat, an der es um das *Erlernen* der Struktur der Praxis geht. Ist dies erreicht, endet der Prozess des Diskurserwerbs, aber nicht das mathematische Lernen, nicht das Lernen des Kopfrechnens. Auf dem Weg zum Kopfrechnen muss Malte am Ende die in der *verbalen* Routine explizierten Kategorien und Operationen durch effizientere Vorstellungen und Denkweisen ersetzen. Er muss, in der Formulierung Wittgensteins, „sozusagen die Leiter wegwerfen, nachdem er auf ihr hinaufgestiegen ist" (Wittgenstein 1997: 85).

Betrachtet man also die mögliche Einbettung des hier empirisch punktuell nachvollzogenen, relativ begrenzten Lernprozesses in den fortlaufenden Prozess fachlichen Lernens, deren Teil er ist, so kann die hier erworbene sprachlich-diskursive Form des Rechnens selbst nur als eine Form des Übergangs betrachtet werden, als eine „transitorische" Gattung (im Sinne von Feilke 2015), die an Ort und Stelle Fortschritte ermöglicht, aber nicht als das Ziel des Lernens betrachtet werden kann (bzw. sollte).

Gerade wenn man sich dem fachlichen Lernen als einem „generischen Lernen" im Sinne von Hallet (2013) begrifflich und empirisch nähert, muss deshalb von einem fortlaufenden Prozess des Auf- und Rückbaus, des fortwährenden Wechsels auch der diskursiven Praktiken und symbolischen Ressourcen ausgegangen werden. Der Ausbau eines handlichen domänenspezifischen Diskursmusters, wie er hier beschrieben wurde, ist als Abschnitt eines umfassenderen Prozesses anzusehen – und zumindest didaktisch lässt sich diese Einbettung sicherlich auch in den je aktuellen Formen rekonstruieren, die, wenn sie *geeignete* Formen sind, eine Anschlussfähigkeit auch für zukünftige Lernprozesse aufweisen, von denen der Lernende noch nichts ahnt.

Lerngegenstände allerdings, die in der aktuellen Reichweite einer gemeinsamen Praxis – und in diesem Sinne aus der Perspektive der Lernenden in der Zone der nächstmöglichen Entwicklung – liegen, lassen sich dagegen durchaus im Rahmen einer relativ festgefügten transitorischen Gattung und damit verbunden durch Prozesse eines domänenspezifischen Diskurserwerbs entdecken, ausdifferenzieren und routinisieren. Zur Beschreibung eines solchen Abschnittes im Lernprozess erscheint die Parallelisierung von Diskurserwerb und fachlichem Lernen als ein fruchtbarer Ansatz der empirischen Rekonstruktion konkreter fachlicher Lernereignisse. Je nach Lerngegenstand, Fach und situativer sowie diskursiver Einbettung eines Lernprozesses ist sicherlich mit einer großen Varianz solcher Lernprozesse zu rechnen, deren empirische Rekonstruktion noch aussteht. Ausgehend von dem hier präsentierten Fall gilt es entsprechend, weitere domänenspezifische Lernprozesse zu untersuchen und die Tragweite und Varianz der Verfahren der Diskursivierung fachlichen Wissens darin zu rekonstruieren.

Literatur

Ahrenholz, Bernt; Hövelbrinks, Britta & Schmellentin, Claudia (Hrsg.) (2017): *Fachunterricht und Sprache in schulischen Lehr-/Lernprozessen*. Tübingen: Narr.
Becker-Mrotzek, Michael; Schramm, Karen; Thürmann, Eike & Vollmer, Helmut J. (Hrsg.) (2013): *Sprache im Fach. Sprachlichkeit und fachliches Lernen*. Münster. u. a.: Waxmann.
Bergmann, Jörg R. & Luckmann, Thomas (1995): Reconstructive Genres of Everyday Communication. In Quasthoff, Uta (Hrsg.): *Aspects of oral communication*. Berlin, New York: de Gruyter, 289–304.
Bruner, Jerome S. (1971a): *Toward a theory of instruction*. Cambridge, Massachusetts: Belknap.
Bruner, Jerome S. (1971b): Über kognitive Entwicklung. In Bruner, Jerome S.; Olver, Rose R. & Greenfield, Patricia M. (Hrsg.): *Studien zur kognitiven Entwicklung. Eine kooperative Untersuchung am ‚Center for Cognitive Studies' der Harvard-Universität*. Stuttgart: Klett, 21–53.
Feilke, Helmuth (1996): *Sprache als soziale Gestalt. Ausdruck, Prägung und die Ordnung der sprachlichen Typik*. Frankfurt: Suhrkamp.
Feilke, Helmuth (2012): Was sind Textroutinen? Zur Theorie und Methodik des Forschungsfeldes. In Feilke, Helmuth & Lehnen, Katrin (Hrsg.): *Schreib- und Textroutinen. Theorie, Erwerb und didaktisch-mediale Modellierung*. Frankfurt am Main u. a.: Lang, 1–31.
Feilke, Helmuth (2013): Bildungssprache und Schulsprache am Beispiel literal-argumentativer Kompetenzen. In Becker-Mrotzek, Michael; Schramm, Karen; Thürmann, Eike & Vollmer, Helmut J. (Hrsg.): *Sprache im Fach. Sprachlichkeit und fachliches Lernen*. Münster u. a.: Waxmann, 113–130.
Feilke, Helmuth (2015): Transitorische Normen. Argumente zu einem didaktischen Normbegriff. In: *Didaktik Deutsch* 38(21): 115–135.
Gogolin, Ingrid & Lange, Imke (2011): Bildungssprache und Durchgängige Sprachbildung. In Fürstenau, Sara & Gomolla, Mechthild (Hrsg.): *Migration und schulischer Wandel. Mehrsprachigkeit*. Wiesbaden: VS Springer, 69–87.
Goodwin, Charles (2007): Participation, stance and affect in the organization of activities. *Discourse & Society* 18: 53–73.
Gülich, Elisabeth (1997): Routineformeln und Formulierungsroutinen. In Wimmer, Rainer & Berens, Franz-Joseph (Hrsg.): *Wortbildung und Phraseologie*. Tübingen: Narr, 131–175.
Günthner, Susanne (1995): Gattungen in der sozialen Praxis. *Deutsche Sprache* 3: 193–218.
Hallet, Wolfgang (2013): Generisches Lernen im Fachunterricht. In Becker-Mrotzek, Michael; Schramm, Karen; Thürmann, Eike & Vollmer, Helmut J. (Hrsg.): *Sprache im Fach. Sprachlichkeit und fachliches Lernen*. Münster u. a.: Waxmann, 59–75.
Halliday, Michael A. K. (1978): *Language as social semiotic*. London: Arnold.
Hammond, Jenny & Gibbons, Pauline (2005): Putting scaffolding to work: The contribution of scaffolding in articulating ESL education. *Prospect* 1 (20): 6–30.
Heller, Vivien (2012): *Kommunikative Erfahrungen von Kindern in Familie und Unterricht. Passungen und Divergenzen*. Tübingen: Stauffenburg.
Heller, Vivien; Quasthoff, Uta; Prediger, Susanne & Vogler, Anna-Marietha (2017): Bildungssprachliche Praktiken aus professioneller Sicht. Wie deuten Lehrende Erklärungen und Begründungen von Kindern? In Ahrenholz, Bernt, Hövelbrinks, Britta & Schmellentin, Claudia (Hrsg.): *Fachunterricht und Sprache in schulischen Lehr-/Lernprozessen*. Tübingen: Narr, 139–160.

Hövelbrinks, Britta (2017): Bildungssprachliche Diskursfunktionen im frühen naturwissenschaftlichen Lernen. Lexikalische Mittel im sprachlichen Handeln einsprachig und mehrsprachig aufwachsender Kinder zu Schulbeginn. In Ahrenholz, Bernt; Hövelbrinks, Britta & Schmellentin, Claudia (Hrsg.): *Fachunterricht und Sprache in schulischen Lehr-/Lernprozessen*. Tübingen: Narr, 185–203.

Kern, Friederike & Ohlhus, Sören (2017): Fluency and the integration of semiotic resources in interactional learning processes. *Classroom Discourse* 2 (8): 139–155.

Kern, Friederike; Ohlhus, Sören & Rottmann, Thomas (2017): Zur Rolle von Sprache und multimodalen Ressourcen beim Erwerb von Rechenstrategien. In Ahrenholz, Bernt; Hövelbrinks, Britta & Schmellentin, Claudia (Hrsg.): *Fachunterricht und Sprache in schulischen Lehr-/Lernprozessen*. Tübingen: Narr, 225–246.

Levinson, Stephen C. (2001[1992]): Activity types and language. In Drew, Paul & Heritage, John (Hrsg.): *Talk at work*. Cambridge: Cambridge University Press., 66–100.

Linell, Per (2012): Zum Begriff des kommunikativen Projekts. In Ayaß, Ruth & Meyer, Christian (Hrsg.): *Sozialität in Slow Motion. Theoretische und empirische Perspektiven*. Wiesbaden: VS Springer, 71–79.

Luckmann, Thomas (1988): Kommunikative Gattungen im kommunikativen ‚Haushalt' einer Gesellschaft. In Smolka-Koerdt, Gisela; Spangenberg, Peter M. & Tillmann-Bartylla, Dagmar (Hrsg.): *Der Ursprung von Literatur*. München: Wilhelm Fink, 279–288.

Morek, Miriam (2011): *Kinder erklären. Interaktionen in Familie und Unterricht im Vergleich*. Tübingen: Stauffenburg.

Morek, Miriam & Heller, Vivien (2012): Bildungssprache. Kommunikative, epistemische, soziale und interaktive Aspekte ihres Gebrauchs. *Zeitschrift für angewandte Linguistik* 57 (1): 67–101.

Ohlhus, Sören (2014): *Erzählen als Prozess. Interaktive Organisation und narrative Verfahren in mündlichen Erzählungen von Grundschulkindern*. Tübingen: Stauffenburg.

Ohlhus, Sören (2017): Vom Gegenstand zum Lerngegenstand. Zur interaktiven Inszenierung von Wissen im Mathematikunterricht der Grundschule. In Hauser, Stefan & Luginbühl, Martin (Hrsg.): *Gesprächskompetenz in schulischer Interaktion – normative Ansprüche und kommunikative Praktiken*. Bern: Hep, 124–157.

Prediger, Susanne (2013): Darstellungen, Register und mentale Konstruktion von Bedeutungen und Beziehungen. Mathematikspezifische sprachliche Herausforderungen identifizieren und bearbeiten. In Becker-Mrotzek, Michael; Schramm, Karen; Thürmann, Eike & Vollmer, Helmut J. (Hrsg.): *Sprache im Fach. Sprachlichkeit und fachliches Lernen*. Münster u. a.: Waxmann, 167–183.

Prediger, Susanne & Wessel, Lena (2012): Darstellungen vernetzen. Ansatz zur integrierten Entwicklung von Konzepten und Sprachmitteln. *Praxis der Mathematik in der Schule* 45 (54): 29–34.

Quasthoff, Uta (2009): Entwicklung der mündlichen Kommunikationskompetenz. In Becker-Mrotzek, Michael (Hrsg.): *Mündliche Kommunikation und Gesprächsdidaktik*. Baltmannsweiler: Schneider, 88–105.

Quasthoff, Uta; Heller, Vivien & Morek, Miriam (2017): On the sequential organization and genre-orientation of discourse units in interaction. An analytic framework. *Discourse Studies* 1(19): 84–110.

Redder, Angelika (2016): Theoretische Grundlagen der Wissenskonstruktion im Diskurs. In Kilian, Jörg; Brouër, Birgit & Lüttenberg, Dina (Hrsg.): *Handbuch Sprache in der Bildung*. Berlin: de Gruyter, 297–318.

Redder, Angelika; Guckelsberger, Susanne & Graßer, Barbara (2013): *Mündliche Wissensprozessierung und Konnektierung. Sprachliche Handlungsfähigkeiten in der Primarstufe*. Münster u. a.: Waxmann.

Rottmann, Thomas & Peter-Koop, Andrea (2015): Difficulties with whole number learning and respective teaching strategies. In Sun, Xuhua; Kaur, Berinderjeet & Novotná, Jarmila (Hrsg.): *The twenty-third ICMI-study. Primary mathematics study on whole numbers. Proceedings*. Macao: University of Macau, 2015: 354–362. (http://www.umac.mo/fed/ICMI23/proceedings.html)

Schleppegrell, Mary J. (2004): The Language of Schooling. A Functional Linguistics Perspective. Mahwah, New Jersey: Erlbaum.

Selting, Margret; Auer, Peter; Barth-Weingarten, Dagmar; Bergmann, Jörg; Bergmann, Pia; Birkner, Karin; Couper-Kuhlen, Elizabeth; Deppermann, Arnulf; Gilles, Peter; Günthner, Susanne; Hartung, Martin; Kern, Friederike; Mertzlufft, Christine; Meyer, Christian; Morek, Miriam; Oberzaucher, Frank; Peters, Jörg; Quasthoff, Uta; Schütte, Wilfried; Stukenbrock, Anja & Uhmann, Susanne (2009): Gesprächsanalytisches Transkriptionssystem 2 (GAT 2). *Gesprächsforschung. Online-Zeitschrift zur verbalen Interaktion* 10: 353–402.

Snow, Catherine E. & Uccelli, Paola (2009): The Challenge of Academic Language. In Olson, David R. & Torrance, Nancy (Hrsg.): *The Cambridge Handbook of Literacy*. Cambridge: Cambridge University Press, 112–133.

Vollmer, Helmut J. & Thürmann, Eike (2010): Zur Sprachlichkeit des Fachlernens. Modellierung eines Referenzrahmens für Deutsch als Zweitsprache. In Ahrenholz, Bernt (Hrsg.): *Fachunterricht und Deutsch als Zweitsprache*. Tübingen: Narr, 107–132.

Wartha, Sebastian (2011): Handeln und Verstehen. Förderbaustein: Grundvorstellungen aufbauen. *Mathematik lehren* 166: 8–14.

Wartha, Sebastian & Schulz, Axel (2012): *Rechenproblemen vorbeugen*. Berlin: Cornelsen.

Wittgenstein, Ludwig (1997): *Tractatus logico-philosophicus. Tagebücher 1914–1916. Philosophische Untersuchungen* (11. Aufl.). Frankfurt a. M.: Suhrkamp.

Wygotski, Lew S. (1971): *Denken und Sprechen* (3. Aufl.). Frankfurt a. M.: Fischer.

V **Texte schreiben im Unterricht**

Nur Akkuş und Jana Kaulvers
„In das Plastikbechern Kreis ausschneiden" – Instruktionstexte auf Deutsch und Türkisch

Zur Analyse von Schreibleistungen deutsch-türkischsprachiger Schülerinnen und Schüler in der Sekundarstufe I

1 Einleitung

Der Erwerb und Erhalt der Herkunftssprache[1] in Migrationskontexten gestaltet sich vielfältig und abhängig von individuellen und gesellschaftlichen Interessen. Türkisch, als eine der vitalsten Migrationssprachen in Deutschland (vgl. Schroeder 2014: 27), wird von einer großen Anzahl von Schülerinnen und Schülern (SuS) im familiären und sozialen Umfeld erworben. Dabei lassen sich zwei Erwerbskonstellationen unterscheiden (vgl. z. B. Marx 2017: 139 f.):

- Kinder und Jugendliche, die Deutsch und Türkisch simultan oder Deutsch als frühe Zweitsprache erwerben und regelmäßig beide Sprachen in der Familie verwenden (2L1)
- Kinder und Jugendliche, die Deutsch sukzessiv als Zweitsprache erwerben und Türkisch als Familiensprache nutzen (L2).

Das in Deutschland gesprochene Türkisch ist nicht mit der türkeitürkischen Standardsprache gleichzusetzen, denn es umfasst „die unterschiedlichsten Varietäten [...] von Standardnähe über die türkeitürkischen Dialekte bis zum Deutschland- oder Nordwesteuropa-Türkischen." (Schroeder & Stölting 2005: 65). Die besondere soziolinguistische Konstellation der Bilingualität hat spezifische Erwerbsverläufe in beiden Sprachen zur Folge (vgl. Schroeder & Stölting 2005: 61). Während der Erwerb einer mündlich ausgeprägten Varietät des Türkischen meist im familiären und sozialen Umfeld erfolgt, setzt das bildungssprachliche Register des Türkischen die Teilnahme am fremd- oder herkunftssprachlichen Unterricht (HSU) Türkisch voraus (vgl. Schroeder & Dollnick 2013: 104). Die Option auf diese s. g. Mehrschriftlichkeit[2] hatten nach Angaben des

---
[1] Zur Abgrenzung des Begriffs Herkunftssprache von Erstsprache und Familiensprache (vgl. Lüttenberg 2010).
[2] Verstanden als die Fähigkeit, unterschiedliche Schriftsysteme, Orthographieprinzipien und textuelle Kompetenzen in unterschiedlichen Sprachen angemessen an- und verwenden zu können (vgl. Woerfel, Koch, Yılmaz Woerfel & Riehl 2014: 48).

https://doi.org/10.1515/9783110570380-011

Ministeriums für Schule und Bildung des Landes Nordrhein-Westfalen im Schuljahr 2016/17 43.713 Schülerinnen und Schüler an über 700 Schulen in Nordrhein-Westfalen. Diese nahmen am türkischsprachigen Unterricht in Form von herkunftssprachlichen oder Wahlpflichtunterricht teil (vgl. MSW NRW 2017).[3]

Im vorliegenden Beitrag wird die Mehrschriftlichkeit von deutsch-türkischsprachigen SuS im Deutschen und im Türkischen untersucht. Hierfür werden zunächst zentrale Befunde aus vorliegenden Studien zu schriftsprachlichen Kompetenzen deutsch-türkischsprachiger Schülerinnen und Schüler dargestellt. Sodann wird das Diagnoseinstrument *Bauanleitung eines Smartphone-Lautsprechers* zur Erfassung der schriftlichen Instruktionsfähigkeit vorgestellt, das im Rahmen des interdisziplinären Projektes SchriFT[4] entwickelt wurde. Im Anschluss wird aufgezeigt, wie die Schreibkompetenz deutsch-türkischsprachiger SuS in beiden Sprachen abgebildet werden kann. Grundlage hierfür ist die deskriptive quantitative Analyse der Textprodukte von n = 186 SuS, die durch qualitative Analysen ergänzt werden. Anhand dieser Analysen kann das Potential instruktiver Texte zur sprachvergleichenden Sprachstandsmessung aufgezeigt werden, wenn von einem Schüler/einer Schülerin Schreibprodukte in beiden Sprachen vorliegen.

2 Schreibkompetenzen deutsch-türkisch bilingualer Schülerinnen und Schüler

In der Debatte um Sprachbildung und Literalität ist mehrfach belegt, dass *Schreiben* als Medium des Lernens im schulischen und nicht-schulischen Kontext der vertieften Erschließung und Verarbeitung von Wissen dient (vgl. u. a. Becker-Mrotzek 2014; Schmölzer-Eibinger & Thürmann 2015). Neben dieser epistemischen Funktion kommt dem Schreiben eine kommunikative Funktion zu, indem Schreiben die Teilhabe an zerdehnten (schriftlichen) Kommunikationsprozessen

---

[3] In Deutschland wird der HSU je nach Bundesland unterschiedlich organisiert und umgesetzt (vgl. Giudici 2016). In NRW, wo der HSU staatlich organisiert wird, werden zuverlässige Angaben zur Anzahl der am Türkischunterricht teilnehmenden SuS vom Ministerium des Landes bereitgestellt. Dies trifft nicht auf alle Bundesländer zu, weshalb eine Gesamtübersicht zur bundesdeutschen Lage nicht vorgelegt werden kann (vgl. Schroeder & Küppers 2016: 198).
[4] „Schreiben im Fachunterricht unter Einbeziehung des Türkischen" gefördert durch das BMBF (2014–2017) im Forschungsschwerpunkt *Sprachliche Bildung und Mehrsprachigkeit*. Das Projekt SchriFT zielte auf die standardisierte Untersuchung des textsortenbasierten Schreibens der Lernenden aus den Jahrgangsstufen sieben und acht an Gesamtschulen in NRW ab. Internetpräsenz: https://www.uni-due.de/schrift/

(vgl. Ehlich 1984) durch das Produzieren von über Raum und Zeit lesbaren Äußerungen ermöglicht. Je nach Zweck der schriftlichen Kommunikation kann die für das Textprodukt notwendige Dekontextualisierung zu einem Ausbau bildungssprachlicher Fähigkeiten beitragen (vgl. u. a. Gogolin & Lange 2010; Morek & Heller 2012). Schreibkompetenz wird als die komplexe Fähigkeit zur Produktion von funktional angemessen formulierten Texten gefasst (vgl. Knopp, Becker-Mrotzek & Grabowski 2013: 296). Diese Fähigkeit setzt sich aus den unterschiedlichen Teilkomponenten wie „sprachliche[n] und kognitive[n] Ressourcen sowie Wissen über Sachverhalte von Welt und Kommunikation" (Becker-Mrotzek 2014: 54) zusammen. Schreibkompetenz umfasst folglich über basale Fähigkeiten, wie bspw. motorische und grammatische, hinaus die Fähigkeit, pragmatisch adäquat in verschiedenen Handlungskontexten sprachlich zu agieren und auf verschiedene Situationen reagieren zu können (vgl. Becker-Mrotzek 2014: 54–55).

Vorliegende wissenschaftliche Studien zur Schreibkompetenz von deutsch-türkischsprachigen Lernendengruppen legen je nach Erkenntnisinteresse unterschiedliche Schwerpunkte. So nimmt Schroeder eine deskriptive Untersuchung türkischsprachiger Textprodukte von deutsch-türkisch Bilingualen unterschiedlicher Jahrgangsstufen aus einer linguistischen Perspektive in den Projekten MULTILIT (2010–2013; pseudo-longitudinal) und LAS (2007–2011 und 2012–2015; qualitativ) vor. In den Projekten werden die Besonderheiten des Türkischen im Migrationskontext herausgearbeitet und die schriftsprachlichen Realisierungsformen in türkischen Textprodukten untersucht. Schroeder und Dollnick stellen die Hypothese auf, dass die sprachlichen Realisierungsformen in den türkischsprachigen Textprodukten sich auf die Aktivierung und den Transfer von sprachlichen Ressourcen aus dem deutschsprachigen Unterricht zurückführen lassen (vgl. 2013: 112). Ergebnisse der longitudinalen Interventionsstudie des SimO-Projektes zeigen ebenfalls, dass die Förderung der Schreibfähigkeiten im Deutschen sich auch positiv auf die Schreibkompetenzen im Türkischen auswirken kann (vgl. Wenk et al. 2016: 173). Die vorliegenden Erkenntnisse stützen die Annahmen der Mehrsprachigkeitsforschung, dass sich das in einer Sprache erworbene Wissen im Sinne einer interlingualen Transformation auf weitere Sprachen auswirken kann (vgl. Larsen-Freeman 2013). Sowohl die Ergebnisse aus dem SimO-Projekt als auch die Untersuchungen von Schroeder legen nahe, dass die deutsch-türkischsprachigen SuS über sprachenübergreifendes Wissen verfügen, welches sprachgebunden angeeignet wurde und interlingual transferiert werden kann. Mit sprachenübergreifendem Wissen wird hierbei das metasprachliche Wissen bezeichnet, das über einzelsprachliches Wissen hinausgeht (vgl. Bialystok 2001: 121), wie beispielsweise das Textsortenwissen.

Damit mehrsprachige Ressourcen für einen interlingualen Transfer aktiviert werden können, müssen zunächst die sprachlichen Fähigkeiten der SuS bestimmt werden. Dabei gilt es, die Gesamtsprachlichkeit der SuS als die Summe der ihnen zur Verfügung stehenden sprachlichen Ressourcen zu berücksichtigen. Dazu sollte neben dem Deutschen auch die Herkunftssprache miteinbezogen werden (vgl. Schroeder & Stölting 2005: 62). Dies stellt einen notwendigen Schritt dar, um zu bestimmen, ob für die sprachliche Förderung eine interlinguale Transformation angeregt werden kann, oder ob das sprachliche Wissen erst in einer der beiden Sprachen angebahnt werden muss. Im deutschsprachigen Raum liegen bereits mehrsprachige diagnostische Instrumente vor, wie beispielsweise *Der Sturz ins Tulpenbeet* oder *Fast Catch Bumerang*, die im Rahmen des Modellprogramms FörMig für mehrsprachige Kinder und Jugendliche entwickelt wurden. Beide Instrumente schließen bei der Untersuchung der schriftsprachlichen Kompetenzen einige Herkunftssprachen der SuS, wie z. B. das Türkische, mit ein. Tulpenbeet richtet sich an SuS im Übergang von der Primarstufe in die Sekundarstufe I. Mit diesem Instrument wird die Schreibkompetenz anhand der elizitierten Erzählung zu einer Bilderfolge untersucht (vgl. Gantefort & Roth 2008). Das Instrument Fast Catch Bumerang fordert von den Schreibenden am Ende der Sekundarstufe I sowohl ein Bewerbungsanschreiben für einen Praktikumsplatz als auch die Anleitung für die Konstruktion eines Bumerangs unter Rückgriff auf eine Bilderfolge ein (vgl. Reich, Roth & Döll 2009). Die veröffentlichten Ergebnisse aus dem FörMig-Programm zu schriftsprachlichen Kompetenzen deutsch-türkisch Bilingualer bieten anhand von exemplarischen Fallbeispielen Auskunft über nicht standardsprachliche Ausprägungen im Türkischen an, die sowohl durch dialektale Prägungen des Türkischen als auch durch den Kontakt mit dem Deutschen im Spracherwerbsprozess begünstigt werden können (vgl. Dirim 2009).

3 Textsortenprodukte und sprachlich-kognitive Handlungsmuster

Die Untersuchung von Textsortenprodukten (u. a. Erzählung, Anleitung, Bewerbungsschreiben) erlaubt nicht nur eine Beurteilung der orthographisch-grammatikalischen Kompetenzen, sondern darüber hinaus auch der Ausprägung des kommunikativen schriftsprachlichen Handelns des Schreibenden. Sprachliches Handeln umfasst die Verwendung sprachlich-kognitiver Handlungsmuster (z. B. *Beschreiben* als die Wiedergabe der wahrnehmbaren Beschaffenheit des Objekts oder *Erklären* als Wissensentfaltung zur außersprachlichen Wirklichkeit; vgl. Redder 2012: 118; Ehlich & Rehbein 1979). Schreibaufgaben zu Textsorten erfordern die Realisierung von spezifischen sprachlich-kognitiven

Handlungsmustern, die für die jeweilige Textsorte und für die Bildungssprache typisch sind. Die besonderen Merkmale einer Textsorte, wie ihre äußere Struktur (z. B. Überschriften, Absätze), Formulierungsformen (z. B. Verwendung der Unpersönlichkeit als Zeichen einer Allgemeingültigkeit) oder ihre kommunikative Funktion (z. B. jemanden dazu befähigen, ohne Rückfragen stellen zu können, einen Gegenstand nachzubauen), stehen, sofern sie erworben wurden, den Schreibenden im Langzeitgedächtnis als sprachenübergreifende (Textsorten-)Muster auf der kognitiven Ebene zur Verfügung. Dadurch werden die Planung und Produktion eines Textes entlastet. Ein gelungenes Textprodukt setzt also ein Textsortenwissen voraus (vgl. Bachmann & Becker-Mrotzek 2017: 36).

Die Auseinandersetzung mit Textsorten fördert die epistemische Funktion der Sprache und den Ausbau des bildungssprachlichen Handelns (vgl. Schmölzer-Eibinger 2008). Im schulischen Bereich werden neben literarischen auch Fach- und Sachtextsorten zur Rezeption und Produktion eingesetzt. Fachspezifische Textsorten (wie Versuchsprotokolle im Physikunterricht) stellen ein wichtiges didaktisches Instrument dar, um sprachlich-kognitives Handeln und kognitive Prozesse zu unterstützen (vgl. Becker-Mrotzek & Böttcher 2014, Beese & Roll 2015: 60 f.).

In Abgrenzung zu Fachtexten dienen Sachtexte einer fachexternen Kommunikation zwischen Experten und Laien. Sie sind zweckorientiert und ein zentrales Mittel der Wissensvermittlung (vgl. Becker-Mrotzek 2013). Im Kontext einer koordinierten, durchgängigen Sprachbildung kann, neben den fachspezifischen Textsorten im Fachunterricht, den Sachtexten v. a. im Sprachunterricht eine besondere Rolle zukommen. Sie nehmen, als die von SuS am häufigsten produzierten Texte, bereits eine große Rolle im schulischen Unterricht ein. Becker-Mrotzek plädiert dafür, dass

> aus einer funktionalen Perspektive [...] in den Sekundarstufen informierende, erklärende, beschreibende und argumentierende Sachtexte im Fokus stehen [sollten]. Denn sie bilden für die Schule, Ausbildung und Studium zentrale Textfunktionen, die in unterschiedlichen Konstellationen der Mehrzahl der Sach- und Fachtexte zugrunde liegen. (Becker-Mrotzek 2013: 6)

Somit können die verschiedenen Funktionen der Sachtexte, die den Einsatz textsortenspezifischer und -übergreifender sprachlich-kognitiver Handlungsmuster bedingen, im Unterricht systematisch aufgegriffen und behandelt werden. Das Potential von Sachtexten zur Unterstützung von sprachlich-kognitivem Handeln zu nutzen, wird von Schroeder & Dollnick „für die Förderung der Schriftlichkeit im Türkischen" im Bereich des herkunftssprachlichen Unterrichts explizit eingefordert (2013: 112). Sach- und fachtextsortenspezifische Schreibaufgaben können einen Einblick in die produktive Kompetenz der textsorten- und zugleich fachübergreifenden sprachlich-kognitiven Handlungen geben. In der Vielfalt von Sachtexten hebt sich die Textsorte Instruktion besonders hervor, da sie die Funktionalität von Sprache in einer besonderen Weise widerspiegelt. Das schriftliche Instruieren ist realitätsbezogen und bietet einen konkreten Handlungsanlass (vgl. Weber 1982). Die spezifische Anforderung hierbei ist die Weitergabe des Handlungswissens an den Adressaten. Dies wird funktional umgesetzt, wenn alle Schritte vollständig und in der handlungslogischen Abfolge formuliert werden. Die Ausrichtung der inhaltlich-thematischen Struktur auf die antizipierte Wissensstruktur des Lesers, also die Etablierung eines gemeinsamen Vorstellungsraums, die durch den Schreibenden beim Instruieren vorgenommen wird, lässt sich als eine Ausprägung der Adressatenorientierung auffassen (vgl. Becker-Mrotzek et al. 2014: 31 f.). Durch die chronologische Verkettung der Handlungsschritte und eindeutige Deixis im Handlungskontext wird die Instruktion nachvollziehbar und damit für den Adressaten replizierbar. Die Verkettung kann durch Verwendung von Spiegelstrichen zur Auflistung, Nummerierung durch Ziffern zur Festlegung der Abfolge oder unter Rückgriff auf Temporalitätsmarker zur Textstrukturierung umgesetzt werden (vgl. Roll, Gürsoy & Boubakri 2016: 61 ff.). Diese auf der Textoberfläche nachweisbare Adressatenorientierung kann als textsortenübergreifende Fähigkeit zur Perspektivenübernahme verstanden werden (vgl. Becker-Mrotzek et al. 2015: 179).

Bachmann stellt zudem einen Zusammenhang zwischen schriftlich gut ausgebildeter Instruktionskompetenz und einer allgemein gut entwickelten Schreibkompetenz fest:

> Die Analyse anleitender Texte ist aufgrund der funktional-pragmatischen Charakteristik der Textsorte insbesondere für die Modellierung des Erwerbs und der Ausdifferenzierung so genannter hierarchiehöherer Schreibfähigkeiten wie ‚Adressatenorientierung', ‚Perspektivenwechsel' oder ‚Transformation' bzw. ‚Neustrukturierung' des eigenen Wissens mit Blick auf die Bedürfnisse des/der Adressaten besonders geeignet. (Bachmann 2014: 270)

Aufbauend auf diesen Grundlagen wird im nächsten Kapitel eine Schreibaufgabe vorgestellt, die einen Vergleich von auf deutscher und türkischer Sprache elizitierten Instruktionstexten ermöglicht.

4 Das SchriFT-Erhebungsinstrument: Bauanleitung eines Smartphone-Lautsprechers

Zur Erhebung der Schreibleistungen in den Fächern Deutsch und HSU Türkisch wurde im Rahmen des Projektes SchriFT ein Diagnoseinstrument entwickelt, das in beiden Sprachen aus je zwei Schreibaufgaben besteht, die jeweils eine Sachtextsorte (Bauanleitung, Kreislaufbeschreibung) elizitieren.

Es wird im Folgenden der Frage nach Zusammenhängen in den Textprodukten deutsch-türkischsprachiger SuS in den Sprachen Deutsch und Türkisch in den Jahrgangsstufen sieben und acht in Bezug auf die Umsetzung des sprachlich-kognitiven Handlungsmusters *Beschreiben* in Instruktionstexten nachgegangen. Dabei werden folgende Forschungsfragen in diesem Beitrag beantwortet:
1. Wie hängen die fokussierten sprachlichen und inhaltlichen Merkmale der Textsorte Instruktion in den untersuchten Textprodukten zusammen?
2. Welche Erkenntnisse liefern qualitative Analysen von ausgewählten Merkmalen in instruierenden Textprodukten auf zwei Sprachen?

Die Schreibaufgabe *Bauanleitung eines Smartphone Lautsprechers* kann zur Erfassung des Ist-Standes der anleitenden Schreibfähigkeiten der SuS eingesetzt werden. Die Schreibaufgabe besteht aus vier Teilaufgaben mit halboffenen und offenen Formaten, welche operatorengestützt[5] die in den Schreibaufgaben elizitierten sprachlich-kognitiven Handlungsmuster (u. a. *Beschreiben, Erklären*) einfordern. Die schriftlichen Aufgabenstellungen werden durch einen Videoimpuls unterstützt, bei dem die einzelnen Handlungsschritte zusammenhängend, jedoch kommentarlos, veranschaulicht werden. Dadurch wird der Schreibstimulus durch Bilder, welcher einfache Bildbeschreibungen zu generieren vermag (vgl. Bremerich-Vos & Possmayer 2013) umgangen und die Aufeinanderfolge der Handlungen hervorgehoben.

Zur analytischen Beurteilung der Textqualität bzw. der Instruktionskompetenz auf Deutsch und Türkisch wird ein in Anlehnung an das *Zürcher Textanalyseraster* (vgl. Nussbaumer & Sieber 1995) erstelltes Kategoriensystem eingesetzt.

Für das Beurteilen der sprachlich-textsortenspezifischen und inhaltlichen Bewältigung wurde induktiv und deduktiv ein Kategoriensystem entwickelt. Dabei ergab sich eine unterschiedliche Anzahl an Kategorien (türkischsprachige Texte: 59, deutschsprachige Texte: 57), die in den Unterschieden der sprachlichen Umsetzungsmöglichkeiten einer Instruktion in den beiden Sprachen begründet ist. Das Türkische verfügt im Vergleich zum Deutschen über zwei Gegenwartsformen: Während mit dem -Iyor-Präsens die Synchronität der Handlung zu der sprachlichen Wiedergabe zum Ausdruck kommt, stellt das -Ir-Präsens

---

[5] Operatoren stellen im schulischen Kontext Schlüsselwörter dar, die im Rahmen einer Aufgabenstellung durch ein handlungsaufforderndes Verb wie z. B. *beschreiben* oder *erklären* die Lernenden zur Realisierung einer konkreten Handlung bewegen sollen. Zur Sicherstellung einer zielgerichteten Erfüllung der Arbeitsaufträge ist vor dem Einsatz von Operatoren eine fachinterne Spezifizierung mit der Lerngruppe notwendig, da Operatoren fachspezifische Anforderungen aufweisen.

(Aorist), entsprechend seiner türkischen Bezeichnung *geniş zaman* (*weite Zeit*; vgl. Banguoğlu 1974) eine weite Zeitspanne dar und dient unter anderem zur Beschreibung von Handlungen, die ohne eine zeitliche Begrenzung wiederholt stattfinden. Nach Sözer-Huber (1994) eignet sich der Aorist für die Darstellung bestimmter Textsorten, wie Eigenschaftsbeschreibungen oder wissenschaftliche Diskurse, und signalisiert einen textspezifischen Schreibstil, der auch auf Instruktionstexte zutrifft. Im Türkischen wird deshalb beim Anleiten neben dem Tempus Präsens, das auch im Deutschen als textsortenangemessen beurteilt wird, die Verwendung der *generellen Gegenwart* (Aorist) mit ausgewertet. Wie am Aorist im Türkischen exemplarisch veranschaulicht, ist die funktionale Bestimmung der linguistischen Gemeinsamkeiten und Unterschiede in den beiden Sprachen in der intendierten Textsorte eine zentrale Voraussetzung für die Konzeption eines Diagnoseverfahrens, das beide beteiligten Sprachen einbindet. Die Kategorien, die die Vollständigkeit und Präzision in der Instruktion abbilden, sind hingegen in beiden Sprachen in Anzahl und Formulierung identisch. Mit der Entwicklung eines objektiv anwendbaren Kategoriensystems wird einerseits die Problematik der sogar für kurze Grundschultexte berichteten unzureichenden Beurteilerübereinstimmungen bei holistischen Textbeurteilungen (vgl. Bremerich-Vos & Possmayer 2013) aufgelöst, andererseits erlaubt diese Art der Analyse, einzelne sprachliche und inhaltliche Phänomene oder ihre Gruppierungen in den Textprodukten fokussiert zu betrachten.

Bei der Entwicklung der Aufgabe und des Kategoriensystems wurde die Durchführungsobjektivität durch Schulungen der Testleitenden sowie ausführliche, ausformulierte Leitfäden sichergestellt. Auswertungsobjektivität wurde durch die vorgenommene Zweitkodierung überprüft. Die berechneten Cohens Kappa Werte können sowohl im Türkischen als auch im Deutschen [jeweils $\kappa = .7; 1$] als gut (vgl. Döring & Bortz 2016: 569) eingestuft werden. Die interne Konsistenz der Schreibaufgabe kann sowohl für das Instrument im Türkischen ($\alpha = .85$), als auch im Deutschen ($\alpha = .82$) als gut kategorisiert werden.

Für die im Folgenden durchgeführten Analysen wird die zweite Teilaufgabe der Schreibaufgabe fokussiert, die das instruktive Textprodukt elizitiert. Die anderen Aufgaben dienen der kognitiven Aktivierung der Schreibenden. Die SuS sind nach dem Sichten des Videoimpulses aufgefordert, die Instruktion für den Bau des Smartphone-Lautsprechers zu schreiben. Als Entlastung auf kognitiver Ebene werden unter der Aufgabenstellung die zentralen acht Schritte des Videos als Bilder angeboten (vgl. Abbildung 1).

b) Beschreibe anhand der Bilder in einem Text genau den Bau des abgebildeten Smartphone-Lautsprechers, sodass jemand diesen Smartphone-Lautsprecher nachbauen kann, ohne die Bilder zu sehen.

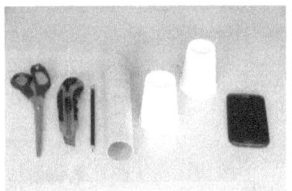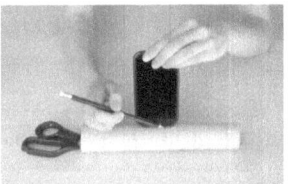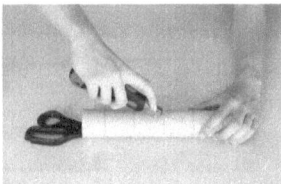

Abb. 1: Zweite Teilaufgabe der deutschsprachigen Schreibaufgabe inkl. drei der acht angebotenen Bilder.

5 Studie

Die Daten der vorliegenden Untersuchung zur schriftlichen Instruktionskompetenz wurden im Rahmen des Projektes *SchriFT – Schreiben im Fachunterricht unter Einbeziehung des Türkischen* im Schuljahr 2016/17 an Gesamtschulen in Nordrhein-Westfalen erhoben. Die in diesem Beitrag diskutierte Teilstichprobe setzt sich aus Schülerinnen und Schülern aus 17 Lerngruppen an elf Schulen zusammen.

5.1 Beschreibung der Stichprobe

Die Analyse erfolgt für 372 Textprodukte von n = 186 deutsch-türkischsprachigen SuS, die die zweite Teilaufgabe der Schreibaufgabe in beiden Sprachen bearbeiteten. Mit einem von den Probanden zusätzlich ausgefüllten Fragebogen können sozioökonomische und sprachbiografische Hintergründe in die Analyse miteinbezogen werden. Die teilnehmenden SuS sind 12–16 Jahre alt, wobei das durchschnittliche Alter 13,62 beträgt. Von den Probanden sind 104 (55,9 %) weiblich und 82 (44,1 %) männlich. Eine 8. Klasse besuchen 113 (60,8 %) Probanden, 73 (39,2 %) eine 7. Klasse. 19 (26,0 %) der Siebtklässler und sogar 48 (42,5 %) der Achtklässler geben an, seit der ersten Klasse durchgehend den Herkunftssprachenunterricht zu besuchen. Als Geburtsland geben 170 (91,4 %) der Lernenden Deutschland an. Von den 5 (2,7 %) Lernenden, die angeben im Ausland geboren zu sein, sind zwei (1,1 %) erst im grundschulpflichtigen Alter nach Deutschland eingewandert, die anderen Probanden haben das deutsche Schulsystem ab der Einschulung in die erste Klasse durchlaufen.

5.2 Schriftliche Instruktionskompetenzen: Deutsch und Türkisch im Vergleich

Im Folgenden werden interlinguale Zusammenhänge (als Zusammenhänge zwischen Merkmalen der Textprodukte eines Schreibenden in verschiedenen Sprachen) beim *Beschreiben* anhand ausgewählter Merkmale dargestellt. Anschließend werden zwei Kategorien des Kategoriensystems eingeführt, anhand derer Schreibkompetenzen bilingualer SuS in den Sprachen Deutsch und Türkisch abgebildet werden können. Dabei werden sowohl die inhaltliche als auch die sprachlich-textsortenspezifische Bewältigung der Schreibaufgabe berücksichtigt.

5.2.1 Interlinguale Zusammenhänge in den Textprodukten von bilingualen Lernenden

Um beurteilen zu können, inwiefern sich Zusammenhänge in den Textprodukten bilingualer SuS in den Sprachen Deutsch (DEU) und Türkisch (TUR) in den Jahrgangsstufen sieben und acht in Bezug auf die Umsetzung der sprachlich-kognitiven Handlung *Beschreiben* in Instruktionstexten feststellen lassen, erfolgt eine Analyse der Korrelationen[6] ausgewählter Kategorien zwischen den beiden Sprachen. Diese Kategorien, welche die Adressatenorientierung in den Textprodukten abbilden, werden entsprechend dem Kategoriensystem jeweils der inhaltlichen oder sprachlichen Ebene zugeordnet. Berücksichtigt werden als inhaltliche Merkmale die Anzahl beschriebener Bilder, Anzahl vollständig beschriebener Bilder sowie der Grad der Präzision, operationalisiert durch die Anzahl der Präzisionsmarker. Für die sprachliche Umsetzung werden exemplarisch die textstrukturierende Gliederung durch Verwendung von Temporalitätsmarkern (TM) sowie die Variation der Temporalitätsmarker betrachtet. Die deskriptiven Statistiken für die Realdaten der Merkmale können der Tabelle 1 entnommen werden.

In den Textprodukten der Probanden (vgl. Tabelle 2) zeigen sich auf der inhaltlichen Ebene bei der Anzahl beschriebener Bilder ($r = .340$, $p < .001$) und der Anzahl vollständig beschriebener Bilder ($r = .296$, $p < .01$) mittlere, positive Zusammenhänge zwischen den Fähigkeiten in beiden Sprachen. Bei der Ausprägung der Präzision liegt hingegen keine signifikante Korrelation vor. Auf der textstrukturierenden Ebene bestehen mittlere Korrelationen zwischen den Text-

---

[6] Zur Bestimmung der Zusammenhänge wird der Rangkorrelationskoeffizient nach Spearman betrachtet, da die Daten ordinal skaliert sind.

Tab. 1: Deskriptive Statistiken der fokussierten Merkmale in beiden Sprachen.

n = 186	DEU				TUR			
	M	SD	Min	Max	M	SD	Min	Max
Anzahl beschriebener Bilder*	6,87	1,12	2	8	6,75	1,51	0	8
Anzahl vollständig beschriebener Bilder**	3,26	2,24	0	8	3,13	2,38	0	8
Präzisionsmarker***	0,94	1,17	0	5	0,82	1,12	0	5
Strukturierung durch TM[a]	5,03	2,28	0	12	3,85	2,28	0	11
Variation der TM[b]	2,91	1,52	0	8	2,36	1,40	0	6

* von acht möglichen
** von acht möglichen
*** von sechs möglichen
a   Die Anzahl der explizit verwendeten sprachlichen Temporalitätsmarker darf nicht direkt als ein Qualitätsmerkmal verstanden werden. Die Schreibaufgabe basiert auf der Verschriftlichung von acht Handlungsschritten, wobei die Schritte zum Teil sinnvoll zusammengefasst werden können. Ein abschließender Satz der Instruktion, welcher nicht explizit durch Bilder eingefordert wird, kann die Rahmung der Instruktion sicherstellen. Aus diesem Grund wurde für die nachfolgende Korrelationsanalyse die Realverteilung datengestützt unter Rückgriff auf die Daten der SchriFT-Hauptstichprobe umkodiert. Lernende mit sechs bis neun Temporalitätsmarkern erhalten die höchste, Lernende mit vier bis fünf und über neun Temporalitätsmarkern die mittlere und Lernende mit weniger als vier Temporalitätsmarkern die geringste Beurteilung.
b   Analog zur Anzahl wurde die Variation der Temporalitätsmarker für die Korrelationsanalyse datengestützt in eine dreistufige Ratingskala überführt.

Tab. 2: Korrelative Zusammenhänge der fokussierten Kategorien.

n = 186	Anzahl beschriebener Bilder	Anzahl vollständig beschriebener Bilder	Präzision	Strukturierung durch TM	Variation der TM
$r_{DEU-TUR}$	.340*	.296*	.138	.413*	.431*

* p < 0.001

produkten in beiden Sprachen bei der Verwendung von Temporalitätsmarkern ($r = .413$, $p < .01$) und der Variation dieser ($r = .431$, $p < .001$).

Wird die Stärke der Korrelationen verglichen, lässt sich festhalten, dass die Zusammenhänge auf der textstrukturierenden Ebene stärker ausgeprägt sind als auf der inhaltlichen Ebene. In diesen Daten zeigt sich, dass, wenn die Fähigkeiten zur Textstrukturierung, hier operationalisiert durch die Verwendung und Variation von Temporalitätsmarkern, vorhanden ist, diese von Lernenden in beiden Sprachen tendenziell eher realisiert werden kann als die Fähigkeiten zum Beschreiben der Handlungsschritte insgesamt einerseits und die Fähigkeit zum vollständigen Beschreiben andererseits. Die Fähigkeiten zum präzisen Beschreiben hängen in der Untersuchungsstichprobe hingegen in den beiden Sprachen nicht zusammen.

5.2.2 Inhaltliche Bewältigung: Vollständigkeit der Beschreibung des fünften Schrittes

Bei der Kategorie zum fünften Bild (vgl. Abbildung 2) handelt es sich um eine den Inhalt fokussierende Kategorie. Sie bildet die Handlungsinstruktion zu diesem Bild ab. Zu sehen ist, wie mit einem Bleistift die Öffnung der Küchenrolle auf der Seitenfläche eines der beiden Pappbecher umkreist wird. Der zweite Pappbecher steht daneben. Eine klassische Bildbeschreibung wäre mit dieser Auflistung abgeschlossen, für die Instruktion muss im Sinne der Adressatenorientierung thematisiert werden, dass das Umkreisen der Öffnung auf beiden Bechern stattzufinden hat, um die Rolle am Ende des Bauvorgangs in die beiden aufgeschnittenen Öffnungen auf den Bechern schieben zu können.

Insgesamt gehen die Lernenden mit diesem Handlungsschritt sehr unterschiedlich um, es lassen sich jedoch in beiden Sprachen ähnliche Tendenzen abbilden (vgl. Tabelle 3). Während manche Lernende ihn sehr stark reduzieren oder das Anzeichnen komplett auslassen (vgl. fürs Deutsche Abbildung 3. Wie der an dem Plastikbecher auszuschneidende Kreis entstanden ist, wird nicht ausgeführt.), beschreiben einige sehr ausführlich, dass z. B. das *Ende der Papprolle* an den *Rändern der Plastikbecher* zu umranden ist. Insgesamt lässt sich feststellen, dass von den Lernenden, die das Bild funktional vollständig beschreiben, weniger als die Hälfte präzisierende Formulierungen anbietet (vgl.

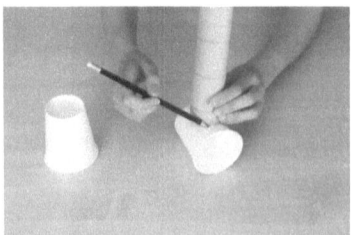

Abb. 2: Bild 5 der Bauanleitung.

Tab. 3: Realisierung der Handlungsinstruktion zu Bild 5.

n = 186 (100 %)	DEU	TUR
Auslassen des Schrittes	41 (22,0 %)	73 (39,2 %)
Stark reduzierte Schrittbeschreibung	63 (33,9 %)	43 (23,1 %)
Funktional vollständige Beschreibung	82 (44,1 %)	70 (37,6 %)
Funktional vollständige Beschreibung, unpräzise	42 (51,2 %)	37 (52,9 %)
Funktional vollständige Beschreibung, präzisierend	40 (48,8 %)	33 (47,1 %)

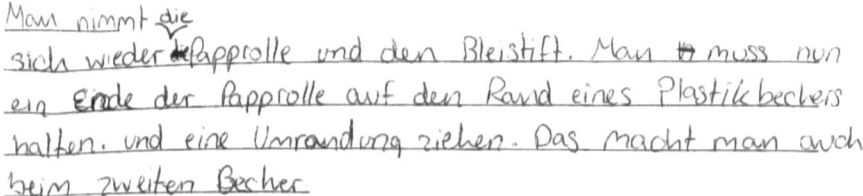

Abb. 3: Exemplarischer Ausschnitt eines Textproduktes auf Deutsch eines Siebtklässlers (Schüler 1).

[Handschriftlicher Text:] Man nimmt die sich wieder Papprolle und den Bleistift. Man muss nun ein Ende der Papprolle auf den Rand eines Plastikbechers halten und eine Umrandung ziehen. Das macht man auch beim zweiten Becher.

Abb. 4: Exemplarischer Ausschnitt eines Textproduktes auf Deutsch eines Siebtklässlers (Schüler 2).

Abbildung 4. Hierbei ist anzunehmen, dass *Rand* präzisierend für die schwer zu umschreibenden Seitenfläche eines Bechers verwendet wird.).

Die inhaltlichen Kategorien zu Präzisionsstellen überprüfen die explizite Orientierung des Adressaten durch Richtungs- und Ortsangaben, um den Präzisionsgrad der Instruktion eines Handlungsschrittes bestimmen zu können. Die Präzisionsstelle zum fünften Schritt bildet ab, ob durch Präzisionsmarker konkretisiert wird, dass
- die Öffnung der Rolle umkreist wird (sprachlich kann dies u. a. durch Marker wie *senkrechtes Halten der Rolle* dargestellt werden, weil erst diese Position der Rolle das Umkreisen des Bechers ermöglicht) und
- das Einzeichnen auf den Seitenflächen der Becher (realisierbar z. B. durch *seitlich*, *Halteseite*, *Griffffläche* u. ä., da das Umkreisen der Rolle nicht auf einer beliebigen Stelle des Bechers erfolgen darf) stattfindet.

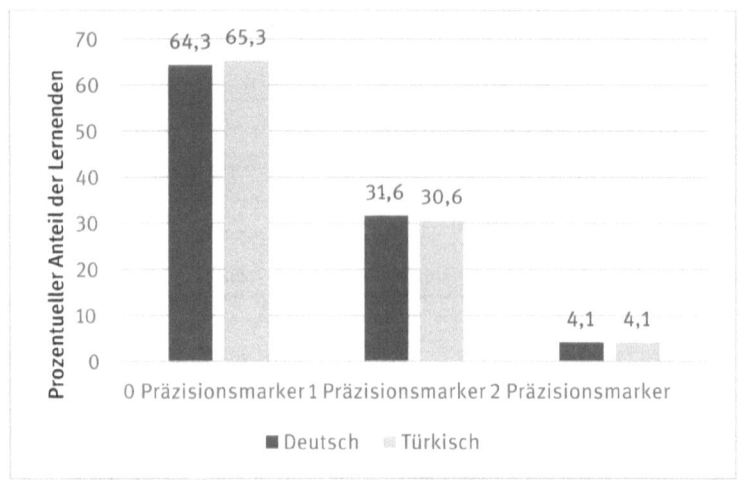

Abb. 5: Ausprägung der Präzision in der Beschreibung des Bildes 5 [%].

Tab. 4: Kreuztabelle zur Ausprägung der Präzision im fünften Handlungsschritt.

n = 98		DEU		
		kein Präzisionsmarker	ein Präzisionsmarker	zwei Präzisionsmarker
TUR	kein Präzisionsmarker	42	20	2
	ein Präzisionsmarker	19	9	2
	zwei Präzisionsmarker	2	2	0

Die quantitative Analyse der Zusammenhänge der Präzisionsausprägung zwischen den Textprodukten in beiden Sprachen zeigt auf, dass keine signifikanten Korrelationen vorliegen (vgl. Tabelle 2). Daraus kann geschlossen werden, dass manche Lernende in einer ihrer Sprachen bereits in der Lage sind, textsortenspezifisch präzise zu formulieren, ohne dies auch in ihrer weiteren Sprache realisieren zu können. Die deskriptive Analyse der Präzisionsausprägung erfolgt im Folgenden für Lernende, die in beiden Sprachen den fünften Handlungsschritt beschreiben (n = 98). Die Betrachtung der Häufigkeit der Präzisionsmarker bei diesem Schritt offenbart, dass in beiden Sprachen die Mehrheit der Textprodukte diese Präzisierung nicht aufweist (vgl. Abbildung 5).

Dabei kann beobachtet werden, dass von der Ausprägung der Präzision in der einen Sprache nicht auf die andere Sprache geschlossen werden kann (vgl. Tabelle 4). Eine Analyse von Textprodukten in beiden Sprachen liefert Anhaltspunkte zum Gesamtsprachenbesitz der Schreibenden.

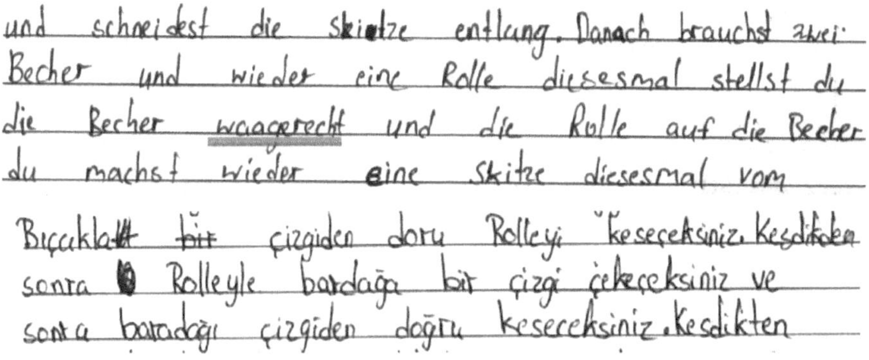

und schneidest die Skitze entlang. Danach brauchst zwei Becher und wieder eine Rolle diesesmal stellst du die Becher waagerecht und die Rolle auf die Becher du machst wieder eine Skitze diesesmal vom

Bıçakla bir çizgiden doru Rolleyi keseceksiniz. Kesdikten sonra Rolleyle bardağa bir çizgi çekeceksiniz ve sonra baradağı çizgiden doğru keseceksiniz. Kesdikten

Abb. 6: Textprodukte auf Deutsch und Türkisch eines 13-jährigen, in Deutschland geborenen Siebtklässlers. Familiensprache Türkisch. (Schüler 3)
(mit dem Messer schneiden Sie die Rolle entlang der Linie.) Nach dem Schneiden mit der Rolle auf den Becher einen Strich ziehen und danach den Becher entlang der Linie schneiden. (Nach dem Schneiden)

2 pap becher und die pap-rolle und zeichne den abdruck der pap-rolle seitlich auf die beiden seiten der pap-bechs,

Şindi teleskopun yan tarafını bardanın yan tarafına bir kalemle çizeceksiniz, öbür bardakla aynısını yapın!, Şindi çizdiğiniz yeri kesip

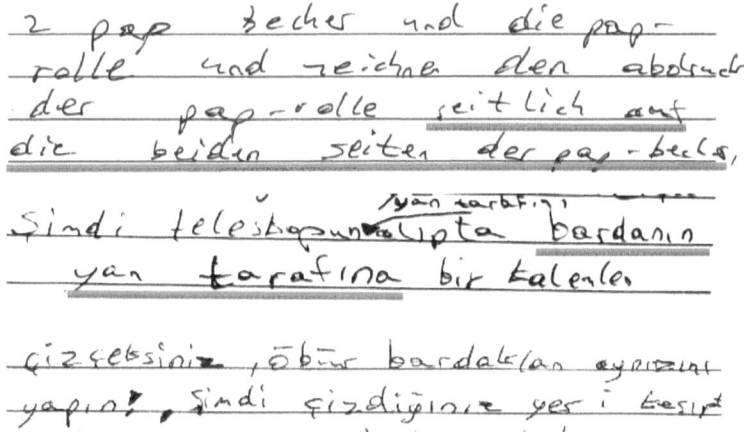

Abb. 7: Textausschnitte auf Deutsch und Türkisch eines 15-jährigen, in Deutschland geborenen Achtklässlers. Familiensprachen Türkisch und Deutsch. (Schüler 4)
(Jetzt werden Sie die seitliche Fläche des Teleskops nehmen und auf die seitliche Fläche des Bechers mit einem Stift zeichnen, mit dem anderen Becher machen Sie dasselbe!)

In Abbildung 6 sind die Textausschnitte eines Lernenden in deutscher und in türkischer Sprache gegenübergestellt. Im deutschen Text macht der Lernende eine Angabe zu der Positionierung des Bechers: *diesmal stellst du die Becher waagerecht*. Obwohl die Seitenflächen der Becher, als die Stellen, auf die einzuzeichnen ist, nicht explizit benannt werden, wird die Präzision und somit die

Orientierung des Adressaten mit dieser Angabe indirekt erreicht. Denn erst wenn der Becher waagerecht liegt, kann auf die vorgesehene Stelle – also auf die Seitenfläche des Bechers eingezeichnet werden. Bei dem türkischen Text liegt hingegen weder eine Angabe zu der einzuzeichnenden Stelle vor, noch eine vergleichbare Umschreibung wie im deutschsprachigen Text. Die Orientierung des Adressaten gelingt dem Lernenden in der einen Sprache besser als in der anderen Sprache.

Die Textausschnitte in Abbildung 7 zeigen beispielhaft, wie von einem Lernenden in beiden Sprachen ähnlich präzisiert wird. Die Angabe, dass das Einzeichnen auf den Seitenflächen der Becher stattfinden muss, liegt in beiden Sprachen vor: *seitlich auf die beiden Seiten der Pap-Becher*, bzw. *bardanın yan tarafına*.

Ausgehend von der in Abbildung 5 dargestellten Ausprägung der Präzision in den analysierten Textprodukten, die sowohl im Deutschen (von 74 % der SuS) als auch im Türkischen (von 77 % der SuS) überwiegend nicht nachweisbar ist, stellen die exemplarisch vorgestellten Textausschnitte positive Beispiele dar, da ihre Autoren und Autorinnen in einer, bzw. in beiden Sprachen adressatenorientiert schreiben.

5.2.3 Sprachliche Bewältigung: Strukturierung durch Verkettung

Eine Betrachtung der verschiedenen Textstrukturierungsmerkmale in beiden Sprachen kann dazu verwendet werden, um den Zusammenhang zwischen den verwendeten sprachlichen Mitteln und der Instruktionskompetenz zu analysieren. Auf der deskriptiven Ebene lässt sich festhalten, dass die meisten Lernenden dieser Stichprobe zur Orientierung des Lesers und der Leserin durch sprachliche Verkettung in ihren Texten Temporalitätsmarker nutzen (n = 182, bzw. 97,9 % bei deutschsprachigen Texten, n = 172, bzw. 92,5 % bei türkischsprachigen Texten; vgl. Abbildung 8), wobei in den deutschsprachigen Textprodukten im Durchschnitt etwas mehr Temporalitätsmarker explizit verwendet werden (M_{DEU} = 5,03; M_{TUR} = 3,85; vgl. Abbildung 8). Nummerierungen durch Ziffern nutzen wenige Lernende (in n = 10, bzw. 5,4 % der deutschsprachigen und n = 8, bzw. 4,3 % der türkischsprachigen Textprodukte, davon von drei Lernenden in beiden Sprachen). Eine Verwendung von Spiegelstrichen wird in dieser Stichprobe nicht realisiert.

Die Schreibaufgabe basiert zwar auf der Verschriftlichung von acht Handlungsschritten, jedoch lassen sich die Schritte zum Teil sinnvoll zusammenfassen oder durch rahmende Kontextualisierung erweitern. Daraus folgt an dieser Stelle, dass Texte mit genau acht Markern nicht zwangsläufig als besser klassifiziert werden dürfen als die mit einer anderen Anzahl.

Viele Lernende nutzen Temporalitätsmarker, variieren diese aber teilweise nicht erwartungsgemäß. Schülerin 5 (vgl. Abbildung 9) bietet beispielsweise auf

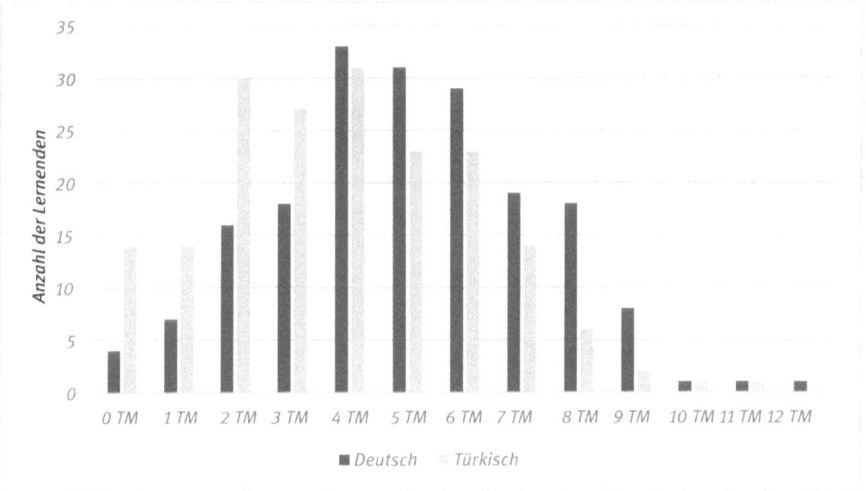

Abb. 8: Anzahl explizit verwendeter Temporalitätsmarker in den Instruktionen.

Zuerst brauchst du sachen unswar: eine Schere, Teppichmesser, Bleistift, papp rolle, 2 x plastik becher und ein Telefon.	*Önçelikle* mazemeler lazım bunlarda: makas, Halı bıçağı, karton yuvarlak, plastik bardağı 2x, ve telephon.
Du nimmst dir *zuerst* den Pap karton und legst es hin, *danach* steckst du die Schere in den pap karton hinein. Du nimmst dir *dann* den handy und legst es auf den Pap karton drauf und zeichnest in der mitte das untere teil ab vom Handy.	Kartonu koyuyorsun, ve arasına makası sokuyorsun ki sallanmasın ve telephonu düz ortasına koyuyorsun ama yatırmiyorsun. *Ondan sonra* telephonun altını kurşun kalemle çiziyorsun,
Danach nimmst du den Teppischmesser und schneidest das ab was du in der mitte gezeichnet hattest und nimmst es ab.	çizdik *den sonra* bi Halı bıçakla kesiyorsun ve kopartiyorsun.
Danach nimmst du den Papp karton und legst es kweer auf den Becher und zeichnest einen runden kreis 2 x.	Kartonu düz koyup plastik bardağına tutuyorsun ve yuvarlak bi çizgi boyuyorsun 2x.
Dann schneidest du sie wieder mit den Teppischmesser ab.	Boyadık *dan sonra* O yuvarlak çizgiyi kesiyorsun 2x.
Nachdem du es gemacht hast kannst du die 2 plastik becher am ende des papp kartongs hinein stecken und den Handy in die mitte hinein stecken.	kesdik *den sonra* plastik bardakları alıp kartonunsonlarına sokuyorsun. 1 sağ tarafta ve sol tarafta.
	Onları yaptık *dan sonra* telephonu ortadaki kesdiğiniz yere sokuyorsun.

Abb. 9: Tranksripte des Textproduktes auf Deutsch und Türkisch einer 13-jährigen, in Deutschland geborenen Siebtklässlerin. Familiensprachen Türkisch und Deutsch. (Schülerin 5).

den ersten Blick in beiden Sprachen eine hohe Anzahl an Temporalitätsmarkern an (acht im Deutschen, sechs im Türkischen). Bei genauer Betrachtung kann festgestellt werden, dass sie im Deutschen vier verschiedene sprachliche Markierungen für die Abfolge verwendet (*zuerst, danach, dann, nachdem*); im Türkischen nur drei (*öncelikle* (primär bzw. vorrangig, hier im Sinne von *zuallererst* verwendet), *ondan sonra* (*danach*), *DIktAn sonra* (*nachdem*)). Des Weiteren wendet diese Lernende die Temporalitätsmarker im Deutschen nicht in der konventionalisierten Abfolge an. So nutzt sie in ihrem Text das Adverb *zuerst* zweifach. Eine Analyse der Anzahl, der Variation sowie der Verwendung der Temporalitätsmarker kann folglich Aufschluss über das sprachliche Repertoire zur Gliederung eines Textes liefern.

5.2.4 Zusammenfassung der Ergebnisse

Die vorgestellten quantitativen Analysen (n = 186) weisen einen Zusammenhang der Instruktionskompetenz in einigen der ausgewählten Kategorien (Anzahl beschriebener Bilder, Anzahl vollständig beschriebener Bilder, Strukturierung eines Textes durch Temporalitätsmarker sowie Variation der Temporalitätsmarker) im Deutschen und Türkischen nach. Ein interlingualer Zusammenhang konnte bei der Präzisionskategorie nicht beobachtet werden, wobei auffällig ist, dass nur rund ein Viertel der Lernenden in der jeweiligen Sprache präzise instruiert. Exemplarische vertiefende Analysen des fünften Handlungsschrittes zeigen auf, dass nur rund zwei Fünftel der Lernenden eine funktional vollständige Beschreibung des fokussierten Handlungsschrittes anbieten (Deutsch: 44,1 %; Türkisch: 37,6 % der Lernenden) und je knapp die Hälfte dieser Schreibenden ihrer Beschreibung präzisierende Elemente hinzufügen. Die Strukturierung der Texte durch Verkettung erfolgt in den meisten Instruktionen des Korpus durch die Verwendung von Termporalitätsmarkern (Deutsch: 97,9 %; Türkisch: 92,5 %). Das Analysieren der Variation und der konkreten Nutzung der verwendeten Temporalitätsmarker auf Individualebene bietet einen Einblick in das sprachliche strukturierende Repertoir der Schreibenden in beiden Sprachen. Eine Analyse von Textprodukten in beiden Sprachen liefert in beiden Fällen Anhaltspunkte zum Gesamtsprachenbesitz der Schreibenden.

6 Fazit und Ausblick

Der Erlass des Ministeriums für Schule und Weiterbildung zum herkunftssprachlichen Unterricht vom 28. 06. 2016 zur Wertschätzung der natürlichen Mehrsprachigkeit erfordert nicht allein das Angebot, sondern ermöglicht auch die curriculare Stärkung des Herkunftssprachenunterrichts in NRW (vgl. MSW NRW 2016). Im Sinne einer durchgängigen Sprachbildung (vgl. Gogolin & Lange 2010), die sowohl die Sprachbildung in allen Fächern als auch in den verfügbaren Sprachen fordert, ist nach Koordinationsmöglichkeiten zwischen den Disziplinen zu suchen. Dadurch wird ein Transfer von Strukturen aus einer Sprache der Lernenden in die andere(n) Sprache(n) begünstigt (vgl. García & Wei 2014).

In der vorgestellten Studie wurden die Umsetzung des sprachlich-kognitiven Handlungsmusters *Beschreiben* in Instruktionstexten von 186 bilingualen Lernenden auf Deutsch und Türkisch analytisch untersucht und Zusammenhänge der Textprodukte in beiden Sprachen aufgezeigt. Die Gegenüberstellung der in den Analysen exemplarisch fokussierten Merkmale hat gezeigt, dass die Anzahl beschriebener Bilder, die Anzahl vollständig beschriebener Bilder, die Strukturierung eines Textes durch Temporalitätsmarker sowie ihre Variation zwischen den Sprachen schwach bis mäßig zusammenhängen.

Die vertiefenden Analysen zeigen, dass eine präzise Beschreibung der intendierten Handlung bei der Mehrheit der Textprodukte ausbleibt und die Mehrheit der Lernenden Temporalitätsmarker zur Gliederung des Textes verwenden. Dies lässt die Annahme zu, dass die Fähigkeit zur Textstrukturierung, wenn sie vorhanden ist, in beiden Sprachen realisiert werden kann. Diese Ergebnisse stützen die These, dass der interlinguale Transfer durch eine koordinierte Sprachbildung, die sprachenübergreifende Textsortenmerkmale aufgreift und fördert, begünstigt werden kann.[7] Dieses Transferpotential zeigt sich ganz konkret im folgenden Ausschnitt aus einem Schülerinterview, das nach Abschluss der gemeinsam von Geschichte, Physik und HSU Türkisch koordinierten Unterrichtsreihe in SchriFT durchgeführt wurde.

> Als wir in GL, ehm, diesen Text da schreiben müssten (...), da war, ehm, da hab ich am Anfang nichts verstanden, also was wir da hinschreiben müssen. Den Einleitungssatz und so alles Fazit und so alles. Wusste ich am Anfang nicht, was wir/ was da hinkommen muss. Danach hab ich dann halt an Türkischunterricht gedacht und hab dann da alles hingeschrieben, was in Türkisch in dem Versuchs .../in ehm – wie heißt das nochmal? Ja in rapor (Bericht) – reinkommen musste. Ich fand das hilfreich.

Durch die vorgestellten qualitativen Analysen auf der Ebene der einzelnen sprachlichen Merkmale lassen sich die Zusammenhänge zwischen den verwendeten sprachlichen Mitteln und der schriftlichen Instruktionskompetenz deutsch-türkischsprachiger Schülerinnen und Schüler auf der individuellen Ebene umfassender analysieren als wenn diese nur in einer Sprache untersucht werden. Die inhaltlichen wie sprachlichen Gemeinsamkeiten und Gegensätze in

---

[7] Eine Checkliste zur Erarbeitung eines fächerübergreifenden Schreibförderkonzepts wurde von Boubakri, Gürsoy und Wickner im Rahmen des SchriFT-Projektes entwickelt. Verfügbar unter: https://www.uni-due.de/schrift/materialien.php (01. 09. 2017).

erhobenen Sprachen erlauben dabei komplementäre Erkenntnisse zur Gesamtschriftlichkeit der Schreibenden. Anhand mehrsprachiger Verfahren wie diesem können die biliteralen Förderschwerpunkte und Kompetenzen ermittelt und darauf aufbauend die Schreibentwicklung Mehrsprachiger, auch in ihrer Erstsprache, gefördert werden. Im Anschluss kann eine systematische und textkontrastive Aneignung schriftsprachlicher Kompetenzen für eine fachübergreifende Sprachbildung genutzt werden.

Literatur

Bachmann, Thomas (2014): Schriftliches Instruieren. In Feilke, Helmuth & Pohl, Thorsten (Hrsg.): *Schriftlicher Sprachgebrauch. Texte verfassen*. Baltmannsweiler: Schneider Verlag Hohengehren, 270–286.

Bachmann, Thomas & Becker-Mrotzek, Michael (2017): Schreibkompetenz und Textproduktion modellieren. In Michael Becker-Mrotzek; Joachim Grabowski & Torsten Steinhoff (Hrsg.): *Forschungshandbuch empirische Schreibdidaktik*. Münster: Waxmann, 25–54.

Banguoğlu, Tahsin (1974): *Türkçenin Grameri*. İstanbul: Baha Matbaası.

Becker-Mrotzek, Michael (2014): Schreibkompetenz. In Grabowski, Joachim (Hrsg.): *Sinn und Unsinn von Kompetenzen. Fähigkeitskonzepte von Sprache, Medien und Kultur*. Opladen u. a.: Barbara Budrich, 51–71.

Becker-Mrotzek, Michael (2013): Didaktik der Sachtexte. Einführung in den Themenbereich. *Der Deutschunterricht*, 65 (6): 2–8.

Becker Mrotzek, Michael; Grabowski, Joachim; Jost, Jörg; Knopp, Matthias & Linnemann, Markus (2014): Adressatenorientierung und Kohärenzherstellung im Text – Zum Zusammenhang kognitiver und sprachlich realisierter Teilkomponenten von Schreibkompetenz. *Didaktik Deutsch* 19 (37): 21–43.

Becker-Mrotzek, Michael & Böttcher, Ingrid (2014): *Schreibkompetenzen entwickeln und beurteilen*. Berlin: Cornelsen.

Becker-Mrotzek, Michael; Brinkhaus, Moti; Grabowski, Joachim; Hennecke, Vera; Jost, Jörg; Knopp, Matthias; Schmitt, Markus; Weinzierl, Christian & Wilmsmeier, Sabine (2015): Kohärenzherstellung und Perspektivenübernahme als Teilkomponenten der Schreibkompetenz. Von der diagnostischen Absicherung zur didaktischen Implementierung. In Redder, Angelika; Naumann, Johannes & Tracy, Rosemarie (Hrsg.): *Forschungsinitiative Sprachdiagnostik und Sprachförderung – Ergebnisse*. Münster: Waxmann, 177–205.

Beese, Melanie & Roll, Heike (2015): Textsorten im Fach – zur Förderung von Literalität im Sachfach in Schule und Lehrerbildung. In Benholz, Claudia; Frank, Magnus & Gürsoy, Erkan (Hrsg.): *Deutsch als Zweitsprache in allen Fächern. Konzepte für Lehrerbildung und Unterricht. Beiträge zu Sprachbildung und Mehrsprachigkeit aus dem Modellprojekt ProDaZ*. Stuttgart: Klett Fillibach, 51–72.

Bialystok, Ellen. (2001). *Bilingualism in development: Language, literacy, and cognition*. Cambridge [u. a.]: Cambridge Univ. Press.

Boubakri, Christine; Gürsoy, Erkan & Wickner Mareike-Cathrine (o. J.): Checkliste zur Erarbeitung eines Fächerübergreifenden Schreibförderkonzepts. https://www.uni-due.de/imperia/md/images/schrift/checkliste_zur_erarbeitung_eines_ f%C3%A4cher%C3%BCbergreifenden_schreibf%C3%B6rderkonzepts_160915.pdf (01. 09. 2017).

Bremerich-Vos, Albert & Possmayer, Miriam (2013): Zur Überprüfung eines textsortenübergreifenden Modells der Entwicklung von Schreibkompetenzen in der Grundschule. In Redder, Angelika & Weinert, Sabine (Hrsg.): *Sprachförderung und Sprachdiagnostik. Interdisziplinäre Perspektiven*. Münster: Waxmann, 277–295.

Dirim, İnci (2009): „Ondan sonra gine schleifen yapiyorsunuz": Migrationsspezifisches Türkisch in Schreibproben von Jugendlichen. In Neumann, Ursula & Reich, Hans H. (Hrsg.): *Erwerb des Türkischen in einsprachigen und mehrsprachigen Situationen*. Münster: Waxmann, 129–146.

Döring, Nicola & Bortz, Jürgen (2016): *Forschungsmethoden und Evaluation in den Sozial- und Humanwissenschaften*. Heidelberg: Springer.

Ehlich, Konrad (1984): Zum Textbegriff. In Rothkegel, Annely & Sandig, Barbara (Hrsg.) *Text – Textsorten – Semantik*. Hamburg: Buske, 9–25.

Ehlich, Konrad & Rehbein, Jochen (1979): Sprachliche Handlungsmuster. In Soeffner, Hans-Georg (Hrsg.): *Interpretative Verfahren in den Sozial- und Textwissenschaften*. Stuttgart: Metzler, 243–274.

Gantefort, Christoph & Roth, Hans-Joachim (2008): Ein Sturz und seine Folgen. Zur Evaluation von Textkompetenz im narrativen Schreiben mit dem FörMig-Instrument ‚Tulpenbeet'. In Klinger, Thorsten; Schwippert, Knut & Leiblein, Birgit (Hrsg.): *Evaluation im Modellprogramm FörMig. Planung und Realisierung eines Evaluationskonzepts*, Münster: Waxmann, 29–50.

García, Ofelia & Wei, Li (2014): *Translanguaging: Language, Bilingualism and Education*. New York: Palgrave MacMillan.

Giudici, Anja (2016): Der HSU in verschiedenen Einwanderungsländern und seine Vernetzung mit dem Schulsystem des Landes: Übersicht, Fakten, Modelle. In Schader, Basil: *Grundlagen und Hintergründe: Materialien für den herkunftssprachlichen Unterricht*. Zürich: Orell Füssli, 148–153.

Gogolin, Ingrid & Lange, Imke (2010): Bildungssprache und Durchgängige Sprachbildung. In Fürstenau, Sara & Gomolla, Mechthild (Hrsg.): *Migration und schulischer Wandel: Mehrsprachigkeit*. Wiesbaden: VS Springer, 107–127.

Knopp, Matthias, Becker-Mrotzek, Michael & Grabowski, Joachim (2013): Diagnose und Förderung von Teilkomponenten der Schreibkompetenz. In Redder, Angelika & Weinert, Sabine (Hrsg.): *Sprachförderung und Sprachdiagnostik. Interdisziplinäre Perspektiven*. Münster: Waxmann, 296–315.

Larsen-Freeman, Diane (2013): *Language Learning*, Volume 63, Special Issue, 107–129.

Lüttenberg, Dina (2010): Mehrsprachigkeit, Familiensprache, Herkunftssprache. Begriffsvielfalt und Perspektiven für die Sprachdidaktik. *Wirkendes Wort* 2/2010: 299–315.

Marx, Nicole (2017): Schreibende mit nichtdeutscher Familiensprache. In Becker-Mrotzek, Michael; Grabowski, Joachim & Steinhoff, Torsten (Hrsg.): *Forschungshandbuch empirische Schreibdidaktik*. Münster: Waxmann, 139–152.

Morek, Miriam & Heller, Vivien (2012): Bildungssprache – Kommunikative epistemische, soziale und interaktive Aspekte ihres Gebrauchs. *Zeitschrift für Angewandte Linguistik* 57: 67–101.

MSW NRW (2017): *Das Schulwesen in Nordrhein-Westfalen aus quantitativer Sicht. 2016/17. Statistische Übersicht Nr. 395*. https://www.schulministerium.nrw.de/docs/bp/ Ministerium/Service/Schulstatistik/Amtliche-Schuldaten/Quantita_2016.pdf (01. 09. 2017).

MSW NRW (2016): *Herkunftssprachlicher Unterricht. RdErl. d. Ministeriums für Schule und Weiterbildung v. 28. 06. 2016 (ABl. NRW. 07–08/16)*. https://www.bezreg-arnsberg.nrw.de/themen/h/herkunftssprachlicher_unterricht/erlass_herkunftssprachen.pdf (01. 08. 2018).

Nussbaumer, Markus & Sieber, Peter (1995): Über Textqualitäten reden lernen – z. B. anhand des ‚Zürcher Textanalyserasters' *Diskussion Deutsch* 141: 15–24.

Redder, Angelika (2012): Wissen, Erklären und Verstehen im Sachunterricht. In Roll, Heike & Schilling, Andrea (Hrsg.): *Mehrsprachiges Handeln im Fokus von Linguistik und Didaktik. Wilhelm Grießhaber zum 65. Geburtstag*. Duisburg: Rhein-Ruhr, 117–134.

Reich, Hans H.; Roth, Hans-Joachim & Döll, Marion (2009): Auswertungshinweise ‚Fast Catch Bumerang' (Deutsch. In Lengyel, Drorit; Reich, Hans H.; Roth, Hans-Joachim & Döll, Marion (Hrsg.): *Von der Sprachdiagnose zur Sprachförderung*. Münster u. a.: Waxmann, 209–241.

Roll, Heike; Gürsoy, Erkan & Boubakri, Christine (2016): Mehrsprachige Literalität fördern. Ein Ansatz zur Koordinierung von Deutschunterricht und herkunftssprachlichem Türkischunterricht am Beispiel von Sachtexten. *Der Deutschunterricht* 68 (6): 57–67.

Schmölzer-Eibinger, Sabine (2008): *Lernen in der Zweitsprache. Grundlagen und Verfahren der Förderung von Textkompetenz in mehrsprachigen Klassen*. Tübingen: Narr.

Schmölzer-Eibinger, Sabine & Thürmann, Eike (Hrsg) (2015): *Schreiben als Medium des Lernens. Kompetenzentwicklung durch Schreiben im Fachunterricht*. Münster u. a.: Waxmann.

Schroeder, Christoph & Küppers, Almut (2016): Türkischunterricht im deutschen Schulsystem: Bestandsaufnahme und Perspektiven. In Küppers, Almut; Pusch, Barbara; Uyan Semerci, Pinar (Hrsg.): *Bildung in transnationalen Räumen*. Wiesbaden: VS Springer, 191–212.

Schroeder, Christoph (2014): Türkische Texte türkisch-deutscher Schülerinnen und Schüler in Deutschland. *Zeitschrift für Literaturwissenschaft und Linguistik* 44 (174): 24–43.

Schroeder, Christoph & Stölting, Wilfried (2005): Mehrsprachig orientierte Sprachstandsfeststellungen für Kinder mit Migrationshintergrund. In Gogolin, Ingrid; Neumann, Ursula & Roth, Hans-Joachim (Hrsg.): *Sprachdiagnostik bei Kindern und Jugendlichen mit Migrationshintergrund. Dokumentation einer Fachtagung am 14. Juli 2004 in Hamburg*. Münster: Waxmann, 59–74.

Schroeder, Christoph & Dollnick, Meral (2013): Mehrsprachige Gymnasiasten mit türkischem Hintergrund schreiben auf Türkisch. In Riemer, Claudia; Brandl, Heike; Arslan, Emre & Langelahn, Elke (Hrsg.): *Mehrsprachig in Wissenschaft und Gesellschaft. Tagungsband*. Open-Access-Publikation, Publikationsplattform BieColl der Universität Bielefeld, 101–114.

Sözer-Huber, Emel (1994): Morphologische Erscheinungen des Türkischen aus textologischer Sicht. In Fittschen, Maren & İleri, Esin (Hrsg.): *Türkisch als Fremdsprache unter sprachwissenschaftlichen Gesichtspunkten. Materialien und Referate der internationalen Fachtagung 11.–14. Juni 1992 in Hamburg*. Wiesbaden: Harrassowitz, 37–54.

Weber, Ursula (1982): *Instruktionsverhalten und Sprachhandlungsfähigkeit. Eine empirische Untersuchung zur Sprachentwicklung*. Tübingen: Niemeyer.

Wenk, Anne Kathrin; Marx, Nicole; Rüßmann, Lars & Steinhoff, Torsten (2016): Förderung bilingualer Schreibfähigkeiten am Beispiel Deutsch-Türkisch. *Zeitschrift für Fremdsprachenforschung* 27/2: 151–179.

Woerfel, Till; Koch, Nikolas; Yılmaz Woerfel, Seda & Riehl, Claudia (2014): Mehrschriftlichkeit bei mehrsprachig aufwachsenden Kindern: Wechselwirkungen und außersprachliche Einflussfaktoren. *Zeitschrift für Literaturwissenschaft und Linguistik* 43 (174): 44–65.

Magdalena Michalak, Evelyn Beck und Tanyeli Tigrak
„Eine Grafik ist eine zwischenzahl zwischen Jungs und Mädchen"

Wie gehen Schülerinnen und Schüler mit und ohne Deutsch als Zweitsprache mit Grafiken um?

Grafiken, Diagramme, Schaubilder, Karten oder Tabellen[1] werden zur Erarbeitung, Vermittlung und Sicherung von fachlichen Inhalten in jedem Unterricht herangezogen. Der kompetente Umgang mit den nichtlinearen Darstellungsformen gilt daher als eine Diskurskompetenz „across the curriculum" (Zydatiß 2010: 142). Diese Kompetenz bezieht sich sowohl auf das Diagrammlesen als auch auf die Externalisierung der generierten Propositionen (vgl. Schnotz 2001). Im Unterricht wird die Fähigkeit zur Erschließung von Grafiken jedoch allzu oft als selbstverständlich vorausgesetzt. Vermeintlich wird angenommen, dass nichtlineare Darstellungsformen sprachlich weniger anspruchsvoll und damit insbesondere für Schülerinnen und Schüler mit Deutsch als Zweitsprache (DaZ) einfacher als lineare Texte zu verstehen seien (vgl. Oleschko & Moraitis 2012). Studien belegen aber, dass Grafiken insbesondere bei der Transformation der erschlossenen Inhalte in einen linearen Text fachlich-inhaltlich, aber auch methodisch und sprachlich eine Herausforderung für alle Schülerinnen und Schüler darstellen (vgl. Manzel & Nagel 2017; Michalak 2015). Bei der inhaltlichen Auseinandersetzung mit einer Grafik verharren Lernende mit DaZ unabhängig von den fachspezifischen Anforderungen der Aufgabenstellung meist auf der Ebene der Beschreibung. Ohne die erschlossenen Informationen zu analysieren bzw. zu erklären, zu beurteilen oder zu bewerten, ist jedoch eine kritisch-vertiefte Beschäftigung mit den Diagramminhalten kaum möglich. Diagrammspezifische sprachliche Routinen werden bei der mündlichen und schriftlichen Grafikauswertung nur vereinzelt eingesetzt (vgl. Michalak, Lemke & Kölzer 2017). Zudem zeichnet sich ab, dass für den sach- und adressatengerechten Umgang mit Grafiken nicht die Kompetenzen der Lernenden in der Zweitsprache Deutsch, sondern ihre Erfahrungen aus dem Unterricht im systematischen fächerübergreifenden bzw. fachspezifischen Umgang mit Diagrammen entscheidend sind (vgl. Kölzer, Lemke & Michalak 2015). Dabei herrscht bezüglich geeigneter Aufgaben-

---

[1] Im Folgenden werden die Begriffe Grafik und Diagramm synonym verwendet und unter dem Oberbegriff nichtlineare/diskontinuierliche Darstellungsformen zusammengeführt.

stellungen für die Heranführung der Lernenden an eine fachlich und sprachlich angemessene Auseinandersetzung mit Grafiken Forschungsbedarf.

Bislang liegen nur vereinzelte Studien darüber vor, wie Schülerinnen und Schüler mit und ohne DaZ im Vergleich mit einer Grafik schriftlich umgehen (vgl. Manzel & Nagel 2017; Michalak, Lemke & Kölzer 2017). Jedoch interessiert gerade im Hinblick auf die Diagnostik und Förderung der Textkompetenz die Frage, welche Rolle die heterogenen sprachlichen Voraussetzungen der Lernenden im Deutschen für die schriftliche Analyse einer Grafik spielen. Offen bleibt bisher auch, wie sich die Kompetenzen der Schülerinnen und Schüler im Umgang mit Grafiken aus fachlicher und zugleich sprachlicher Sicht beurteilen lassen.

An diesen Desiderata setzt das Projekt GraFau (*Gra*fiken im *Fa*chunterricht: Fachlicher und sprachlicher *U*mgang von Schülerinnen und Schülern mit deutscher und nichtdeutscher Erstsprache mit Grafiken im Unterricht) an, dessen bisherige Ergebnisse in diesem Beitrag vorgestellt und diskutiert werden. Die Datengrundlage hierfür bilden Sprachtests, sprachlernbiografische Angaben sowie schriftliche Auswertungen eines Balkendiagramms von Lernenden mit und ohne DaZ an Mittelschulen in Übergangs-[2] und Regelklassen ab der Jahrgangsstufe 7. Die Analyse der Lernertexte erfolgt mit Hilfe eines Kriterienkatalogs, der sprachliche, methodische und fachliche Aspekte berücksichtigt. Auf dieser Grundlage werden didaktische Implikationen formuliert.

1 Grafiken im Unterricht

Das Potenzial nichtlinearer Darstellungsformen, abstrakte Zusammenhänge komprimiert und anschaulich zu präsentieren, wird in beinahe jedem Fachunterricht genutzt (vgl. Lachmayer 2008: 6). In manchen Unterrichtsfächern wie Biologie, Geografie oder Deutsch werden Grafiken bzw. Schaubilder laut Angaben der Lehrkräfte in beinahe 50 % der Unterrichtsstunden eingesetzt und in ca. einem Drittel der gestellten Hausaufgaben verwendet (vgl. Schroeder et al. 2011). In den Bildungsstandards und Kernlehrplänen werden die Beschreibung und die Interpretation bzw. die Auswertung von nichtlinearen Darstellungsformen gefordert. Die Verantwortung für die systematische Vermittlung dieser Kernkompetenz ist jedoch curricular nicht festgelegt. In der Praxis kann dies dazu führen, dass die Schülerinnen und Schüler an den Umgang mit Grafiken syste-

---

[2] Neuzugewanderte Schülerinnen und Schüler werden in Bayern in der Regel in sogenannten Übergangsklassen an Mittelschulen (ehemals: Hauptschulen) sowohl sprachlich als auch fachlich auf die Eingliederung in die Regelklasse vorbereitet.

matisch kaum herangeführt werden und nur bedingt fächerübergreifend – auch im Sinne systemischen Denkens (vgl. Arndt 2017) – an und mit Diagrammen arbeiten können (vgl. Michalak, Lemke & Kölzer 2017: 90).

Die Funktion und die damit verbundene Betrachtungsweise der Grafiken im Unterricht variiert je nach Fachdisziplin. Der bayerische Lehrplan für Deutsch als Zweitsprache thematisiert zwar den Umgang mit Grafiken im Unterricht nicht explizit, es wird jedoch auf die Förderung und den Aufbau alltagspraktischer Kompetenzen verwiesen, zu denen beispielsweise auch das Lesen von Fahrplänen zählt (vgl. StMUK 2002). Im muttersprachlichen Deutschunterricht dienen Grafiken in erster Linie als Hilfestellung für das Textverstehen (vgl. StMUK 2004: 104). So wird durch die Text-Bild-Verbindung zum einen die Monotonie einer rein verbalen Repräsentationsform durchbrochen. Zum anderen wird die Erkenntnis genutzt, dass das Organisationsmuster bei visuellen Darstellungsformen den Rezipientinnen und Rezipienten hilft, die Informationen effektiver als bei einem Fließtext abzuspeichern (vgl. Moline 2012: 10 f.). Werden lineare und nichtlineare Darstellungsformen miteinander verknüpft, stützen sich die verschiedenen Formate durch die andere Visualisierung gegenseitig und erleichtern damit das Erfassen von Informationen (vgl. Haible 2011: 4; Prechtl 2014: 95). Des Weiteren werden Grafiken im Sprachunterricht als Sprech- und Schreibanlass angewendet, indem sie den Ausgangspunkt für eine Diskussion oder eigene Stellungnahme bieten. Im Deutschunterricht höherer Jahrgangsstufen der Mittelschule dienen Grafiken ebenfalls als Informationsquelle: Die Schülerinnen und Schüler lernen, die Kernaussagen eines Diagramms zu erfassen und in den Gesamtzusammenhang einzuordnen (vgl. StMUK 2004: 209). Mit dem Hauptschulabschluss können sie „nichtlineare Texte (auch im Zusammenhang mit linearen Texten) auswerten: z. B. Schaubilder" (KMK 2004: 11).

Betrachtet man den Einsatz von Grafiken in anderen Fachbereichen, wird deutlich, dass hier nichtlineare Darstellungsformen vorwiegend als Informationsquellen fungieren. Durch die visualisierte Darstellung wird die Vergleichbarkeit der Daten erhöht; die Informationen erscheinen – trotz verdichteter Form – schneller fassbar und damit leichter überprüfbar (vgl. Moline 2012: 10 f.). Ihre Anwendung ist mit der spezifischen Denk- und Arbeitsweise der jeweiligen Disziplin verbunden, an die die Lernenden herangeführt werden sollen (vgl. StMUK 2004: 50). Die Basis für den kompetenten Umgang mit Diagrammen wird im Fach Mathematik gelegt. Zunächst steht im Mathematikunterricht die Konstruktion von Diagrammen im Vordergrund (vgl. StMUK 2004: 108). Die Schülerinnen und Schüler lernen dabei nicht nur Schaubilder zu erstellen, sondern auch diese zu lesen und die Grafikinhalte mit eigenen Worten zu beschreiben (vgl. StMUK 2004: 215).

An die im Mathematikunterricht erworbenen diagrammspezifischen Kompetenzen knüpfen die anderen Unterrichtsfächer an. So wird beispielsweise für die Erläuterung einer Grafik im Fach GSE (Geschichte/Sozialkunde/Erdkunde) in der Mittelschule zuerst eine fächerübergreifende Herangehensweise, d. h. die Übertragung mathematischer Kompetenzen wie das Verständnis des Koordinatensystems und seiner Darstellungen, gefordert. Die Analyse bzw. Interpretation der Inhalte sowie ihre Einbindung in fachliche Zusammenhänge verlangt dagegen den fachspezifischen Zugang des Unterrichtsfaches GSE. Die Beurteilung und Bewertung eines mit einer Grafik verbundenen Arbeitsauftrages erfolgt – aufgrund der Fachgebundenheit der Lehrkraft – aus deren fachlicher Sichtweise.

Die curricularen Vorgaben in den einzelnen Fächern weisen durch den Einsatz unterschiedlicher Operatoren auf verschiedene Schwierigkeitsgrade beim Umgang mit Grafiken hin. Dies wird anhand des Lehrplans für die bayerische Mittelschule der 5.–7. Jahrgangsstufe deutlich (vgl. StMUK 2004): Während im Fach GSE die Schülerinnen und Schüler ab der 5. Jahrgangsstufe einfache Diagramme oder Schaubilder *auswerten* sollen, wird im Fach Mathematik in der gleichen Jahrgangsstufe der Operator *Deuten* verwendet. Zwar weisen beide Operatoren eine inhaltliche Nähe zueinander auf (vgl. KMK 2012), eine einheitliche Nomenklatur würde jedoch das fächerübergreifende Arbeiten der Lehrkräfte fördern und die Anforderungen auch für fachfremde Lehrkräfte transparent machen.

2 Forschungsüberblick: Umgang mit Grafiken im Kontext DaZ

Für die Erschließung der abstrakt dargestellten Inhalte einer Grafik und für die anschließende sprachliche Darstellung der hergeleiteten Zusammenhänge ist umfangreiches methodisches (bzw. diagrammspezifisches), fachliches und sprachliches Wissen notwendig (vgl. Tab. 1).

Dies liegt in der Spezifik der nichtlinearen Repräsentationsform begründet: Während der Gedankengang in einem linearen Text sprachlich vermittelt wird, müssen die Rezipientinnen und Rezipienten die Kernaussagen in einer Grafik aus der Darstellungsform herausarbeiten (vgl. Weidenmann 1994). Kognitionspsychologische Modellierungen der Text-Bild-Verarbeitung gehen davon aus, dass in einem ersten Schritt die grafischen Elemente eines Diagramms subsemantisch wahrgenommen werden (vgl. Schnotz 1994; Schnotz & Bannert 2003). Michalak, Lemke & Kölzer (2017: 84) berichten aus einer qualitativen Studie, dass Zweitsprachenlernende dazu tendieren, in dieser Phase des Diagrammverstehens auch verbale Komponenten wie Diagrammüberschrift, Achsen-, Balken- bzw. Kategorienbeschriftung automatisch zu beachten. Ihren Rezep-

Tab. 1: Die für den angemessenen Umgang mit Diagrammen vorausgesetzten methodischen, fachlichen und sprachlichen Kompetenzen.

methodische und fachliche Kompetenzen		sprachliche Kompetenzen
diagrammspezifische Kompetenzen	fachliche Kompetenzen	
Wissen über den Darstellungscode: Pfeile, Schattierungen, Kurvenverläufe, Minima und Maxima usw.	Entschlüsselung der fachlichen Informationen sowie deren fachliche Verknüpfung bzw. Einbindung in die fachlichen Kontexte	Erschließung des sprachlichen Codes / Externalisierung der Informationen:
mathematisches Wissen: Prozentsatz, kartesisches Koordinatensystem, Kenntnisse verschiedener Diagrammtypen usw.		Generierung von Bedeutungen als individuelles Vorgehen
		Versprachlichung der Propositionen: diagrammspezifisch und fachlich angemessen
Werte lesen und vergleichen/ Zusammenhänge erkennen: Verknüpfung der in der graphischen Struktur enthaltenen Informationen, z. B. Linie steigt mit den dargestellten Variablen an		Versprachlichung im Kontext der geforderten Sprachhandlung

tionsprozess steuern insbesondere vertraute, subjektiv aufgefasste Kategorien einer Grafik (vgl. Michalak, Lemke & Kölzer 2017: 90). In der zweiten, semantisch attentiven Verarbeitungsphase des Diagrammverstehens werden die „wahrgenommenen grafischen Strukturen und Konfigurationen" inhaltlich bzw. konzeptgeleitet analysiert (Schnotz & Dutke 2004: 74). Räumliche Beziehungen zwischen den grafischen Einheiten werden auf ein System von semantischen Relationen übertragen (vgl. Ullrich et al. 2012: 13). Hierfür ist das Vorwissen über den dargestellten Sachverhalt (d. h. fachliches Wissen) und über die Konventionen zum Aufbau eines Diagramms (d. h. methodisches bzw. diagrammspezifisches Wissen) notwendig (vgl. Schnotz 2001). So weisen empirische Befunde darauf hin, dass monolinguale Personen mit umfangreicherem Vorwissen und Erfahrungen mit Diagrammen eher nach übergreifenden Mustern suchen; Betrachterinnen und Betrachter mit geringerem Vorwissen identifizieren dagegen tendenziell Einzelinformationen anhand lokaler Schemata (vgl. Schnotz & Dutke 2004: 64). Ähnliches zeigen die Analysen der Rezeptionswege von Lernenden mit DaZ: Sie verfügen über derartige Diagrammschemata nur bedingt und nähern sich einer Grafik eher unsystematisch und gesteuert durch Alltagserfahrungen. Dies lässt sich jedoch nicht mit den unzureichenden sprachlichen Kompetenzen der Schülerinnen und Schüler mit DaZ begründen, sondern damit, dass im Unterricht ein systematischer Zugang zu Grafiken kaum angebahnt wird (vgl. Michalak, Lemke & Kölzer 2017: 89 f.). Die Informationsentnahme aus einem Diagramm wird mit der sprachlichen Ausformulierung der generierten Propositionen abgeschlossen (vgl. Lachmayer 2008: 30). Auch in dieser Phase zeigt sich, dass die sprachlichen Kompetenzen der Lernenden mit DaZ die mündliche oder schriftliche Diagrammauswertung nicht beeinflussen (vgl. Michalak, Lemke & Kölzer 2017: 91). Vielmehr scheinen das fachliche und diagrammspezifische Wissen sowie die Vorerfahrungen der Schülerinnen und Schüler für den Umgang mit Grafiken entscheidend zu sein. So führt die fehlende Einsicht in die Relationen der grafischen Elemente einer Grafik dazu, dass diese vorwiegend linear betrachtet bzw. beschrieben werden (vgl. Michalak, Lemke & Kölzer 2017: 91). Dieser Schritt stellt auch für monolinguale Schülerinnen und Schüler eine Herausforderung dar: Bei der Interpretation eines Diagramms wird die Grafik zwar beschrieben, aber nicht mit den fachlichen Inhalten in Zusammenhang gebracht (vgl. Preece & Janvier 1992). Dieses oberflächliche Verstehen ist dadurch bedingt, dass der Rezipient „an der depiktionalen mentalen Repräsentation zu wenig Ableseprozesse vollzieht und damit die entsprechende propositionale deskripionale Repräsentation nicht hinreichend elaboriert" (Schnotz & Dutke 2004: 95).

Die Bearbeitung von zu einer Grafik vorgegebenen Aufgabenstellungen hängt von der geforderten sprachlichen Handlung ab. Hier stellen Manzel & Nagel (2017) Unterschiede zwischen Schülerinnen und Schülern mit unterschiedlicher Sprachkontaktlänge beim Umgang mit Schaubildern im Fachunterricht Gesellschaftslehre fest. Bei der Bewältigung einzelner Schreibaufgaben mit den Operatoren *Benennen*, *Beschreiben* und *Erklären* sind die fachlichen und sprachlichen Leistungen „von Kindern mit Migrationshintergrund [...] geringer als die von Schüler*innen ohne Migrationshintergrund" (Manzel & Nagel 2017: 25). Allerdings wurde in einer größeren Stichprobe bislang nicht geklärt, wie sich die individuelle Sprachkompetenz der Lernenden auf die schriftliche Analyse einer Grafik auswirkt. Ebenso liegen noch keine Befunde dazu vor, wie Lernende mit und ohne DaZ im Vergleich mit nichtlinearen Darstellungsformen auf der fachlichen, methodischen und sprachlichen Ebene umgehen.

Vor diesem Hintergrund untersuchen wir, wie Lernende mit Deutsch als Erstsprache (DaE) und Lernende mit DaZ Aufgaben zur Auswertung einer Grafik fachlich, methodisch und schriftsprachlich bewältigen. Damit werden die spezifischen Herausforderungen beim Umgang mit Diagrammen für die Schülerschaft mit heterogenen sprachlichen Voraussetzungen konkretisiert und ein

Instrument für eine ausdifferenzierte Beurteilung der Kompetenzen der Schülerinnen und Schüler in diesem Kontext entwickelt. Des Weiteren gehen wir der Frage nach, inwiefern die Lernenden beim Formulieren der schriftlichen Diagrammauswertung die Adressatenorientierung berücksichtigen. Aus den gewonnenen Erkenntnissen sollen Aufgabenformate für die Arbeit mit Grafiken im Unterricht abgeleitet werden.

3 Das Projekt GraFau – Grafiken im Fachunterricht

In diesem Beitrag wird ein Ausschnitt aus dem Projekt GraFau vorgestellt; explizit gehen wir hier folgenden Forschungsfragen nach:
1. Besteht ein Zusammenhang zwischen dem angemessenen Umgang mit Grafiken und der sprachlichen Kompetenz der Lernenden?
2. Welche fachlich-methodischen und sprachlichen Herausforderungen stellt der Umgang mit Grafiken für Schülerinnen und Schüler mit und ohne DaZ dar?
3. Unterscheidet sich die Herangehensweise an Grafiken von Lernenden mit DaE und DaZ?

3.1 Methodisches Vorgehen

Die Datenerhebung fand im Zeitraum von April 2015 bis Dezember 2016 in 13 Klassen an Mittelschulen einer bayerischen Großstadt statt. Das Sample bezieht Schülerinnen und Schüler ab der siebten Jahrgangsstufe ein. Denn aufgrund der curricularen Vorgaben kann angenommen werden, dass die Probandinnen und Probanden die für die Untersuchung gewählte Art der Grafik sowie die inhaltliche Thematik der Grafik bereits im Unterricht behandelt haben. Damit soll gewährleistet werden, dass alle Probandinnen und Probanden der Stichprobe die gleichen Ausgangsbedingungen hinsichtlich des fachlichen Vorwissens mitbringen.

Mit einem halbstandardisierten Fragebogen wurden die sprachlernbiographischen Daten der Lernenden ermittelt. Die Sprachkompetenz wurde mit einem C-Test erfasst. Anschließend verfassten die Jugendlichen zu drei verschiedenen Zeitpunkten drei Texte zu verschiedenen Aufgabenstellungen, welche die gleiche sprachliche Handlung *Auswerten* zu der vorgegebenen Grafik fordern. Hierbei wurde der Operator *Auswerten* benutzt, der in seinem gesellschaftswissenschaftlichen Gebrauch mehrere sprachliche Handlungen intendiert, die

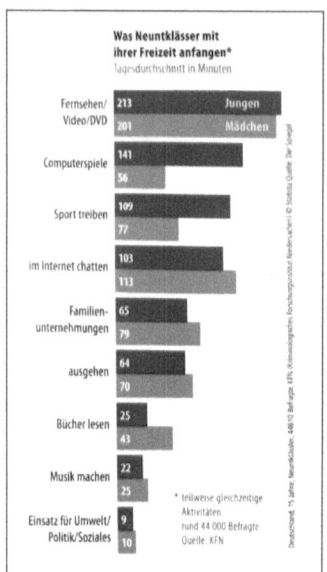

Abb. 1: Die von den Probandinnen und Probanden auszuwertende Grafik (Jin, Michalak & Rohrmann 2010: 89).

auf unterschiedlichen Anforderungsebenen liegen: *Beschreiben* (Anforderungsbereich I: Reproduktion), *Analysieren* und *Erklären* (Anforderungsbereich II: Reorganisation und Transfer), *Beurteilen* und *Bewerten/Stellung nehmen* (Anforderungsbereich III: Reflexion und Problemlösung) (vgl. GPJE 2004: 30). Die selbst erarbeiteten Erkenntnisse sollten die Lernenden an eine dritte Person kommunizieren. In den Aufgabenstellungen wurde jedoch zwischen drei Adressaten mit unterschiedlichem Vorwissen über den Sachverhalt differenziert: einem unbekannten Adressaten, einer Lehrkraft und einem Mitschüler bzw. einer Mitschülerin (vgl. Michalak 2015: 117 f.). Der Fokus der Aufgabenstellungen auf unterschiedliche Adressaten wurde den Schülerinnen und Schülern vorab nicht explizit kommuniziert. Die Reihenfolge der zu bearbeitenden Aufgaben wurde je Probandengruppe geändert. Durch die verschiedenen Aufgabenstellungen wurden von jeder Schülerin bzw. von jedem Schüler drei Schreibproben erhoben.

Als Ausgangspunkt für die schriftliche Grafikauswertung diente ein Balkendiagramm zur Freizeitgestaltung von Jugendlichen (vgl. Abb. 1), das einem DaZ-Lehrwerk entnommen wurde (vgl. Jin, Michalak & Rohrmann 2010: 89). Für die Auswahl des Diagramms waren zwei Aspekte leitend: Zum einen sollte der Inhalt der Grafik Bezug zur Lebenswelt der Schülerinnen und Schüler aufweisen und zugleich im Lehrplan verankert sein. So ist das Thema Freizeitaktivitäten im Bayerischen Lehrplan für die Mittelschule u. a. im Fach GSE verortet (vgl.

StMUK 2004). Da die Erhebung auch in Übergangsklassen durchgeführt wurde, sollte zum anderen vermieden werden, dass die Rezeption der Grafik spezifisches Fachwissen voraussetzt (vgl. Michalak 2015: 117 f.).

Die Auswertung der Texte zu den drei Schreibaufgaben erfolgte durch ein analytisches Rating, das auf fachlich-inhaltlich, diagrammspezifisch (methodisch) und sprachlich relevanten Kriterien für die durch den Operator intendierte Sprachhandlung *Auswerten*[3] basiert. Bei der Entwicklung des Kriterienrasters wurde sowohl deduktiv als auch induktiv vorgegangen. Ausgangspunkt bildeten dabei die Ausführungen zur Analyse schriftlicher Texte (vgl. Nussbaumer 1991) sowie das Züricher Textanalyseraster (vgl. Nussbaumer & Sieber 1995, Nussbaumer 1996), das jedoch einer Textbeurteilung in fachlichen Kontexten nicht gerecht werden kann. Analysiert man die curricularen Anforderungen der jeweiligen Unterrichtsfächer an den sach- und adressatengerechten Umgang mit Grafiken, wird deutlich, dass der situative Sprachgebrauch bei der Darstellung bzw. der Analyse von fachspezifischen Sachverhalten im Fachunterricht entscheidend ist (vgl. Michalak 2015: 114 f.). Zudem sind bei der Bewältigung von Aufgaben im fachlichen Kontext nicht die Textsorten, sondern die durch die Operatoren intendierten sprachlichen Handlungen ausschlaggebend, die fachspezifisch – orientiert an den Erkenntniswegen des jeweiligen Faches – ausgestaltet sind (vgl. Budde & Michalak 2014: 10). Um all diese Aspekte bei der Auswertung der Lernertexte zu berücksichtigen, diente das Konzept des Registers nach Halliday (1989, 2004) als Grundlage für die Entwicklung des Kriterienkatalogs. Mit diesem theoretischen Rahmen steht die Funktionalität der Schreibaufgabe mit dem gewählten Operator im Vordergrund. In einem ersten Schritt wurden die in der Aufgabenstellung geforderte sprachliche Handlung *Auswerten* analysiert sowie der Operator definiert. Zur Konkretisierung der bisherigen Überlegungen wurden anschließend Erwartungshorizonte hinzugezogen. Diese wurden von an Mittelschulen tätigen Lehrkräften erarbeitet und bildeten einen praxisnahen Bezugspunkt für die Erstellung des Rasters. Die auf dieser Basis ausgearbeiteten Kriterien wurden an die sprachlichen Voraussetzungen der Schülerinnen und Schüler der Mittelschule ab der 7. Jahrgangsstufe angepasst.

Für die Auswertung der Schülertexte wurden drei Kriterienkataloge erstellt, die in Anlehnung an Halliday (2007: 121) in jeweils drei Dimensionen *field of discourse, style of discourse* und *mode of discourse* (vgl. Michalak 2015: 114) gegliedert sind. Dabei nimmt jede Dimension auf einen spezifischen Aspekt der

---

[3] An der Adressatenorientierung ausgerichtete Kriterienraster zu den Operatoren *Beschreiben* und *Erklären* finden sich bei Michalak (2013 und 2015). Ein Kriterienkatalog für die Sprachhandlung *Auswerten* lag bisher nicht vor.

Tab. 2: Dimensionen und Kriterien des Analyserasters.

Dimension	Kriterien
FIELD: fachspezifische Thematik	– Relevanz der fachlichen Inhalte – Anwendung von diagrammspezifischem Wissen – Berücksichtigung der für die Thematik fachlich relevanten Aspekte – Berücksichtigung der geforderten Sprachhandlung
STYLE: Adressatenbezug	– Leseführung – Berücksichtigung des fachlichen und diagrammspezifischen Wissens des Adressaten – Sprachgebrauch entsprechend dem Verhältnis Adressat – Verfasser – Textfunktion
MODE: sprachliche Mittel	– Themenentfaltung (deskriptiv-explikativ mit argumentativen Elementen) – Textkohäsion – sachbetonte Darstellung – formale und fachliche Sprachangemessenheit

Diagrammauswertung unter dem Blickwinkel der Adressatenorientierung Bezug (vgl. Tab. 2). Die erste Dimension *field* ermöglicht, die Berücksichtigung diagrammspezifischen Wissens, fachspezifische Ausarbeitung des Themas sowie die Umsetzung des Operators *Auswerten* im Schülertext zu überprüfen. In der Dimension *style* wird die Beziehung des Textschreibers zum Rezipienten und deren Realisierung im Text untersucht. Diese Dimension greift u. a. die äußere Gestaltung des Textes sowie die Berücksichtigung des Vorwissens des Adressaten auf. Mit der Dimension *mode* wird die sprachliche Ausgestaltung in der jeweiligen Kommunikationssituation analysiert. Berücksichtigt werden u. a. die eingesetzten Kohäsionsmittel oder die Wahl des Tempus.

Eine Dimension beinhaltet jeweils vier Kriterien, die in je acht Items unterteilt wurden. Diese Aufteilung wurde für jede Aufgabenstellung für die Beurteilung der differenzierten Berücksichtigung der verschiedenen Adressaten beibehalten (vgl. Tab. 3). Jedes Item kann mit Hilfe des Kriteriensrasters in einer dreistufigen Skala bewertet werden: 2 = die ideale Berücksichtigung des einzelnen Items; 1 = die mittlere Berücksichtigung eines Items; 0 = die Nichtbeachtung des jeweiligen Items. In jeder Dimension können höchstens 16 Punkte erreicht werden. Die höchstmögliche Gesamtpunktzahl liegt bei 48 Punkten für jede Aufgabenstellung. Für die Bewertung der Lernertexte wurden jedem Item – nach einer Pilotierungsphase – mehrere Ankerbeispiele zugeordnet. Für die Reliabilität der Messmethode wurden die Schülertexte mit Hilfe der entwickelten Kriterienraster von zwei intensiv geschulten Ratern bewertet. Die Interrater-

Tab. 3: Ein Beispiel für die Ausdifferenzierung der Adressaten im Analyseraster.

Kriterium	unbekannter Adressat (Aufgabenstellung I)	Lehrkraft (Aufgabenstellung II)	Mitschüler (Aufgabenstellung III)
Wird das Verhältnis zwischen Adressaten und Verfasser entsprechend der Themenstellung berücksichtigt?	Der Text beinhaltet Verweise auf die Lebens- und Erfahrungswelt Jugendlicher.	Der Text beinhaltet Verweise auf die Lebens- und Erfahrungswelt Jugendlicher.	Der Verfasser setzt spezifisches Wissen eines Jugendlichen zur eigenen Lebenswelt voraus und verweist indirekt darauf.
	Der Verfasser kann keine Aussagen zum Vorwissen des Adressaten machen und erläutert daher diagramm-spezifische Fachbegriffe.	Der Verfasser orientiert sich am Vorwissen der Lehrkraft und nutzt diagrammspezifische Fachbegriffe ohne redundante Erklärungen.	Der Verfasser orientiert sich am Vorwissen des Mitschülers und nutzt diagramm-spezifische Fachbegriffe mit entsprechenden Erklärungen.

Reliabilität nach Cohens-Kappa betrug κ = .704, was einer substantialen Übereinstimmung entspricht. Für die Gewährleistung der Objektivität und Validität der einzelnen Rater wurden die Schreibproben transkribiert. Zudem wurde die Textlänge ermittelt.

Für die Beantwortung der ersten und der zweiten Forschungsfrage waren ein T-Test und die Varianzanalyse angedacht, die eine Normalverteilung der Variablen zwingend voraussetzt. Da keine Normalverteilung vorlag, mussten alternative Methoden angewandt werden. Zur Beantwortung wurden daher sowohl ein Mann-Whitney-U-Test als auch ein Kruskal-Wallis-H-Test durchgeführt. Hier wurden in einem ersten Schritt zwei Gruppen und im Anschluss als Erweiterung drei Gruppen (1 – Lernende mit DaZ in einer Übergangsklasse, 2 – Lernende mit DaZ in einer Regelklasse, 3 – Lernende mit DaE) miteinander verglichen. Für die erste Fragestellung wurde untersucht, ob ein statistisch signifikanter Zusammenhang zwischen dem angemessenen Umgang mit Grafiken und der sprachlichen Kompetenz der Lernenden vorliegt. Hierfür wurde die Pearson-Korrelation betrachtet. Um Aussagen über die Herangehensweise an Grafiken von Lernenden mit DaE und DaZ treffen zu können, wurden die Schreibproben hinsichtlich der einzelnen fachlichen und sprachlichen Kriterien im Analyseraster qualitativ ausgewertet.

3.2 Bisherige Ergebnisse

Die Stichprobe umfasst 237 Schülerinnen und Schüler. Das Durchschnittsalter der Probandinnen und Probanden liegt bei 13.47 Jahren (SD = 1.24). 168 der Teilnehmenden geben im Fragebogen Deutsch als ihre Zweitsprache an. Von dieser Gruppe besuchen zum Untersuchungszeitpunkt 27.8 % eine Übergangsklasse. 5.1 % der DaZ-Lernenden in der Regelklasse wurden zuvor in der Übergangsklasse unterrichtet. Die Spannweite der Deutschlernjahre liegt zwischen null und 14 Jahren; dabei nennt mehr als ein Drittel der Lernenden mit DaZ (36.3 %) einen Lernzeitraum zwischen sieben und zehn Jahren. Die von den Probanden am häufigsten genannten Erstsprachen sind Deutsch, Türkisch und Russisch.

Die Sprachkompetenz der Probanden zeigt eine deutliche Streuung zwischen den Lernenden mit DaE und DaZ (vgl. Abb. 2). Die Schülerinnen und Schüler mit DaE erreichen im Durchschnitt 72.96 (SD = 19.710), diejenigen mit DaZ in der Regelklasse im Durchschnitt 64.02 (SD = 21.622) von 100 möglichen Punkten im C-Test. Der maximale Wert der DaE-Gruppe beträgt 97, der Minimalwert 14 Punkte. Bei den Lernenden mit DaZ in der Regelklasse liegt der maximale Wert von 100 Punkten vor, als Minimalwert sind 6 Punkte anzugeben. Die ausschließliche Betrachtung der Ergebnisse derjenigen Schülerinnen und Schüler, die DaZ sprechen und eine Übergangsklasse besuchen, ergibt einen Durchschnittswert von 47.71 Punkten (SD = 21.814) im C-Test, wobei der Maximalwert bei 90 Punkten und der Minimalwert bei 0 Punkten liegt.

Der Unterschied zwischen der gesamten Lernergruppe mit DaZ (d. h. Schülerinnen und Schüler mit DaZ sowohl in den Regel- als auch den Übergangsklassen) und den Lernenden mit DaE in den C-Test Ergebnissen erweist sich als hochsignifikant (z = –4,758, p = .000). Dabei weisen die Gruppen eine Mittelwertdifferenz von 16,31 auf. Betrachtet man die einzelnen Gruppen (Lernende mit DaE, Lernende mit DaZ in einer Übergangsklasse sowie mit DaZ in einer

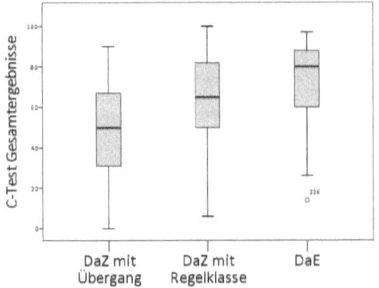

Abb. 2: Ergebnisse des C-Tests in getrennter Betrachtung von Lernenden mit DaZ in einer Übergangsklasse, mit DaZ in einer Regelklasse und mit Lernenden mit DaE.

Regelklasse) untereinander, zeigt sich ein signifikanter Unterschied zwischen allen drei Gruppen: H(2) = 40.350, p = .000. Die Lernenden mit DaE schneiden beim C-Test signifikant besser ab als die Schülerinnen und Schüler mit DaZ in der Regelklasse. Diese wiederum erzielten im C-Test signifikant bessere Werte als die Probanden in der Übergangsklasse. Mit der Zunahme der angegebenen Deutschlernjahre steigt das Ergebnis des C-Tests an. Setzt man die C-Test-Ergebnisse in Relation zu der Anzahl der Deutschlernjahre, ist ausschließlich bei der Gruppe der DaZ-Lernenden in der Übergangsklasse eine lineare Verbesserung der C-Test-Ergebnisse festzustellen.

Insgesamt liegen 662 Schülertexte vor. Analysiert man diese hinsichtlich ihrer Länge, zeigt sich bei den Aufgabenstellungen 1 (unbekannter Adressat) und 2 (Adressat: Lehrkraft) zwischen den drei Gruppen kein signifikanter Unterschied. Bei der Aufgabenstellung 3 (Adressat: Mitschüler) lässt sich jedoch ein statistisch signifikanter Unterschied feststellen: H(2) = 12.450, p = .002. Die Schülerinnen und Schüler mit DaZ in der Übergangsklasse schreiben signifikant längere Texte als die Lernenden mit DaE. Zwischen den gebildeten Kategorien DaZ-Übergangsklasse und DaZ-Regelklasse ist auch in Aufgabe 3 kein signifikanter Unterschied bei der Textlänge vorhanden. Schülerinnen und Schüler der Übergangsklasse verfassen bei Aufgabenstellung 3 mit durchschnittlich 76.49 Wörtern die längsten Texte.

Die Auswertung der Schreibproben mithilfe der drei Kriterienraster ist ausdifferenziert zu betrachten. Es zeigen sich statistisch signifikante Unterschiede zwischen den Gruppen bei der Gesamtpunktzahl der Aufgabenstellung 2 (Adressat: Lehrkraft): H(2) = 6.493, p = .039. Hier schneiden die Schülerinnen und Schüler mit DaZ in der Übergangsklasse besser als die Lernenden mit DaZ der Regelklasse ab. Die durchschnittliche Gesamtpunktzahl aller Probanden bei den drei Aufgabenstellungen liegt zwischen 13 und 17 Punkten. Die besten Ergebnisse erzielten die Schülerinnen und Schüler dabei bei Aufgabenstellung 1 und 2.

Bei der Betrachtung der einzelnen Dimensionen (*field*, *style* und *mode*) erreichen alle Lernenden pro Dimension nicht mehr als 6 von 16 möglichen Punkten (vgl. Tab. 4). Zwischen den drei Gruppen lassen sich signifikante Unterschiede nur bei der Dimension *field* in allen drei Aufgabenstellungen feststellen (Aufgabenstellung 1: H(2) = 8.574, p = .014; Aufgabenstellung 2: H(2) = 15.072, p = .001; Aufgabenstellung 3: H(2) = 9.901, p = .007). Bei der Dimension *field* weisen die DaZ-Lernenden in der Übergangsklasse in den Aufgabenstellungen 1 und 2 signifikant höhere Punktwerte auf als die Schülerinnen und Schüler mit DaZ in der Regelklasse. Darüber hinaus erreicht die Gruppe der Übergangsklasse signifikant mehr Auswertungspunkte als die Gruppe DaE bei der Dimension *field* für die Aufgabenstellung 3.

Tab. 4: Gesamtübersicht der im Durchschnitt erreichten Punkte zwischen den drei Gruppen bei der Analyse der Lernertexte.

	Aufgabe 1 (unbekannter Adressat)			Aufgabe 2 (Adressat: Lehrkraft)			Aufgabe 3 (Adressat: Mitschüler)		
DaZ-Übergangsklasse	**16.58 Punkte**			**17.02 Punkte**			**15.11 Punkte**		
	field 5.85	*style* 5.83	*mode* 4.80	*field* 5.97	*style* 5.95	*mode* 5.10	*field* 5.57	*style* 5.79	*mode* 3.74
DaZ-Regelklasse	**15.77 Punkte**			**15.68 Punkte**			**13.33 Punkte**		
	field 5.04	*style* 5.67	*mode* 4.90	*field* 4.62	*style* 6.21	*mode* 4.85	*field* 5.78	*style* 4.59	*mode* 2.96
DaE	**16.20 Punkte**			**16.11 Punkte**			**13.32 Punkte**		
	field 5.32	*style* 5.92	*mode* 4.82	*field* 5.42	*style* 6.05	*mode* 4.65	*field* 5.50	*style* 4.66	*mode* 3.16

Vergleicht man die Analyse der Items zum Operator *Auswerten* (zerlegt in drei sprachliche Teilhandlungen: *Beschreiben*, *Erklären* und *Begründen*) jeweils in den drei Aufgabenstellungen, lassen sich statistisch signifikante Differenzen in Aufgabenstellung 2 und 3 ermitteln. Diese zeigen sich auf der Ebene der Beschreibung (H(2) = 9.047, p = .011) und der Ebene der Begründung (H(2) = 7.976, p = .019) für die Aufgabenstellung 2 und für die Aufgabenstellung 3 auf der Ebene der Beschreibung (H(2) = 10.895, p = .004) und auf der Ebene der Erklärung (H(2) = 7.470, p = .024). Die Schülerinnen und Schüler mit DaZ in der Regelklasse schneiden sowohl bei der ersten als auch der zweiten Aufgabenstellung beim Item zur Beschreibung des Grafikinhaltes signifikant schlechter ab als die Lernenden in der Übergangsklasse bzw. mit DaE. Die beim Umgang mit dem Operator *Auswerten* notwendige Begründung bewältigen die Schülerinnen und Schüler mit DaE bei Aufgabenstellung 2 signifikant besser als diejenigen mit DaZ in der Regelklasse. Im Gegensatz dazu löst die Gruppe der Lernenden mit DaZ in der Regelklasse die Aufgabenstellung 3 auf der erklärenden Ebene signifikant besser als derjenigen mit DaE.

Untersucht man den Zusammenhang zwischen den sprachlichen Kompetenzen der Lernenden im Deutschen und der Aufgabenbewältigung, lässt sich für die Schülerinnen und Schüler in der Übergangsklasse eine signifikante Korrelation (r = .415) zwischen dem C-Test und den Ergebnissen ausschließlich zu der Aufgabenstellung 3 ermitteln (vgl. Tab. 5). Bei den DaZ-Lernenden in der Regelklasse korrelieren die C-Test-Werte mit den Ratingauswertungen in allen drei Aufgabenstellungen signifikant (vgl. Tab. 6). Demgegenüber besteht für die Lernenden mit DaE ein schwächerer Zusammenhang (r = .278) zwischen C-Test und Aufgabenstellung 1.

Tab. 5: Korrelationsmatrix zwischen den Ergebnissen des C-Tests und den einzelnen Aufgabenstellungen für die Lernenden mit DaZ in der Übergangsklasse.

	(1)	(2)	(3)	(4)
(1) C-Test	–			
(2) Aufgabe 1	.197	–		
(3) Aufgabe 2	.184	.532**	–	
(4) Aufgabe 3	.415**	.521**	.724**	–

** Die Korrelation ist auf dem Niveau von 0.01 (2-seitig) signifikant.

Tab. 6: Korrelationsmatrix zwischen den Ergebnissen im C-Test und in den einzelnen Aufgaben für die Gruppen DaZ-Regelklasse und DaE.

	(1)	(2)	(3)	(4)
(1) C-Test	–	.278*	.436**	.279*
(2) Aufgabe 1	.438**	–	.299*	.389**
(3) Aufgabe 2	.408**	.507**	–	.224
(4) Aufgabe 3	.402**	.435**	.490**	–

Anmerkung: Unterhalb der Diagonale wird die Gruppe DaZ-Regelklasse und oberhalb der Diagonale wird die Gruppe DaE dargestellt.
* Die Korrelation ist auf dem Niveau von 0.05 (2-seitig) signifikant.
** Die Korrelation ist auf dem Niveau von 0.01 (2-seitig) signifikant.

4 Diskussion und Ausblick

Die bisher gewonnenen Ergebnisse deuten darauf hin, dass der angemessene Umgang mit Grafiken mit den Sprachkenntnissen der DaZ-Lernenden nur bedingt in einem Zusammenhang zu stehen scheint. Bei der Gruppe der DaZ-Lernenden in der Übergangsklasse konnte nur eine schwache Korrelation ausschließlich zwischen dem C-Test und den Ergebnissen zu Aufgabenstellung 3 festgestellt werden. Dies lässt vermuten, dass für die Bewältigung der übrigen Aufgabenstellungen Kenntnisse gängiger Konventionen bzw. Vorerfahrungen mit den jeweiligen Kommunikationssituationen eine Rolle spielen. Die alltägliche Situation, einem Gleichaltrigen einen Sachverhalt darzustellen, scheint der Lebenswelt der Lernenden in der Übergangsklasse besonders nahe zu liegen. Die Übergangsklasse zielt gerade in der Eingangsphase darauf ab, den neu zugewanderten Schülerinnen und Schülern die alltagssprachlichen Grundlagen der deutschen Sprache auch in Bezug auf eigene Erfahrungen und somit stark an informellem Sprachgebrauch orientiert zu vermitteln. Das Präsentieren eigenen Wissens bzw. Erklären der Fachinhalte ist den Lernenden in den Übergangsklassen in der deutschen Sprache noch nicht vertraut. Derartige Kommunikationssituationen lernen sie vermutlich erst im Fachunterricht kennen, indem sie bei der Leistungsüberprüfung ihre fachlichen Kompetenzen vor einem unbenannten Adressaten bzw. der wissenden Lehrkraft präsentieren. Dies gilt es jedoch in den weiteren Analysen zu überprüfen.

Des Weiteren zeigt sich, dass der kompetente Umgang mit Grafiken sowohl für Lernende mit DaE als auch mit DaZ eine Herausforderung darstellt: In allen drei Dimensionen haben die Gruppen niedrige Punktzahlen erreicht. Bei der Gegenüberstellung der Durchschnittsergebnisse in den einzelnen Dimensionen schneiden die drei Gruppen bei Dimension *mode* am schlechtesten ab. Die Leseführung sowie die Berücksichtigung des sachbezogenen Wissens des Adressaten fallen den meisten Schülerinnen und Schülern schwer. Sie zeigen Schwächen beim Gebrauch variierender Proformen oder Konnektive. Insgesamt gehen die drei Schülergruppen im Hinblick auf Abwechslungsreichtum bei der Wortwahl sehr eingeschränkt vor. Bei der fachspezifischen Thematik (*field*) erreichen die Schülerinnen und Schüler mit DaZ in den Übergangsklassen mehrheitlich bessere Ergebnisse als die anderen Probandengruppen. Dies kann eventuell damit erklärt werden, dass Grafiken in einer Übergangsklasse auf der Ebene der Beschreibung systematischer betrachtet und geübt werden. So können die Schülerinnen und Schüler lernen, auf welche Aspekte bei der Diagrammbeschreibung zu achten ist, z. B. die Berücksichtigung der Überschrift.

Bei der Analyse der Lernertexte zeigen sich zum einen fachliche Unsicherheiten und infolgedessen eine Anreicherung der Texte mit alltäglichem Wissen. Zum anderen bestätigt sich, dass die sprachliche Handlung *Auswerten* hohe Anforderungen an die Lernenden stellt. Ihnen fällt es schwer, die Bedeutung des Operators *Auswerten* vollständig zu erfassen. So tendieren die Schülerinnen und Schüler in erster Linie dazu, die Grafik zu beschreiben. Die meisten Lernenden – unabhängig von ihren sprachlichen Voraussetzungen – benennen lediglich die Inhalte der Grafik, indem sie die angegebenen Freizeitbeschäftigungen aufzählen. Nur einzelne Probanden fügen ihrem Text Erklärungen oder die eigene Meinung bei. Einige Schülerinnen und Schüler versuchen die Textform Grafik näher zu erläutern (vgl. Abb. 3). Demzufolge wäre eine explizite und systematische Hinführung an die geforderten sprachlichen Handlungen sowie die Vermittlung und Übung der angewandten Operatoren im Unterricht erforderlich.

Auch eine reflektierte Auseinandersetzung mit den verschiedenen Registern in den Aufgabenstellungen spiegelt sich nicht durchgehend in den Ergebnissen wieder. Die Unterschiede zwischen den verschiedenen Anforderungen der Aufgabenstellungen und damit die Berücksichtigung der Adressaten werden von den Lernenden aller Probandengruppen kaum wahrgenommen. Daraus ergibt sich die didaktische Notwendigkeit, derartige Details im Unterricht bewusst einzuüben.

> *Eine Grafik ist eine zwischenzahl zwischen Jungs und Mädchen Computerspiele Jungs 295 Mädchen 280 so kann mann die Grafiken nennt man auch diagramm sie gibt's als Kreise und als Quadrat man kann vieles über grafiken lernen man Kann es auch mit Farben machen und es ist leichter so zu machen mann Kann auch dabei vieles unterscheiden was welches geschlecht mehr mag und was nicht es gibt auch das Tierkreis dazu.*

Abb. 3: Beispielhafter Text eines Schülers mit DaZ in der Regelklasse zu Aufgabenstellung 3 (Abschrift).

Diagrammspezifische Kompetenzen sind nur ansatzweise vorhanden. Dabei unterscheidet sich die Herangehensweise an Grafiken von Lernenden mit und ohne DaZ nicht. Viele Schülerinnen und Schüler übernehmen die Zahlenangaben der Grafik in ihren Text, ohne diese als Zeitangaben (z. B. durchschnittliche Minutenzahl) wahrzunehmen. Mit den Zahlen werden Rechenoperationen (z. B. Addition) durchgeführt oder diese mit einem %-Zeichen versehen. In einzelnen Texten werden die Zahlen ausschließlich abgeschrieben. Maximal- und Minimalwerte werden nicht durchgehend von allen Lernenden angegeben. Hier wird deutlich, dass eine systematische Vorgehensweise bei der Grafikbetrachtung im Unterricht explizit trainiert werden sollte.

Die Textlänge – wie einige Studien zeigen – dient als Indikator für die Textqualität (vgl. Wilmsmeier, Brinkhaus & Hennecke 2016: 109). Die Schülerinnen und Schüler in der Übergangsklasse in Aufgabe 3 verfassen zwar die längsten Texte, dies deutet aber nicht automatisch auf eine bessere Qualität der Grafikauswertung hin. Zu vermuten ist, dass Lernende in der Übergangsklasse zum gegebenen Zeitpunkt des Zweitspracherwerbsprozesses noch die basalen Kompetenzen erwerben und somit versuchen, durch Umschreibungen und assoziatives Vorgehen Texte aufzubauen. Dadurch werden die Texte länger. Erst mit weiter ausdifferenzierten Sprachkenntnissen sind eine präzisere Ausdrucksweise und eine angemessenere Auswertung einer Grafik möglich. Diese vorsichtig formulierte Vermutung muss jedoch durch eine vertiefte Analyse des Datenmaterials spezifiziert werden.

Die ersten Auswertungen zeigen, dass hinsichtlich des kompetenten Umgangs mit Diagrammen bei allen untersuchten Lernergruppen großer Förderbedarf besteht. Dieser soll mit der weiteren Auswertung unter Einbezug der sprachlernbiografischen Daten detailliert analysiert werden. Die aus der quantitativen Untersuchung gewonnen Erkenntnisse werden zudem durch die Analyse ausgewählter Fallbeispiele ausgeweitet und konkretisiert. Auf Grundlage dieser Ergebnisse werden didaktische Implikationen abgeleitet, welche in didaktische Konzepte und Materialien für den Unterricht nicht nur, aber vor allem in der Mittelschule einfließen sollen.

Literatur

Arndt, Holger (2017): Systemisches Denken im Fachunterricht. In Arndt, Holger (Hrsg.): *Systemisches Denken im Fachunterricht*. Erlangen: FAU University Press, 9–24.

Bayerisches Staatsministerium für Unterricht und Kultus (StMUK) (Hrsg.) (2002): *Lehrplan für das Fach Deutsch als Zweitsprache*. München: Maiß.

Bayerisches Staatsministerium für Unterricht und Kultus (StMUK) (Hrsg.) (2004): *Lehrplan für die bayerische Mittelschule*. https://www.isb.bayern.de/mittelschule/lehrplan/mittelschule/ (03.02.2018).

Beschlüsse der Kultusministerkonferenz (KMK) (2004): *Bildungsstandards im Fach Deutsch für den Hauptschulabschluss*. München, Neuwied: Wolters-Kluwer.

Beschlüsse der Kultusministerkonferenz (KMK) (2012): *Operatoren für das Fach Mathematik*. https://www.kmk.org/fileadmin/Dateien/pdf/Bildung/Auslandsschulwesen/Kerncurriculum/Auslandsschulwesen-Operatoren-Mathematik-10-2012.pdf (04.11.2018).

Budde, Monika & Michalak, Magdalena (2014): Sprachenfächer und ihr Beitrag zur fachsprachlichen Förderung. In Michalak, Magdalena (Hrsg.): *Sprache als Lernmedium im Fachunterricht*. Baltmannsweiler: Schneider Verlag Hohengehren, 9–33.

Gesellschaft für Politikdidaktik und politische Jugend- und Erwachsenenbildung (GPJE) (2004): *Anforderungen an Nationale Bildungsstandards für den Fachunterricht in der Politischen Bildung an Schulen. Ein Entwurf*. Schwalbach/Ts.: Wochenschau-Verlag. http://gpje.de/wp-content/uploads/2017/01/Bildungsstandards-1.pdf (28.04.2018).

Haible, Ulrike B. (2011): Diskontinuierliche Texte – Der Umgang mit diskontinuierlichen Darstellungsformen holt die medialen Alltagserfahrungen in die Schule und fördert die Lesekompetenz. *Lehren und Lernen* 37 (5): 4–7.

Halliday, Michael A. K. (1989): Part A. In Halliday, Michael A. K. & Hasan, Ruqaiya (Hrsg.): *Language, Context and Text. Aspects of Language in a Social-Semiotic Perspective*. Oxford: Oxford University Press, 3–49.

Halliday, Michael A. K. (2004): *An introduction to functional grammar*. London: Hodder.

Halliday, Michael A. K. (2007): *Language and Society*. New York: Continuum.

Jin, Friederike; Michalak, Magdalena & Rohrmann, Lutz (2010): *Prima B1*. Berlin: Cornelsen.

Kölzer, Carolin; Lemke, Valerie & Michalak, Magdalena (2015): Diagramme im gesellschaftswissenschaftlichen Unterricht – eine Herausforderung für Lernende mit Deutsch als Zweitsprache. *Zeitschrift für Didaktik der Gesellschaftswissenschaften* 6 (2): 121–135.

Lachmayer, Simone (2008): *Entwicklung und Überprüfung eines Strukturmodells der Diagrammkompetenz für den Biologieunterricht*. Dissertation. Kiel: Universität Kiel. http://macau.uni-kiel.de/servlets/MCRFileNodeServlet/dissertation_derivate_00002471/Diss_Lachmayer.pdf (02.02.2018).

Manzel, Sabine & Nagel, Farina (2017): „Links unten steht der Bundespräsident" – erste Ergebnisse zu sprachlichen und fachlichen Herausforderungen im Umgang mit politischen Schaubildern. In Manzel, Sabine & Schelle, Carla (Hrsg.): *Empirische Forschung zur schulischen Politischen Bildung*. Wiesbaden: VS Springer, 19–29.

Michalak, Magdalena (2013): Erklären im Lernbereich Gesellschaftslehre. Ein didaktisches Modell zur sprach- und fachbezogenen Förderung. In Decker-Ernst, Yvonne & Oomen-Welke, Ingelore (Hrsg.). *Deutsch als Zweitsprache: Beiträge zur durchgängigen Sprachbildung*. Stuttgart: Fillibach bei Klett, 231–248.

Michalak, Magdalena (2015): „Die machen aber Musik so wie ich". Adressatenorientierung in Grafikbeschreibungen. In Rösch, Heidi & Webersik, Julia (Hrsg.), *Deutsch als Zweitsprache Erwerb und Didaktik*. Stuttgart: Fillibach bei Klett, 109–126.

Michalak, Magdalena, Lemke, Valerie & Kölzer, Carolin (2017): "Wenn ich hingucke, seh ich immer erst das Obere". Kompetenzen von Lernenden mit Deutsch als Zweitsprache beim Umgang mit diskontinuierlichen Darstellungsformen. In Fuchs, Isabel; Jeuk, Stefan & Knapp, Werner (Hrsg,): *Mehrsprachigkeit: Spracherwerb, Unterrichtsprozesse, Seiteneinstieg*. Stuttgart: Fillibach bei Klett, 77–94.

Moline, Steve (2012): *I see what you mean. Visual literacy K8*. Portland, ME: Stenhouse Publishers.

Nussbaumer, Markus (1991): *Was Texte sind und wie sie sein sollten. Ansätze zu einer sprachwissenschaftlichen Begründung eines Kriterienrasters zur Beurteilung von schriftlichen Schülertexten*. Tübingen: Max Niemeyer.

Nussbaumer, Markus & Sieber, Peter (1995): Über Textqualitäten reden lernen – z. B. anhand des „Zürcher Textanalyserasters". *Diskussion Deutsch* 141: 36–52.

Nussbaumer, Markus (1996): Lernerorientierte Textanalyse – Eine Hilfe zum Textverfassen? In Feilke, Helmuth & Portmann, Paul R. (Hrsg.): *Schreiben im Umbruch. Schreibforschung und schulisches Schreiben*. Stuttgart: Klett, 96–112.

Oleschko, Sven, & Moraitis, Anastasia (2012). Die Sprache im Schulbuch. Erste Überlegungen zur Entwicklung von Geschichts- und Politikschulbüchern unter Berücksichtigung sprachlicher Besonderheiten. *Bildungsforschung* 9 (1): 11–46.

Prechtl, Helmut (2014): Fachsprache im naturwissenschaftlichen Unterricht. In Michalak, Magdalena (Hrsg.): *Sprache als Lernmedium im Fachunterricht*. Baltmannsweiler: Schneider Verlag Hohengehren, 91–112.

Preece, Jenny & Janvier, Claude (1992): A Study of the Interpretation of Trends in Multiple Curve Graphs of Ecological Situations. *School Science and Mathematics* 92 (6): 299–306.

Schnotz, Wolfgang (1994): *Aufbau von Wissensstrukturen. Untersuchungen zur Kohärenzbildung beim Wissenserwerb mit Texten*. Weinheim: Beltz.

Schnotz, Wolfgang (2001): Wissenserwerb mit Multimedia. *Unterrichtswissenschaft* 29 (4): 292–318.

Schnotz, Wolfgang & Bannert, Maria (2003): Construction and Interference in Learning From Multiple Representation. *Learning and Instruction* 13 (2): 141–156.

Schnotz, Wolfgang & Dutke, Stephan (2004). Kognitionspsychologische Grundlagen der Lesekompetenz: Mehrebenenverarbeitung anhand multipler Informationsquellen. In Schiefele, Ulrich; Artelt, Cordula; Schneider, Wolfgang & Stanat, Petra (Hrsg.), *Struktur, Entwicklung und Förderung von Lesekompetenz. Vertiefende Analysen im Rahmen von PISA 2000*. Wiesbaden: VS Springer, 61–99.

Schroeder, Sascha; Richter, Tobias, McElvany, Nele; Hachfeld, Axinja; Baumert, Jürgen; Schnotz, Wolfgang; Horz, Holger & Ullrich, Mark (2011). Teachers' Beliefs, Instructional Behaviors, and Students' Engagement in Learning From Texts With Instructional Pictures. *Learning and Instruction* 21 (3), 403–415.

Ullrich, Mark; Schnotz, Wolfgang; Horz, Holger; McElvany, Nele; Schroeder, Sascha & Baumert, Jürgen (2012): Kognitionspsychologische Aspekte eines Kompetenzmodells zur Bild-Text-Integration. *Psychologische Rundschau* 63 (1): 11–17.

Weidenmann, Bernd (1994): Informierende Bilder. In Weidenmann, Bernd (Hrsg.): *Wissenserwerb mit Bildern. Instruktionale Bilder in Printmedien, Film/Video und Computerprogrammen*. Bern: Huber, 9–58.

Wilmsmeier, Sabine; Brinkhaus, Moti & Hennecke, Vera (2016). Ratingverfahren zur Messung von Schreibkompetenz in Schülertexten. *Bulletin suisse de linguistique appliquée* 103: 101–117.

Zydatiß, Wolfgang, (2010): Parameter einer „bilingualen Didaktik" für das integrierte Sach-Sprachlernen im Fachunterricht: die CLIL-Perspektive. In Ahrenholz, Bernt (Hrsg.): *Fachunterricht und Deutsch als Zweitsprache*. Tübingen: Narr, 133–152.

Nadja Wulff und Stefan Nessler
Fachsensibler Sprachunterricht in der Vorbereitungsklasse – auf dem Weg zur erfolgreichen Integration in den Fachunterricht

1 Einleitung

In Deutschland angekommen, werden neu zugewanderte Kinder und Jugendliche im schulpflichtigen Alter nach verschiedenen schulorganisatorischen Modellen beschult (vgl. Massumi et al. 2015, Jeuk 2018, zu Entwicklungen ab Mitte der 1960er Jahre vgl. Decker-Ernst 2017). Die Modelle variieren im Umfang der Integration in die Regelklassen und werden je nach schulischen Gestaltungsmöglichkeiten, Sprachförderkonzepten und den zur Verfügung stehenden Lehrerstunden umgesetzt. Systematische Untersuchungen, die die Wirksamkeit der verschiedenen schulorganisatorischen Modelle überprüfen, stehen zurzeit noch aus.

Es besteht Konsens darüber, dass sprachliche Kompetenzen grundlegend für den schulischen und beruflichen Werdegang sind. Es sind die sprachlichen Kompetenzen in der Zweitsprache Deutsch, die es den Schülerinnen und Schülern ermöglichen, situationsadäquat und fachangemessen sprachlich handeln zu können und damit an bildungs- und fachbezogenen Diskursen im schulischen Kontext partizipieren zu können. Damit stehen Schulen vor der Herausforderung, Maßnahmen zur Unterstützung der neuen Schülerinnen und Schüler beim Erwerb der Kompetenzen in der Zweitsprache Deutsch sowie Konzepte zur erfolgreichen Integration der Neuzugewanderten in die Regelklasse zu entwickeln und umzusetzen.

Im folgenden Beitrag wird ein Konzept im Projekt *Naturwissenschaftliches Arbeiten und Deutsch als Zweitsprache* vorgestellt und diskutiert, wie im fachsensiblen Sprachunterricht die Schreibkompetenz als die Fähigkeit zur Produktion von Texten (Becker-Mrotzek & Böttcher 2018: 49) auf Grundlage naturwissenschaftlich orientierter Inhalte und Arbeitstechniken gefördert werden kann.

Um die Potenziale der Sprachförderung im naturwissenschaftsbezogenen Unterricht mit neu zugewanderten Jugendlichen in der Sekundarstufe aufzuzeigen, werden zunächst die Ziele der Vorbereitungsklasse (VKL) vorgestellt und einige Aspekte der Heterogenität hervorgehoben. Als Nächstes wird die Notwendigkeit der Anbahnung von bildungs- und fachsprachlichen Kompetenzen und der Vermittlung von fachrelevanten Inhalten in der VKL diskutiert. Darauf basierend soll am Beispiel der Unterrichtsreihe *Ernährung* und der Textsorte

Rezept – vorbereitend auf die Textsorte *Protokoll* – dargelegt werden, wie im fachsensiblen Unterricht in der VKL Schreibkompetenzen gefördert werden können.

2 Vorbereitung auf den Regelunterricht

Die einzelnen Bundesländer regeln die Umsetzung der Schulpflicht und die Sprachfördermaßnahmen für neu zugewanderte Kinder und Jugendliche zum Teil sehr unterschiedlich, allen ist aber gemein, dass die VKL die Lernenden auf den Besuch der Regelklasse vorbereiten soll. Das Hauptziel des Unterrichts ist das Erlernen der Zweit- (oder Dritt-)Sprache Deutsch. In Baden-Württemberg werden die Inhalte für den Unterricht durch eine Verordnung des Kultusministeriums in Stundentafeln vorgegeben. Diese setzen sich aus einem Pflichtbereich (Deutsch und Demokratiebildung; 16 Lehrerwochenstunden) und einem Zusatzbereich zusammen. Der Zusatzbereich[1] mit insgesamt neun Lehrerwochenstunden deckt dabei u. a. die Bereiche Mathematik, Musik, Bildende Kunst, Sport sowie ein naturwissenschaftliches Fächerfeld ab. Das Curriculum hebt dabei zwar hervor, dass grundlegende bildungs- und fachsprachliche Kompetenzen sowie rezeptive und produktive Kompetenzen im Umgang mit Texten eine Voraussetzung für eine erfolgreiche Integration in den Regelunterricht sind (Bryant & Abdukerimov 2017: 3), hat aber nur die sprachlichen Anforderungen für das Fach Deutsch im Fokus.

Für die Planung und Umsetzung eines fachsensiblen Unterrichts in der VKL sind aber nicht nur die Anpassung fachlicher Inhalte zu berücksichtigen, sondern auch die verschiedenen Dimensionen der heterogenen Ausgangslagen. Die Bezeichnung „neu zugewanderte Schülerinnen und Schüler" legt eine Homogenität der Gruppe nahe. Diese erweist sich jedoch in der Praxis als ein Konstrukt. In der VKL werden Kinder und Jugendliche unterrichtet, die über noch nicht hinreichende Kompetenzen in der Zweitsprache Deutsch verfügen, um am Regelunterricht erfolgreich teilnehmen zu können. Je nach Gestaltungsmöglichkeiten der einzelnen Schulen können in einer Klasse Lernende verschiedener Altersgruppen unterrichtet werden. Viele von den neuen Schülerinnen und Schülern haben eine Fluchterfahrung. Die Lernenden kommen aus verschiedenen Ländern und sprechen unterschiedliche Erstsprachen. Für viele ist Deutsch nicht die erste Zweitsprache, einige haben bereits eine schulische Fremdsprache wie beispielsweise Englisch gelernt. Die neuen Schülerinnen und Schüler sind in

---

[1] Die Fachbezeichnungen orientieren sich an den Bildungsplänen BW 2016.

unterschiedlichen gesellschaftlichen und kulturellen Systemen aufgewachsen und haben unterschiedliche Schulerfahrungen und Bildungsbiographien (vgl. Decker-Ernst 2017).

Bedingt unter anderem durch die Länge des Kontaktes zur Zweitsprache Deutsch und die Dauer des VKL-Besuches unterscheidet sich der Sprachstand von Kindern und Jugendlichen, die gemeinsam in einer Sprachlernklasse unterrichtet werden. Darüber hinaus verfügen sie über sehr heterogene Literalitätserfahrungen in ihren Erstsprachen. Es ist davon auszugehen, dass bei Lernenden mit umfangreichen Schriftspracherfahrungen in ihrer Erstsprache Textkompetenzen und Textkenntnisse verfügbar sind, die beim Planen und Überarbeiten von Texten genutzt werden können (Grießhaber 2010, Schindler & Siebert-Ott 2015). Hingegen müssen Lernende mit geringen bzw. keinen schriftsprachlichen Erfahrungen in ihrer Erstsprache diese Kompetenzen erst aufbauen. Alle Schülerinnen und Schüler benötigen jedoch beim Planen und Verfassen von Texten lexikalisches und grammatisches Wissen, das im Unterricht vermittelt werden muss.

3 Sprachliches und fachliches Lernen im naturwissenschaftlich orientierten Sprachunterricht

Ausreichende bildungs- und fachsprachliche Kompetenzen im Deutschen gelten als eine Voraussetzung für eine erfolgreiche Partizipation am Fachunterricht. Da sprachliches und fachliches Lernen eng miteinander verbunden sind (Schmölzer-Eibinger, Dorner, Langer & Pacher 2013, Kniffka & Roelcke 2016), liegt es nahe, neu zugewanderten Schülerinnen und Schülern Lehr-Lern-Arrangements anzubieten, die beides miteinander verschränken. Wenn Sprache sowohl als Lern- und Reflexionsgegenstand als auch als Lernmedium aufgefasst wird, bedeutet dies u. a., dass für die Konzeption von Lehr-Lern-Arrangements die notwendigen sprachlichen Mittel für das Verstehen und Anwenden bildungssprachlicher Strukturen und Praktiken sowie verschiedener Formen fachorientierter Schriftlichkeit explizit berücksichtigt werden.

Zum sprachlichen Lernen im Fach sind in den letzten Jahren eine Reihe von Untersuchungen und Konzepten durchgeführt bzw. entwickelt worden, die vor allem monolinguale Schülerinnen und Schüler sowie DaZ-Lernende im Regelunterricht in den Blick nehmen (zum Überblick vgl. Kniffka & Roelcke 2016; Michalak, Lemke & Goeke 2015). Für neu zugewanderte Schülerinnen und Schüler entstehen neue Ansätze zur Verknüpfung des sprachlichen und fachlichen Lernens erst oder es werden bereits bestehende an unterschiedliche Sprachniveaus und an den gesamten Lernkontext angepasst (Birnbaum, Erichsen, Fuchs & Ahrenholz 2018; Nessler & Wulff 2017; Blumberg & Niederhaus 2017).

Ein fachsensibler Sprachunterricht kann einen Beitrag zur erfolgreichen Integration neu zugewanderter Schülerinnen und Schüler in den Regelunterricht leisten, indem u. a. Schreibkompetenzen gefördert werden, die für Sachfächer von großer Bedeutung sind. Problemlösendes, heuristisch-epistemisches Schreiben im Fachunterricht bietet als Werkzeug des Lernens und Lehrens großes Potenzial, da es Prozesse der Strukturierung und konzeptuellen Entwicklung von Welt- und Fachwissen unterstützen kann (Schmölzer-Eibinger & Thürmann 2015; Thürmann, Pertzel & Schütte 2015: 18 ff.).

Für die Vorbereitung auf den naturwissenschaftlichen Unterricht ist es daher sinnvoll, schriftsprachliche Kompetenzen im Kontext typischer Textsorten wie etwa dem Versuchsprotokoll und den damit verbundenen Diskursfunktionen *Benennen* und *Beschreiben* zu vermitteln (Vollmer & Thürmann 2010). Unter Diskursfunktionen, also kognitiv-sprachlichen Handlungen, werden integrative Einheiten von Inhalt, Denken und Sprechen verstanden. Sie können mit Makrostrukturen des Wissens sowie mit basalen Denkoperationen und deren Versprachlichung in elementaren Texttypen in Zusammenhang gebracht werden (Vollmer 2009: 178 f.). Da sie den grundlegenden Wissensstrukturen entsprechen, spielen sie im Sprach- und Fachunterricht von Anfang an eine zentrale Rolle. Die Diskursfunktionen beziehen sich auf die für den Unterricht relevanten Texte, die sowohl in medial schriftlicher als auch medial mündlicher Form realisiert werden und mit denen sich Lernende im Prozess der Wissensaneignung auseinandersetzen.

Im vorliegenden Beitrag wird gezeigt, wie die Auseinandersetzung mit der Diskursfunktion *Beschreiben* sowie mit sprachlichen Mustern und Mitteln, mit denen sie realisiert werden kann, die Förderung produktiver Kompetenzen unterstüten kann. Es wird angenommen, dass Schreiben bereits mit Lernenden mit geringen Sprachkenntnissen in der VKL (1) „traditionell" zur Absicherung von Lernergebnissen unterhalb der Textebene und zur Reproduktion des erworbenen Wissens dient vor allem aber (2) zur Generierung von Ideen, zur Strukturierung von Wissen und zur Zusammenfassung und Darstellung der Sachverhalte genutzt werden kann. Solche in einem fachsensiblen Sprachunterricht erworbenen sprachlichen und methodischen Kompetenzen dienen der Vorbereitung für die erfolgreiche Teilhabe am späteren Fachunterricht der Regelklasse. Im Beitrag sollen zunächst einige Aspekte des fachlichen Lernens in der Zweitsprache Deutsch im Hinblick auf die Heterogenität der Lernergruppe in der VKL betrachtet werden. Anschließend werden Bereiche identifiziert, in denen sich die Ziele von Sprach- und Fachlernen überlappen.

4 NaWi-DaZ-Konzept: Rahmenbedingungen und Themen

Das im explorativ-interpretativen Forschungsparadigma angesiedelte NaWi-DaZ-Projekt[2] wurde in einer Vorbereitungsklasse der Sekundarstufe I an einer Schule in Baden-Württemberg durchgeführt. Im Projekt wurde u. a. die Entwicklung der sprachlichen Handlungsfähigkeit in fachlich relevanten Zusammenhängen von insgesamt 24 neu zugewanderten Schülerinnen und Schülern im Alter zwischen 14 und 18 Jahren in verschiedenen Phasen von April 2016 bis Juli 2017 beobachtet und begleitet. Die Lernergruppe war in vielfacher Hinsicht sehr heterogen: Als Erstsprachen wurden Arabisch, Farsi/Dari, Kurdisch, Bengalisch, Türkisch, Urdu, Paschto, Bosnisch, Bulgarisch, Somali und Finnisch gesprochen. Alle Probanden gaben an, mehr als eine Sprache zu sprechen. Alle Lernenden waren in ihrer Erstsprache alphabetisiert und besuchten in ihrem Heimatland die Schule. Bei den bildungsbiographischen Daten wurde u. a. nach der Dauer des Schulbesuchs im Heimatland gefragt. Bei mehr als sechs Jahren Schulbesuch wurden die Jugendlichen als schulerfahren eingestuft. Ein Schüler ohne Schulerfahrung hatte mehrere Jahre Privatunterricht zu Hause. Die Aufenthaltsdauer in Deutschland zum Zeitpunkt der Erhebung der bildungs- und sprachbiographischen Daten variierte von 6 bis 18 Monaten, wobei der Umfang und die Qualität des Inputs in der deutschen Sprache als sehr unterschiedlich zu bewerten ist.

Im Rahmen des NaWi-DaZ-Projektes wurde im Laufe eines Schuljahres wöchentlich eine Doppelstunde zu naturwissenschaftlich orientierten Inhalten in thematischen Unterrichtsreihen (z. B. Ernährung, Tierklassen, Umwelt) durchgeführt. Bedingt durch die schülerseitige Präsenzfluktuation in der VKL, durch wechselnde Verteilung auf die Stammklassen und nicht zuletzt durch das Fehlen einer Vorbereitungsklassenlehrerin war die Kontinuität der Vermittlung von Fachinhalten nicht durchgängig gewährleistet. Das hatte Auswirkungen auf die Datenerhebung. Die Ergebnisse haben somit einen vorläufigen Charakter.

Das übergeordnete Thema der für den Beitrag relevanten Unterrichtsreihe bildete das Thema *Ernährung*. Bei dieser Unterrichtsreihe handelt es sich zum einen um bildungsplanbezogene Inhalte für das Fach Biologie und Alltagskultur, zum anderen bietet das Thema *Ernährung* Inhalte, die einen direkten Bezug zur Lebenswelt der Schülerinnen und Schüler aufweisen und alltagsrelevant sind. Aus fachlicher Perspektive wurden im Rahmen des Themas *Ernährung*

---

[2] Naturwissenschaftliches Arbeiten und Deutsch als Zweitsprache in Vorbereitungsklassen, gefördert durch das Ministerium für Wissenschaft, Forschung und Kunst Baden-Württemberg.

unterschiedliche Lebensmittelgruppen wie beispielsweise Getreide- und Milchprodukte sowie Fette und Öle behandelt, aber auch Aspekte gesunder und ungesunder Ernährung betrachtet. Konkrete Essenszubereitung und verschiedene deutsche und internationale Gerichte sowie solche aus den Heimatländern der Lernenden brachten eine interkulturelle Perspektive in die Unterrichtsreihe. Der letzte Schwerpunkt – Essenszubereitung und Gerichte aus aller Welt – bildete den thematischen Rahmen für die Auseinandersetzung mit der Textsorte *Kochrezept*.

5 Die Textsorte Kochrezept

Das Kochrezept ist eine Form der Beschreibung von Handlungsschritten mit dem Ziel, den Leser zur Ausführung dieser einzelnen Handlungsschritte anzuleiten. Beim Rezept steht die Beschreibung von sichtbaren Vorgängen im Vordergrund. Dabei wird auf Erklärungen oder Interpretationen der inneren Zusammenhänge des Beschriebenen (vgl. auch Ossner 2014: 254) verzichtet. Für das Rezept bedeutet das, den Ablauf in seiner Oberflächenform möglichst genau dazustellen: Der Verfasser muss den abwesenden Adressaten via Text sachlogisch über die chronologische Reihenfolge des Handlungsablaufs informieren, so dass der Letztere sich eine Vorstellung davon bilden kann. Damit handelt es sich bei einem Rezept um einen informierenden Text, der aber noch eine weitere instruktive Funktion hat, nämlich den Leser zum Kochen/Backen anzuregen (Becker-Mrotzek et al. 2014).

Der Zweck des Rezeptes bestimmt die Merkmale und die Auswahl der sprachlichen Mittel (Becker-Mrotzek & Böttcher 2006: 18): Die Textsorte ist sachbezogen, die Reihenfolge in der Darstellung des Ablaufs ist übersichtlich, alle Einzelschritte müssen genau beobachtet und bei der Textproduktion bedacht sowie chronologisch präzise dargestellt werden. Die Kohärenz des Textes wird nicht allein durch die Logik der einzelnen Handlungsschritte gesichert (Becker-Mrotzek & Böttcher 2006: 60 f.). Die Textsorte Rezept verlangt vom Schreibenden die Fähigkeit zur Perspektivübernahme und zur Adressatenorientierung, die sich sprachlich im Text manifestiert (Becker-Mrotzek et al. 2014: 29) und als „die Passung der thematischen Struktur des Textes mit der Wissensstruktur des Lesers" verstanden wird (ebd.: 32) und an den Textoberflächenmerkmalen gemessen werden kann.

Je nach Anforderungen und Sprachstand der Lernenden können Rezepte sprachlich unterschiedlich komplex gestaltet werden. Dies eröffnet die Möglichkeit, die Textsorte Rezept spiralcurricular aufzugreifen und die Sprachkomplexität zu erhöhen, wobei der kommunikative Zweck unverändert bleibt.

Zu den sprachlichen Merkmalen eines Rezeptes gehören begriffliche Eindeutigkeit und Genauigkeit sowie nachvollziehbares Verknüpfen von einzelnen Handlungsschritten, letzteres z. B. durch Temporaladverbien (Adverbien der Zeitdeixis: *zuerst – danach – anschließend*). Die chronologische Abfolge ist für die Textsorte Rezept strukturbildend (Ossner 2014: 255). Weitere sprachliche Merkmale sind parataktische Satzverknüpfungen, Indikativ bzw. Imperativ,[3] Präsens, Passiv bzw. unpersönliche Konstruktionen (*man nimmt 200 Gramm Käse*) oder Formen der 2. Ps. Sg. (*du schneidest den Käse in kleine Stücke*) bzw. 1. Ps. Pl. (*wir schneiden Käse in kleine Stücke*). Häufig zeichnen sich Kochrezepte durch subjektlose Infinitivkonstruktionen aus: *Alle Zutaten abwiegen. 100 Gramm Oliven ganz klein schneiden.* Das Fehlen des Subjekts ist funktional begründet, da der Vorgang im Vordergrund steht. Mit entsprechendem Wortschatz kann diese Variante des Kochrezeptes bereits im Unterricht mit Lernenden mit geringen Sprachkenntnissen als Einstieg eingesetzt werden.

Im schulischen Kontext kann die Auseinandersetzung mit der Textsorte Rezept die Fähigkeit, sich in den Rezipienten hineinzuversetzen, fördern. Die Schülerinnen und Schüler sollen der Frage nachgehen, welche Informationen dem Rezipienten nicht vorenthalten bleiben dürfen, damit die Handlungsschritte in der korrekten Reihenfolge ausgeführt werden und zum erwarteten Ergebnis führen. Darüber hinaus ist eine sprachliche Genauigkeit grundlegend für das Verfassen von Rezepten.

Im vorliegenden Beitrag steht die alltagsrelevante Textsorte *Rezept* im Fokus mit dem Blick darauf, dass über den Aufbau von Textsortenwissen die ersten bildungs- und fachsprachlichen Strukturen angebahnt werden können, die später auf die Textsorte *Protokoll* im naturwissenschaftlichen Unterricht übertragen bzw. adaptiert werden können und somit einen wichtigen Beitrag für die Integration in den Regelunterricht leisten.

---

3 Konjunktiv I zum Verfassen der Rezepte (*Man nehme 100 Gramm Zucker ...*) soll in diesem Beitrag nicht behandelt werden, da es sich um Lernende mit geringen Sprachkenntnissen handelt.

6 Kochrezept und Versuchsprotokoll: Gemeinsamkeiten und Unterschiede

6.1 Das Versuchsprotokoll im naturwissenschaftlichen Unterricht

Das Versuchsprotokoll ist wesentlicher Bestandteil verschiedener Erkenntnismethoden, wie beispielsweise dem Experimentieren und Beobachten. Es dient u. a. dazu, Aufgaben- und Problemstellungen zu erfassen, das Vorgehen bei Untersuchungen und Experimenten zu planen und dabei die einzelnen Arbeitsschritte festzuhalten sowie diese unter Verwendung der Fachsprache umzusetzen (Retzlaff-Fürst 2013: 312 ff.). Des Weiteren werden über das Protokoll Beobachtungen schriftlich erfasst sowie Daten erhoben und dokumentiert, die im Anschluss ggf. für eine Präsentation aufbereitet werden können (Köhler & Meisert 2012: 148). Ein weiterer wichtiger Aspekt des Protokollierens ist, dass sich Lernende über die schriftliche Auseinandersetzung einzelne Denk- und Arbeitsschritte bewusstmachen können. Das Versuchsprotokoll kann in seiner Komplexität und seinem Aufbau variieren und domänenspezifische Unterschiede aufweisen, aber in der Regel folgt es einer Struktur wie in Tabelle 1 angeführt.

Für das Verfassen von Versuchsprotokollen wird ein großes Repertoire an bildungs- und fachsprachlichen[4] Elementen benötigt (Beese & Roll 2013, 2015; Bayrak 2017), die auf der Oberfläche bestimmte morphosyntaktische und lexikalische Merkmale aufweisen und von Schülerinnen und Schülern in Vorbereitungsklassen in der Regel zunächst nicht erwartet werden können. Dazu gehören zum Beispiel die korrekte Verwendung von temporalen Adverbien, temporale und konditionale Nebensätze, Präpositionalphrasen mit Nominalisierungen genauso wie die Verwendung von Fachbegriffen (vgl. Beese & Roll 2015: 60 ff.).

---

[4] In Anlehnung an Feilke (2012) wird unter Bildungssprache ein sprachliches Register verstanden, das dem Bereich der konzeptionellen Schriftlichkeit zugeordnet wird und den Gebrauch bestimmter sprachlicher Handlungen mit einbezieht, ein Repertoire „an sprachlichen Ausdrucksmitteln, das einen differenzierten sprachlichen Zugriff auf sprachlich gebundenes, insbesondere in Texten situationsentbunden versprachlichtes und derart gespeichertes fachliches Wissen zu komplexen Sachverhalten ermöglicht" (Kameyama 2017: 284). Die wichtigsten Funktionen der Bildungssprache resümieren Morek & Heller (2012, zusammenfassend vgl. Kniffka & Roelcke 2016: 43 ff.): Sie dient als Medium von Wissenswiedergabe und -speicherung (kommunikative Funktion), sie dient als Werkzeug des Denkens (epistemische Funktion) und sie ermöglicht die Teilhabe an den bildungsbezogenen Diskursen (sozialsymbolische Funktion). Als Fachsprache wird ein sprachliches Register verstanden, das sowohl der diaphasischen als auch der diastratischen Ebene zugeordnet wird und an spezifische sprachliche Mittel und Textsorten gebunden ist (vgl. z. B. Kniffka & Roelcke 2016).

Tab. 1: Beispiel eines Versuchsprotokolls aus dem Fach Biologie (verändert nach Retzlaff-Fürst 2013).

Protokollelement	Kommentierung
1. Thema	Wie lautet das Thema? – Gibt einen Überblick, worum es in dem Versuch geht
2. Fragestellung	Wie lautet die Fragestellung des Versuchs? – Zweck des Versuchs in Form einer Forschungsfrage formulieren
3. Vermutungen	Welche Vorhersagen können getroffen werden? – sachlich begründen – Erwartungen formulieren
4. Versuchsaufbau/Versuch planen	Welche Materialien werden benötigt? – Liste aller verwendeten Materialien zusammenstellen – ggf. Skizze anfertigen – ggf. Gefahrenquellen nennen
5. Versuchsdurchführung	Was wird wie in welcher Reihenfolge gemacht? – genaue Darstellung der Vorgehensweise in sinnvoller Reihenfolge in unpersönlicher Form
6. Versuchsbeobachtung	Was ist zu sehen? – es werden alle Sinne eingesetzt: Was sieht man? Was riecht man? usw. – Beobachtungen können auch mit Tabellen und Skizzen erfasst werden
7. Versuchsauswertung	Was bedeuten die Beobachtungen? – Erklärungen finden und formulieren – Ergebnisse interpretieren
8. Diskussion der Ergebnisse und weitere Fragestellungen	Ergeben sich aus den Beobachtungen und der Auswertung neue Fragen?

6.2 Die Textsorte Rezept als Vorbereitung auf die Textsorte Versuchsprotokoll

Für das vorgestellte Konzept wird die Textsorte *Rezept* zur Anbahnung von bildungs- und fachsprachlichen Strukturen im Unterricht der VKL eingeführt und verwendet, da es sowohl auf sprachlicher als auch fachlicher Ebene einige Gemeinsamkeiten, aber auch Unterschiede, mit dem Protokoll aufzeigt. Der wesentliche Unterschied ist, dass ein Rezept weder fragen- noch hypothesenorientiert ist und demnach nach der Durchführung auch keine Datenauswertung und Diskussion nach sich zieht. Allerdings sind die Elemente des Versuchsaufbaus/

Versuch planen und der Versuchsdurchführung vergleichbar: Sowohl alle verwendeten Materialien müssen aufgelistet als auch eine genaue, zeitlich korrekte und sinnvolle Abfolge der einzelnen Handlungsschritte muss dargelegt werden. Folglich werden in beiden Textsorten Vorgänge in einer strukturbildenden temporalen Abfolge beschrieben, die für das erwünschte Ergebnis eingehalten werden muss, so dass temporale Adverbien der Deixis grundlegend sind. Beide Textsorten zeichnen sich durch Präsens als Zeitform aus. Zudem ist die begriffliche Eindeutigkeit und Genauigkeit sowohl beim Protokollieren als auch beim Rezept von hoher Relevanz.

Während die Textsorte Versuchsprotokoll jedoch auch die Diskursfunktionen *Erklären* und *Bewerten* miteinschließt, fokussiert das Rezept die kognitiv-sprachlichen Handlungen *Benennen* und *Beschreiben* und erweist sich damit als weniger herausfordernd in seiner Komplexität. Darüber hinaus bietet das Rezept aus didaktischer Sicht entscheidende Vorteile für das Erlernen der sprachlichen Muster und der Arbeitstechnik, die auf das spätere Protokollieren vorbereiten. Das Kochen und Backen ist aus dem Alltag bekannt und kann somit erst mal ohne große Erklärung und fachspezifische Kenntnisse im Umgang mit Fachgeräten wie Reagenzgläsern, Bunsenbrenner o. ä. durchgeführt werden. Der benötigte Wortschatz, in diesem Fall z. B. die einzelnen Zutaten (Mehl, Wasser) oder verwendeten Gegenstände (Schüssel, Rührgerät), hat einen lebensweltlichen Bezug und ist vielen Schülerinnen und Schülern sowohl von der Handhabung als auch vom Sprachgebrauch her vertraut. Dies kann man als sprachliche Vorentlastung betrachten, da nur wenig oder kein neuer Wortschatz eingeführt werden muss und sich die Lernenden mit bekanntem Vokabular verständigen können. Somit kann sich vor allem auf die bildungs- und fachsprachlichen Herausforderungen sowie die Protokollelemente Versuchsaufbau/Versuchsplanung konzentriert werden.

7 Eingesetzte Methoden und unterrichtliches Vorgehen

Um die Schülerinnen und Schüler an die Textsorte *Rezept* heranzuführen, wurde auf naturwissenschaftliche Methoden und Arbeitsweisen zurückgegriffen. *Beobachten*, eine Erkenntnismethode, bildet eine wesentliche Voraussetzung für eine wie immer geartete Sprachproduktion im Rahmen von naturwissenschaftlichem Unterricht. Beobachten ermöglicht zugleich erste authentische (vor-)fachliche Kommunikationssituationen im Sinne von Bedeutungsaushandlung. Die Phänomene, die beobachtet, bzw. einzelnen Aktivitäten, die ausgeführt werden, haben einen unmittelbaren Lebensweltbezug und erlauben es den Schülerinnen und Schülern, an ihre Vorerfahrungen anzuknüpfen. Hier kann die Erstsprache, auf die in den Gruppenarbeitsphasen zurückgegriffen werden kann, als sichere Basis dienen. Bei einigen Schülerinnen und Schülern ist davon auszugehen, dass die Diskursfunktionen *Benennen* und *Beschreiben* sowie die Textsorten, auf die sie sich beziehen, aus dem Fachunterricht in ihrem Heimatland bekannt sind. Damit können diese Lernenden auf Erfahrungen zurückgreifen und diesen Sinn zuschreiben, während sie sich Oberflächenphänomene wie lexikalisch-semantische und syntaktische Merkmale in der Zweitsprache Deutsch aneignen müssen.

Eine erste Umsetzung des Konzepts fand im Rahmen der Unterrichtsreihe *Ernährung* im Umfang von zehn Unterrichtsstunden (eine Doppelstunde fünf Wochen lang) statt. An das Thema *Essgewohnheiten* schloss sich eine Diskussion im Plenum an, in der erfragt wurde, ob die Schülerinnen und Schüler selber kochen bzw. backen können und die Schülerinnen und Schüler verwiesen auf Rezepte, die seit Generationen in ihren Familien bzw. in ihren Heimatländern vorhanden sind. In der folgenden Unterrichtsstunde wurde die Herstellung von Oliven-waffeln behandelt. Zunächst wurde Schritt für Schritt vorgeführt und von den Schülerinnen und Schülern beobachtet, welche Zutaten für Oliven-Waffeln benötigt und wie sie gebacken werden. Die einzelnen Zutaten wurden über nichtsprachliche Erklärungstechniken semantisiert. Anschließend wurden einzelne Handlungsschritte beim Backen videographiert, so dass nach dem gemeinsamen Verzehr von Waffeln die Möglichkeit gegeben war, das Vorgehen beim Backen von Oliven-Waffeln sowie den Wortschatz dazu gemeinsam zu erarbeiten.

Der videographierte Ablauf wurde den Schülerinnen und Schülern zweimal präsentiert. In der Anschlussaufgabe sollten die Lernenden die Bilder zu den einzelnen Schritten beim Backen in die richtige Reihenfolge bringen und die notwendigen Zutaten notieren. Zuletzt wurden die Lernenden aufgefordert, aufzuschreiben, wie man Oliven-Waffeln backt. Das entsprechende Arbeitsblatt enthielt die wichtigsten Redemittel, die für das Rezept verwendet werden. Zwar wurde im Unterrichtsgespräch mehrfach gesagt, dass ein Kochrezept geschrieben werden soll, die Merkmale eines Kochrezepts wurden jedoch noch nicht ausgearbeitet. Vorläufiges Ziel war es, einen ersten Eindruck über das Vorwissen der Lernenden in Bezug auf die Textsorte zu gewinnen (s. Abb. 1 für eine Übersicht).

Insgesamt liegen 13 Schreibprodukte von Lernenden vor, die nach ihren Angaben zur Bildungsbiographie als schulerfahren (mind. sechs Jahre Schulerfahrung) bzw. schulunerfahren unterschieden wurden. Bei der Auswertung der Texte durch drei Rater stand die Teilkompetenz Adressatenorientierung (Becker-Mrotzek et al. 2014) im Vordergrund (Tab. 2). Formalsprachliche Korrektheit wurde nicht bewertet. Zwar können diese ersten Ergebnisse nicht als repräsentativ angesehen werden, insgesamt war es den Lernenden mit wenig

1. Schritt: Anschauungsorientiertes Arbeiten	Ziele
• Backen nach Rezept; hier: Waffeln • Demonstration & Videographie der Handlungsweisen • Methode: Beobachten als Vorstufe für Sprachproduktion	• Kognitive Aktivierung • Lebensweltbezug • (vor-)fachliche authentische Kommunikation • „Handeln ohne Sprache"
2. Schritt: Versprachlichung der Handlungsweisen	Ziele
• Vermittlung des Wortschatzes • Besprechung der Vorgehensweise Waffeln backen • Videos zur Hilfestellung	• Wortschatzvermittlung • Handeln Schritt für Schritt mündlich versprachlichen
3. Schritt: Erste Verschriftlichung über Benennen und Beschreiben	Ziele
• Niederschrift der Vorgehensweise • Hilfestellung über Videos, Bilderreihen & Wort-Bild-Zuordnung	• Zutaten schriftlich benennen und die Handlungsschritte verschriftlichen
4. Schritt: Auseinandersetzung mit der Textsorte	Ziele
• Zweck des Rezeptes • Merkmale des Rezeptes • Funktional bedingte sprachliche Formen • Macro-Scaffolding	• Schreiben als intentionale authentische Handlung • Gerüst für die sprachlichen Handlungen bauen
5. Schritt: Schriftsprachliches Handeln	Ziele
• Vorbereitung der Schreibproduktion • Schreibproduktion • Auswertung	• Wortschatzerweiterung • Anwendung/Umsetzung

Abb. 1: Schematische Darstellung des Unterrichtskonzepts.

Tab. 2: Etablieren von Adressatenorientierung im Text (nach Becker-Mrotzek et al. 2014: 34).

Adressatenorientierung	schulunerfahrene L2-Lerner (n = 3)	schulerfahrene L2-Lerner (n = 10)
Vollständigkeit der dargebotenen Informationen	–	3
Erkennbarer Startpunkt/Schlusspunkt	–	8
Angemessenheit der verwendeten sprachlichen Ausdrücke für die zentralen Handlungsschritte (z. B. Adverbien der Zeitdeixis, (Fach-)Wortschatz)	–	7
Einschätzung, ob der Leser Weltwissen ergänzen muss, um den Text zu verstehen	3	9

Schulerfahrung aber nicht möglich, ohne Vorbereitung und Unterstützung alle Einzelschritte nachvollziehbar schriftlich zu beschreiben. Auch die Aufzählung der benötigten Zutaten ist, wie zwei Beispiele von schulunerfahrenen Jugendlichen zeigen, nicht vollständig (Abb. 2 und 3).

Weder das erste noch das zweite Rezept gehen über die (unvollständige) Aufzählung der Zutaten für die Oliven-Waffeln hinaus; mit dem Unterschied, dass der erste Text einige Handlungsschritte mit Hilfe von Infinitiven zu beschreiben versucht. Dieser bricht aber – wie auch der zweite Text – beim Ein-

Lerner IB, 16 J., L1 Urdu

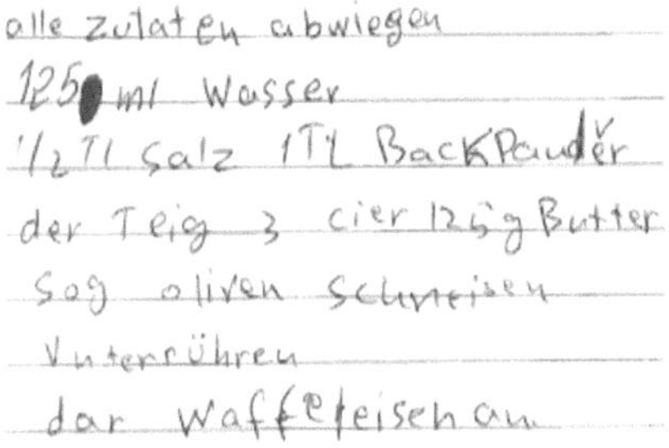

alle Zutaten abwiegen
125 ml Wasser
1/2 Tl Salz 1 Tl Backpulver
der Teig 3 eier 125g Butter
50g oliven schneißen
Vnterrühren
dar Waffeleisen an

Abb. 2: Rezept 1 Oliven-Waffel.

Lerner WA, 16. J., L1 Dari

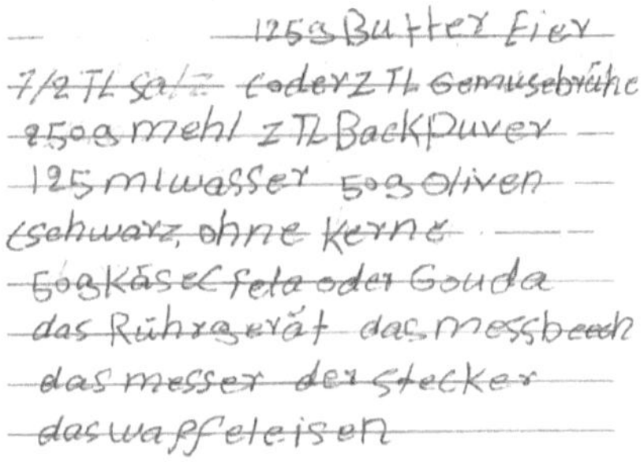

125g Butter 2 eier
1/2 Tl Salz coderz Tl Gemüsebrühe
250g mehl 2 Tl Backpuver
125 ml wasser 50g oliven
(schwarz, ohne kerne
50g käse feta oder Gouda
das Rührgerät das messbech
das messer der stecker
das waffeleisen

Abb. 3: Rezept 2 Oliven-Waffel.

schalten des Waffeleisens ab. Der zweite Text vom Lernenden WA umfasst die Aufzählung der Zutaten und Geräte ohne Hinweis auf die Handlungsschritte, die in einer bestimmten Reihenfolge ausgeführt werden sollen.

Den schulerfahrenen Lernenden (n = 10) gelingt es besser, den Start- und Schlusspunkt zu markieren. Darüber hinaus sind die Informationen, wie sie den Leser durch die Vorgänge führen, vollständiger. Bei fast allen Lernenden muss der Leser jedoch auf das eigene Weltwissen zurückgreifen, um die einzelnen Handlungsschritte zu rekonstruieren. Es zeigt sich eine Varianz bei der Verknüpfung der einzelnen Handlungsschritte (zuerst, dann, danach, am Ende). Eine Varianz ist auch im Hinblick auf Person und Numerus festzustellen: Infinitiv, 2. Ps. Sg. oder 1 Ps. Pl. Der Startpunkt für das Kochrezept wurde durch schulerfahrene Lernenden unterschiedlich gestaltet und mit temporalen Adverbien markiert, aber auch durch persönliche Ansprache formuliert: „Hallo! Ich bin AM und ich bin Koch." Überschriften (Oliven-Waffeln) wurden bis auf eine Ausnahme nicht berücksichtigt.

In der nachfolgenden Unterrichtsstunde wurden die Ergebnisse der Schreibproduktion zunächst in Gruppen und dann im Plenum besprochen. Für alle Lernenden war die Textsorte Rezept bereits aus ihrer Erstsprache bekannt, es wurde jedoch darauf hingewiesen, dass bei ihnen zu Hause häufig nicht nach einem (schriftlichen) Rezept gekocht bzw. gebacken wird.

Im nächsten Schritt sollte die Frage beantwortet werden, wann und mit welchem Zweck Rezepte schriftlich fixiert werden. Hierzu wurde induktiv vorgegangen, indem mehrmals versucht wurde, anhand bereits verfasster Rezepte Oliven-Waffeln zu backen. So wurde für die Schülerinnen und Schüler durch eigenes Handeln erfahrbar, dass fehlende Informationen, etwa bezüglich der Zutaten (Materialien) und Handlungsschritte (Durchführung) ein Nachfragen erfordert, d. h. in der Folge, dass Präzision bei der Abfassung von Rezepten erforderlich ist. Anschließend konnten die Merkmale des Rezepts erarbeitet werden.

Ein Ziel dabei war, dass die Schülerinnen und Schüler die Perspektivübernahme und Adressatenorientierung berücksichtigen können, indem das Schreiben als intentionale authentische Sprachhandlung erfahren wird.

Im Verlauf der nächsten Unterrichtsstunden in der Reihe *Ernährung* wurde die Textsorte Rezept immer wieder thematisiert. Es ging zum einen darum, die Merkmale der Textsorte über präzises Benennen und genaues Beschreiben der einzelnen Handlungsschritte in chronologischer Reihenfolge zu erfassen. Zum anderen standen die sprachlichen Formen im Fokus, die funktional durch den Zweck der Textsorte Rezept bedingt sind (vgl. Matrix in der Tab. 3). Über den Vergleich verschiedener Rezepte konnten die sprachlichen Besonderheiten herausgearbeitet werden. Als Schwerpunkt der sprachlichen Förderung wurden Adverbien bzw. sprachliche Mittel der Zeitdeixis für Übungszwecke und die Umstellung des Subjekts (Inversion) festgelegt. Darüber hinaus wurden Partikelverben sowie Satzklammer thematisiert, die bereits schon in der vorangegangenen Unterrichtsreihe intensiv behandelt wurden.

Tab. 3: Matrix zu sprachlichen Handlungen und sprachlichen Mitteln (in Anlehnung an Beese & Roll 2015: 60 ff.).

Rezeptteil	sprachlich-kognitive Handlung	sprachliche Mittel
Zutaten	Benennen – von Zutaten und Geräten	(Fach-)Nomen (Lebensmittel wie *Butter*, *Eier*, *Backpulver*; Mengenangaben wie *1 TL*, *50 g*; Geräte wie *Waffeleisen*, *Rührschüssel*) Aufzählung der Zutaten Konjugation der Verben Matrix: *Man braucht/benötigt ...* *Du brauchst/benötigst ...* *Wir brauchen/benötigen ...*
Handlungsschritte	Beschreiben – von einzelnen Schritten/Handlungen, korrekte Reihenfolge	Temporale Ausdrücke (*zuerst*, *danach*, *dann*, *anschließend*) (Fach-)Verben wie *backen*, *abwiegen*, *hinzufügen* Satzklammer, Inversion, Konjugation der Verben Matrix: *Zuerst wiegst ... ab.* *Danach rührst/ gibst du ... hinzu.*

Nach der Auseinandersetzung mit unterschiedlichen Rezepten – darunter auch mit typischen Rezepten aus den Heimatländern der Schülerinnen und Schüler – bestand die Aufgabe der Lernenden erneut darin, ein Rezept zu verfassen. Das

Schreiben wurde im Sinne von Macro-Scaffolding (Gibbons 2002, Kniffka 2012) in den vorangegangenen Stunden vorbereitet. Die Lernenden waren zunächst aufgefordert, ihre Ideen und Begriffe zum Rezept in Form einer Mindmap festzuhalten. Mit Hilfe temporaler Adverbien konnte vor der eigentlichen Schreibproduktion die chronologische Anordnung der einzelnen Handlungsschritte festgelegt werden, z. B. über richtige zeitliche Anordnung der Adverbien und der dazugehörigen Bilder. In einem letzten Schritt sollte eine zusammenhängende, für den Leser nachvollziehbare Darstellung der einzelnen Handlungsschritte erfolgen, das Rezept, wie man Sand-Waffeln backt. Die benötigten Zutaten waren dabei im Vorfeld gemeinsam erarbeitet worden.

8 Ergebnisse

Von 13 Lernenden, die das erste Rezept zu Beginn der Förderung verfasst hatten, haben neun Lernende am Ende der Förderphase ein Rezept geschrieben. Die Analyse der Schreibprodukte der Schülerinnen und Schüler ermöglicht erste Schlüsse auf die Entwicklung der produktiven Sprachkompetenzen.

Bei der Auswertung der Textqualität sollen zwei Aspekte getrennt voneinander berücksichtigt werden: Zum einen handelt es sich hierbei um formale Sprachrichtigkeit, zum anderen um die inhaltliche Aufgabenbewältigung. Beim Letzteren steht der Aufbau der Textsortenkompetenz im Vordergrund. Für die Textsortenkompetenz, die durch die Diskursfunktionen Benennen und Beschreiben geprägt ist, wurden folgende Auswertungskriterien eingeführt: (Fach-)Wortschatz, richtige Reihenfolge der einzelnen Handlungsschritte, Hinzufügen erfundener Schritte, konsequentes Einhalten der Perspektive (Person und Numerus) und Objektivität/Sachlichkeit (zu Bewertungskriterien vgl. Becker-Mrotzek & Böttcher 2006, Haberzettl 2014). Darüber hinaus wurde die Etablierung der Adressatenorientierung bewertet (Becker-Mrotzek et al. 2014; Tab. 4). Für die Sprachrichtigkeit standen nur die korrekte Realisierung der sprachlichen Strukturen im Fokus der Auswertung, die in den Unterrichtsstunden der Reihe *Ernährung – Rezepte* gefördert und geübt worden sind, nämlich Satzklammer mit Partikelverben sowie Umstellung des Subjekts in den Sätzen mit Temporaladverbien im Vorfeld.

Die Ergebnisse der Analyse legen nahe, dass es allen Schülerinnen und Schülern gelingt, die zuvor zusammengestellten für das Rezept benötigten Zutaten in der korrekten Reihenfolge in den Text einzuführen. Im Vergleich zu der ersten Erhebung sind die Texte dadurch gekennzeichnet, dass der für das Rezept relevante Fachwortschatz gebraucht wird (das Waffeleisen, der Teig, einpinseln etc.). Alle Lernenden stellen eine nachvollziehbare Reihenfolge der einzelnen

Tab. 4: Etablieren von Adressatenorientierung im Text (nach Becker-Mrotzek et al. 2014: 34) und Merkmale der Textsortenkompetenz.

	schulunerfahrene L2-Lerner (n = 2)	schulerfahrene L2-Lerner (n = 7)
Adressatenorientierung		
Vollständigkeit der dargebotenen Informationen	–	4
Erkennbarer Startpunkt/Schlusspunkt	–	6
Angemessenheit der verwendeten sprachlichen Ausdrücke für die zentralen Handlungsschritte (Adverbien der Zeitdeixis, (Fach-)Wortschatz)	–	7
Einschätzung, ob der Leser Weltwissen ergänzen muss, um den Text zu verstehen	2	3
Textsortenkompetenz		
Korrekte Reihenfolge der Handlungsschritte	2	6
Hinzufügen erfundener Schritte	–	–
Einhalten der Perspektive	–	2
Objektivität/Sachlichkeit	2	7

Handlungsschritte dar, wobei bei der Gruppe der schulerfahrenen Lernenden die Adverbien der Zeitdeixis den Texten eine Struktur geben und die temporale Abfolge bestimmen. Wenngleich die Reihenfolge der eingeführten Handlungsschritte überwiegend korrekt ist, gelingt es doch nicht allen Lernenden, alle notwendigen Handlungen zu beschreiben. Hinzu kommt, dass einige Handlungsschritte für den Leser nicht präzise genug beschrieben wurden. So fehlen beispielsweise in fast allen Texten Angaben zur Backzeit. Alle Texte sind objektiv und sachbezogen verfasst, es gibt keine Hinweise auf das Hinzufügen zusätzlicher Schritte. Das konsequente Einhalten der zu Beginn des Textes gewählten Perspektive (2. Ps. Sg., 1. Ps. Pl. oder 3. Ps. Sg., unpersönliches *man*) stellt für die Schreibenden nach wie vor eine Herausforderung dar und wurde nur von wenigen, den schulerfahrenen, Schreibenden umgesetzt. Zu überprüfen gilt, ob das Einhalten der Perspektive bei Lernenden mit geringen Sprachkenntnissen eine besondere Herausforderung auf der sprachlichen Ebene darstellt.

Wendet man sich den sprachlichen Aspekten der Textqualität zu, kann man zunächst den differenzierten präzisen Wortschatz hervorheben. In Bezug auf die Sprachrichtigkeit wurden nur die Satzklammer sowie korrekt realisierte Inversion bei der Auswertung berücksichtigt. Hier hatten die meisten Lernenden Schwierigkeiten bei der zielsprachenkonformen Umsetzung.

Lerner PA, 15 J., L1 Dari

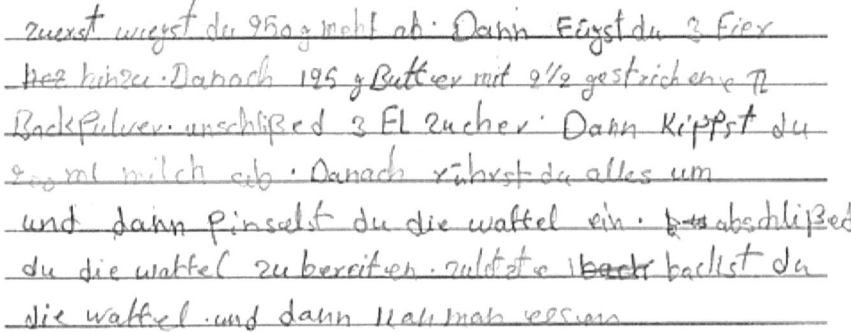

Abb. 4: Rezept Sand-Waffel.

Zusammenfassend lässt sich festhalten, dass die Lernenden nach der Förderphase qualitativ deutlich bessere Texte schrieben. Dies gilt sowohl mit Bezug auf die Textsortenkompetenz als auch für die Sprachrichtigkeit. Wenn auch beim Aufbau der Textsortenkompetenz wesentlich mehr Merkmale durch Schreibende berücksichtigt sind, lässt sich das für die Sprachrichtigkeit nicht behaupten und kann möglicherweise auf die Komplexität der Aufgabe und doppelte Herausforderung zurückgeführt werden (cognitive overload, vgl. Riehl 2014: 135 f.): Die Lernenden mit geringen Sprachkenntnissen (können) sich nur auf einen Aspekt, den Textaufbau, konzentrieren. Hier kann die kognitive Entlastung bezüglich grammatischer Kenntnisse über *chunks* gewährleistet werden.[5]

Exemplarisch können an einem eher gelungenen Text vom Lerner PA, 15 J., L1 Dari, schulerfahren (Abb. 4) einige zuvor besprochenen Aspekte genauer aufgezeigt werden.

Alle Handlungsschritte werden korrekt und in der richtigen Reihenfolge wiedergegeben, es gibt einen erkennbaren Start- und Schlusspunkt, die sprachlichen Ausdrücke sind angemessen, die Perspektive wird eingehalten und der Text ist sachlich und objektiv. Die dargebotenen Informationen sind nicht vollständig: Der Lernende führt in seinem Text das Waffeleisen nicht ein, es fehlen Informationen zur Backzeit. Darüber hinaus ist anzumerken, dass nicht die Waffel, sondern das Waffeleisen eingepinselt wird. Von sieben Satzklammern

---

[5] Aus der Schreibentwicklungsforschung in der Erstsprache ist beispielsweise bekannt, dass bei Sprachanfängern das Aufschreiben so viel Aufmerksamkeit erfordert, dass diese für den Auf- und Ausbau der Geschichte fehlt. Folglich sind ihre schriftlichen Erzählungen kürzer und weniger strukturiert als man es vom Stand der mündlichen Sprachentwicklung annimmt (Becker-Mrotzek & Böttcher 2018: 57).

und acht Inversionen sind sechs bzw. sieben zielsprachenkonform realisiert. Insgesamt ist der Schreibende in der Lage zur Perspektivenübernahme und verfasst einen größtenteils kohärenten und nachvollziehbaren Text, der die wichtigsten Merkmale eines Kochrezeptes aufweist.

9 Diskussion

Wie die Ausführungen deutlich machen, ist eine erste Anbahnung von Fachlichkeit vor allem über (Fach-)Wortschatz und über Textmuster mit Hilfe von Scaffolding bereits in der Vorbereitungsklasse mit Lernenden mit geringen Sprachkenntnissen möglich. Allerdings zeigen die Auswertungen der Texte, dass die Schülerinnen und Schüler mehrfach kognitiv herausgefordert sind und sprachlich zum Teil keine überzeugenden Ergebnisse liefern können. Dies kann mit einem *cognitive overload* durch die komplexe Aufgabe erklärt werden: Vor allem bei den Schreibenden mit wenig Schreiberfahrungen in der Erstsprache sind die meisten Bereiche, die für den Schreibprozess relevant sind, nicht automatisiert. So entstehen Texte, die weder in Bezug auf die Adressatenorientierung noch auf Textsortenkompetenz den Anforderungen entsprechen. Hinzu kommt die sprachliche Korrektheit als zusätzliche Herausforderung. Für die erfahrenen Schreibenden ist vor allem die zielsprachenkonforme Umsetzung, aber auch das Einhalten der Perspektive, das wiederum an sprachlichen Mitteln festgemacht wird, schwierig.

In diesem Zusammenhang stellt sich die Frage, wie viel Fachlichkeit der Unterricht in der VKL vertragen kann. Durch die Themen, die sich durch Alltagsrelevanz auszeichnen, bei denen der Bezug zur Lebenswelt der Schülerinnen und Schüler mühelos hergestellt werden kann, ist es – auch im Sinne der späteren Integration in den Fachunterricht – möglich und sinnvoll, über das Lernen über Chunks hinaus neue sprachliche Strukturen in fachlichen Zusammenhängen einzuführen und zu üben, vorausgesetzt, dass eine Anpassung an den Sprachstand der Lernenden vorgenommen wurde und differenzierte Förderangebote zur Verfügung gestellt werden.

Die Ergebnisse zeigen aber auch, dass es über textsortenspezifische Sprachmuster gelingen kann, die Protokollelemente Versuchsaufbau und -durchführung anzubahnen. Diesen ersten Befunden sollte in einer Interventionsstudie mit Kontrollgruppen nachgegangen werden. Des Weiteren wird es von Interesse sein, inwieweit die erlernten sprachlichen Strukturen auf fachspezifische Versuche übertragen werden können. Dies könnte durch die Behandlung der notwendigen sprachlichen Strukturen und fachlichen Inhalten in weiteren Unterrichtsreihen ermöglicht werden, indem über Scaffolding sukzessiv der Aufbau von themenspezifischem sprachlichem und fachlichem Wissen verfolgt und im Sinne eines spiralcurricularen Zuganges wiederholt werden kann. Dieses Vorgehen würde Möglichkeiten eröffnen, die Textsorte immer wieder in unterschiedlichen Kontexten aufzugreifen und die Sprachkomplexität zu erhöhen.

Literatur

Bayrak, Cana (2017): Experiment und Protokoll im naturwissenschaftlichen Unterricht. In Hoffmann, Ludger; Kameyama, Shinichi; Riedel, Monika; Şahiner, Pembe & Wulff, Nadja (Hrsg.): *Deutsch als Zweitsprache. Ein Handbuch für die Lehrerausbildung*. Berlin: Erich Schmidt, 412–427.

Becker-Mrotzek, Michael & Böttcher, Ingrid (2006): *Schreibkompetenz entwickeln und beurteilen*. Berlin: Cornelsen.

Becker-Mrotzek, Michael & Böttcher, Ingrid (2018): *Schreibkompetenz entwickeln und beurteilen*. Berlin: Cornelsen.

Becker-Mrotzek, Michael; Hentschel, Britta; Hippmann, Kathrin & Linnemann, Markus (2012): *Sprachförderung in deutschen Schulen die Sicht der Lehrerinnen und Lehrer*. Mercator-Institut für Sprachförderung und Deutsch als Zweitsprache. http://www.mercator-institut-sprachfoerderung.de/publikationen/ (11.12.2017).

Becker-Mrotzek, Michael; Schramm, Karen; Thürmann, Eike & Vollmer, Helmut J. (Hrsg.) (2013): *Sprache im Fach. Sprachlichkeit und fachliches Lernen*. Münster u. a.: Waxmann.

Becker-Mrotzek, Michael; Grabowski, Joachim; Jost, Jörg; Knopp, Matthias & Linnemann, Markus (2014). Adressatenorientierung und Kohärenzerstellung im Text. Zum Zusammenhang kognitiver und sprachlich realisierter Teilkomponenten von Schreibkompetenz. *Didaktik Deutsch* 37: 21–43.

Beese, Melanie & Roll, Heike (2013): Versuchsprotokolle schreiben zur Förderung literaler Routinen bei mehrsprachigen SuS in der Sekundarstufe I. In Decker-Ernst, Yvonne & Oomen-Welke, Ingeborg (Hrsg.): *Deutsch als Zweitsprache. Beiträge zur durchgängigen Sprachbildung*. Stuttgart: Klett Fillibach, 213–230.

Beese, Melanie & Roll, Heike (2015): Textsorten im Fach zur Förderung von Literalität im Sachfach in Schule und Lehrerbildung. In Benholz, Claudia; Frank, Magnus & Gürsoy, Erkan (Hrsg.): *Deutsch als Zweitsprache in allen Fächern. Konzepte für Lehrerbildung und Unterricht*. Stuttgart: Klett Fillibach, 51–72.

Birnbaum, Theresa; Erichsen, Göntje; Fuchs, Isabel & Ahrenholz, Bernt (2018): Fachliches Lernen in Vorbereitungsklassen. In von Dewitz, Nora; Terhart, Henrike & Massumi, Mona (Hrsg.): *Neuzuwanderung und Bildung: Eine interdisziplinäre Perspektive auf Übergänge in das deutsche Bildungssystem*. Weinheim: Beltz Juventa, 231–250.

Blumberg, Eva & Niederhaus, Constanze (2017): Naturwissenschaftlicher Sachunterricht in der internationalen Vorbereitungsklasse. Sprachliches und fachliches Lernen geflüchteter Kinder fördern. Ein Lehr-Lernprojekt zur sprachsensiblen Entwicklung und Erprobung naturwissenschaftlich-technischen Sachunterrichts in der universitären Ausbildung zukünftiger Sachunterrrichtslehrkräfte. In Middeke, Annegret; Eichstaedt, Annett; Jung, Matthias & Kniffka, Gabriele (Hrsg.): *Wie schaffen wir das? Beiträge zur sprachlichen Integration geflüchteter Menschen*. Göttingen: Universitätsverlag Göttingen, 51–72.

Bryant, Doreen & Abdukerimov, Susann (2017): Deutsch im Kontext von Mehrsprachigkeit. Curriculum. In Ministerium für Kultus, Jugend und Sport Baden-Württemberg (Hrsg.): *Orientierungsrahmen für Vorbereitungsklassen in Baden-Württemberg*. Stuttgart.

Decker-Ernst, Yvonne (2017): *Deutsch als Zweitsprache in Vorbereitungsklassen. Eine Bestandsaufnahme in Baden-Württemberg*. Baltmannsweiler: Schneider Verlag Hohengehren.

Feilke, Helmuth (2012): Bildungssprachliche Kompetenzen – fördern und entwickeln. *Praxis Deutsch* 233: 5–13.

Gibbons, Pauline (2002): *Scaffolding Language, Scaffolding Learning. Teaching Second Language Learners in the Mainstream Classroom*. Portsmouth, NH: Heinemann.

Grießhaber, Wilhelm (2010): Schreiben in der Zweitsprache Deutsch. In Ahrenholz, Bernt & Oomen-Welke, Ingelore (Hrsg.): *Deutsch als Zweitsprache*. Baltmannsweiler: Schneider Verlag Hohengehren, 228–238.

Haberzettl, Stefanie (2014): Schreibkompetenz bei Kindern mit DaZ und DaM. In Klages, Hana & GPagonis, Giulio (Hrsg.): *Linguistisch fundierte Sprachförderung und Sprachdidaktik. Grundlagen, Konzepte, Desiderate*. Berlin: de Gruyter, 47–70.

Jeuk, Stefan (2018): *Deutsch als Zweitsprache in der Schule. Grundlagen – Diagnose – Förderung*. Stuttgart: Kohlhammer.

Kameyama, Shinichi (2017): Sprachentwicklung im Schulalter. In Hoffmann, Ludger; Kameyama, Shinichi; Riedel, Monika; Şahiner, Pembe & Wulff, Nadja (Hrsg.): *Deutsch als Zweitsprache. Ein Handbuch für die Lehrerausbildung*. Berlin: Erich Schmidt, 268–296.

Kniffka, Gabriele (2012): Scaffolding – Möglichkeiten, im Fachunterricht sprachliche Kompetenzen zu vermitteln. In Michalak, Magdalena & Kuchenreuther, Michaela (Hrsg.): *Grundlagen der Sprachdidaktik Deutsch als Zweitsprache*. Baltmannsweiler: Scheider Verlag Hohengehren, 208–225.

Kniffka, Gabriele & Roelcke, Thorsten (2016): *Fachsprachenvermittlung im Unterricht*. Paderborn: Schöningh.

Köhler, Karlheinz & Meisert, Anke (2012): Welche Erkenntnismethoden sind für den Biologieunterricht relevant? In Spörhase, Ulrike (Hrsg.): *Biologie-Didaktik: Praxishandbuch für die Sekundarstufe I und II* (6. Aufl.). Berlin: Cornelsen, 130–151.

Massumi, Mona; von Dewitz, Nora; Grießbach, Johanna; Terhart, Henrike; Wagner, Katarina; Hippmann, Kathrin & Altinay, Lale (2015): *Neu zugewanderte Kinder und Jugendliche im deutschen Schulsystem. Bestandsaufnahme und Empfehlungen*. Köln: Mercator-Institut für Sprachförderung und Deutsch als Zweitsprache; Zentrum für LehrerInnenbildung.

Michalak, Magdalena; Lemke, Valerie & Goeke, Marius (2015): *Sprache im Fachunterricht*. Tübingen: Narr.

Nessler, Stefan & Wulff, Nadja (2017): Sprachförderung trifft Naturwissenschaften. Verknüpfung von sprachlichem Lernen und naturwissenschaftlichem Arbeiten in Vorbereitungs- und VABO-Klassen. In Di Venanzio, Laura; Lammers, Ina & Roll, Heike (Hrsg.): *DaZu und DaFür – Neue Perspektiven für das Fach Deutsch als Zweit- und Fremdsprache zwischen Flüchtlingsintegration und weltweitem Bedarf*. Göttingen: Universitätsverlag Göttingen, 277–298.

Ossner, Jakob (2014): Schriftliches Beschreiben. In Feilke, Helmuth & Pohl, Thorsten (Hrsg.): *Schriftlicher Sprachgebrauch. Texte verfassen*. Baltmannsweiler: Schneider Verlag Hohengehren, 252–269.

Retzlaff-Fürst, Carolin (2013): Protokollieren, Zeichnen, Mathematisieren. In Gropengießer, Harald; Harms, Ute; Kattmann, Ulrich & Bühs, Roland (Hrsg.): *Fachdidaktik Biologie*. Köln: Aulis Verlag, 312–324.

Riehl, Claudia M. (2014): *Mehrsprachigkeit. Eine Einführung.* Darmstadt: Wissenschaftliche Buchgesellschaft.
Schindler, Kirsten & Siebert-Ott, Gesa (2015): Schreiben in der Zweitsprache Deutsch. In Feilke, Helmuth & Pohl, Thorsten (Hrsg.): *Schriftlicher Sprachgebrauch. Texte verfassen.* Baltmannsweiler: Schneider Verlag Hohengehren, 195–215.
Schmölzer-Eibinger, Sabine & Thürmann, Eike (2015) (Hrsg.): *Schreiben als Medium des Lernens. Kompetenzentwicklung durch Schreiben im Fachunterricht.* Münster, New York: Waxmann.
Schmölzer-Eibinger, Sabine; Dorner, Magdalena & Helten-Pacher (2013): *Sprachförderung im Fachunterricht in sprachlich heterogenen Klassen.* Stuttgart: Klett Fillibach.
Thürmann, Eike; Pertzel, Eva & Schütte, Anna U. (2015): Der schlafende Riese. Versuch eines Weckrufs zum Schreiben im Fachunterricht. In Schmölzer-Eibinger, Sabine & Thürmann, Eike (Hrsg.): *Schreiben als Medium des Lernens. Kompetenzentwicklung durch Schreiben im Fachunterricht.* Münster, New York: Waxmann, 17–46.
Vollmer, Helmut J. (2009): Diskursfunktionen und fachliche Diskurskompetenz bei bilingualen und monolingualen Geographielernern. In Ditze, Stephan-Alexander & Halbach, Ana (Hrsg.): *Bilingualer Sachfachunterricht (CLIL) im Kontext von Sprache, Kultur und Multiliteralität.* Frankfurt am Main: Lang, 173–193.
Vollmer, Helmut J. & Thürmann, Eike (2010): Zur Sprachlichkeit des Fachlernens. Modellierung eines Referenzrahmens für Deutsch als Zweitsprache. In Ahrenholz, Bernt (Hrsg.): *Fachunterricht und Deutsch als Zweitsprache* (2. Aufl.). Tübingen: Narr, 107–132.

VI Lehrkräftebildung

Lena Decker, Ina Kaplan und Gesa Siebert-Ott
Professionalisierung angehender Lehrkräfte im DSSZ-Modul

Lernarrangements und Begleitforschung im Rahmen des Projektes Ako

1 Einführung: Fachunterricht sprachsensibel gestalten

Sprache ist konstitutiv für das Lehren und Lernen in allen schulischen Fächern. Inhalte werden in jedem Fach anhand von Sprache vermittelt und mittels Sprache erworben. Fachlichkeit und Sprachlichkeit sind daher nicht voneinander zu trennen. Nicht alle Schülerinnen und Schüler sind jedoch ausreichend in der Lage, Sprache als Medium des Lernens zu gebrauchen, wodurch ihnen eine zentrale Voraussetzung für gelingende Bildungsprozesse fehlt (vgl. Becker-Mrotzek & Roth 2017: 7). Dies gilt v. a. für Schülerinnen und Schüler mit Zuwanderungsgeschichte und für jene aus sogenannten ‚bildungsfernen' Schichten (vgl. Becker-Mrotzek, Schramm, Thürmann & Vollmer 2013; Schmölzer-Eibinger, Dorner, Langer & Helten-Pacher 2013; Feilke 2013; Prediger 2013).

Für die Sprache des Lehrens und Lernens finden sich in der internationalen Diskussion Begriffe wie Language of Schooling oder Academic Language. Im deutschen Sprachraum kommen für diese Sprache Begriffe wie Bildungssprache, Schulsprache und Unterrichtssprache vor. Diese Begriffe werden oft gleichgesetzt (vgl. Becker-Mrotzek, Schramm, Thürmann & Vollmer 2013: 7), gelegentlich werden sie aber auch voneinander abgegrenzt, bspw. von Feilke (2012): Unter Schulsprache versteht er „auf das Lehren bezogene und für den Unterricht *zu didaktischen Zwecken gemachte* Sprach- und Sprachgebrauchsformen" (Feilke 2012: 5), wie die typischen Aufsatzarten, etwa die Erörterung. Die Bildungssprache hingegen schließt nach Feilke (2012: 5) sehr viel allgemeinere Sprachphänomene mit ein, deren typisches Merkmal darin besteht, dass „sie nicht eigens für das Lernen ‚gemacht' sind, aber epistemisch ‚genutzt' werden." Die Bildungssprache ist als eine Sprachkompetenz zu verstehen, die auf ‚Texthandlungen' – wie z. B. dem Diskutieren – beruht.

Problematisch ist, dass bildungssprachliche Kompetenzen häufig nicht systematisch vermittelt, sondern in aller Regel von Seiten der Schule vorausgesetzt bzw. als quasi natürliche Begleitung fachlicher Entwicklung angesehen werden und sich somit für die Schülerinnen und Schüler als „geheimes Curriculum"

(Becker-Mrotzek, Schramm, Thürmann & Vollmer 2013: 7) darstellen können. Es besteht demnach eine Notwendigkeit, bildungssprachliche Kompetenzen an Schülerinnen und Schüler zu vermitteln. Doch wie können (angehende) Lehrerinnen und Lehrer aller Fächer auf die Vermittlung und Förderung fachspezifischer sprachlicher Kompetenzen im Zusammenhang mit dem inhaltlichen Lernen systematisch vorbereitet werden? Dieser Frage widmet sich das Projekt *Deutsch als zweite Sprache in der Lehrerbildung: Aufgaben entwickeln, Kompetenzen bewerten und beurteilen, Perspektiven für das weitere Lernen entwickeln (Ako)*, welches in Kapitel 2 vorgestellt wird. In diesem Projekt wurden zwei Lernarrangements entwickelt, welche sprach- und fachintegriertes Lernen ermöglichen sollen: Es handelt sich zum einen um das Lernarrangement ‚Märchen', das für den Einsatz im *Deutschunterricht* der Grundschule und der Orientierungsphase (Klassen 5 und 6) erarbeitet wurde, und zum anderen um das gezielt für den *Mathematikunterricht* konzipierte Lernarrangement ‚Mathebrief' (vgl. Bayrak, Decker, Kaplan & Wahbe 2017: 41 f.; Roos 2013; Peffer i. V.). Auf beide Lernarrangements wird in Kapitel 3 genauer eingegangen, der Fokus wird dabei auf das Lernarrangement ‚Märchen' gelegt.

In Kapitel 4 werden dann ausgewählte Ergebnisse der Begleitforschung zum Lernarrangement ‚Märchen' dargestellt. Die leitende Forschungsfrage der empirischen Begleitstudien betraf die Einstellung der Lehramtsstudierenden zum Lernarrangement ‚Märchen':[1] Wie bewerten die Lehramtsstudierenden die Arbeit im Seminar mit dem Lernarrangement, die einzelnen Lernaufgaben sowie die anwendungsorientierte Analyse und Beurteilung des Schülertextes? Das Ziel der Studie bestand darin, zu erheben, ob und inwiefern die Studierenden die Arbeit mit dem Lernarrangement als positiv und hilfreich wahrnehmen.

2 Das Projekt Ako

Das Projekt *Deutsch als Zweitsprache in der Lehrerbildung: Aufgaben entwickeln, Kompetenzen bewerten und beurteilen, Perspektiven für das weitere Lernen entwickeln (Ako)*[2] gehört zu den 15 vom Mercator-Institut für Sprachförderung und Deutsch als Zweitsprache bundesweit an 26 Hochschulen geförderten Forschungs-

---

[1] Der Begriff Einstellung wird hier nach Eagly & Chaiken (1998) definiert als „eine psychische Tendenz, die dadurch zum Ausdruck kommt, dass man ein bestimmtes Objekt mit einem gewissen Grad von Zuneigung oder Abneigung bewertet" (Eagly & Chaiken 1998: 269, zit. nach Bohner 2003: 267).
[2] http:///www.uni-siegen.de/phil/ako/

und Entwicklungsprojekten.[3] Inhaltlich und methodisch knüpft es an das BMBF-geförderte Projekt *Akademische Textkompetenzen bei Studienanfängern und fortgeschrittenen Studierenden des Lehramtes unter besonderer Berücksichtigung ihrer Startvoraussetzungen (AkaTex)*[4] an. Es handelt sich bei Ako um ein Lehr-/Lernforschungsprojekt, in dem – wie bereits dargelegt – Lernarrangements für die Fächer Deutsch und Mathematik entwickelt wurden, die Studierende darauf vorbereiten sollen, Schülerinnen und Schüler – insbesondere solche mit Zuwanderungsgeschichte mit bildungssprachlichem Förderbedarf – sprachlich zu fördern und dabei sprachliches und fachliches Lernen zu verbinden. Im Mittelpunkt steht dabei u. a. die fördernde Beurteilung von Schülertexten mit Hilfe von Lehrerkommentaren und Kriterienkatalogen (vgl. auch Siebert-Ott et al. 2015; Decker, Gersdorf & Kaplan 2016).

Verankert sind die Lernarrangements in den Seminaren für das Lehramt Grundschule[5] des Moduls *Deutsch für Schülerinnen und Schüler mit Zuwanderungsgeschichte (DSSZ)*. Dieses Modul ist für alle Lehramtsstudierenden in den BA/MA-Lehramtsstudiengängen in NRW verpflichtend im Umfang von mindestens 6 LP zu studieren. An der Universität Siegen besteht das Modul, welches erstmalig im Sommersemester 2013 angeboten wurde, aus einer Vorlesung *Deutsch als zweite Sprache und gesellschaftliche Mehrsprachigkeit* (2 SWS) und Seminaren zum Thema *Sprachsensibler Unterricht in allen Fächern* mit schulstufenbezogener Ausprägung (2 SWS). Es ist im Studienverlaufsplan für das 5. und 6. Fachsemester – d. h. vor dem Praxissemester – vorgesehen,[6] kann aber im ‚fast track' auch im 4. und 5. Fachsemester besucht werden. Fachlich und organisatorisch ist das Modul der Siegener Germanistik zugeordnet.[7]

Im Fokus des Moduls stehen – wie der Name bereits verdeutlicht – Schülerinnen und Schüler mit Zuwanderungsgeschichte, die in Deutschland aufwachsen, in einer deutschen und/oder nichtdeutschen Familien- und Umgebungssprache sozialisiert werden und eine Regelschule besuchen. Der zentrale Gegenstand des Moduls ist der in den Fachdidaktiken und Bildungswissenschaften im Forschungsinteresse stehende Zusammenhang von sprachlichem und fachlichem Lernen und die daran geknüpfte Forderung eines sprachsensiblen Unterrichts in allen Fächern.

---

3 Projektlaufzeit: 01.01.2014–31.12.2016, Projektleitung: Prof. Dr. Gesa Siebert-Ott, Kooperationspartnerin: Vertr.-Prof. Dr. Kirsten Schindler (Universität zu Köln).
4 http:///www.uni-siegen.de/phil/akatex/
5 Studierende dieses Lehramtes studieren alle sowohl ‚sprachliche Grundbildung' als auch ‚mathematische Grundbildung'.
6 Inzwischen liegt ein Beschluss vor, das DSSZ-Modul in den Master-Studiengang zu verlegen.
7 Modulbeauftragte ist gegenwärtig Prof. Dr. Gesa Siebert-Ott.

Zu den erwarteten Kompetenzen/Learning Outcomes gehört daher u. a., dass alle Studierenden über ein vertieftes Wissen über Möglichkeiten der Verbindung von sprachlichem und fachlichem Lernen im Fachunterricht verfügen und mit Zielsetzungen, didaktisch-methodischen Prinzipien, Vorgehensweisen und Arbeitsformen eines sprachsensibel gestalteten Fachunterrichts vertraut sind.

Am Ende des Moduls ist von den Studierenden eine Prüfungsleistung zu erbringen. An der Universität Siegen stellt diese ein Portfolio dar, welches aus verschiedenen Aufgabentypen besteht (z. B. die sprachsensible Gestaltung einer Schulbuchaufgabe).

Im Folgenden werden nun die zwei Lernarrangements genauer vorgestellt. Der Fokus liegt dabei auf dem Lernarrangement ‚Märchen'.

3 Die Lernarrangements

Wir beziehen uns auf ein kompetenzorientiertes Verständnis von Lernarrangements und verstehen darunter

> die inhaltliche und/oder systematische An- und Zuordnung von Themen und Aufgaben, Impulsen und Materialien im Unterricht, die auf einen definierten Lernfortschritt ausgerichtet sind. Die sprachlichen Inhalte sind in Rahmenthemen eingebunden, enthalten motivationale (Einstiegs-)Impulse und interessante Lernangebote in Form von Lernaufgaben. Sie orientieren sich an der Lebenswelt der Schülerinnen und Schüler und sind deshalb für das Lernen bedeutsam. In ihrer Anlage ermöglichen sie unterschiedliche Lernerfahrungen und sprechen in verschiedenen Fähigkeitsniveaus unterschiedliche Lernbedürfnisse der Kinder in einer Klasse an. (Qualitäts- und UnterstützungsAgentur 2011)

Die Entwicklung und Reflexion der Lernarrangements sollen die Studierenden auf die Vermittlung und Förderung fachspezifischer sprachlicher Kompetenzen im Zusammenhang mit dem inhaltlichen Lernen systematisch vorbereiten. Zudem sollen die Studierenden durch die Entwicklung und Reflexion der Lernarrangements gezielt und praxisnah mit den fachlichen Anforderungen des Praxissemesters in der Masterphase vertraut gemacht werden (vgl. Siebert-Ott et al. 2015: 9). Es handelt sich konkret um die Anforderungen, lehrplankonforme Aufgaben für eine schriftliche Schülerarbeit zu erstellen, diese zu korrigieren bzw. zu analysieren und fachspezifische Formen der Leistungsfeststellung und Leistungsbeurteilung zu erproben (vgl. Rahmenkonzeption 2010: 19 ff.).

Abbildung 1 verdeutlicht, wie die beiden Lernarrangements in den Seminaren des DSSZ-Moduls eingebettet sind.

Die Studierenden erhalten einerseits Input zu einem der beiden Lernarrangements und setzen sich kritisch mit den einzelnen Lernaufgaben auseinander.

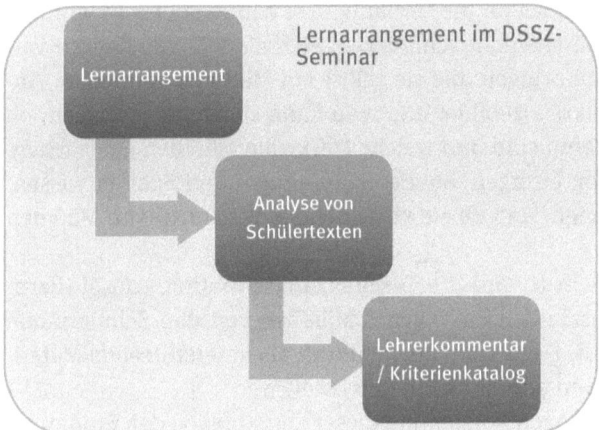

Abb. 1: Das Lernarrangement im DSSZ-Seminar.

Zudem wird ihnen ein authentischer Schülertext passend zur behandelten Textform[8] vorgelegt, der zunächst im Hinblick auf sprachliche und inhaltliche Stärken und Schwächen analysiert und anschließend fördernd beurteilt wird. Nach Decker, Gersdorf & Kaplan (2016) werden aktuell v. a. Kriterienkataloge zur Beurteilung von schriftlichen Schülerleistungen verwendet, doch auch der Lehrerkommentar als ausformulierte Variante der Rückmeldung (vgl. z. B. Jost, Lehnen & Rezat 2011) wird im Seminar thematisiert. Mit dieser Kombination aus praxisnahen Beispielen von Lernaufgaben, Analyse authentischer Schülertexte und strukturierter Entwicklung und Anwendung von Kriterienkatalogen sollen die Förderungs-, Beobachtungs- und Beurteilungskompetenz der Studierenden gefördert und weiterentwickelt werden.

3.1 Das Lernarrangement ‚Märchen'

In dem Rahmenlehrplan NRW für die Grundschule wird davon ausgegangen, dass sich durch den Umgang mit Märchen alle vier Kompetenzbereiche ‚Sprechen und Zuhören', ‚Schreiben', ‚Lesen' und ‚Sprache und Sprachgebrauch untersuchen' fördern lassen (Lehrplan Grundschule NRW 2012). Vorrangig geht es aber darum, die Schreibkompetenzen der Schülerinnen und Schüler zu verbes-

---

8 Wir sprechen im Beitrag nicht von *Textsorte*, sondern geben dem Terminus *Textform* den Vorrang und folgen damit einem Vorschlag von Pohl & Steinhoff (2010), wonach *Textformen* als explizit an Lehr-/Lernprozesse gebundene *Lern-* und *Lernerformen* zu betrachten sind.

sern. Als motivationaler Einstieg für die Lernaufgabe 1 können die Schülerinnen und Schüler die Klasse märchenhaft schmücken, sich als Märchenfiguren verkleiden oder Requisiten mitbringen, die sie selbst mit Märchen verbinden. Anschließend wird ein Stuhlkreis gebildet und man kann zusammengetragen, ob und welche Märchen bekannt sind und welche Merkmale Märchen ausmachen. Auch kann man hier schon erfragen, ob die Schülerinnen und Schüler wissen, woher die Märchen stammen, und ob sie verschiedene Versionen von Märchen kennen.

In einem nächsten Schritt wird die Lernausgangssituation erfasst (Lernaufgabe 2), indem in Einzelarbeit ein eigenes Märchen von den Schülerinnen und Schülern verfasst wird. Dazu kann die Lehrkraft als unterstützende Materialien Würfel, Bilder, Figuren oder Formeln bereitstellen.[9]

In den Seminaren wird nach Vorstellung dieser Lernaufgabe den Studierenden der authentische Schülertext *Die Fliegende Statd* (Kniffka 2006) vorgelegt:

1	Die Fliegende Statd
2	Es war einmal ein Junge. Er lebte in einem dorf, das war sehr arm. Er lebte mit seinem mutter
3	und mit seinem zwei geschwester. Er hatte nur einem er wollte könig sein, aber es war
4	unmöglich. Eines tag laufte in wald, hat er ein geruch [Geräusch, GK] gehört. Er hatte Angst. Er
5	hat weiter gegangen. Er siehte da einem riesigen vogel. Die hat gesagte: „Wie heißt du den?" Er
6	hatte Angst, aber er geantwortete: „Ich heiße Lukas!" „Und wie heißt du?" fragte er die vogel.
7	sagte: „Ich heiße Lala." Wen Lukas mit die Lala spricht er denkt „Ich habe endlich eine freunde!"
8	Aber sie krank. „Was hast du den?" fragte Lukas. Sie antwortete: „Mein zehne tuht we!" „Las mich
9	mal kuken!" sagte Lukas. Sie zeigt und Lukas sagt: „Deine Zehne sind voll schlecht, ich muss es
10	ziehen!" Dan ziehte er Lalas zehne. Erste mal sie weihnte und dann hört sie auf zum weihnen, sie
11	sagte: „Danke, es tut nicht mehr we, ich muss dich belohnen! Ich komme um fünf Uhr morgen!"
12	sagte sie. „Okey!" sagte Lukas. Dan gehte zum haus das alles sagte zum seine mutter. Danach
13	schläfte er. Dan es war morgen fünf uhr. Die vogel kommte und sie hollte Lukas und sie fliegten.
14	Nach eine Stunde sie kommten zum eine Stadt. Aber es fliegte. An diese stadt gebte keinen
15	konig sie wollten ein konig, aber wollte keine könig werden. Aber eine wollte könig und das war
16	Lukas und dan war Lukas der könig. Und war immer glücklich.
17	Ende.

Abb. 2: Schülertext *Die Fliegende Statd* (Kniffka 2006).

Dieser wurde eigenständig von einem elfjährigen Schüler mit Türkisch als Erstsprache verfasst, der nach dem Besuch einer ‚internationalen Förderklasse' (ca. 13 Monate) in eine Regelklasse (Jahrgangsstufe 5) an der gleichen Schule übergewechselt ist. Eine Analyse der Stärken und Schwächen des Textes findet sich

---

9 Materialien zu den Lernaufgaben finden sich im Starterkit zur modularen Förderung des Staatsinstituts für Schulqualität und Bildungsforschung München (http://www.isb-mittelschule.de/userfiles/Modularisierung/Deutsch/Starterkit/Starterkit-Maerchen.pdf).

Dimension	Kriterium	Grad		
		1 :-)	0,5 :-/	0 :-(
Sprache I				
Orthographie	1. Werden die vermittelten Rechtschreibregeln angewendet?			
Morphologie (Wortformen)	2. Sind die Wortformen grammatisch richtig gebildet?			
Satzbau	3. Sind die Sätze grammatikalisch korrekt?			
Sprache II				
Wortwahl	4. Wird ein der Aufgabe angemessenes Wortmaterial verwendet, z.B. Fachwörter?			
Sprachstil	5. Ist der gewählte Sprachstil der Aufgabe angemessen und wird er im Text beibehalten (sachlich, spannend, anschaulich ...)?			
Wagnis	6. Sind Wortwahl und Satzbau dem Thema in besonderer Weise angepasst (wörtliche Rede, Leseranrede ...)?			
Inhalt				
Gesamtidee	7. Lässt der Text eine Gesamtidee erkennen (z.B. passende Überschrift)?			
Umfang	8. Ist der Umfang der Aufgabe angemessen?			
Relevanz	9. Sagt der Text etwas für die Aufgabe bzw. das Thema Relevantes oder Neues aus?			
Aufbau				
Textmuster	10. Wird ein der Aufgabe angemessenes Textmuster verwendet (Erzählung, Beschreibung, Anleitung ...)?			
Textaufbau	11. Ist der Text sinnvoll aufgebaut (Reihenfolge)? Lässt er eine innere/ äußere Gliederung erkennen (Abschnitte)?			
Prozess				
Planen/ Überarbeiten	12. Lässt der Text Planungs- und Überarbeitungsspuren erkennen?			

Dimension	Kriterium	:-D	:-)	:-/	:-(
Sprache I					
Orthographie	Sind alle Wörter richtig geschrieben? Wurden alle Rechtschreibregeln beachtet?				
Morphologie	Wurden die Wortformen richtig gebildet?				
Groß- und Kleinschreibung	Wurden die satzinterne Großschreibung und die Großschreibung am Satzanfang beachtet?				
Vergangenheit	Ist das Märchen in der Vergangenheit verfasst?				
Verbkonjugation	Wurden die Verben richtig gebildet?				
Satzbau	Ist der Satzbau grammatikalisch korrekt?				
Grammatik	Wurde die KNG-Kongruenz beachtet?				
Sprache II					
Wortwahl	Wurden typische Märchenwörter, Adjektive und passende Verben benutzt?				
Wörtliche Rede	Wurde die Wörtliche Rede benutzt und steht sie im Präsens?				
Inhalt					
Gesamtidee	Handelt es sich um ein spannendes und einfallsreiches Märchen? Passt die Überschrift?				
Roter Faden	Ist das Märchen inhaltlich nachvollziehbar?				
Umfang	Ist der Umfang angemessen?				
Aufbau					
Textmuster	Handelt es sich um ein Märchen? Kann man typische Märchenmerkmale erkennen?				
Textaufbau	Hat der Text eine Einleitung, einen Hauptteil und einen Schluss?				
Individualität	Ist der Text gemessen an den individuellen Voraussetzungen angemessen?				

Abb. 3: Weiterentwickelter Kriterienkatalog für die Textform ‚Märchen' (Studierende DSSZ-Seminar) (links) im Vergleich zum Basiskatalog (rechts).

in Kniffka (2006). Die Studierenden analysieren den Text und entwickeln anschließend auf Basis des textformenunspezifischen Basiskatalogs von Böttcher & Becker-Mrotzek (2009) einen eigenen Kriterienkatalog, der zur Bewertung des Schülertextes dienen soll.

Bei dem Beispiel in Abbildung 3 handelt es sich um einen weiterentwickelten Kriterienkatalog, der von einer Studierenden im Rahmen des DSSZ-Seminars erstellt wurde. Um die Weiterentwicklung besser nachvollziehen zu können, wird dieser Kriterienkatalog dem Basiskatalog gegenübergestellt.

Hier wird deutlich, dass einerseits die Merkmale der Textform ‚Märchen' berücksichtigt worden sind (Dimension ‚Wortwahl', ‚Wörtliche Rede', ‚Gesamtidee' etc.) und andererseits einige individuelle Kategorien aufgrund der Entwicklungsphase des Schülers, der das Märchen verfasst hat, miteinbezogen wurden, wie z. B. die ‚Groß- und Kleinschreibung' und die ‚Verbkonjugation'. Diese Dimensionen hat die Studierende explizit mit der Begründung aufgeführt, dass die sprachliche Förderung des Schülers in diesen Bereichen ansetzt, so dass diese auch gezielt in dem Katalog Berücksichtigung finden sollten, um eine möglichst fördernde Beurteilung vornehmen zu können. Der Schüler kann so genau erfahren, ob er sich in diesen Bereichen verbessert hat. Bei der Dimension ‚Individualität' wird – im Sinne einer individuellen Bezugsnorm (vgl. Steinhoff 2010; Rheinberg 2008) – die Frage gestellt, ob der Text gemessen an den individuellen

Voraussetzungen des Schülers angemessen ist. Die Einfügung dieser Dimension zeigt, dass die Studierende erkannt hat, dass Schülerinnen und Schüler, die erst seit einiger Zeit Deutsch als zweite Sprache lernen, andere Voraussetzungen mitbringen als Schülerinnen und Schüler mit deutscher Erstsprache und nicht nach gleichen Kriterien beurteilt werden können (vgl. auch Kniffka & Siebert-Ott 2012).

Bei Lernaufgabe 3 geht es um die genauere Betrachtung der Textform ‚Märchen': Die Schülerinnen und Schüler werden in Gruppen eingeteilt und jede Gruppe erhält ein Märchen, welches unter einem bestimmen Gesichtspunkt betrachtet werden soll, z. B. typische Märchen-Merkmale, Beschreibung von Märchenfiguren oder Schreibtipps (Märchenformeln, Adjektive etc.). Dabei bieten drei verschiedene Aufgabenniveaus Möglichkeiten zur Differenzierung, so dass in der deutschen Sprache weniger fortgeschrittene Schülerinnen und Schüler zum Beispiel durch ausformulierte Arbeitsaufträge und explizite Hinweise auf Hilfen wie Rechtschreibstrategien, Satzanfänge oder bestimmte Verben zusätzlich unterstützt werden können (vgl. Biedermann et al. 2010: 87).

Anschließend werden die Ergebnisse der Gruppen auf Plakaten festgehalten und im Klassenzimmer für alle sichtbar ausgestellt. Die Plakate können von den Gruppen vorgestellt und diskutiert werden, so dass jedes Kind Input erhält.

Eine weitere sprachliche Förderung besteht in spielerischen Anregungen wie ‚Märchen-Memory', ‚Verkehrte Welt' oder ‚Märchenforscher'. Es hat sich als sinnvoll erwiesen, die Sprachfördermethoden mit den Studierenden im Seminar selbst durchzuführen, um die Relevanz der sprachlichen Förderung zu betonen. Bei der eigenen Anwendung werden die Methoden am besten verinnerlicht, so dass die Studierenden eher dazu geneigt sind, diese in ihrem Unterricht zu verwenden und die sprachliche Ebene explizit zu berücksichtigen.

In Lernaufgabe 4 verfassen die Schülerinnen und Schüler schließlich ein Märchen in Einzelarbeit und greifen dazu auf die zuvor erstellten Plakate zurück, welche ihnen bei der Planung und der Formulierung des Märchens helfen. Wichtig ist, dass die Lehrkraft diese Aufgabe entsprechend situiert (z. B. Erstellung eines Märchenbuchs für die Schulbibliothek) (vgl. auch Bachmann & Becker-Mrotzek 2010).

Die letzte Lernaufgabe besteht in der Überarbeitung der Märchen. Hier wird die Methode ‚Schreibkarussell' vorgeschlagen, bei der sich die Schülerinnen und Schüler mit Hilfe von Kontrollbögen gegenseitig Tipps zur Verbesserung ihrer Märchen geben.

Die gerade beschriebenen Lernaufgaben werden im Seminar kritisch reflektiert und die Studierenden haben die Möglichkeit, das Lernarrangement weiterzuentwickeln. So wird eine genaue und reflektierte Auseinandersetzung angeregt, die dazu führen soll, dass die Studierenden die sprachsensible Ausrichtung für ihren eigenen Unterricht übernehmen und für die Wichtigkeit eines sprachsensiblen Unterrichts in sprachlich heterogenen Klassen sensibilisiert werden (Feilke 2012, Becker-Mrotzek & Roth 2017). Ob diese Sensibilisierung der Studierenden nach Abschluss des DSSZ-Moduls stattgefunden hat, wird in einer Interviewstudie im Rahmen der Dissertation ‚*Und einfach diese Vielfalt, die man hat als Chance nutzen ...*' – *Einstellungen von Lehramtsstudierenden zu sprachlicher und kultureller Vielfalt im Klassenzimmer nach Abschluss des DSSZ-Moduls* von Ina Kaplan erhoben.

Im Folgenden soll kurz auf das zweite Lernarrangement eingegangen werden, welches ebenfalls innerhalb der DSSZ-Seminare behandelt wird und ein fächerverbindendes Konzept von Deutsch und Mathematik darstellt.

3.2 Das Lernarrangement ‚Mathebrief'

Mithilfe der Textform ‚Mathebrief' lernen die Schülerinnen und Schüler, Rechenwege, -verfahren und mathematische Zusammenhänge schriftlich und für andere nachvollziehbar zu beschreiben und so mathematische Bewusstheit zu entwickeln (vgl. Schmidt-Thieme 2006).[10] Die Lernaufgaben beziehen hier neben dem Kennenlernen der Textform ‚Mathebrief' eine konkrete mathematische Aufgabe mit ein, die gelöst und innerhalb eines Briefes einem Briefpartner, bspw. einer Parallelklasse, erklärt werden soll.[11] Entsprechend der Vorgehensweise bei der Vorstellung des Lernarrangements ‚Märchen' erhalten die Studierenden auch bei der Besprechung des Lernarrangements ‚Mathebrief' einen authentischen Schülertext zur Analyse und fördernden Beurteilung. Die Entwicklung eines Kriterienkatalogs passend zur Textform ‚Mathebrief' ist hier in besonderem Maße für die Studierenden herausfordernd, da die sprachlichen Kriterien sehr ausschlaggebend erscheinen, obwohl die Beurteilung aus der Perspektive des Mathematikunterrichts erfolgt. Wie entscheidend die Sprache für einen gelungenen Mathebrief ist und inwiefern dies bei der Beurteilung miteinbezogen werden sollte, sind wichtige Fragen, die dabei diskutiert werden und zur Weiterentwicklung der Textbeurteilungskompetenz der Studierenden beitragen können.

---

10 Siehe auch Peffer (2016) und Peffer (i. V.).
11 Genauere Informationen und Materialien zum Mathebrief finden sich unter: http://pikas.dzlm.de/material-pik/herausfordernde-lernangebote/haus-8-unterrichts-material/mathematische-brieffreundschaften/mathematische-brieffreundschaften.html.

4 Begleitforschung

Im Folgenden werden die projektbegleitende Studie, die die Arbeit mit den Lernarrangements in den Seminaren des DSSZ-Moduls an der Universität Siegen evaluieren soll, dargestellt und ausgewählte Ergebnisse beschrieben.

4.1 Forschungsfragen und -design

Das Erkenntnisinteresse der empirischen Begleitstudien betraf die Einstellung der Lehramtsstudierenden zum Lernarrangement ‚Märchen'. Genauer wurde der Frage nachgegangen, wie die Lehramtsstudierenden die Arbeit im Seminar mit dem Lernarrangement, die einzelnen Lernaufgaben sowie die anwendungsorientierte Analyse und Beurteilung des Schülertextes bewerten. Das Ziel der Studie bestand darin, zu erheben, ob und inwiefern die Studierenden die Arbeit mit dem Lernarrangement als positiv und hilfreich wahrnehmen.

Zusätzlich wurde erhoben, wie die Studierenden das DSSZ-Modul insgesamt bewerten und ob und inwiefern sich die Interviewten durch das Modul auf die sprachliche und kulturelle Vielfalt im Klassenzimmer vorbereitet fühlen.

Es wurden problemzentrierte Interviews mit Lehramtsstudierenden (n = 25) geführt, um den skizzierten Forschungsfragen nachzugehen. Alle 25 Interviewten besuchten ein DSSZ-Seminar, in dem das Lernarrangement Märchen vorgestellt und diskutiert wurde. Nach Abschluss des Seminars wurden die Interviews in der anschließenden vorlesungsfreien Zeit geführt, so dass davon ausgegangen werden konnte, dass die behandelten Themen – wie das Lernarrangement – noch präsent waren. Nach den Fachspezifischen Bestimmungen für das DSSZ-Modul an der Universität Siegen ist das DSSZ-Seminar für das 5. oder 6. Fachsemester des Bachelor-Studiums vorgesehen, was der Stichprobe entspricht. Die studierten Schulformen variieren von Grundschule (n = 17), Haupt-/Real-/Gesamtschule (n = 5) bis Gymnasium/Gesamtschule (n = 3), wobei alle Interviewten das Fach Deutsch belegen. Sechs der Studienteilnehmer und -teilnehmerinnen sind mehrsprachig. Die vertretenen Sprachen sind Ungarisch (n = 1), Jugoslawisch (n = 1), Russisch (n = 2) und Türkisch (n = 2). Zu erwähnen ist außerdem, dass die Interviews freiwillig stattgefunden haben und keinen Einfluss auf den Abschluss des Moduls haben konnten, so dass die Studierenden ohne Druck authentische, auch kritische, Antworten geben konnten. Die Durchführung der Interviews wurde von einer vom Seminar unabhängigen Person übernommen.

Die Erhebung der Interviews richtete sich nach der Methode des problemzentrierten Interviews nach Witzel & Reiter (2012). Hierbei liegt ein Leitfaden zugrunde, der offene Fragen beinhaltet, die ein bestimmtes Problem bzw. Thema behandeln. Ganz deutlich ist festzuhalten, dass dabei keine Fragebogenform angestrebt wird. Im Gegenteil ist eine offene Grundhaltung bei der Gesprächsführung unverzichtbar, die dazu führen kann, dass Fragereihenfolge und -formulierungen des Leitfadens abgewandelt werden. Der Interviewer hat hier die Aufgabe, auf die Inhalte, die der Interviewpartner bzw. die Interviewpartnerin selbst anspricht, einzugehen und dabei die Fragen des Leitfadens im Hinterkopf zu behalten und bei passenden Äußerungen einzubringen. Dadurch wird ein natürliches Gespräch ermöglicht und ein Frage-Antwort-Spiel vermieden (vgl. Witzel & Reiter 2012: 32).

Die Auswertung der Interviews ist mithilfe der inhaltlich strukturierenden sowie evaluativen Inhaltsanalyse nach Kuckartz (2016) unter Nutzung des Analyse-Programms *MAXQDA* erfolgt. Das Programm hat den Vorteil, dass man sehr transparent und mit mehreren Forscherinnen und Forschern an der Auswertung arbeiten kann. So konnte vor allem die Intersubjektivität, also der „übereinstimmende Nachvollzug mehrerer Forscher/innen in Bezug auf den *Erkenntnisprozess*" (Kruse 2015: 55, Hervorhebung im Original) als Gütekriterium der Studie gewährleistet werden. Bei der Kategorienbildung wurde sowohl deduktiv als auch induktiv vorgegangen. Kuckartz (2016: 95) spricht hierbei von einer deduktiv-induktiven Kategorienbildung, bei der v. a. bei der Bildung von Hauptkategorien auf den Leitfaden und theoretisches Vorwissen zurückgegriffen wird, so dass die Interviews mittels A-Priori-Kategorien kodiert werden. Anschließend erfolgt das induktive Bestimmen von Subkategorien am Material. Diese Vorgehensweise kann anhand einer Beispiel-Kategorie illustriert werden: Die für die zweite Forschungsfrage relevante Hauptkategorie ‚Bewertung des DSSZ-Moduls' wurde zunächst in die thematischen Kategorien ‚Gesamt-Bewertung', ‚Hilfreiches' und ‚Wünsche' unterteilt, welche deduktive, vorab gebildete Kategorien darstellen. Die Aussagen in den Interviews wurden daraufhin auf diese Kategorien hin kodiert, so dass die Vorarbeit für die induktive Kategorienbildung geleistet wurde. Der folgende Schritt bestand in der Entwicklung der Subkategorien für die einzelnen Hauptkategorien. Zum Beispiel wurden bei der Kategorie ‚Hilfreiches' die folgenden Subkategorien gebildet: ‚Praktische Sprachfördermethoden/-spiele', ‚Lernaufgaben analysieren und gestalten', ‚authentische Schülertexte analysieren', ‚Rückmeldung geben/fördernden Lehrerkommentar verfassen', ‚Sprachstandsdiagnostik', ‚Stolpersteine/Schwierigkeiten der deutschen Sprache', ‚Lehrplananalyse'. Bei der Kategorie ‚authentische Schülertexte analysieren', die am häufigsten als hilfreicher Inhalt des Seminars genannt wurde, entstand zudem die Subkategorie ‚nicht zu schnell verurteilen'. Diese wurde als In-Vivo-Code im Sinne der Grounded Theory in einem Interview wörtlich aufgegriffen und in weiteren Interviews kodiert. Die Bezeichnung macht deutlich, dass ein Lerneffekt darin bestand, bei der Analyse von Schülertexten darauf zu achten, dass man „nicht zu schnell verurteilt" (ES S Gr) und „nicht nur zu sehen so das ist falsch, das ist falsch, das ist falsch, sondern das kann das Kind schon" (LS S Gr).

Als Beispiel einer evaluativen Kategorie wird hier die Frage, ob die Studierenden sich durch das DSSZ-Modul der Universität Siegen auf den Unterricht in sprachlich heterogenen Klassen vorbereitet fühlen, aufgegriffen. Die Interviews wurden bezüglich der Kategorie ‚Vorbereitung durch das Modul' bewertend interpretiert und mithilfe einer Ordinalskala mit den Ausprägungen ‚sehr vorbereitet', ‚etwas vorbereitet', ‚eher nicht vorbereitet', ‚nicht vorbereitet' und ‚sensibilisiert, aber nicht vorbereitet' analysiert.

4.2 Ausgewählte Ergebnisse

Die Begleitforschung ergab, dass die Studierenden die Behandlung und Diskussion der Lernaufgaben des Lernarrangements ‚Märchen' als sehr hilfreich und auf die berufliche Praxis vorbereitend erachten. Dies wurde unter der Kategorie ‚Lernaufgaben analysieren und gestalten' codiert.

> das seminar fand ich schon sehr hilfreich weil es halt viel praktischer war (.) man hat wirklich mit dem lehrerkommentar und mit den (.) das wir nochmal die aufgaben uns angeschaut haben | ähm das hat einfach (.) also das hat wirklich total geholfen (.) das fand ich richtig gut da hat man wirklich so konkretes handwerkszeug quasi bekommen was man später eigentlich ja immer <<lachend> braucht) (LV S Gr)

Am häufigsten wurde geäußert, dass es hilfreich war, einen authentischen Schülertext zu analysieren und eine Rückmeldung, v. a. in Form eines fördernden Lehrerkommentars, zu geben. Aus diesem Grund wird hier nun näher auf dieses Ergebnis eingegangen. Die Auseinandersetzung mit dem authentischen Schülertext *die Fliegende Statd* wird als sehr förderlich beschrieben, v. a. im Hinblick auf die spätere Berufspraxis wird hier positiv angemerkt, dass man einen Blick für die Berücksichtigung des individuellen sprachlichen Hintergrunds entwickelt, der entscheidend für die Beurteilung eines Textes ist. Die individuelle Bezugsnorm wird in den Interviews nicht als Begriff verwendet, jedoch lassen verschiedene Äußerungen auf das Konzept dahinter schließen.

Allerdings zeigt sich in den Interviews noch eine große Unsicherheit in Bezug auf eine angemessene Beurteilung von Schülertexten:

> ähm bei der bewertung bin ich mir im moment noch unsicher | und da bin ich eigentlich froh dass ich da noch zeit habe zu lernen | denn ich wüsste im moment noch nicht wie ich diesen schülern gerecht werden sollte | denn am ende steht da nur eine blanke note

> und der rest interessiert nicht | und ich muss ja irgendwie auch versuchen (.) naja diesen entwicklungsprozess den so ein schüler absolviert hat den muss ich ja auch mit (.) mit einflechten | und das finde ich noch schwierig | und gerade ich weiß nicht wie sich das anfühlt wenn man deutsch als zweitsprache lernt | wie schwierig das ist (CW S Gr)

Dieses Zitat macht deutlich, dass diese Aufgabe im Lernarrangement noch weitaus mehr Raum einnehmen könnte, um die Studierenden intensiv darauf vorzubereiten. Kriterienkataloge, die aktuell überwiegend in Schulen zur Leistungsbewertung genutzt werden, stellen aus Sicht der Studierenden dabei nicht unbedingt eine Hilfe zur gerechten Beurteilung dar. So merken die Studierenden an, dass Kriterienkataloge zwar eine ‚schnelle‘, zugleich aber auch eine ‚enge‘ Bewertungsmethode darstellen, die wenig Spielraum für individuelle Voraussetzungen und Entwicklungen lassen. Allerdings wird häufig auch die hohe Transparenz der Beurteilungskriterien genannt. Insofern betrachten die Studierenden den Kriterienkatalog einerseits als geeignetes Instrument zur transparenten, kriteriengeleiteten Beurteilung von Schülerleistungen, andererseits wird die Schwierigkeit, individuelle Voraussetzungen zu berücksichtigen, als kritisch eingeschätzt.

Zu den im Lernarrangement ‚Märchen‘ behandelten sprachfördernden Methoden wurde in der Begleitstudie besonders häufig das ‚Märchen-Memory‘ angesprochen, bei dem märchentypische Redewendungen alltagssprachlichen Ausdrücken gegenübergestellt werden, wie z. B. „sie lockte sie" und „sie wollte sie überreden". Das Memory wurde exemplarisch mit den Studierenden in den DSSZ-Seminaren durchgeführt, so dass die Studierenden selbst erfahren konnten, inwiefern die Sprache gefördert wird und welche Vor- und Nachteile die Methode mit sich bringt. So konnten Rückschlüsse darauf gezogen werden, ob die sprachlichen Kompetenzen der Schülerinnen und Schüler mithilfe dieser Methode sinnvoll und angemessen in Bezug auf die Textsorte ‚Märchen‘ gefördert werden können. Hierbei wurde festgestellt, dass die Variante, die den Studierenden zur Verfügung gestellt wurde, einen hohen Schwierigkeitsgrad bezüglich der Begriffe auf den Memory-Karten aufweist. Eine Studierende formuliert dies im Interview deutlich:

> ähm ich fand das selber total schwer (.) also bei manchen wörtern da wussten wir selber überhaupt nicht ob das richtig war oder falsch und dann haben wir uns noch so überlegt | ja wenn wir das schon nicht so wirklich wissen wie soll das dann bei den kindern sein (LV S Gr)

Eine vorhergehende genaue Auseinandersetzung mit den Begriffen ist eine wichtige Voraussetzung für das Gelingen des Spiels. Denn nur dann, wenn die Schülerinnen und Schüler die Formulierungen auf den Karten kennen, sind sie in der Lage, das ‚Memory' als Übung zur Einprägung erfolgreich zu spielen und werden nicht demotiviert.

Trotzdem wird das Spiel 'Memory' überwiegend als sehr sinnvolle Sprachfördermethode eingeschätzt, da hier spielerisch neu eingeübte Ausdrücke verinnerlicht werden können, ohne dass den Kindern das Lernziel bewusst ist. Eine Studierende betont, dass sich diese Spielform auch auf andere Fächer übertragen lässt:

> ja das war super | weil ich mir da überlegt hab (.) dass wenn man jetzt sagt im biologieunterricht oder in geschichte kannst du das ja einfach adaptieren und halt mit anderen begriffen und zu anderen thematiken | und ich denke mal gerade ein memory spiel ist super weil es ja auch einfach andere kognitive fähigkeiten und erinnerungsleistung schult | und schüler machen es ja auch einfach gerne (VW S Gr)

Dass Sprache und sprachliche Förderung nicht nur Themen des Deutschunterrichts sind, ist dieser Studierenden sehr bewusst, denn sie stellt konkrete Überlegungen an, wie die hier vorgestellte Methode für den Deutschunterricht auf andere Fächer übertragen werden kann. Die Erkenntnis, dass ein sprachsensibler Unterricht nicht nur im Fach Deutsch, sondern in allen Fächern wichtig ist, wird auch von vielen anderen Interviewten thematisiert.

Ein wichtiges Erkenntnisinteresse betraf außerdem die Vorbereitung der Studierenden durch das Modul. Die meisten Studierenden fühlen sich ‚etwas vorbereitet' durch das Modul, viele geben jedoch an, dass sie zwar sensibilisiert wurden, also auf die sprachliche Heterogenität in Schulen und die Wichtigkeit des Themas aufmerksam wurden, jedoch keine Vorbereitung durch das Modul empfanden. Dabei wird vor allem der Wunsch nach einem umfangreicheren Modul, also einer Erweiterung des zwei Veranstaltungen umfassenden Moduls geäußert:

> ich bin froh dass ich erst am ende des bachelors bin und noch nicht mit dem master fertig bin denn sonst würde ich mich vielleicht ein bisschen überfordert fühlen | ich würde mir halt echt wünschen wenn es wirklich mehr dazu geben würde (VS S Gr)

In diesem Zusammenhang steht auch das Ergebnis, dass viele Studierende sich unsicher sind, ob sprachsensibler, differenzierender Unterricht grundsätzlich möglich ist, bzw. ob die Studierenden selbst in der Lage sein werden, einen sprachsensiblen Unterricht zu gestalten. Die Klassengröße, fehlende Zeit, neu zugewanderte Schülerinnen und Schüler mit sehr geringen Deutschkenntnissen, fehlende Materialien und ein hoher Arbeitsaufwand sind Aspekte, die die Interviewten hierbei thematisieren:

> ich sage mal das ist natürlich irgendwie auch problematisch wenn man sieht ok ich muss meine dreiundzwanzig kinder | ähm | unterrichten und äh (.) muss auch jedem einzelnen

auch noch gerecht werden und dann gibt es auch manche die halt <<betont> mehr> als nur ein bisschen mehr brauchen und dann ganz ganz intensiv eigentlich ehm (--) förderung brauchen | naja (--) man muss irgendwie damit umgehen | also ändern kann man es ja meistens nicht und die kinder können ja selber dann auch nichts dafür (ES S Gr)

Insgesamt zeigt die Interviewstudie, dass die Wichtigkeit eines sprachsensiblen Unterrichts wahrgenommen und auch als Aufgabe der Lehrperson im Regelunterricht angesehen wird. Darüber hinaus wird jedoch deutlich, dass sich die Studierenden durch das Modul wenig vorbereitet fühlen und ein großer Bedarf an einer tiefergehenden Auseinandersetzung mit den Inhalten des Moduls geäußert wird.[12]

Die Studierenden stellten außerdem fest, dass sie erst durch das Nachfragen in der Interviewsituation genauer erkannt haben, welche Kompetenzen sie durch das Modul erworben haben und wie wichtig es ist, sprachliche Anforderungen und sprachliche Förderung in Unterrichtsentwürfen und im Unterricht selbst zu berücksichtigen und durchgehend mitzudenken. So leistete die Begleitforschung zu den Lernarrangements an sich ebenfalls einen Beitrag zur Sensibilisierung und tiefgehenden Reflexion der Lehramtsstudierenden zum Thema ‚Sprachsensibler Unterricht in allen Fächern'.

5 Fazit und Ausblick

Einen sprachsensiblen *Fach*unterricht – dazu zählt gerade im Zusammenhang mit sprachlicher Bildung auch der *Deutsch*unterricht – zu gestalten, stellt eine anspruchsvolle Aufgabe dar, auf die Lehramtsstudierende durch das verpflichtende Modul *Deutsch für Schülerinnen und Schüler mit Zuwanderungsgeschichte* vorbereitet werden sollen. Den Studierenden werden innerhalb des Moduls Möglichkeiten der Verbindung von sprachlichem und fachlichem Lernen sowie Zielsetzungen, didaktisch-methodische Prinzipien, Vorgehensweisen und Arbeitsformen eines sprachsensibel gestalteten Fachunterrichts vermittelt. Durch das vom Mercator-Institut für Sprachförderung und Deutsch als Zweitsprache geför-

---

[12] Auf diesen Bedarf wurde 2016 an der Universität Siegen und an zehn weiteren lehrerinnen- und lehrerbildenden Universitäten in Nordrhein-Westfalen in Form von Weiterbildungsstudienangeboten für (angehende) Lehrkräfte neu zugewanderter Kinder, Jugendlicher und junger Erwachsener reagiert.
Für detaillierte Informationen zum vom Ministerium für Kultur und Wissenschaft geförderten weiterbildenden Studienangebot *Deutsch lernen mit neu zugewanderten Schülerinnen und Schülern und Erwachsenen (DaZsi)* der Universität Siegen vgl. https://www.uni-siegen.de/phil/germanistik/studium/daz/.

derte Projekt *Deutsch als Zweitsprache in der Lehrerbildung: Aufgaben entwickeln, Kompetenzen bewerten und beurteilen, Perspektiven für das weitere Lernen entwickeln (Ako)* wurde eine Weiterentwicklung und Erforschung des DSSZ-Moduls initiiert. Hier stand eine möglichst praxisnahe und anwendungsorientierte Vermittlung der genannten Learning Outcomes mithilfe der Gestaltung und Reflexion von Lernarrangements in den Fächern Deutsch und Mathematik im Fokus. Außerdem sollten die Studierenden auf die fachlichen Anforderungen des Praxissemesters vorbereitet werden, indem Aufgabenformate für eine schriftliche Arbeit (*Märchen* oder *Mathebrief*) im Rahmen der DSSZ-Seminare vorgestellt und authentische Schülertexte analysiert und kriteriengeleitet – mithilfe von fachspezifischen Formen der Leistungsfeststellung und -beurteilung – bewertet wurden (Rahmenkonzeption 2010: 19 ff). Eine noch engere Verzahnung mit dem Praxissemester erscheint äußerst sinnvoll, da die Studierenden in diesem Fall die Lernarrangements (oder zumindest einzelne Lernaufgaben) selbst durchführen könnten, um so die Wichtigkeit und Effektivität eines sprachsensiblen Unterrichts zu erfahren. Diesen Wunsch äußerten die Studierenden selbst ebenfalls. Inzwischen liegt – wie bereits erwähnt – ein Beschluss vor, das DSSZ-Modul an der Universität Siegen zukünftig aus dem Bachelor- in den Master-Studiengang zu verlegen, um einerseits auf mehr Wissen der Studierenden, welches sie im Laufe ihres Bachelorstudiums erworben haben, zurückgreifen zu können und andererseits die angestrebte Verzahnung des Moduls mit dem Praxissemester zu gewährleisten und die Studierenden mithilfe von praxisorientierten Angeboten optimal auf den Unterricht in sprachlich heterogenen Klassen vorzubereiten.

Letztlich zeigte die Begleitforschung des Projekts, dass die Arbeit mit den sprachsensiblen Lernarrangements als durchaus positiv und hilfreich wahrgenommen wird, zur Reflexion anregt und die Sensibilität im Umgang mit den Voraussetzungen der Schülerinnen und Schüler fördert. V. a. die Arbeit mit den authentischen Schülertexten wurde als gewinnbringend und interessant, besonders mit Blick auf die alltäglichen Aufgaben einer Lehrkraft, bewertet. Wie schwer eine faire und gerechtfertigte Beurteilung einer schriftlichen Schülerleistung fällt, wurde auf der anderen Seite sehr deutlich. Die Leistungsbeurteilung gerade im Bereich *Schülerinnen und Schüler mit Zuwanderungsgeschichte* wird als komplex und anspruchsvoll erkannt, was zeigt, dass eine intensivere Beschäftigung mit Möglichkeiten der Vermittlung in der Phase der Lehrerausbildung lohnenswert wäre.

Literatur

Bachmann, Thomas & Becker-Mrotzek, Michael (2010): Schreibaufgaben situieren und profilieren. In Pohl, Thorsten & Steinhoff, Torsten (Hrsg.): *Textformen als Lernformen*. Duisburg: Gilles & Franke, 191–209.

Bayrak, Cana; Decker, Lena; Kaplan, Ina & Wahbe, Nadia (2017): Authentisches Lehr- und Lernmaterial für die Lehrerausbildung. In Mercator-Institut für Sprachförderung und Deutsch als Zweitsprache: *Blick zurück nach vorn. Perspektiven für sprachliche Bildung in Lehrerbildung und Forschung*. 41–43.

Becker-Mrotzek, Michael & Roth, Hans-Joachim (2017): Vorwort. In Becker-Mrotzek, Michael & Roth, Hans-Joachim (Hrsg.): *Sprachliche Bildung – Grundlagen und Handlungsfelder*. Münster, New York: Waxmann, 7–9.

Becker-Mrotzek, Michael; Schramm, Karen; Thürmann, Eike & Vollmer, Helmut J. (2013): Sprache im Fach Einleitung. In Becker-Mrotzek, Michael; Schramm, Karen; Thürmann, Eike & Vollmer, Helmut J. (Hrsg.): *Sprache im Fach – Sprachlichkeit und fachliches Lernen*. Münster u. a.: Waxmann, 7–13.

Biedermann, Tanja; Hochstetter, Franz; Löffler-Moody, Birgit; Szeitszam, Angelika & Klar, Bernhard (2010): Modulare Förderung Deutsch. Starterkit: Märchen verfassen. Staatsinstitut für Schulqualität und Bildungsforschung München (Hrsg.). http://www.isb-mittelschule.de/userfiles/Modularisierung/Deutsch/Starterkit/Starterkit-Maerchen.pdf (13.11.2018).

Bohner, Gerd (2003): Einstellungen. In Stroebe, Wolfgang, Jonas; Klaus, Hewstone & Miles (Hrsg.): *Sozialpsychologie. Eine Einführung*. Übersetzt von Reiss, Matthias (4. überarb. und erw. Aufl.), Berlin, Heidelberg: Springer, 265–313.

Böttcher, Ingrid & Becker-Mrotzek, Michael (2009): *Texte bearbeiten, bewerten und benoten* (4. Aufl.). Berlin: Cornelsen.

Decker, Lena; Gersdorf, Nina & Kaplan, Ina (2016): Beurteilungspraxis von Lehrkräften und ihre Erwartungen zu Kompetenzen angehender Lehrkräfte im Praxissemester – eine Experteninterviewstudie. In *Ako Working Papers 2*. Siegen: Universität Siegen. https://www.uni-siegen.de/phil/ako/publikationen_vortraege/ako_working_papers_2_(2016).pdf (21.09.2017).

Feilke, Helmuth (2012): Bildungssprachliche Kompetenzen – fördern und entwickeln. *Praxis Deutsch* 233: 4–13.

Feilke, Helmuth (2013): Bildungssprache und Schulsprache am Beispiel literal-argumentativer Kompetenzen. In Becker-Mrotzek, Michael; Schramm, Karen; Thürmann, Eike & Vollmer, Helmut J. (Hrsg.): *Sprache im Fach – Sprachlichkeit und fachliches Lernen*. Münster u. a.: Waxmann, 113–130.

Jost, Jörg; Lehnen, Katrin & Rezat, Sara (2011): ‚Dein Wortbildgedächtnis ist recht gut gefestigt...' – Institutionenspezifische Beurteilungspraktiken am Beispiel schulischer Berichtszeugnisse und Lehrerkommentare. In Birkner, Karin & Meer, Dorothee (Hrsg.): *Institutionalisierter Alltag – Mündlichkeit und Schriftlichkeit in unterschiedlichen Praxisfeldern*. Mannheim: Verlag für Gesprächsforschung, 167–194.

Kniffka, Gabriele (2006): Sprachstandsermittlung mittels ‚Fehleranalyse'. In Heints, Detlef; Müller, Jürgen E. & Reiberg, Ludger (Hrsg.): *Mehrsprachigkeit macht Schule*. Duisburg: Gilles & Francke, 73–84.

Kniffka, Gabriele & Siebert-Ott, Gesa (2012): *Deutsch als Zweitsprache. Lehren und Lernen* (3. Aufl.). Paderborn: Schöningh.

Kruse, Jan (2015): *Qualitative Interviewforschung. Ein integrativer Ansatz* (2. Aufl.). Weinheim, Basel: Beltz Juventa.
Kuckartz, Udo (2016): *Qualitative Inhaltsanalyse. Methoden, Praxis, Computerunterstützung* (3. Aufl.). Weinheim, Basel: Beltz Juventa.
Ministerium für Schule und Weiterbildung des Landes Nordrhein-Westfalen (2010): *Rahmenkonzeption zur strukturellen und inhaltlichen Ausgestaltung des Praxissemesters im lehramtsbezogenen Masterstudiengang.* https://www.dokoll.tu-dortmund.de/cms/Medienpool/mp-praxis/rahmenkonzept_praxissemester.pdf (11.08.2018).
Ministerium für Schule und Weiterbildung des Landes Nordrhein-Westfalen (Hrsg.) (2012): *Richtlinien und Lehrpläne für die Grundschule in Nordrhein-Westfalen.* Frechen: Ritterbach.
Peffer, Tobias (2016): Schreiben im Mathematikunterricht der Grundschule. Anlässe, Einschätzungen, Produkte. In Institut für Mathematik und Informatik Heidelberg (Hrsg.): *Beiträge zum Mathematikunterricht.* Münster: WTM, 739–742.
Peffer, Tobias (i.V.): *Schreiben im Mathematikunterricht der Grundschule – Einschätzungen, Vorgehensweisen und Anzeichen mathematischer Schreibkompetenzen* (Dissertation Universität Siegen).
Pohl, Thorsten & Steinhoff, Torsten (2010): Textformen als Lernformen. In Pohl, Thorsten & Steinhoff, Torsten (Hrsg.): *Textformen als Lernformen.* Duisburg: Gilles & Franke, 5–26.
Prediger, Susanne (2013): Darstellungen, Register und mentale Konstruktion von Bedeutungen und Beziehungen. Mathematikspezifische sprachliche Herausforderungen identifizieren und bearbeiten. In: Becker-Mrotzek, Michael; Schramm, Karen; Thürmann, Eike & Vollmer, Helmut J. (Hrsg.): *Sprache im Fach – Sprachlichkeit und fachliches Lernen.* Münster u. a.: Waxmann, 167–183.
Qualitäts- und Unterstützungsagentur – Landesinstitut für Schule (2011): Lernarrangements. https://www.schulentwicklung.nrw.de/cms/kompass/kompetenzorientierter-unterricht-deutsch/lernarrangements/index.html (13.11.2018).
Rheinberg, Falko (2008): Bezugsnormen und die Beurteilung von Lernleistung. In Schneider, Wolfgang & Hasselhorn, Marcus (Hrsg.): *Handbuch Pädagogische Psychologie.* Göttingen: Hogrefe, 178–186.
Roos, Sabrina (2013): Mathematische Brieffreundschaften. Kinder beurteilen eigene und fremde Texte. *Grundschule Mathematik* 39 (13): 36–43.
Schmidt-Thieme, Barbara (2006): ‚Lieber Squarry' Schüler reflektieren über Mathematik in Briefen. In Rathgeb-Schnierer, Elisabeth (Hrsg.): *Wie rechnen Matheprofis? Ideen und Erfahrungen zum offenen Mathematikunterricht. Festschrift für Sybille Schütte zum 60. Geburtstag.* München: Oldenbourg, 211–224.
Schmölzer-Eibinger, Sabine; Dorner, Magdalena; Langer, Elisabeth & Helten-Pacher, Maria-Rita (2013): *Sprachförderung im Fachunterricht in sprachlich heterogenen Klassen.* Stuttgart: Klett Fillibach.
Siebert-Ott, Gesa; Schindler, Kirsten; Decker, Lena; Fischbach, Julia & Kaplan, Ina (2015): Modellierung und Erfassung der Textkompetenzen von Lehramtsstudierenden im Hinblick auf die Textbeurteilungskompetenz (Fokus: Beurteilung von Schülertexten). In *Ako Working Papers* 1. Siegen: Universität Siegen. https://www.uni-siegen.de/phil/ako/publikationen_vortraege/ako-workingpaper-neu-_11.2015.pdf (21.09.2017).
Steinhoff, Torsten (2010): Differenzierte Schülertextbeurteilung. Entwicklungs-, Prozess- und Situierungsdimension. In Pohl, Thorsten & Steinhoff, Torsten (Hrsg.): *Textformen als Lernformen.* Duisburg: Gilles & Francke, 257–280.
Witzel, Andreas & Reiter, Herwig (2012): *The Problem-centred Interview. Principles and Practice.* Los Angeles u. a.: Sage Publications.

Annkathrin Darsow, Fränze Sophie Wagner
und Jennifer Paetsch

Kompetenzzuwachs von Berliner Lehramtsstudierenden im Bereich Deutsch als Zweitsprache

1 Deutsch als Zweitsprache in der universitären Lehrkräftebildung

Der kompetente Umgang mit einer heterogenen Schülerschaft ist eine zentrale Fähigkeit, über die Lehrkräfte verfügen sollten. Vielfältig sind u. a. die Sprachbiographien, der soziokulturelle Hintergrund und die Deutschkompetenzen der Schülerinnen und Schüler. Die Lehrkräfte sind aufgefordert, die sprachlichen Kompetenzen der Schülerinnen und Schüler auszubauen, die Vermittlung v. a. bildungssprachlicher Kompetenzen in jedem Fachunterricht systematisch zu berücksichtigen und den Unterricht differenzsensibel anzulegen. Es liegen verschiedene didaktische Konzepte vor, wie dies gelingen kann. Eine besonders große Akzeptanz erfährt aktuell der Scaffolding-Ansatz, bei dem das fachliche und sprachliche Lernen miteinander verknüpft werden (z. B. Gibbons 2015). Bei diesem Ansatz planen die Lehrkräfte zusätzliche Hilfestellungen ein, um die Schülerinnen und Schüler bei rezeptiven und produktiven Aufgaben sprachlich zu unterstützen. Damit dies gelingen kann, müssen die Lehrkräfte zunächst die sprachlichen Besonderheiten der eingesetzten Unterrichtsmaterialien und Aufgaben identifizieren, analysieren und beurteilen. Um zu wissen, inwiefern die sprachlichen Merkmale für die jeweilige Schülerschaft tatsächlich mit Hürden verbunden sind, müssen die Lehrkräfte ebenfalls die sprachlichen Kompetenzen der Schülerinnen und Schüler einschätzen können. Darüber hinaus müssen die Lehrkräfte verschiedene Unterstützungsangebote kennen und sie funktional angemessen einplanen. Um dies leisten zu können, ist es notwendig, dass Lehrkräfte Kompetenzen im Bereich des Spracherwerbs, der Sprachstandsdiagnostik und der Sprachdidaktik aufweisen. Eine Umfrage unter Lehrkräften zeigte, dass sich viele Lehrkräfte nicht hinreichend für die Gestaltung eines solchen sprachsensiblen Fachunterrichts und den Umgang mit einer sprachlich heterogenen Lerngruppe vorbereitet fühlen (Becker-Mrotzek, Hentschel, Hippmann & Linnemann 2012).

Die Universitäten stehen demnach vor der Aufgabe, angehende Lehrkräfte in den Bereichen Deutsch als Zweitsprache und Sprachbildung zu qualifizieren. In gerade einmal sechs Bundesländern lernen alle angehenden Lehrkräfte systematisch den Umgang mit einer sprachlich und kulturell vielfältigen Schülerschaft (Sachverständigenrat deutscher Stiftungen für Integration und Migration 2016). Berlin hat in diesem Ausbildungsbereich eine Vorreiter-Rolle eingenommen. An den Berliner Universitäten, an denen Lehrkräfte ausgebildet werden, der Freien Universität (FU), der Humboldt-Universität zu Berlin (HU) und der Technischen Universität (TU), wurden die Deutsch als Zweitsprache-Module (DaZ-Module) bereits im Wintersemester (WiSe) 2007/2008 mit der Umstellung des Lehramtsstudiums auf das Bachelor- und Mastersystem eingeführt. Sie wurden im WiSe 2015/2016 in Sprachbildungsmodule umbenannt und entsprechend inhaltlich, aber auch organisatorisch weiterentwickelt.

Um Anhaltspunkte für die Weiterentwicklung der Module zu gewinnen, wurden die DaZ-Module im Rahmen des Projekts *Sprachen – Bilden – Chancen: Innovationen für das Berliner Lehramt*[1] (Lütke et al. 2016) umfassend evaluiert. Die übergeordnete Fragestellung war, welche Lernfortschritte bei den Studierenden bei Besuch der DaZ-Module erzielt werden können. Es handelte sich um ein Kooperationsprojekt zwischen der FU, HU und TU. Die Untersuchung und Auswertung erfolgte entsprechend des Kooperationsgedankens universitäts- sowie lehrkräfte-übergreifend. Es wurden verschiedene Konstrukte untersucht (Darsow, Wagner & Paetsch 2016), u. a. der Kompetenzzuwachs der Studierenden im Bereich Deutsch als Zweitsprache bei Besuch der DaZ-Module. In dem hier vorliegenden Beitrag werden der Kompetenzzuwachs der Lehramtsstudierenden, das Vorgehen und die daraus abgeleiteten Erkenntnisse beschrieben und dargestellt.

2 Modelle von Sprachförderkompetenz

Es stellt sich zunächst die Frage, welche Kompetenzen Lehrkräfte konkret benötigen, um Schülerinnen und Schüler sprachlich unterstützen zu können. Entsprechend dem Kompetenzbegriff von Weinert (2002: 27 f.) verstehen wir unter Kompetenzen sowohl kognitive als auch affektiv-motivationale Komponenten, also einerseits das Fachwissen, das fachdidaktische Wissen und das pädagogische Wissen (Shulman 1987) und andererseits Überzeugungen, Motivation und Selbstregulation (Baumert & Kunter 2011). Es finden sich vereinzelte Diskussionen über notwendige Kompetenzen von Lehrkräften (und Erzieherinnen und Erziehern), die insbesondere im Rahmen der Ausgestaltung von Curricula

---

[1] Danksagung: Das Projekt Sprachen-Bilden-Chancen wurde von 2014 bis 2017 durch das Mercator-Institut für Sprachförderung und Deutsch als Zweitsprache mit ca. 1,3 Mio. Euro gefördert. Das Mercator-Institut ist ein von der Stiftung Mercator initiiertes und gefördertes Institut der Universität zu Köln.

geführt worden sind (z. B. Brandenburger, Bainski, Hochherz & Roth 2011). Es herrscht jedoch keine Einigkeit darüber, welches Fachwissen Lehrkräfte für die Gestaltung eines sprachsensiblen Unterrichts benötigen (Krumm 2010: 187), und im Gegensatz zu Unterrichtsfächern liegen hierzu bislang keine Standards vor. Allerdings wurden zwei Kompetenzmodelle entwickelt, die sowohl Gemeinsamkeiten als auch Unterschiede aufweisen.

Im Projekt *SprachförderKompetenz Pädagogischer Fachkräfte: SprachKoPF* (Hopp, Thoma & Tracy 2010) wurde ein Kompetenzmodell theoriebasiert entwickelt, das linguistisch geprägt ist. Es werden drei Kompetenzbereiche unterschieden: das sprachförderbezogene Wissen, das Können und Machen. Der Bereich des Wissens umfasst Kenntnisse zur Struktur und Funktion von Sprache und Sprachen, zu Lernprozessen beim Spracherwerb sowie Mehrsprachigkeit und Methoden und Inhalte der Sprachstandsdiagnostik. Dem Bereich des Könnens sind die Auswahl, Anwendung sowie Auswertung von sprachdiagnostischen Maßnahmen und die Befähigung zur Umsetzung von Sprachförderung (Strategien, Methodik, Einstellungen) zugeordnet. Der Bereich der Handlungen umfasst die Umsetzung von Sprachförderung und setzt Wissen und Können voraus. Ausgehend vom Kompetenzmodell wurden im Projekt *SprachKoPF* zwei Testinstrumente entwickelt, die darauf abzielen, Sprachförderkompetenz von Erzieherinnen und Erziehern im Elementarbereich bzw. von Lehrkräften im Primarbereich messen zu können (Ofner, Roth & Thoma 2016).

Das zweite, aktuell vorliegende Kompetenzmodell wurde im Projekt *Professionelle Kompetenzen angehender LehrerInnen (Sek I) im Bereich Deutsch als Zweitsprache (DaZKom)* entwickelt (Köker et al. 2015; Ohm 2018). Es basiert auf einer Dokumentenanalyse von ca. 60 Curricula deutscher Universitäten und Institutionen und wurde von Expertinnen und Experten aus den Bereichen Deutsch als Fremd- und Zweitsprache validiert. Es werden drei inhaltliche Dimensionen und sechs Subdimensionen unterschieden: 1) Fachregister (Fokus auf Sprache): Grammatische Strukturen und Wortschatz; Semiotische Systeme, 2) Mehrsprachigkeit (Fokus auf Lernprozess): Zweitspracherwerb; Migration, 3) Didaktik (Fokus auf Lehrprozess): Diagnose; Förderung. Die Subdimensionen sind weiter in Facetten untergliedert. Jede der Dimensionen kann theoretisch auf einer Skala von fünf Stufen beherrscht werden. Hierbei orientiert sich die Projektgruppe DaZKom am Erwerbsmodell von Dreyfus & Dreyfus (1986), das die Stufen *novice, advanced beginner, competence, proficiency* und *expertise* unterscheidet und bei dem Erfahrungslernen und Handlungsorientierung miteinbezogen werden. Auf Grundlage des Kompetenzmodells wurde im Projekt DaZKom ein standardisiertes Testinstrument entwickelt und normiert (Ehmke & Hammer 2018). Der Paper-and-Pencil-Test erhebt den Anspruch, die ersten drei Kompetenzstufen zu erfassen. Ein Test, mit dem die beiden höchsten Stufen erfasst werden können, befindet sich aktuell noch in der Entwicklung (Ohm 2018). Die Mehrzahl der Testaufgaben ist in einen fachlichen Kontext integriert, sie wurden am Beispiel des Faches Mathematik entwickelt. Einige Aufgaben sind fächerunabhängig (Carlson & Präg 2018). Die Aufgaben können jedoch ohne spezifische mathematische und fachdidaktische Kenntnisse gelöst werden. In einer Validierungsstudie des DaZKom-Projekts wurde deutlich, dass die Ergebnisse von Studierenden auch tatsächlich unabhängig von ihrem mathematikdidaktischen Wissen waren und die Studierenden mit dem Unterrichtsfach Mathematik keine höhere Kompetenz im Test zeigten als Studierende anderer Fächer (Hammer et al. 2015; Hammer & Ehmke 2018).

3 Ausbildung der Berliner Lehramtsstudierenden im Bereich Deutsch als Zweitsprache

An den Berliner Universitäten wurde die Ausbildung der Studierenden im Bereich Deutsch als Zweitsprache zum Zeitpunkt der Erhebung als Querschnittsaufgabe verstanden. Die Module, die sich aus einem Bachelor- und einem Mastermodul zusammensetzten, waren nicht in die Fachdidaktiken integriert, sondern wurden von allen Studierenden unabhängig vom Studiengang und Studienfach (d. h. Schulform, Fach) belegt. In den Qualifikationszielen und zu vermittelnden Inhalten stimmten die Modulbeschreibungen der drei Universitäten überein. Sie sind in Tabelle 1 aufgelistet.

An allen drei Universitäten wiesen das Bachelor- und das Mastermodul jeweils einen Umfang von drei Leistungspunkten auf. Die beiden Module setzten sich jeweils aus zwei Lehrveranstaltungen zusammen. Im Bachelor-Modul besuchten die Studierenden ein Seminar und eine Übung (an der FU wurde anstelle des Seminars eine Vorlesung angeboten). Im Master-Modul besuchten die Studierenden aller Universitäten je ein Seminar und eine fachspezifische Übung. Die fachspezifische Übung wurde je nach Größe der Studiengänge und ihrer Spezifik für Studierende bestimmter Fächer, Fächergruppen oder Schulformen angeboten. Unterschiede zwischen den Universitäten zeigten sich bei den Präsenzzeiten der Studierenden. Die DaZ-Module umfassten an der HU pro Modul vier Semesterwochenstunden (SWS), an der FU und TU lediglich drei SWS. Dies wirkte sich auf den Rhythmus der Lehrveranstaltungen aus. An der FU und der TU fanden einige Lehrveranstaltungen nicht wöchentlich statt, sondern wurden 14-tägig oder als Blockveranstaltung angeboten. Die Modulabschlussprüfungen variierten in ihrer konkreten Ausgestaltung ebenfalls teilweise zwischen den Standorten. Während an der FU und HU im Bachelor-Modul Klausuren angeboten wurden,

Tab. 1: Qualifikationsziele und Inhalte der Berliner DaZ-Module.

Qualifikationsziele und Inhalte im Bachelor-Modul:*

„Die Absolventinnen und Absolventen ...
- kennen Theorien zum Erwerb des Deutschen als Zweitsprache und ihre Relevanz für die Umsetzung in der Erziehungs- und Bildungsarbeit
- unterscheiden zwischen DaZ als didaktischem Prinzip in allen Unterrichtsfächern und DaZ in der Lehrgangsvariante in allen Schulstufen
- entwickeln diagnostische Fähigkeiten zur Feststellung lernerspezifischer Entwicklungen und kennen geeignete Umsetzungsinstrumente in verschiedenen Schulstufen sowie Feedbackverfahren zur Korrektur von Fehlern
- kennen Prinzipien der Sprachaneignung (u. a. Hypothesenbildung, Monitoring, Transfer von sprachlichem Wissen) und des Sprachgebrauchs (berücksichtigen Aspekte der Mündlichkeit und Schriftlichkeit und domänenspezifische Faktoren)
- kennen grammatische Besonderheiten der deutschen Sprache (z. B. Artikel, Präpositionen, Verbstellung, Deklination) und ausgewählter Minderheitensprachen
- reflektieren Unterrichtskommunikation und berücksichtigen Heterogenität und Binnendifferenzierung im Unterricht, um die schriftlichen wie mündlichen Leistungen zu optimieren, z. B. durch Textentlastung, Lesestrategien
- setzen sich kritisch mit DaZ- und Fachunterrichtsmaterialien hinsichtlich ihrer Einsatzmöglichkeiten auseinander"

Qualifikationsziele und Inhalte im Master-Modul:

„Die Absolventinnen und Absolventen ...
- beurteilen und entwickeln Unterrichtsqualität unter besonderer Berücksichtigung von DaZ als didaktischem Prinzip in allen Unterrichtsfächern und von DaZ in der Lehrgangsvariante in allen Schulstufen
- beurteilen Diagnoseverfahren und wenden sie zur Feststellung der Sprachentwicklung in ausgewählten Sprachaneignungsphasen an
- unterscheiden zwischen Erwerbsweisen des Deutschen, kennen Zusammenhänge zwischen ungesteuertem und gesteuertem Erwerb von DaZ und verfügen über Möglichkeiten, den mündlichen und schriftsprachlichen Zweitspracherwerb unterrichtlich zu erweitern und auszubauen
- berücksichtigen und nutzen Mehrsprachigkeit im Klassenzimmer
- vernetzen DaZ mit dem Fachunterricht und verwenden dazu authentische, unterrichtsrelevante Materialien des Fachunterrichts
- planen, realisieren und evaluieren exemplarische Lehr- und Lernprozesse für sprachlich heterogene Lernergruppen unter besonderer Berücksichtigung von Binnendifferenzierung, Sprachlernprogression und der Entfaltung von Sprachbewusstheit durch angeleitete Sprachbeobachtung
- kennen die Bedeutung der familiären/außerschulischen Kommunikationspraxis und verfügen über Möglichkeiten, vor allem Eltern als Bildungspartner zu gewinnen"

* Modulbeschreibung der HU; die Formulierungen variierten marginal zwischen den Universitäten.

erstellten die Studierenden der TU einen Beobachtungsbogen, den sie im berufsfelderschließenden Praktikum einsetzten, sowie einen Beobachtungsbericht. Im Master-Modul wurden an allen drei Universitäten Arbeiten gefordert, in denen die Studierenden Lehr- und Lernmaterialien oder Themen sprachlich analysiert und sprachdidaktisch (weiter-)entwickelt haben; an der HU musste zusätzlich ein Essay zu einem ausgewählten Thema eingereicht werden. An allen drei Universitäten wurde die Lehre von Lehrkräften für besondere Aufgaben und Lehrbeauftragten durchgeführt. Die Anzahl an Lehrbeauftragten variierte zwischen den drei Standorten.

4 Fragestellungen und Untersuchungsdesign

Untersucht wurde der Kompetenzzuwachs der Studierenden bei Besuch der DaZ-Module. Es sollte geprüft werden, ob die Studierenden einen Lernzuwachs aufweisen und wie dieser ggf. bei den Bachelor- und Masterstudierenden ausfällt. Des Weiteren sollte geprüft werden, ob die Lernzuwächse in bestimmten inhaltlichen Bereichen höher ausfallen als in anderen und ob Studierende bestimmter Fächer Vorteile gegenüber Studierenden anderer Fächer haben.

Für die Beantwortung der Fragestellungen wurden zwei Kohorten von Studierenden (Bachelor- und Masterstudierende) untersucht. Um den Kompetenzzuwachs der Studierenden zu messen, wurde ein Prä-Post-Design mit zwei Messzeitpunkten gewählt. Der Prätest erfolgte vor Besuch des jeweiligen DaZ-Moduls, der Posttest am Ende des Modulbesuchs. Die beiden Erhebungen fanden während der regulären Lehrveranstaltung statt. Der Posttest wurde aus organisatorischen Gründen vor Abschluss der Modulabschlussprüfung durchgeführt (s. Abbildung 1). Die Teilnahme an den Erhebungen war freiwillig.

Möglich war das Design, weil die Mehrheit der Studierenden das Modul, das sich aus jeweils zwei Lehrveranstaltungen zusammensetzt, innerhalb eines Semesters absolvierte. Eine Befragung der an der Testung teilnehmenden Studierenden bestätigte dies: Im Bachelor-Modul haben 79 % der Studierenden beide Lehrveranstaltungen im Untersuchungszeitraum besucht, 21 % der Studierenden lediglich eine Veranstaltung (fehlende Werte n = 10). Im Master-Modul

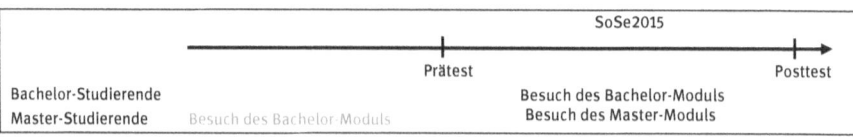

Abb. 1: Untersuchungsdesign.

haben 89 % der Studierenden beide Lehrveranstaltungen im Untersuchungszeitraum besucht, 11 % der Studierenden lediglich eine Veranstaltung (fehlende Werte n = 5). Die Studierenden, die lediglich eine Lehrveranstaltung im Untersuchungszeitraum besucht haben, wurden in der Stichprobe belassen.

Insgesamt haben 180 Lehramtsstudierende mit unterschiedlichen Fächerkombinationen an beiden Erhebungen teilgenommen (108 Bachelor-Studierende, 72 Master-Studierende; insgesamt 74 % weiblich). Die Studierenden haben an verschiedenen Berliner Universitäten studiert (Orientierung am Erstfach; Universität A: 26.7 %, B: 48.9 %, C: 21.0 %, andere: 3.4 %) und eine Lehrtätigkeit an verschiedenen Schulformen angestrebt (Grundschule: 22 %, Integrierte Sekundarschule: 23 %, Gymnasium: 47 %, Berufsschule 8 %). Aufgrund des Studienangebots bzw. des Rhythmus der angebotenen Lehrveranstaltungen an den drei Standorten konnten an einer Universität keine Master-Studierende in die Untersuchung einbezogen werden. Die Bachelor-Studierenden verteilen sich auf alle drei Universitäten.

Da am Prätest deutlich mehr Studierende teilgenommen hatten (302 Bachelor-Studierende, 137 Master-Studierende) als am Posttest, wurde in einer Drop-Out-Analyse geprüft, ob sich die ausgeschiedenen Studierenden (Dropout Bachelor-Studierende n = 194, Master-Studierende n = 65) systematisch von den Studierenden unterscheiden, die am Posttest teilgenommen haben. Bei den Analysen wurden die Studierenden aus dem Bachelor- und Master-Modul zusammengefasst. Es wurde mit Hilfe von t-Tests geprüft, ob sich die beiden Gruppen signifikant hinsichtlich ihrer Leistung im Prätest, dem Fachsemester, den Lerngelegenheiten im Bereich Deutsch als Zweitsprache im Rahmen ihres gesamten Studiums sowie ihrem Studienfach unterscheiden. In keinem der vier Bereiche sind die Unterschiede zwischen den beiden Gruppen signifikant, d. h. es kann davon ausgegangen werden, dass sich die beiden Gruppen nicht systematisch unterscheiden.

5 Das Testinstrument

Für die Messung der Kompetenzentwicklung der Berliner Studierenden wurde der DaZKom-Test eingesetzt. Grund hierfür war, dass das DaZKom-Kompetenzmodell eher die Inhalte der DaZ-Module widerspiegelt. Das im Projekt SprachKoPF entwickelte Testinstrument erfordert bspw. linguistisches Wissen, das in der Tiefe in den Berliner Modulen nicht vermittelt wurde. Aufgaben zur Sprachförderung hatten darüber hinaus häufiger den Charakter einer additiven Förderung, während in den Berliner DaZ-Modulen schwerpunktmäßig Ansätze zur integrativen Sprachförderung vermittelt wurden. Weiterhin war es erforderlich, dass das Instrument möglichst viele Lehramtsabschlüsse abdeckte. Aus der Validierungsstudie des DaZKom-Projekts, bei der Studierende des Faches Mathematik trotz der exemplarischen Ausarbeitung des Tests für dieses Fach nicht besser als Studierende anderer Fächer abgeschnitten haben, haben wir im Projekt *Sprachen – Bilden – Chancen* geschlussfolgert, dass der Test auch fächerübergreifend eingesetzt werden kann.

Es wurde eine Kooperationsvereinbarung mit dem DaZKom-Projekt geschlossen. Unsere Kooperationspartner aus dem DaZKom-Projekt haben eine unveröffentlichte Kurzversion des Tests erstellt, sodass die Bearbeitungszeit anstelle von 60 Minuten lediglich 40 Minuten betrug. Diese Kurzversion wurde im WiSe 2014/15 pilotiert (n = 134) und anschließend überarbeitet. Die finale Version umfasst 44 Items. 23 Items sind geschlossen, d. h. es handelt sich um Multiple Choice-Aufgaben, 12 Items sind halboffen, können also mit einem Wort beantwortet werden, die restlichen 9 Items sind offen, erfordern somit eine Antwort in Textform. Von den 44 Items können 17 Items der Skala Fachregister, 15 Items der Skala Mehrsprachigkeit und 12 Items der Skala Didaktik zugeordnet werden. Die Aufgaben werden je nach Komplexität mit einem oder zwei Punkten bewertet (Werte 0, 1, 2). Insgesamt konnten so maximal 51 Punkte erzielt werden.

Die Kodierung der von den Studierenden bearbeiteten Testaufgaben erfolgte durch das Projektteam *Sprachen – Bilden – Chancen*. Es wurde ein Kodierleitfaden eingesetzt, der vom Projektteam DaZKom entworfen worden war. Kritische Punkte wurden mehrfach mit dem Projektteam DaZKom diskutiert und der Kodierleitfaden stark verfeinert, um sich bei der Kodierung möglichst nah an die Kodierung des Projektteams DaZKom anzunähern. Die Kodierung wurde von geschulten studentischen Mitarbeiterinnen und Mitarbeitern durchgeführt. Etwa 20 % der bearbeiteten Tests wurden doppelt kodiert, um die Objektivität der Kodierung einschätzen zu können. Als Maß der Übereinstimmung wurde Cohen's Kappa gewählt. Die Übereinstimmung ist mit 0.80 als gut zu bewerten.

Für die Auswertung wurden die Daten von unseren Kooperationspartnern des DaZKom-Projekts in Conquest Rasch-skaliert und die individuellen Anteile korrekt gelöster Aufgaben in sogenannte Warm's Mean Weighted Likelihood Estimates (WLE) transformiert.[2] Hierdurch sollten Messfehler korrigiert werden. Die Skalierung erfolgte unter Einbezug mehrerer Untersuchungen, in denen der DaZKom-Test eingesetzt wurde, was sich positiv auf die Qualität der Korrektur des Messfehlers auswirkt. Bei den durchgeführten Analysen wurden die korri-

---

2 Die Rasch-Skalierung beruht auf der Item Response Theorie (IRT). Die IRT stellt Modelle zur psychometrischen Analyse und Skalierung von Test- und Fragebogenitems zur Verfügung. Dabei wird angenommen, dass dem beobachtbaren Testverhalten eine latente Fähigkeit zugrunde liegt. Der ermittelte Testwert stellt demnach lediglich einen Indikator für die latente Fähigkeit dar, den es mit Hilfe statistischer Methoden zu ermitteln gilt.

gierten Testwerte (WLEs) verwendet und nicht der Prozentanteil korrekt gelöster Aufgaben, der im Folgenden für die Darstellung der deskriptiven Befunde verwendet wird.

6 Passgenauigkeit des DaZKom-Tests und der DaZ-Module

Da die Aussagekraft der Kompetenzmessung davon abhängt, inwiefern das eingesetzte Testinstrument und die untersuchten Lehrveranstaltungen tatsächlich inhaltlich übereinstimmen (curriculare Validität), wurde die Passgenauigkeit des DaZKom-Tests und der DaZ-Module untersucht. Um Aussagen hierüber treffen zu können, wurde analysiert, inwiefern einerseits das „intendierte Curriculum", also die in den Modulbeschreibungen festgeschriebenen Inhalte, und der DaZKom-Test übereinstimmen und andererseits, inwiefern sich das „implementierte Curriculum", d. h. die reale Umsetzung der Lehre, und das Testinstrument entsprechen (McDonnell 1995).

Um die Passgenauigkeit des DaZKom-Tests mit dem intendierten Curriculum zu bestimmen, wurden sieben Expertinnen und Experten aus der Wissenschaft befragt, die im Bereich Deutsch als Zweitsprache in der Lehrkräfteausbildung und/oder in der Kompetenzerfassung mit Testverfahren arbeiten (Wagner & Darsow 2017). Anhand des Testinstruments, der Kodieranleitung zur Auswertung der Testaufgaben und den Qualifikationszielen der DaZ-Module (siehe Abschnitt 3) haben die Expertinnen und Experten mit Hilfe eines Bewertungsbogens jeweils auf einer vierstufigen Skala eingeschätzt, wie repräsentativ die Testaufgaben für die Qualifikationsziele sind (1 = *überhaupt nicht repräsentativ*; 2 = *eher nicht repräsentativ*; 3 = *eher repräsentativ*; 4 = *sehr repräsentativ*). Um diese Tätigkeit für die Expertinnen und Experten handhabbar zu machen, wurden die 44 Items des DaZKom-Tests nach inhaltlichen Gesichtspunkten zu 18 Testaufgaben zusammengefasst abgebildet. Weiterhin wurden die Expertinnen und Experten gebeten, die Passgenauigkeit des gesamten Instruments mit den Modulinhalten auf einer ebenfalls vierstufigen Skala einzuschätzen. Die Bewertungen der Befragten wurden je Testaufgabe in Mittelwerten zusammengefasst. Bei der Auswertung wurden Mittelwerte, die einen höheren Wert als 2,50 aufweisen, als Passung gewertet.

Für das Bachelor-Modul wurden sechs von den sieben Qualifikationszielen von den Befragten im Durchschnitt als durch den Test (eher) repräsentiert bewertet. Ebenfalls wurden alle Testaufgaben als repräsentativ für mindestens eines der Qualifikationsziele bewertet (Mittelwert). Die Einschätzung für das

Master-Modul ergab, dass bis auf zwei (von sieben) Qualifikationszielen alle anderen Ziele durch den Test (eher) repräsentiert werden. Vier Aufgaben repräsentieren nach Einschätzung der Expertinnen und Experten kein Qualifikationsziel, die anderen jedoch mindestens eines. Die Passgenauigkeit wird somit für das Bachelor-Modul positiver eingeschätzt als für das Master-Modul. Die Mehrzahl der Qualifikationsziele wird im Durchschnitt als durch den Test repräsentiert bewertet, aber in unterschiedlichem Maße, d. h. durch eine unterschiedliche Anzahl an Testaufgaben. Insgesamt betrachtet bewerteten vier der befragten Expertinnen und Experten die Eignung des Testinstruments zur Erfassung der Kompetenzen der Studierenden der DaZ-Module als eher zutreffend, die anderen drei als eher nicht zutreffend.

Um die Passgenauigkeit des DaZKom-Tests und des implementierten Curriculums zu ermitteln, wurden sieben Lehrende aus den DaZ-Modulen befragt (Wagner & Paetsch 2018). Fünf Lehrende haben sich hierbei auf das Bachelor-Modul bezogen, die beiden anderen auf das Master-Modul. Auch sie haben das Testinstrument und die Kodieranleitung zur Auswertung der Testaufgaben vorgelegt bekommen und auf Grundlage eines Bewertungsbogens auf einer vierstufigen Skala eingeschätzt, inwiefern die Kompetenzen und das Wissen, die zur Bearbeitung der einzelnen Testaufgaben nötig sind, in den von ihnen gestalteten Lehrveranstaltungen des jeweiligen Moduls vermittelt wurden. Weiterhin haben sie auf einer vierstufigen Skala eingeschätzt, inwiefern das Testinstrument und die in der Lehre vermittelten Inhalte insgesamt übereinstimmen.

Die Mehrheit der Lehrenden hat für das Bachelor-Modul elf der 18 Testaufgaben aus dem DaZKom-Test als voll oder eher passgenau bewertet. Die beiden Lehrenden, die die Passgenauigkeit des Tests mit dem Master-Modul eingeschätzt haben, bewerteten elf der 18 Testaufgaben übereinstimmend als voll oder eher passgenau. Fasst man das Bachelor- und Master-Modul zusammen, so werden 15 der 18 Testaufgaben mehrheitlich als voll oder eher passgenau eingeschätzt, dabei überschneiden sich die Bewertungen, sodass nur zwei Testaufgaben weder für das Bachelor- noch für das Master-Modul als passgenau bewertet werden. Fünf Lehrende bewerteten die Eignung des Testinstrumentes insgesamt als eher zutreffend, eine befragte Person als eher nicht zutreffend (fehlende Werte n = 1). Die Lehrenden gaben Hinweise zu inhaltlichen Bereichen, die in der Lehre behandelt wurden, aber vom Test nicht abgedeckt werden (z. B. Feedbackverfahren, Fehlerkorrektur, Diagnostik). Das Instrument, das exemplarisch für die Sprachförderung im Bereich Deutsch als Zweitsprache für das Fach Mathematik entwickelt wurde, eignet sich nach Einschätzung einiger Lehrender aufgrund von Unterschieden im Sprachgebrauch für die Förderung in einigen Fächern besser als für andere (z. B. weniger geeignet für Sport und Fremdsprachen).

Insgesamt kann die Passgenauigkeit des eingesetzten Kompetenztests mit den Lerngelegenheiten der Studierenden als eher bestätigt gelten. Dabei wurden die Passgenauigkeit mit dem intendierten Curriculum von Expertinnen und Experten und die Passgenauigkeit mit dem implementierten Curriculum durch die Lehrenden eingeschätzt. Eine Überprüfung der Passgenauigkeit aus Sicht der Studierenden wurde nicht vorgenommen.

7 Ergebnisse

Die Bachelor-Studierenden haben im Prätest vor Besuch des Bachelor-Moduls im Durchschnitt 41 %[3] der Aufgaben richtig gelöst, im Posttest nach Besuch des Moduls durchschnittlich 47 % der Aufgaben. Der durchschnittliche Lerngewinn beträgt somit 7 Prozentpunkte. Die Leistungsverteilung zeigt, dass 68 % der Studierenden im Prätest zwischen 29 % und 53 % der Aufgaben richtig gelöst haben. Das Minimum liegt bei 10 % korrekt gelöster Aufgaben, das Maximum bei 67 %. Im Posttest haben 68 % der Studierenden zwischen 34 % und 60 % der Aufgaben richtig gelöst, das Minimum beträgt hier 4 %, das Maximum 75 % (s. Tabelle 2). Die durchschnittlichen Prätest-Leistungen der Master-Studierenden sind auf einem ähnlichen Niveau wie die durchschnittlichen Posttest-Leistungen der Bachelor-Studierenden. Sie haben im Prätest vor Besuch des Master-Moduls im Durchschnitt 46 % der Aufgaben richtig gelöst. Dieses Ergebnis ist erwartungskonform, denn die Masterstudierenden haben das Bachelor-Modul bereits absolviert. Zu berücksichtigen ist jedoch, dass zwischen dem Besuch des Bachelor- und Master-Moduls i. d. R. mehrere Semester liegen und somit im

Tab. 2: Leistungen der Studierenden im DaZKom-Test (in % Lösungshäufigkeit).

		Prätest	Posttest
Bachelor-Studierende (n = 108)	Mittelwert	41	47
	Standardabweichung	12	13
	Minimum	10	4
	Maximum	67	75
Master-Studierende (n = 72)	Mittelwert	46	55
	Standardabweichung	14	12
	Minimum	12	24
	Maximum	67	76

---

3 Die angegebenen Prozentwerte wurden gerundet.

Tab. 3: Leistung getrennt nach Skalen (in % Lösungshäufigkeit).

		Prätest			Posttest		
		Fach-register	Mehr-sprachig-keit	Didaktik	Fach-register	Mehr-sprachig-keit	Didaktik
Bachelor-Studierende	N gültig	107	104	106	107	108	107
	fehlend	1	4	2	1	0	1
	Mittelwert	35	47	43	43	50	52
	Standard-abweichung	15	15	19	18	15	14
	Minimum	5	0	0	0	12	7
	Maximum	75	82	86	80	82	86
Master-Studierende	N gültig	72	70	71	72	70	72
	fehlend	0	2	1	0	2	0
	Mittelwert	43	48	50	51	57	60
	Standard-abweichung	18	19	19	15	16	12
	Minimum	0	0	0	25	18	29
	Maximum	80	88	93	80	94	86

Bachelor-Modul erworbenes Wissen teilweise in Vergessenheit geraten sein kann. Die durchschnittlichen Prätest-Leistungen der Masterstudierenden sind vor diesem Hintergrund als positiv zu bewerten. Im Prätest haben 68 % der Master-Studierenden zwischen 32 % und 60 % der Aufgaben richtig gelöst, das Minimum beträgt 12 %, das Maximum 67 %. Im Posttest nach Besuch des Master-Moduls haben die Studierenden im Durchschnitt 55 % der Aufgaben richtig gelöst, der durchschnittliche Lerngewinn beträgt bei ihnen also 9 Prozentpunkte. Im Posttest haben 68 % der Studierenden zwischen 43 % und 67 % der Aufgaben richtig gelöst (Minimum 24 %, Maximum 76 %).

Die Signifikanz des Lernzuwachses (7 Prozentpunkte bei den Bachelor-Studierenden und 9 Prozentpunkte bei den Master-Studierenden) wurde mit Hilfe einer Varianzanalyse mit Messwiederholung geprüft. Für die Analysen wurden die WLEs verwendet (vgl. Abschnitt 5); die Gruppenzugehörigkeit (Bachelor vs. Master) wurde berücksichtigt. Die Ergebnisse zeigen einen signifikanten Haupteffekt für den Messzeitpunkt ($F = 104{,}43$, $p < 0.001$, $\eta^2 = 0.37$, $N = 180$). Es gab keinen Interaktionseffekt mit der Gruppenzugehörigkeit. Der Lernzuwachs ist demzufolge für beide Gruppen signifikant, die Effektstärke ist als groß zu bewerten.

Ferner wurde der Lerngewinn getrennt nach den Dimensionen Fachregister, Mehrsprachigkeit und Didaktik ermittelt. Die Ergebnisse für die einzelnen Skalen sind in Tabelle 3 zusammengefasst. Bei den Bachelor-Studierenden beträgt

Tab. 4: Leistungen getrennt nach ‚Fächern' (in % Lösungshäufigkeit).

	Deutsch nein (n = 130)		Fremdsprache(n) nein (n = 135)		Grundschulpädagogik nein (n = 150)	
	Prätest	Posttest	Prätest	Posttest	Prätest	Posttest
M	42	50	42	49	42	51
SD	13	13	13	12	14	13
Min	10	22	10	22	10	4
Max	67	76	67	76	67	76
	ja (n = 46)		ja (n = 41)		ja (n = 30)	
M	46	52	47	56	46	49
SD	12	11	11	12	9	9
Min	18	35	29	24	27	37
Max	67	75	67	76	63	67

der durchschnittliche Lernzuwachs bei der Skala Fachregister 7 Prozentpunkte, bei den Master-Studierenden 8 Prozentpunkte. Ein deutlicher Unterschied zwischen den Gruppen zeigt sich bei der Skala Mehrsprachigkeit. Die Bachelor-Studierenden weisen hier einen durchschnittlichen Lerngewinn von gerade einmal 3 Prozentpunkte auf, die Master-Studierenden von 9 Prozentpunkten. Als Erklärung kann angeführt werden, dass der Bereich Mehrsprachigkeit laut Modulbeschreibung erst im Master-Modul thematisiert wurde. Bei der Skala Didaktik beträgt der durchschnittliche Lernzuwachs bei den Bachelor-Studierenden 8 Prozentpunkte, bei den Master-Studierenden 10 Prozentpunkte.

Weiterhin wurde geprüft, ob Studierende mit den Fächern Deutsch, einer oder mehrerer Fremdsprachen sowie Grundschulpädagogik einen Leistungsvorteil aufweisen. Hintergrund für diese Annahme ist die Feststellung, dass die Beschreibung der Lerninhalte der DaZ-Module Überschneidungen mit den Lerninhalten in diesen Fächern aufweisen, d. h. die Studierenden beschäftigen sich in anderen Modulen mit gleichen Themen (vgl. Jostes et al. 2016). Wie die deskriptiven Ergebnisse zeigen (s. Tabelle 4), fallen die Leistungen der Studierenden dieser Fächer im Prätest gleich bzw. ähnlich hoch aus: Studierende des Faches Deutsch und Grundschulpädagogik haben durchschnittlich 46 % der Aufgaben richtig gelöst, Studierende einer oder mehrerer Fremdsprachen 47 % der Aufgaben. Studierende anderer Fächer haben im Vergleich lediglich 42 % der Aufgaben richtig gelöst. Die Ergebnisse des Posttests zeigen, dass sich der Leistungsvorsprung der Studierenden der Fächer Deutsch und Grundschulpädagogik über den Zeitraum verkleinert bzw. nicht aufrechterhalten werden kann. Studierende einer oder mehrerer Fremdsprachen weisen jedoch weiterhin einen Leistungsvorsprung gegenüber Studierenden anderer Fächer auf. Es wurde geprüft, ob sich die Studierenden der Fächer Deutsch, einer oder mehrerer Fremdsprachen und Grundschulpädagogik signifikant in den Leistungen im Vorwissen und im Lernzuwachs von den Studierenden anderer Fächer unterscheiden. Hierfür wurde eine Regressionsanalyse[4] unter Verwendung der WLEs durchgeführt. Die Ergebnisse zeigen, dass der Leistungsvorteil im Vorwissen der Studierenden mit den Fächern Deutsch, einer oder mehrerer Fremdsprachen oder Grundschulpädagogik signifikant ist. Studierende der Fächer Deutsch und Grundschulpädagogik weisen keine signifikanten Unterschiede in ihren Lernzuwächsen auf, der Lernzuwachs der Studierenden mit einer Fremdsprache wird signifikant.

8 Diskussion

Lehrkräfte sind aufgefordert, in jedem Fachunterricht bildungssprachliche Kompetenzen zu vermitteln und das fachliche und sprachliche Lernen miteinander zu verknüpfen. Universitäten stehen dadurch vor der Aufgabe, angehende Lehrkräfte auf den Umgang mit einer sprachlich heterogenen Schülerschaft vorzubereiten. Untersucht wurde, welche Lernfortschritte bei den Studierenden bei Besuch der DaZ-Module erzielt werden können. Es wurde geprüft, ob die Studierenden einen Lernzuwachs aufweisen und wie dieser bei den Bachelor- und Masterstudierenden ausfällt. Es wurde ferner geprüft, ob die Lernzuwächse in bestimmten inhaltlichen Bereichen höher ausfallen als in anderen und ob Studierende bestimmter Fächer Vorteile gegenüber Studierenden anderer Fächer haben. Es wurde ein Prä-Post-Design mit zwei Messzeitpunkten gewählt. Insgesamt nahmen 180 Studierende an beiden Erhebungen teil. Es gab einen hohen Anteil an Studierenden, der am Prätest, aber nicht am Posttest teilgenommen hat, was auf die freiwillige Teilnahme zurückgeführt werden kann. Im Projekt *Sprachen – Bilden – Chancen* haben wir die Erfahrung gemacht, dass es notwendig ist, die Lehrenden stark in die Evaluation einzubinden. Die Unterstützung der Lehrenden ist notwendig, da sie die Schnittstelle zu den Studierenden bilden und die Bereitschaft der Studierenden zur Teilnahme an der Studie beeinflussen können. Für die Messung wurde das standardisierte Testinstrument DaZKom in einer Kurzversion eingesetzt, das auf einem zuvor vom Projekt DaZKom entwickelten Kompetenzmodell basiert. Eine Validierungsstudie hat gezeigt, dass

---

[4] Es wurde eine Pfadanalyse in Mplus 7 durchgeführt: Estimator MLR, die Seminarzugehörigkeit wurde mit TYPE=COMPLEX berücksichtigt, Mehrgruppendesign zur Unterscheidung von Bachelor- und Masterstudierenden.

die Testaufgaben insbesondere das implementierte Curriculum repräsentieren, auch wenn es vereinzelte Leerstellen gibt.

Durch die Untersuchung konnten signifikante Lerngewinne der Bachelor- und Masterstudierenden bei Besuch der Berliner DaZ-Module nachgewiesen werden. Der in der vorliegenden Studie festgestellte Lerngewinn könnte unterschätzt sein, da einerseits der Zeitpunkt des Posttests aus organisatorischen Gründen vor Abschluss der Modulabschlussprüfung durchgeführt wurde und andererseits ein Teil der befragten Studierenden (Bachelor: 21%, Master: 11%) angab, im Untersuchungszeitraum lediglich eine der beiden Lehrveranstaltungen des Moduls besucht zu haben. Es ist anzunehmen, dass die Lerngewinne bei einer Testung nach Abschluss der Modulabschlussprüfung aufgrund der dadurch noch intensiveren Auseinandersetzung der Studierenden mit den Inhalten des Moduls und bei Besuch aller Studierenden der beiden Lehrveranstaltungen noch höher ausgefallen wären. Die gemeinsame Skalierung der Daten der hier vorliegenden Studie mit den Daten aus anderen Studien, in denen der DaZKom-Test eingesetzt worden ist, hat gezeigt, dass die in der hier vorliegenden Studie gemessenen Ergebnisse vergleichbar mit denen anderer Studien sind. In einer weiteren Analyse konnte gezeigt werden, dass Studierende der Fächer Deutsch, einer Fremdsprache und Grundschulpädagogik einen Vorwissensvorsprung aufweisen, was sich im höheren Anteil korrekt gelöster Aufgaben im Prätest widerspiegelt. Studierende einer Fremdsprache haben einen geringen Vorteil im Kompetenzzuwachs im Vergleich zu Studierenden anderer Fächer, die Studierenden der Fächer Deutsch und Grundschulpädagogik jedoch nicht. Aus dem Beleg, dass es Studierende gibt, die einen Vorwissensvorsprung aufweisen, kann die Empfehlung abgeleitet werden, dass diese Vorwissensunterschiede in der Lehre stärkere Berücksichtigung finden sollten, z.B. durch differenzierte Kurse (nach Fächern oder Schulstufen) oder durch Binnendifferenzierung innerhalb der Kurse. Bevor strukturelle Veränderungen durchgeführt werden, sollten die Vorwissensunterschiede in ihrer Qualität näher bestimmt werden. Einschränkend muss angemerkt werden, dass keine Kontrollgruppe eingesetzt worden ist, wodurch nicht nachgewiesen werden kann, dass der Lernzuwachs auf den Besuch der DaZ-Module zurückgeführt werden kann. Insbesondere ist nicht auszuschließen, dass das bessere Abschneiden im Posttest zumindest teilweise darauf zurückzuführen ist, dass die Studierenden das Testinstrument bei der zweiten Messung bereits kannten, wodurch die Bearbeitung möglicherweise erleichtert wurde (Retest-Effekt).

Die Evaluation der DaZ-Module zeigte ferner curriculare Überschneidungen innerhalb der DaZ-Module sowie zwischen den DaZ-Modulen und anderen Modulen, die näher geprüft und ggf. durch Absprachen reduziert oder sinnvoller verzahnt werden sollten. Inwiefern die Studierenden durch die DaZ-Module auf die zweite Phase der Lehrkräftebildung und ihre spätere Tätigkeit als Lehrkraft angemessen vorbereitet werden, sollte in einer weiteren Studie näher untersucht werden.

Literatur

Baumert, Jürgen; Kunter, Mareike (2011): Das Kompetenzmodell von COACTIV. In: Kunter, Mareike; Baumert, Jürgen; Blum, Werner; Klusmann, Uta; Krauss, Stefan & Neubrand, Michael (Hrsg.): *Professionelle Kompetenz von Lehrkräften. Ergebnisse des Forschungsprogramms COACTIV*. Münster: Waxmann, 29–54.

Becker-Mrotzek, Michael; Hentschel, Britta; Hippmann, Kathrin & Linnemann, Markus (2012): *Sprachförderung in deutschen Schulen – die Sicht der Lehrerinnen und Lehrer. Ergebnisse einer Umfrage unter Lehrerinnen und Lehrern*. Universität zu Köln, Mercator-Institut für Sprachförderung und Deutsch als Zweitsprache. http://www.mercator-institut-sprachfoerderung.de/fileadmin/user_upload/Lehrerumfrage_Langfassung_final_30_05_03.pdf (03. 04. 2018).

Brandenburger, Anja; Bainski, Christiane; Hochherz, Wolf & Roth, Hans-Joachim (2011): *European Core Curriculum for Inclusive Academic Language Teaching. Adaption des europäischen Kerncurriculums für inklusive Förderung der Bildungssprache Nordrhein-Westfalen (NRW), Bundesrepublik Deutschland*. Universität zu Köln. http://www.eucim-te.eu/data/eso27/File/Material/NRW.%20Adaptation.pdf (03. 04. 2018).

Carlson, Sonja A. & Präg, Désirée (2018): Der Prozess der Aufgabenentwicklung im *DaZKom*-Projekt: von der Rahmenkonzeption bis zur Pilotierung des Testinstruments. In Ehmke, Timo; Hammer, Svenja; Köker, Anne; Ohm, Udo & Koch-Priewe, Barbara (Hrsg.): *Professionelle Kompetenzen angehender Lehrkräfte im Bereich Deutsch als Zweitsprache*. Münster: Waxmann, 93–108.

Darsow, Annkathrin; Wagner, Fränze Sophie & Paetsch, Jennifer (2016): Konzept für die empirische Untersuchung der Berliner DaZ-Module. In Becker-Mrotzek, Michael; Rosenberg, Peter; Schroeder, Christoph & Witte, Annika (Hrsg.): *Deutsch als Zweitsprache in der Lehrerbildung*. Münster: Waxmann, 187–202.

Dreyfus, Hubert L. & Dreyfus, Stuart E. (1986): *Mind Over Machine. The Power of Human Intuition and Expertise in the Era of the Computer*. Oxford: Basil Blackwell.

Ehmke, Timo & Hammer, Svenja (2018): Skalierung und dimensionale Struktur des *DaZKom*-Testinstruments. In Ehmke, Timo; Hammer, Svenja; Köker, Anne; Ohm, Udo & Koch-Priewe, Barbara (Hrsg.): *Professionelle Kompetenzen angehender Lehrkräfte im Bereich Deutsch als Zweitsprache*. Münster: Waxmann, 129–148.

Gibbons, Pauline (2015): *Scaffolding Language, Scaffolding Learning. Teaching Second Language Learners in the Mainstream Classroom* (2. Aufl.). Portsmouth: Heinemann.

Hammer, Svenja & Ehmke, Timo (2018): Ergebnisse einer Validierungsstudie zum *DaZKom*-Testinstrument. In Ehmke, Timo; Hammer, Svenja; Köker, Anne; Ohm, Udo & Koch-Priewe, Barbara (Hrsg.): *Professionelle Kompetenzen angehender Lehrkräfte im Bereich Deutsch als Zweitsprache*. Münster: Waxmann, 185–200.

Hammer, Svenja; Carlson, Sonja A.; Ehmke, Timo; Koch-Priewe, Barbara; Köker, Anne; Ohm, Udo; Rosenbrock, Sonja & Schulze, Nina (2015): Kompetenz von Lehramtsstudierenden in Deutsch als Zweitsprache. Validierung eines GSL-Testinstruments. *Zeitschrift für Pädagogik* 61: 32–54.

Hopp, Holger; Thoma, Dieter & Tracy, Rosemarie (2010): Sprachförderkompetenz pädagogischer Fachkräfte. Ein sprachwissenschaftliches Modell. *Zeitschrift für Erziehungswissenschaft* 13 (4): 609–629.

Jostes, Brigitte; Andreas, Torsten; Börsel, Anke; Caspari, Daniela; Chmiel, Cornelia; Darsow, Annkathrin; Horváth, András; Knab, Simone; Lohse, Alexander; Lütke, Beate; Paetsch, Jennifer; Petersen, Inger; Peuschel, Kristina; Schallenberg, Julia & Sieberkrob, Matthias (2016): *Sprachbildung / Deutsch als Zweitsprache in der Berliner Lehrkräftebildung: Eine Bestandsaufnahme.* http://www.sprachen-bilden-chancen.de/images/160408_SprachenBildenChancen_InteraktivesPDF.pdf (03.04.2018).

Köker, Anne; Rosenbrock-Agyei, Sonja; Ohm, Udo; Carlson, Sonja A.; Ehmke, Timo; Hammer, Svenja; Koch-Priewe, Barbara & Schulze, Nina (2015): DaZKom – Ein Modell von Lehrerkompetenz im Bereich Deutsch als Zweitsprache. In Koch-Priewe, Barbara; Köker, Anne; Seifried, Jürgen & Wuttke, Eveline (Hrsg.): *Kompetenzerwerb an Hochschulen: Modellierung und Messung. Zur Professionalisierung angehender Lehrerinnen und Lehrer sowie frühpädagogischer Fachkräfte.* Bad Heilbrunn: Klinkhardt, 177–205.

Krumm, Hans-Jürgen (2010): Lehrerwissen. In Barkowski, Hans & Krumm, Hans-Jürgen (Hrsg.): *Fachlexikon Deutsch als Fremd- und Zweitsprache.* Tübingen: Narr, 187.

Lütke, Beate; Wagner, Fränze Sophie; Darsow, Annkathrin; Börsel, Anke; Jostes, Brigitte & Paetsch, Jennifer (2016): DaZ und Sprachbildung in der Berliner Lehrkräftebildung. *Die Deutsche Schule* 13: 23–34.

McDonnell, Lorraine M. (1995): Opportunity to Learn as a Research Concept and a Policy Instrument. *Educational Evaluation and Policy Analysis* 17 (3): 305–322.

Ofner, Daniela; Roth, Christine & Thoma, Dieter (2016): Sprachförderkompetenz in der Grundschule messen: Konzeption und Pilotierungsergebnisse. In Barkow, Ingrid & Müller, Claudia (Hrsg.): *Frühe sprachliche und literale Bildung. Sprache lernen und fördern im Kindergarten und zum Schuleintritt.* Tübingen: Narr, 149–164.

Ohm, Udo (2018): Das Modell von DaZ-Kompetenz bei angehenden Lehrkräften. In Ehmke, Timo; Hammer, Svenja; Köker, Anne; Ohm, Udo & Koch-Priewe, Barbara (Hrsg.): *Professionelle Kompetenzen angehender Lehrkräfte im Bereich Deutsch als Zweitsprache.* Münster: Waxmann, 73–92.

Sachverständigenrat deutscher Stiftungen für Integration und Migration (2016): *Lehrerbildung in der Einwanderungsgesellschaft. Qualifizierung für den Normalfall Vielfalt.* Policy Brief des SVR-Forschungsbereichs 2016-4. https://www.svr-migration.de/wp-content/uploads/2017/05/SVR_FB_Lehrerbildung.pdf (03.04.2018).

Shulman, Lee S. (1987): Knowledge and Teaching: Foundations of the New Reform. *Harvard Educational Review* 57(1): 1–22.

Wagner, Fränze Sophie & Darsow, Annkathrin (2017): *Untersuchung der Passgenauigkeit des Instrumentes DaZKom (Berliner Kurzversion) mit den Inhalten und Qualifikationszielen der DaZ-Module.* Unveröffentlichter Bericht. Humboldt Universität zu Berlin.

Wagner, Fränze Sophie & Paetsch, Jennifer (2018): Bewertung der curricularen Validität des DaZKom-Testinstruments für die Deutsch-als-Zweitsprache-Module an Berliner Universitäten. In Ehmke, Timo; Hammer, Svenja; Köker, Anne; Ohm, Udo & Koch-Priewe, Barbara (Hrsg.): *Professionelle Kompetenzen angehender Lehrkräfte im Bereich Deutsch als Zweitsprache.* Münster: Waxmann, 241–259.

Weinert, Franz E. (2002): Vergleichende Leistungsmessung in Schulen – Eine umstrittene Selbstverständlichkeit. In Weinert, Franz E. (Hrsg.): *Leistungsmessungen in Schulen.* Weinheim, Basel: Beltz, 17–31.

Simone Dubiel, Jennifer Paetsch und Beate Lütke
Evaluationsergebnisse einer Fortbildung für Seminar- und Fachleitungen im Bereich sprachsensiblen Fachunterrichts: selbsteingeschätzte Kompetenz, Zufriedenheit und Transfer

1 Einleitung

Der kompetente Umgang mit sprachlicher Heterogenität stellt eine der wesentlichen aktuellen Herausforderungen im Bildungswesen dar und es gehört unbestritten zu dem Aufgabenprofil einer Lehrkraft, die sprachlichen Kompetenzen ihrer Schülerinnen und Schüler zu fördern. Dabei werden Sprachförderung und sprachliche Bildung nicht mehr nur als Aufgaben des Deutschunterrichtes oder speziell ausgebildeter Fachkräfte angesehen, sondern vielmehr als Aufgaben aller Lehrkräfte (u. a. Ahrenholz 2010; Becker-Mrotzek, Schramm, Thürmann & Vollmer 2013; Lütke, Petersen & Tajmel 2017; Vollmer & Thürmann 2013). Darüber hinaus hat sich gezeigt, dass sprachliche Bildung und Unterstützung nicht ausschließlich für Schülerinnen und Schüler, die Deutsch als Zweitsprache lernen, notwendig ist, sondern für alle Heranwachsenden (Rost-Roth 2017). Im Rahmen eines sprachsensiblen Fachunterrichts sollten Lehrkräfte jeder Schulstufe und -form daher der sprachlichen Heterogenität ihrer Schülerschaft angemessen begegnen (Gogolin & Lange 2011; Rost-Roth 2017). Neben Begriffen wie *sprachliche Bildung*, *Sprachbildung* und *Sprachförderung* hat sich der Terminus *sprachsensibler Fachunterricht* etabliert.[1] Dahinter verbirgt sich die Auffassung, dass sprachliche Kompetenz in Verbindung mit dem Lernen von Fachinhalten herausgebildet wird und beides nicht voneinander getrennt betrachtet werden kann (Leisen 2011). Dabei umfasst Sprache sehr viel mehr als gesprochene Sprache – sie kann in „mündlicher oder schriftlicher Form, als Alltagssprache, Unterrichtssprache oder Fachsprache in Erscheinung treten [...].

---

1 Für eine Ausdifferenzierung der Begriffe siehe Jostes (2017a).

Anmerkung: Als Förderer des Projektes *Sprachsensibles Unterrichten fördern – Angebote für die Ausbildung im Vorbereitungsdienst des Lehramtes Gymnasium/Gesamtschule* gilt ein besonderer Dank dem *Ministerium für Schule und Bildung des Landes Nordrhein-Westfalen*, der *Stiftung Mercator* und der *Landesweiten Koordinierungsstelle Kommunale Integrationszentren NRW* (LaKI).

https://doi.org/10.1515/9783110570380-016

Sprache zeigt sich im Fachunterricht [...] in verschiedenen Darstellungs- und Sprachformen. Daraus erwachsen jeweils unterschiedliche Problemstellungen in sprachlicher und fachlicher Hinsicht" (Leisen 2011: 6, Auslassungen S. D.). Dies erfordert eine hohe Reflexionsfähigkeit über das eigene unterrichtliche Handeln. Eine Sensibilisierung von Lehrkräften hinsichtlich ihrer sprachlichen Handlungen innerhalb des Unterrichts erscheint dazu eine notwendige Voraussetzung. Ziel sprachsensiblen Fachunterrichts ist die Verbesserung der Unterrichtsqualität und damit einhergehend die Verbesserung der Leistung aller Schülerinnen und Schüler im Allgemeinen und derer mit Bildungsbenachteiligungen im Besonderen. Es wird demnach davon ausgegangen, dass sich die Berücksichtigung sprachlicher Merkmale innerhalb des Fachunterrichts positiv auf den Bildungserfolg von Schülerinnen und Schülern auswirken kann.

Folglich scheint auch die Sensibilisierung und Integration sprachlicher Themen in allen drei Phasen der Lehrkräftebildung unumgänglich. Die Themen Sprachförderung bzw. -bildung und Deutsch als Zweitsprache werden in den bildungspolitischen Papieren der Länder und des Bundes als notwendiger Teil der Lehrkräftebildung angesehen (Baumann 2017). An vielen Universitäten gehören diese Themen daher bereits fest zum Ausbildungskanon der ersten Phase. Parallel zu dieser Entwicklung wird in jüngster Zeit ebenfalls die zweite Phase der Lehrkräftebildung in den Blick genommen und der Umgang mit sprachlicher Vielfalt als essenzieller Bestandteil der Ausbildung betrachtet. Dies spiegelt sich in den Curricula[2] für die Ausbildung von Lehrkräften wider – womit auch sprachliche Vielfalt in der Ausbildungspraxis präsent wird (Oleschko 2017). Für eine ganzheitliche Implementation sprachlicher Bildung in der schulischen Praxis erscheint es sinnvoll, die dritte Phase der Lehrkräftebildung einzubeziehen, indem systematisch Fortbildungen zu dem Bereich sprachliche Bildung und Umgang mit sprachlicher Heterogenität angeboten werden (Jostes & Darsow 2017; Jostes 2017b). Dies scheint umso wichtiger, da sich Fachlehrkräfte durch ihr Studium oftmals nicht angemessen auf den Umgang mit sprachlich und kulturell heterogenen Klassen vorbereitet fühlen und sich daher Fortbildungen in diesen Bereichen wünschen (Becker-Mrotzek, Hentschel, Hippmann & Linnemann 2012; Simmons 2009). Durch die Anforderung,

---

[2] In dem überarbeiteten Kerncurriculum von 2016 für die Ausbildung von Lehrkräften in Nordrhein-Westfalen wurde beispielsweise der Themenschwerpunkt Vielfalt, worunter auch sprachliche Vielfalt fällt, integriert. Einsehbar: https://www.schulministerium.nrw.de/docs/LehrkraftNRW/Vorbereitungsdienst/Kerncurriculum.pdf, letzter Zugriff 24.02.2018.

die Themen in der zweiten Phase der Lehrkräftebildung zu verankern, sind darüber hinaus Fortbildungen für Seminar- und Fachleitungen[3] notwendig.

Spezifisch für diesen Themenbereich ausgerichtete Fortbildungen können dazu beitragen, dass die Teilnehmenden ein grundlegendes Verständnis sprachrelevanter Aspekte für den Fachunterricht erlangen und lernen, sprachbildende Methoden in den Unterricht zu integrieren (De Jong 2013). In Aus- und Fortbildungen geht es daher nicht nur um die Sensibilisierung, etwa mit dem Ziel, ein Bewusstsein für die Rolle von Sprache im Fachunterricht zu schaffen, sondern auch um die Vermittlung konkreter Techniken, die von den Teilnehmenden im Sinne eines erfolgreichen Transfers in der schulischen Praxis angewendet werden sollen. Anhand einer wissenschaftlichen Begleitung und Evaluation der Ausbildungs- und Fortbildungsmaßnahmen kann überprüft werden, inwieweit durchgeführte Maßnahmen dieses Ziel erreichen.

Der vorliegende Beitrag beruht auf den Evaluationsergebnissen der in Nordrhein-Westfalen durchgeführten Fortbildung *Sprachsensibles Unterrichten fördern*, die sich an Seminar- und Fachleitungen richtete. Die teilnehmenden Seminar- und Fachleitungen sollten in die Lage versetzt werden, Lehramtsanwärterinnen und -anwärtern Konzepte des sprachsensiblen Unterrichtens näherzubringen und praxisnahe Module für ihre Seminararbeit zu entwickeln bzw. zu erproben. Im Fokus des vorliegenden Beitrages steht dabei die Frage, wie selbsteingeschätzter Kompetenzzuwachs und Zufriedenheit mit der Fortbildung mit der Transferabsicht bzw. den Transfermöglichkeiten zusammenhängen.

Vor der Darstellung der Forschungsergebnisse werden im Folgenden zunächst verschiedene Wirkungsstufen von Fortbildungen beschrieben, um daran anschließend Erfolgskriterien und -indikatoren für den Transfer von Fortbildungsinhalten zu erörtern.

2 Theoretischer Hintergrund

2.1 Wirkungsstufen von Fortbildungen

Evaluationen von Maßnahmen können der Qualitätssicherung dienen oder direkt zur Beurteilung und Verbesserung von Konzeptionen sowie zur Ausgestaltung

---

[3] Seminar- und Fachleitungen in NRW bilden Lehrkräfte im Vorbereitungsdienst an Zentren für schulpraktische Lehrerausbildung aus. Die Ausbildung erfolgt unter Verknüpfung von Unterrichtspraxis und Unterrichtstheorie sowie Praxisreflexion in Fachseminaren, Unterrichtsproben und Beratungsgesprächen. Seminar- und Fachleitungen führen u. a. die Prüfung des zweiten Staatsexamens durch.

oder Umsetzung einer Maßnahme genutzt werden. Dabei können unterschiedliche Aspekte fokussiert werden. Für die Evaluation von Maßnahmen oder Interventionen ist die Auseinandersetzung mit der Frage, welche Kriterien zur Beurteilung des Erfolgs herangezogen werden sollen, maßgeblich. Evaluationskriterien können beispielsweise die Qualität der Intervention oder ihre Wirksamkeit betreffen (Gollwitzer & Jäger 2014). Eine bekannte theoretische Grundlage für die Evaluation von Fortbildungen bildet das *Vier-Ebenen-Modell* von Kirkpatrick (1959, zitiert nach Gollwitzer & Jäger 2014).

Nach Kirkpatrick (1998) lassen sich vier Ebenen (*levels*) unterscheiden, auf denen Wirksamkeitsbelege von Fortbildungen erbracht werden sollten: (1) die Reaktionsebene (*reaction*), (2) die Ebene des Lernerfolgs (*learning*), (3) die Verhaltensebene (*behavior*) und (4) die Ebene objektiver Endergebnisse (*results*). Die vier Ebenen werden als aufeinander aufbauende Elemente innerhalb von Fortbildungen betrachtet. Jede Ebene ist wichtig und hat einen Einfluss auf die nächste Ebene. Der Arbeitsaufwand von einer zu der nächstliegenden Ebene wird als herausfordernder und zeitaufwändiger empfunden. Höhere Ebenen bergen wertvollere Informationen, wobei jedoch keine Ebene ausgelassen werden sollte, um zu einer – aus Sicht des Durchführenden – wichtigeren Ebene überzugehen (Kirkpatrick 1998: 19). Reaktionen, wie z. B. die Zufriedenheit der Teilnehmenden, werden als erste zu erfüllende Ebene von Fortbildungen erachtet. In diesem Zusammenhang ist es wichtig, positive Resonanzen von Seiten der Fortbildungsteilnehmenden zu erhalten, da der Erfolg eines Trainingsprogramms von ihrer Akzeptanz abhängig ist. Teilnehmende, die der Fortbildung positiv gegenüberstehen, sind motivierter, sich die Fortbildungsinhalte anzueignen. Zufriedenheit kann die Aufnahme von Wissen (zweite Ebene) zwar nicht sicherstellen, negative Reaktionen können jedoch als vermindernder Faktor für Lernfortschritte gelten (Kirkpatrick 1998; Lipowsky & Rzejak 2012).

Die Ebene des Lernerfolgs (*learning*) ist definiert als der Grad, zu welchem Teilnehmende (1) ihre Einstellung als Folge der Fortbildungsteilnahme ändern, (2) Wissen vertiefen und/oder (3) ihre Fertigkeiten erhöhen. Dies sind laut Kirkpatrick (1998) die drei ausschlaggebenden Kriterien, welche durch Fortbildungen verändert werden können. Um Veränderungen des Verhaltens sichtbar machen zu können, sollte mindestens eines der drei Kriterien zutreffen. Fortbildungen können sich darin unterscheiden, welche der Kriterien fokussiert werden sollen. Beispielsweise zielen Interventionen, welche sich mit Heterogenität auseinandersetzen, häufig primär auf die Veränderung von Überzeugungen und Haltungen ab, wohingegen Fortbildungen zu didaktischen Themen eher auf eine Verbesserung von Fertigkeiten fokussiert sind.

Als dritte Ebene benennt Kirkpatrick (1998) die Verhaltensebene (*behavior*). Das veränderte Verhalten liegt dabei im unmittelbaren Wirkungsfeld des Teilnehmenden und ist auf die Teilnahme an der Fortbildung rückführbar – Voraussetzung für eine Verhaltensänderung ist ein erfolgreiches Durchlaufen der beiden vorangegangenen Ebenen (*reaction* und *learning*). Um auf der Verhaltensebene Veränderungen sichtbar werden zu lassen, müssen weitere begünstigende Faktoren wirken: Die Person muss (a) den Wunsch besitzen, Veränderungen durchzuführen, (b) sie muss wissen, was zu tun ist, um die Handlung umsetzbar zu machen, (c) im richtigen Arbeitsklima tätig sein und (d) für ihre Veränderungen belohnt werden. Auf die motivationalen Faktoren (a) und das Selbstwirksamkeitserleben (b) wird in diesem Beitrag näher eingegangen, da sie von der Fortbildungsdurchführung beeinflusst werden. Das *Vier-Ebenen-Modell* von Kirkpatrick (1998) schließt hingegen nicht mit der dritten Ebene (*behavior*) ab, sondern wird durch die darauffolgende Ebene der Endergebnisse (*results*) ergänzt. Ergebnisse werden dabei definiert als Befunde, die auf die Teilnahme von Fortbildungen zurückzuführen sind und auf der Ebene der Organisation z. B. in Form von verbesserter Unterrichtsqualität sichtbar werden.

2.2 Erfolgskriterium Transfer

Nach dem theoretischen Modell von Kirkpatrick (1998) können durch Lernprozesse während Fortbildungen Veränderungen hinsichtlich der Einstellungen, des Wissens und/oder der Fertigkeiten erreicht werden. Wird das Erlernte von den Teilnehmenden in ihrer Praxis nach der Fortbildung angewendet, kann von Transfer gesprochen werden. Nach dem Modell von Kirkpatrick entspricht die Übertragung des Erlernten auf das unmittelbare Handlungsfeld der dritten Ebene (Verhaltensebene). Der Transfer von Fortbildungsinhalten ist in der Regel das Ziel einer Fortbildungsmaßnahme und wird in diesem Zusammenhang als ein wichtiges Erfolgskriterium verstanden.

Mit Transfer wird demnach die Übertragung des Erlernten auf die eigene Handlungspraxis bezeichnet. In der Psychologie wird dann von Transfer gesprochen, wenn sich das erlernte Verhalten auch in anderen Situationen als der erlernten zeigt (Gräsel 2010). In der Pädagogik wird der Begriff mit ähnlicher Bedeutung als „Übertragung von Lösungswegen auf andere Aufgaben, Einwirkung vorangegangener Lernleistungen auf nachfolgende" (Schulz & Basler 1981, zitiert nach Gräsel, Jäger & Wilke 2006: 449) beziehungsweise im Sinne einer Leistungsübertragung verwendet. Gräsel, Jäger & Wilke (2006) schlagen als Definition von Transfer vor:

> Die geplante und gesteuerte Übertragung von Erkenntnissen aus einem Kontext A, bestehend aus den Merkmalen Inhalt, Person und soziales System, in einen Kontext B, der sich in mindestens einem der drei Merkmale unterscheidet. (Gräsel, Jäger & Wilke 2006: 493; siehe auch Jäger 2004)

2.3 Erfolgsindikator Transfermotivation

Die individuelle Entscheidung, die in einer Fortbildung erlernten Inhalte in der eigenen Handlungspraxis umzusetzen, stellt ein wesentliches Element erfolgreichen Transfers dar. Ausschlaggebend dafür sind die von den Teilnehmenden selbst wahrgenommenen Kompetenzen und ihre Transfermotivation (Gräsel, Jäger & Wilke 2006).

Faktoren wie die Zugehörigkeit zu einer Gemeinschaft, die Erfahrung, eine Tätigkeit selbst steuern und gestalten zu können, und die Zuschreibung positiver Effekte des Handelns zu dem eigenen Kompetenzbereich wirken sich dabei unterstützend auf die Aufrechterhaltung von Motivation aus (Gräsel, Jäger & Wilke 2006). „Wesentlich für motiviertes Handeln ist hier, dass die Lehrkräfte den Eindruck haben, mit ihren Handlungen etwas zu bewirken" (Gräsel, Jäger & Wilke 2006: 505). Nach Kirkpatrick (1998) ist eine Voraussetzung für erfolgreichen Transfer, dass die Fortbildungsteilnehmenden Kenntnis darüber besitzen, wie eine Handlung umsetzbar ist. Maßgeblichen Einfluss auf die Transfermotivation hat demnach die Überzeugung der Teilnehmenden, über die Kompetenz zur Umsetzung der Fortbildungsinhalte in das praktische Umfeld zu verfügen; sie weisen also eine hohe Selbstwirksamkeitserwartung auf (Bandura 1977). Dabei wird die Frage zentral, „ob man sich selbst dazu in der Lage sieht, ein Verhalten zu zeigen, das zu einem Erfolg führt" (Köller & Möller 2010: 767).

2.4 Erfolgsindikatoren Zufriedenheit und Kompetenzentwicklung

Um die Zufriedenheit (*reaction*) von Teilnehmenden einer Fortbildung zu erfassen, werden sie in der Regel um ihre Einschätzung bezüglich bestimmter Merkmale der besuchten Fortbildung gebeten. Die Einschätzungen der Teilnehmenden gelten dabei als wertvolle Rückmeldung für die Fortbildenden. Zufriedenheit stellt nach dem *Vier-Ebenen-Modell* von Kirkpatrick (1998) die Basis für alle folgenden Ebenen dar. Sie kann somit als eine Voraussetzung für die Umsetzung von Fortbildungen in der Praxis gelten *(behavior)*. Es kann angenommen werden, „dass eine geringe Zufriedenheit die Bereitschaft, die Fortbildungsinhalte anzuwenden und in das eigene Handeln zu integrieren, nicht befördern dürfte" (Lipowsky & Rzejak 2012: 3). Für Lehrkräftefortbildungen hat sich gezeigt, dass die Zufriedenheit der Teilnehmenden in engem Zusammenhang mit der subjektiv wahrgenommenen Kohärenz zur eigenen unterrichtlichen Praxis steht (Guskey 2002; Haenisch 1994; Jäger & Bodensohn 2007). Das bedeutet, dass solche Fortbildungsinhalte, die den Bedürfnissen des eigenen unterrichtlichen Handelns nahestehen, als zufriedenstellender bewertet werden als solche, welche diese Eigenschaften nicht aufweisen.

Kompetenzentwicklung bzw. Wissenszuwachs ist ein weiterer Erfolgsindikator von Fortbildungen (*learning*). Im Bereich der Lehrkräftebildung gilt das professionelle Wissen von Lehrkräften als zentrale Voraussetzung für erfolgreiches Unterrichtshandeln (Baumert & Kunter 2006). Dabei wird zwischen Fachwissen (*content knowledge*), fachdidaktischem Wissen (*pedagogical content knowledge*) und pädagogischem Wissen (*pedagogical knowledge*) unterschieden (Baumert & Kunter 2006: 490). Laut Baumert und Kunter (2006) ist „Fachwissen [...] die Grundlage, auf der fachdidaktische Beweglichkeit entstehen kann" (Baumert & Kunter 2006: 496; siehe auch Kahan, Cooper & Bethea 2003, Auslassung S. D.). Fachdidaktisches Wissen (*pedagogical content knowledge)* wird definiert als *„a unique kind of knowledge that intertwines content with aspects of teaching and learning"* (Ball, Lubienski & Mewborn 2001: 448). Es ist eine spezielle Form des Wissens, welches Fachwissen, Wissen um die Bedürfnisse der Zielpersonen und pädagogisches Wissen miteinander vereint (Ball, Lubienski & Mewborn 2001). Fachdidaktisches Wissen beinhaltet z. B. Kenntnisse über die Entwicklung und Auswahl von Arbeitsaufträgen oder ihre Darstellungsweise sowie Wissen darüber, wie kognitionsanregende Diskurse im Unterricht angeleitet oder Interessen und Verstehensprozesse von Schülerinnen und Schülern sichtbar gemacht werden können. Zudem spielt der Umgang mit Fehlern und Schwierigkeiten von Schülerinnen und Schülern eine Rolle (Baumert et al. 2010).

Lehrkräftefortbildungen im Bereich sprachsensiblen Fachunterrichts zielen in der Regel auf die Vermittlung solcher Kompetenzen ab, die Lehrkräfte benötigen, um ihre Schülerinnen und Schüler hinsichtlich der bildungssprachlichen Anforderungen des jeweiligen Faches angemessen unterstützen und fördern zu können. Die fokussierten Inhalte lassen sich daher überwiegend dem fachdidaktischen Wissen zuordnen (vgl. Köker et al. 2015).

3 Fragestellung

In den letzten Jahren wurden die Themen Sprachförderung und Sprachbildung in vielen Bundesländern in die Curricula der universitären Lehramtsausbildung aufgenommen. Gleichzeitig zeigen Befragungen von Lehrkräften, dass sich diese nicht angemessen auf die Herausforderungen einer heterogenen Schülerschaft vorbereitet fühlen (Becker-Mrotzek, Hentschel, Hippmann & Linnemann 2012). Es scheint demzufolge einen erhöhten Bedarf an Fortbildungen in diesem Bereich für Lehrkräfte und Seminar- und Fachleitungen zu geben. Besondere Anforderungen bringt dabei die Gestaltung eines sogenannten sprachsensiblen

Fachunterrichts mit sich, in dem sprachliche Spezifika der Fächer berücksichtigt und sprachliche Unterstützungsmaßnahmen fachdidaktisch angepasst werden. Wie für alle Fortbildungen stellt sich auch bei den entwickelten Maßnahmen in diesem Bereich die Frage nach der Wirksamkeit. Wichtigstes Ziel ist es, den Teilnehmenden zu ermöglichen, die erlernten Inhalte in die Praxis zu übertragen, und damit ihren Transfer zu begünstigen (Gräsel, Jäger & Wilke 2006). Im vorliegenden Beitrag wird deshalb unter Rückgriff auf das *Vier-Ebenen-Modell* von Kirkpatrick (1998) untersucht, welche Aspekte einer Fortbildung die Transferabsicht begünstigen.

Konkret wurden folgende Fragestellungen untersucht:
1. Wie hoch ist die Zufriedenheit der Teilnehmenden mit der Fortbildung allgemein und ihren strukturellen Merkmalen im Besonderen?
2. Wie schätzen die Teilnehmenden ihren fachdidaktischen Kompetenzzuwachs ein?
3. Wie schätzen die Teilnehmenden den Transfer (Transferabsicht und -möglichkeit) der Fortbildungsinhalte in ihre Praxis ein?
4. Wie hängen subjektiv wahrgenommener Kompetenzzuwachs und Zufriedenheit mit der Transferabsicht zusammen?

4 Methode

4.1 Fortbildung

Die Pilotfortbildung *Sprachsensibles Unterrichten fördern – Angebote für den Vorbereitungsdienst* (2015–2017) richtete sich an Seminar- und Fachleitungen der zweiten Ausbildungsphase des Lehramtes Gymnasium/Gesamtschule. Diese sollten weiterqualifiziert werden, um Lehramtsanwärterinnen und -anwärtern Konzepte sprachsensiblen Fachunterrichts näherzubringen und praxisnahe Module für ihre Seminararbeit zu entwickeln bzw. zu erproben. Die Ziele der Fortbildung fokussierten sich darauf

- „angehende Lehrerinnen und Lehrer des Lehramtes GyGe [Gymnasium/Gesamtschule] in Nordrhein-Westfalen besser auf das Lehren und Lernen in sprachlich divers zusammengesetzten Klassen vorzubereiten und sprachsensiblen Unterricht in allen Fächern zu praktizieren;
- Inhalte zu Sprachbildung in die praktische, zweite Phase der Lehrerausbildung zu implementieren;
- Seminar- und Fachleitungen an den ZfsL [Zentren für schulpraktische Lehrerausbildung in NRW] für diese Aufgabe gezielt zu qualifizieren;

– praxisnahe Module für die Lehrerausbildung zu entwickeln und Anschlussfähigkeit sowie Kontinuität zwischen der universitären und der schulpraktischen Lehrerausbildung im Bereich sprachlicher Bildung zu schaffen" (Oleschko 2017: 12).

Die Fortbildung verfolgte verschiedene fachliche Schwerpunkte, denen sich die Teilnehmenden in den entsprechenden Clustern zuordneten. Es gab neben dem allgemeinen Cluster zu sprachlicher Vielfalt die Cluster Naturwissenschaften, Gesellschaftswissenschaften, (Fremd-)Sprachen und Mathematik. Die gestalterische Umsetzung der verschiedenen Cluster unterlag der Verantwortung interdisziplinärer Teams und alle Cluster bezogen sich auf das Lehramt Gymnasium/Gesamtschule. An der Fortbildung nahmen insgesamt 60 Seminar- und Fachleitungen teil. Die Arbeitsphasen fanden in den fachspezifischen Gruppen parallel zueinander an fünf inhaltlichen Treffen statt. Die Fortbildung wurde zusätzlich von einem Auftaktworkshop und einer Abschlussveranstaltung gerahmt. Die thematischen Cluster arbeiteten inhaltlich weitestgehend unabhängig voneinander. Eine detaillierte Beschreibung des Projektes mit Einsicht der erarbeiteten Materialien ist online möglich.[4]

4.2 Evaluationsdesign

Die wissenschaftliche Begleitforschung des Projektes wurde an den allgemein formulierten Zielen der Fortbildung ausgerichtet. Da die verschiedenen Cluster der Fortbildung unterschiedliche Inhalte behandelten, wurden ausschließlich allgemeine, übergreifende Fortbildungsmerkmale untersucht. Um eine Einschätzung über den Erwerb fachbezogener Kompetenzen zu erhalten, wurde der subjektiv wahrgenommene Kompetenzzuwachs der Teilnehmenden untersucht. Überdies wurden die Teilnehmenden um ihre Einschätzung bezüglich verschiedener Aspekte der Fortbildung gebeten. Es wurde im Vorfeld davon ausgegangen, dass das Interesse am Thema und die Motivation, sich weiterhin damit zu beschäftigen, eine wichtige Rolle bei der praktischen Umsetzung spielen. Im Sinne des Transfers wurden Items entwickelt, die die Umsetzung und Aspekte der Nachhaltigkeit widerspiegeln. Die Wirksamkeit der Maßnahme konnte nicht direkt

---

4 Alle Informationen bezüglich der Fortbildung sowie die entwickelten Materialien sind in dem Werk: Oleschko, Sven (Hrsg.) (2017): „Sprachsensibles Unterrichten fördern. Angebote für den Vorbereitungsdienst" einsehbar, welches online abrufbar ist: https://www.stiftung-mercator.de/media/downloads/3_Publikationen/2017/Dezember/Sprachsensibles_Unterrichten_foerdern/Buch_Sprachsensibles-Unterrichten-foerdern.pdf, letzter Zugriff 06.07.2018.

überprüft werden, so gab es z. B. keine Kontrollgruppe. Die Befragung wurde am Ende der Fortbildung durchgeführt.

4.3 Stichprobe

47 der insgesamt 60 Teilnehmenden (78.3%) nahmen an der Befragung teil. Von den befragten Personen waren 25 weiblich (53.2%). Die Befragten wurden um Angaben dazu gebeten, wie lange sie als Lehrkraft und wie lange sie als Seminar- bzw. Fachleitung tätig waren. Zum Zeitpunkt der Erhebung waren die Befragten ca. 20 Jahre als Lehrkraft und durchschnittlich 8 Jahre als Seminar- bzw. Fachleitung tätig. Von den Teilnehmenden gaben 29 an, eine Lehrbefähigung für Deutsch oder eine Fremdsprache erlangt zu haben, 39 besaßen eine mathematisch-naturwissenschaftliche und 32 eine geisteswissenschaftliche Lehrbefähigung. 6 Angaben betrafen musisch-künstlerische Fächer oder Sport.[5]

4.4 Instrumente

Am Ende der Fortbildung wurde ein Fragebogen zur Beurteilung der besuchten Fortbildung eingesetzt, der neben weiteren Aspekten den selbsteingeschätzten didaktischen Kompetenzzuwachs, die allgemeine Zufriedenheit mit der Fortbildung und die Zufriedenheit hinsichtlich des Aufbaus und der Struktur der Fortbildung erfasste. Orientierung für die Entwicklung der Skalen des Kompetenzzuwachses und der Zufriedenheit mit Aufbau und Struktur gab ein von Thiel und Blüthmann (2009) entwickelter Fragebogen zur Beurteilung von Studienbedingungen in Bachelorstudiengängen. Eine adaptierte Version wurde für Erhebungen in dem Projekt *Sprachen – Bilden – Chancen: Innovationen für das Berliner Lehramt* (Paetsch, Wagner & Darsow 2017) eingesetzt und auf die darin untersuchten Berliner DaZ-Module übertragen. Da der Themenschwerpunkt von *Sprachen – Bilden – Chancen* dem der Fortbildung entsprach, diente die adaptierte Skala als Grundlage für die vorliegende Erhebung. Die allgemeine Zufriedenheit mit der Fortbildung wurde mit zwei globalen Items erfasst (vgl. Tab. 1).

Zur Erfassung des von den Teilnehmenden eingeschätzten Transfers wurden drei Items entwickelt, die die Transferabsicht und die Transfermöglichkeiten erfassen. Wichtig für den Transfer war die Überlegung, dass sich die Teilnehmenden am Ende der Fortbildung in die Lage versetzt sehen sollten, die Fortbildungsinhalte umzusetzen.

---

5 Da alle Teilnehmenden Lehrbefähigungen in mindestens zwei Fächern erlangten, wurde auf prozentuale Angaben in diesem Bereich verzichtet.

Tab. 1: Wortlaut der Items, Itemkennwerte und Skalenkennwerte.

	N	M	SD	Min	Max	α
Skala Transfer	47	4.29	.52	3	5	.63
Bei der Planung meines Fach- bzw. Kernseminars werde ich die genannten Aspekte des sprachsensiblen Unterrichtens einbinden.	47	4.53	.62	3	5	
Ich besitze ausreichend Gelegenheiten, um das erworbene Wissen für meine Tätigkeit als Seminar- und Fachleitung nutzen zu können.	43	4.14	.77	2	5	
Ich fühle mich in der Lage, die LAA bei der Planung und Reflexion ihres Fachunterrichts aus sprachsensibler Perspektive zu beraten.	46	4.17	.68	2	5	
Skala selbsteingeschätzter didaktischer Kompetenzzuwachs	46	3.76	.73	2	5	.78
Ich habe durch die Fortbildung gelernt ...						
... Unterrichtsmaterialien hinsichtlich ihrer sprachlichen Anforderung einzuschätzen.	46	3.76	1.08	1	5	
... sprachsensible Unterrichtsarrangements zu entwickeln.	46	3.89	.85	2	5	
... sprachdidaktische Methoden für den Unterricht auszuwählen und zu reflektieren.	43	3.63	1.00	1	5	
... Schülertexte im Hinblick auf sprachliche Aspekte zu analysieren.	46	3.76	1.16	1	5	
... Unterrichtskommunikation unter sprachdidaktischen Aspekten zu reflektieren.	46	3.72	.96	2	5	
Skala allgemeine Zufriedenheit	47	4.24	.76	2	5	.85
Rückblickend bin ich mit der Fortbildung insgesamt zufrieden.	46	4.07	.88	1	5	
Rückblickend bin ich mit dem Ergebnis meines Clusters zufrieden.	44	4.45	.63	3	5	

Tab. 1 (fortgesetzt)

	N	M	SD	Min	Max	α
Skala Zufriedenheit mit dem Aufbau und der Struktur der Fortbildung	47	4.16	.82	1	5	.84
Die Zielsetzungen der Fortbildungsmaßnahme wurden deutlich.	47	4.00	1.04	1	5	
Die Clusterveranstaltungen hatten einen klar erkennbaren und nachvollziehbaren roten Faden.	46	4.20	.89	1	5	
Die Vermittlung der Inhalte erfolgte systematisch und gut verständlich.	47	4.26	.89	1	5	

N = Stichprobengröße, M = arithmetisches Mittel, SD = Standardabweichung, Min = Minimum, Max = Maximum, α = Cronbachs Alpha, LAA = Lehramtsanwärterinnen und -anwärter. *Anmerkungen:* Bei der Skalenbildung wurde der arithmetische Mittelwert unter Berücksichtigung aller Werte gebildet. Cronbachs Alpha bezieht sich auf nicht standardisierte Werte. Die Skalen des Fragebogens beinhalten die Antwortmöglichkeiten: 1 = *trifft nicht zu*, 2 = *trifft eher nicht zu*, 3 = *teils-teils*, 4 = *trifft eher zu*, 5 = *trifft völlig zu*.

Aus der Motivationspsychologie geht hervor, dass volitionale (willentliche) Aspekte wie beispielsweise Intentionen dem eigentlichen Handeln näher sind als motivationale Aspekte wie z. B. Wünsche (vgl. u. a. Heckhausen & Heckhausen 2010). Es wurde daher gefragt, ob die Teilnehmenden sprachsensible Aspekte bei der Planung ihres Fach- bzw. Kernseminars einbinden werden (vgl. Tab. 1). Ein zweites Item erfasste die Transfermöglichkeit, d. h., es wurde nach der Einschätzung gefragt, ob ausreichend Gelegenheiten zur Anwendung des Erlernten vorliegen. Darüber hinaus wurde die Beratungskompetenz von Seminar- und Fachleitungen als essenzieller Teil der Ausbildung von Lehramtsanwärterinnen und -anwärtern betrachtet. Als ein Erfolgskriterium der Fortbildung wurde daher die Wirksamkeitserwartung in Bezug auf die selbsteingeschätzte sprachsensible Beratungskompetenz am Ende der Fortbildung erfasst. Die eingesetzten Skalen und die zugehörigen Fragebogenitems sind Tabelle 1 zu entnehmen.

5 Ergebnisse

Mit Ausnahme der Skala Transfer (α = .63) zeigen die Skalen eine gute bis sehr gute Reliabilität (α = .78 bis α = .85). Die Reliabilität der Skala Transfer ist erwartungsgemäß etwas niedriger, da nur drei Items die unterschiedlichen

Tab. 2: Bivariate Korrelationen der Skalen.

	1.	2.	3.	4.
1. Skala Transfer	1			
2. selbsteingeschätzter didaktischer Kompetenzzuwachs	.60*	1		
3. allgemeine Zufriedenheit mit der Fortbildung	.53*	.49*	1	
4. Zufriedenheit mit dem Aufbau und der Struktur der Fortbildung	.21	.26	.48*	1

Korrelationen nach Pearson, * Korrelation auf dem Niveau von 0.01 (2-seitig) signifikant.

Aspekte, Absicht und Möglichkeit für Transfer, erfassen. In Tabelle 1 sind die deskriptiven Statistiken der verwendeten Items und Skalen dargestellt. Die Beurteilung durch die Teilnehmenden erfolgte anhand einer 5-stufigen Antwortskala (1 = *trifft nicht zu* bis 5 = *trifft völlig zu*).

Die Ergebnisse zu Fragestellung 1 (*Wie hoch ist die Zufriedenheit der Teilnehmenden mit der Fortbildung allgemein und ihren strukturellen Merkmalen im Besonderen?*) zeigen, dass die Zufriedenheit mit der Fortbildung allgemein als positiv zu bewerten ist: Der Mittelwert lag bei M = 4.24 (SD = .76). Die Ergebnisse liegen somit im Bereich zwischen *trifft eher zu* und *trifft völlig zu*. Auch in Bezug auf die Zufriedenheit mit strukturellen Merkmalen der Fortbildung zeigte sich ein positives Bild. Der Mittelwert lag bei M = 4.16 (SD = .82). Dies entspricht einer Einschätzung zwischen *trifft eher zu* und *trifft völlig zu*. Hinsichtlich Fragestellung 2 (*Wie schätzen die Teilnehmenden ihren fachdidaktischen Kompetenzzuwachs ein?*) zeigte sich, dass die Teilnehmenden durchschnittlich einen subjektiven Kompetenzzuwachs von M = 3.76 (SD = .73) angaben, was der Einschätzung *teils-teils* bis *trifft eher zu* entspricht. Die dritte Fragestellung bezieht sich auf die Einschätzung der Teilnehmenden bezüglich ihrer Transferabsicht und -möglichkeit. Wie die Ergebnisse aus Tabelle 1 zeigen, liegt der Durchschnitt mit M = 4.29 (SD = .52) zwischen *trifft eher zu* und *trifft völlig zu*, was als sehr positiv zu bewerten ist. Für die Beantwortung der vierten Fragestellung (*Wie hängen subjektiv wahrgenommener Kompetenzzuwachs und Zufriedenheit mit dem Transfer zusammen?*) wurden zunächst bivariate Korrelationen der Skalen (vgl. Tab. 2) berechnet. Bis auf die Skala Zufriedenheit mit dem Aufbau und der Struktur der Fortbildung korrelieren der selbsteingeschätzte Kompetenzzuwachs und die allgemeine Zufriedenheit signifikant mit dem Transfer. Zudem lässt sich feststellen, dass die Skalen des selbsteingeschätzten Kompetenzzuwachses und die allgemeine Zufriedenheit sowie die allgemeine Zufriedenheit mit der Zufriedenheit im Hinblick auf Aufbau und Struktur der Fortbildung signifikant miteinander zusammenhängen (vgl. Tab. 2).

Tab. 3: Ergebnisse der linearen multiplen Regressionsanalyse für die Transferabsicht der Fortbildungsteilnehmenden.

Prädiktor	Modell 1		Modell 2	
	$\beta_{standardisiert}$	p	β	p
Konstante *selbsteingeschätzter didaktischer Kompetenzzuwachs*	**.60**	.00	**.46**	.00
allgemeine Zufriedenheit mit der Fortbildung			**.33**	.03
Zufriedenheit mit dem Aufbau und der Struktur der Fortbildung			.09	.52
R^2 adjusted	.34		.38	

β: standardisierte Parameter, **fett**: signifikante Partialregressionskoeffizienten.
Anmerkungen: Modell 1 enthält *selbsteingeschätzter didaktischer Kompetenzzuwachs*; Modell 2 enthält zusätzlich *allgemeine Zufriedenheit der Teilnehmenden mit der Fortbildung* und *Zufriedenheit mit dem Aufbau und der Struktur der Fortbildung*.

Im nächsten Schritt wurde anhand einer multiplen Regression geprüft, inwieweit die Prädiktoren *selbsteingeschätzter didaktischer Kompetenzzuwachs, allgemeine Zufriedenheit mit der Fortbildung* und *Zufriedenheit mit dem Aufbau und der Struktur der Fortbildung* Varianz in Bezug auf die Einschätzung des Transfers erklären. Aufgrund der Prädiktorkorrelationen wurden die Prädiktoren in zwei Schritten in das Modell aufgenommen. Für Modell 1 wurde zunächst der selbsteingeschätzte didaktische Kompetenzzuwachs als Prädiktor im Modell berücksichtigt. Modell 2 beinhaltet darüber hinaus die allgemeine Zufriedenheit mit der Fortbildung und die Zufriedenheit in Bezug auf den Aufbau und die Struktur der Fortbildung. Die standardisierten Kennwerte der Modelle sind in Tabelle 3 abgebildet. Aus Modell 1 werden signifikante Zusammenhänge zwischen der Einschätzung zum Transfer und dem selbsteingeschätzten fachdidaktischen Kompetenzzuwachs sichtbar. Modell 2 zeigt, dass die allgemeine Zufriedenheit ein weiterer signifikanter Prädiktor des selbsteingeschätzten Transfers zu sein scheint. Die Einschätzung bezüglich des Aufbaus und der Struktur der Fortbildung besitzt hingegen keinen signifikanten Einfluss auf das Transfererleben.

Zusammenfassend lässt sich auf Grundlage der Ergebnisse von Modell 2 sagen, dass Zusammenhänge zwischen der Einschätzung bezüglich des Transfers und dem subjektiven fachdidaktischen Kompetenzzuwachs und der allgemeinen Zufriedenheit mit der Fortbildung bestätigt werden konnten: *Selbsteingeschätzter didaktischer Kompetenzzuwachs* (β = .46) und *allgemeine Zufriedenheit mit der Fortbildung* (β = .33) hängen signifikant mit *Transfer* zusammen. *Zufriedenheit mit dem Aufbau und der Struktur der Fortbildung* stellt hingegen keine signifikante Größe für die Einschätzung des Transfers dar.

6 Diskussion

Im vorliegenden Beitrag wurden Erhebungen der Evaluation der Fortbildungsmaßnahme *Sprachsensibles Unterrichten fördern – Angebote für den Vorbereitungsdienst* untersucht. Die Fortbildung richtete sich an Seminar- und Fachleitungen und hatte die Entwicklung und Erprobung von Konzeptideen für die Ausbildung von Lehramtsanwärterinnen und -anwärtern hinsichtlich der Umsetzung eines durchgängigen sprachsensiblen Fachunterrichts zum Ziel. Untersucht wurde, welche Zusammenhänge zwischen dem Erfolg einer Fortbildung und dem subjektiven didaktischen Kompetenzzuwachs bzw. der Zufriedenheit der Teilnehmenden festgestellt werden können. Als Erfolg der vorliegenden Fortbildung wurde die subjektiv wahrgenommene Transferabsicht bzw. -möglichkeit angenommen.

Die Ergebnisse zeigen, dass die Teilnehmenden der Fortbildung insgesamt sehr zufrieden waren und der subjektiv wahrgenommene Kompetenzzuwachs als hoch bewertet wurde. Die Einschätzung des Transfers der Fortbildungsinhalte in die Praxis wird, ähnlich wie die Zufriedenheit, ebenfalls als hoch eingeschätzt. Dies spricht insgesamt dafür, dass die Fortbildung als Erfolg gewertet werden kann. Die Zusammenhänge des Kompetenzzuwachses und der Zufriedenheit mit dem Transfer zeigen, dass der selbsteingeschätzte didaktische Kompetenzzuwachs signifikant mit Transfer zusammenhängt. Auch die allgemeine Zufriedenheit ist ein wichtiger Prädiktor für den Transfer. Die Zufriedenheit in Bezug auf strukturelle Merkmale der Fortbildung scheint für den Transfer nicht relevant zu sein.

Allgemein kann daraus geschlossen werden, dass die Vermittlung von didaktischen Kompetenzen eine Schlüsselrolle für Fortbildungen zum Themenbereich sprachsensiblen Unterrichtens einnehmen sollte. Für die Evaluation von Fortbildungen erscheint es sinnvoll, die Einschätzung didaktischen Kompetenzzuwachses verstärkt in den Blick zu nehmen. In formativen Evaluationskontexten kann möglicherweise durch eine Anpassung der didaktischen Inhalte Transfer begünstigt werden. In Hinblick auf die Steigerung der Transferwahrscheinlichkeit könnte sich dies als gewinnbringender erweisen als eine Fokussierung auf die Verbesserung struktureller Fortbildungsmerkmale. Um Transfer zu begünstigen, sollte bei der Planung und Durchführung von Fortbildungen zur Lehrkräfteprofessionalisierung neben fachlichen Themen explizit die fachdidaktische Umsetzung der Fortbildungsinhalte aufgegriffen werden.

6.1 Grenzen der Untersuchung

Die Untersuchung der Fragestellung basiert auf dem Datensatz der wissenschaftlichen Begleitforschung einer Fortbildung im Bereich der Lehrkräftebildung. Die Daten bilden einen vergleichsweise geringen Stichprobenumfang von $N = 47$. Es konnten nur wenige Merkmale der Transferabsicht und -möglichkeit erfragt werden. Aufgrund des Designs konnte nicht beobachtet werden, ob ein Transfer in die Praxis stattfand, da über den Fortbildungszeitraum hinaus keine Erhebungen durchgeführt werden konnten. Es bleibt unklar, ob die Fortbildungsinhalte tatsächlich in die Praxis übertragen wurden. In zukünftigen Untersuchungen wäre wünschenswert, die Fortbildungsteilnehmenden zu einem späteren Zeitpunkt erneut zu befragen, um zusätzlich objektivere Maße für den Transfer von Fortbildungsinhalten heranziehen zu können. Dennoch bietet die Untersuchung erste empirische Einblicke in den Diskurs über sprachsensiblen Fachunterricht, wobei auch die praktisch bedeutsame Gruppe der Seminar- und Fachleitungen berücksichtigt wurde.

Literatur

Ahrenholz, Bernt (Hrsg.) (2010): *Fachunterricht und Deutsch als Zweitsprache* (2. Aufl.). Tübingen: Narr.
Ball, Deborah L., Lubienski, Sarah T. & Mewborn, Denise S. (2001): Research on Teaching Mathematics: The Unsolved Problem of Teachers' Mathematical Knowledge. In Richardson, Virginia (Hrsg.): *Handbook of Research on Teaching* (4th ed.). New York: Macmillan, 433–456.
Bandura, Albert (1977): Self-Efficacy: Toward a Unifying Theory of Behavioral Change. *Psychological Review* 84 (2): 191–215.
Baumann, Barbara (2017): Sprachförderung und Deutsch als Zweitsprache in der Lehrerbildung – ein deutschlandweiter Überblick. In Becker-Mrotzek, Michael; Rosenberg, Peter; Schroeder, Christoph & Witte, Annika (Hrsg.): *Deutsch als Zweitsprache in der Lehrerbildung*. Münster: Waxmann, 9–26.
Baumert, Jürgen & Kunter, Mareike (2006): Stichwort: Professionelle Kompetenz von Lehrkräften. *Zeitschrift für Erziehungswissenschaft* 9 (4): 469–520.
Baumert, Jürgen; Kunter, Mareike; Blum, Werner; Brunner, Martin; Voss, Thamar; Jordan, Alexander; Klusmann, Uta; Krauss, Stefan; Neubrand, Michael & Tsai, Yi-Miau (2010): Teachers' Mathematical Knowledge, Cognitive Activation in the Classroom, and Student Progress. *American Educational Research Journal*, 47 (1): 133–180.
Becker-Mrotzek, Michael; Hentschel, Britta; Hippmann, Kathrin & Linnemann, Markus (2012): *Sprachförderung in deutschen Schulen – Die Sicht der Lehrerinnen und Lehrer. Ergebnisse einer Umfrage unter Lehrerinnen und Lehrern*. Mercator Institut für Sprachförderung und Deutsch als Zweitsprache. https://www.mercator-institut-sprachfoerderung.de/fileadmin/user_upload/Lehrerumfrage_Langfassung_final_30_05_03.pdf (25.09.2018).

Becker-Mrotzek, Michael; Schramm, Karen; Thürmann, Eike & Vollmer, Helmut J. (Hrsg.) (2013): *Sprache im Fach: Sprachlichkeit und fachliches Lernen*. Münster: Waxmann.

De Jong, Ester (2013): Preparing Mainstream Teachers for Multilingual Classrooms. *Association of Mexican American Educators Journal 7* (2): 40–49.

Gogolin, Ingrid & Lange, Imke (2011): Bildungssprache und durchgängige Sprachbildung. In Fürstenau, Sara & Gomolla, Mechthild (Hrsg.): *Migration und schulischer Wandel: Mehrsprachigkeit*. Wiesbaden: Verlag für Sozialwissenschaften, 107–127.

Gollwitzer, Mario & Jäger, Reinhold S. (2014): *Evaluation kompakt* (2., überarb. Aufl.). Weinheim: Beltz.

Gräsel, Cornelia (2010): Stichwort: Transfer und Transferforschung im Bildungsbereich. *Zeitschrift für Erziehungswissenschaft* 13 (1): 7–20.

Gräsel, Cornelia; Jäger, Michael & Wilke, Helmut (2006): Konzeption einer übergreifenden Transferforschung und Einbeziehung des internationalen Forschungsstandes. In Nickolaus, Reinhold & Gräsel, Cornelia (Hrsg.): *Innovation und Transfer. Expertisen zur Transferforschung*. Baltmannsweiler: Schneider Verlag Hohengehren, 445–566.

Guskey, Thomas R. (2002). Professional development and teacher change. *Teachers and Teaching* 8 (3), 381–391.

Haenisch, Hans (1994): *Wie Lehrerfortbildung Schule und Unterricht verändern kann. Eine empirische Untersuchung zu den Bedingungen der Übertragbarkeit von Fortbildungserfahrungen in die Praxis*. Soest, Westfalen: Landesinstitut für Schule und Weiterbildung. https://docplayer.org/58232465-Hans-haenisch-wie-lehrerfortbildung-schule-und-unterricht-veraendern-kann-1994.html (27.09.2018).

Heckhausen, Jutta & Heckhausen, Heinz (Hrsg.) (2010): *Motivation und Handeln*. Berlin: Springer.

Jäger, Michael (2004): *Transfer in Schulentwicklungsprojekten*. Wiesbaden: Verlag für Sozialwissenschaften.

Jäger, Reinhold S. & Bodensohn, Rainer (2007): *Die Situation der Lehrerfortbildung im Fach Mathematik aus Sicht der Lehrkräfte. Ergebnisse einer Befragung von Mathematiklehrern*. Bonn: Deutsche Telekom Stiftung. https://dzlm.de/sites/default/files/pdfs/17_01_07_mathematiklehrerbefragung.pdf (25.09.2018).

Jostes, Brigitte (2017a): „Mehrsprachigkeit", „Deutsch als Zweitsprache", „Sprachbildung" und „Sprachförderung": Begriffliche Klärungen. In Jostes, Brigitte; Caspari, Daniela & Lütke, Beate (Hrsg.): *Sprachen – Bilden – Chancen: Sprachbildung in Didaktik und Lehrkräftebildung*. Münster: Waxmann, 103–126.

Jostes, Brigitte (Hrsg.) (2017b): *Phasenübergreifendes Ausbildungskonzept für Sprachbildung / Deutsch als Zweitsprache in der Berliner Lehrkräftebildung*. Berlin: Sprachen–Bilden–Chancen. Innovationen für das Berliner Lehramt. https://www.sprachen-bilden-chancen.de/images/DaZ/Ausbildungskonzept.pdf (12.05.2018).

Jostes, Brigitte & Darsow, Annkathrin (2017): Entwicklung eines phasenübergreifenden Ausbildungskonzepts für Sprachbildung / Deutsch als Zweitsprache in der Berliner Lehrkräftebildung – Grundlegende Fragen und Vorgehen. In Jostes, Brigitte; Caspari, Daniela & Lütke, Beate (Hrsg.): *Sprachen – Bilden – Chancen: Sprachbildung in Didaktik und Lehrkräftebildung*. Münster: Waxmann, 289–306.

Kahan, Jeremy A.; Cooper, Duane A. & Bethea, Kimberley A. (2003): The Role of Mathematics Teachers' Content Knowledge in their Teaching: A Framework for Research Applied to a Study of Student Teachers. *Journal of Mathematics Teacher Education* 6 (3): 223–252.

Kirkpatrick, Donald L. (1998): *Evaluating Training Programs. The Four Levels* (2nd ed.). San Francisco: Berrett-Koehler Publishers.

Köker, Anne; Rosenbrock-Agyei, Sonja; Ohm, Udo; Carlson, Sonja A.; Ehmke, Timo; Hammer, Svenja; Koch-Priewe, Barbara & Schulze, Nina (2015): DaZKom – Ein Modell von Lehrerkompetenz im Bereich Deutsch als Zweitsprache. In Koch-Priewe, Barbara; Köker, Anne; Seifried, Jürgen & Wuttke, Eveline (Hrsg.): *Kompetenzerwerb an Hochschulen: Modellierung und Messung. Zur Professionalisierung angehender Lehrerinnen und Lehrer sowie frühpädagogischer Fachkräfte.* Bad Heilbrunn: Klinkhardt, 177–205.

Köller, Olaf & Möller, Jens (2010): Selbstwirksamkeit. In Rost, Detlef H. (Hrsg.): *Handwörterbuch Pädagogische Psychologie* (4., überarb. und erw. Aufl.). Weinheim: Beltz, 767–774.

Leisen, Josef (2011): *Praktische Ansätze schulischer Sprachförderung – Der sprachsensible Fachunterricht.* https://www.hss.de/fileadmin/media/downloads/Berichte/111027_RM_Leisen.pdf (27.09.2018).

Lipowsky, Frank & Rzejak, Daniela (2012): Lehrerinnen und Lehrer als Lerner – Wann gelingt der Rollentausch? Merkmale und Wirkungen wirksamer Lehrerfortbildungen. *Schulpädagogik heute* 3 (5): 1–17.

Lütke, Beate; Petersen, Inger & Tajmel, Tanja (Hrsg.) (2017): *Fachintegrierte Sprachbildung: Forschung, Theoriebildung und Konzepte für die Unterrichtspraxis.* Berlin: de Gruyter.

Oleschko, Sven (Hrsg.) (2017): *Sprachsensibles Unterrichten fördern. Angebote für den Vorbereitungsdienst.* https://www.stiftung-mercator.de/media/downloads/3_Publikationen/2017/Dezember/Sprachsensibles_Unterrichten_foerdern/Buch_Sprachsensibles-Unterrichten-foerdern.pdf (01.04.2018).

Paetsch, Jennifer; Wagner, Fränze Sophie & Darsow, Annkathrin (2017): Prädiktoren der Zufriedenheit von Lehramtsstudierenden mit den Berliner Deutsch-als-Zweitsprache-Modulen: Ansatzpunkte für Veränderungsmaßnahmen in der Hochschullehre. In Jostes, Brigitte; Caspari, Daniela & Lütke, Beate (Hrsg.): *Sprachen – Bilden – Chancen: Sprachbildung in Didaktik und Lehrkräftebildung.* Münster: Waxmann, 127–150.

Rost-Roth, Martina (2017): Lehrprofessionalität (nicht nur) für Deutsch als Zweitsprache – sprachbezogene und interaktive Kompetenzen für Sprachförderung, Sprachbildung und sprachsensiblen Fachunterricht. In Lütke, Beate; Petersen, Inger & Tajmel, Tanja (Hrsg.): *Fachintegrierte Sprachbildung: Forschung, Theoriebildung und Konzepte für die Unterrichtspraxis.* Berlin: de Gruyter, 69–97.

Simmons, Ronald D. (2009): The Efficacy of Florida's Approach to In-Service English Speakers of Other Languages (ESOL) Teacher Training Programs. *Florida Journal of Educational Administration and Policy* 2 (2): 112–126.

Thiel, Felicitas & Blüthmann, Irmela (2009): *Ergebnisse der Evaluation der lehrerbildenden Studiengänge an der Freien Universität Berlin.* http://www.ewi-psy.fu-berlin.de/einrichtungen/arbeitsbereiche/schulentwicklungsforschung/downloads/Lehramtsmasterbefragung_2009.pdf (13.05.2018).

Vollmer, Helmut J. & Thürmann, Eike (2013): Sprachbildung und Bildungssprache als Aufgabe aller Fächer der Regelschule. In Becker-Mrotzek, Michael; Schramm, Karen; Thürmann, Eike & Vollmer, Helmut J. (Hrsg.): *Sprache im Fach: Sprachlichkeit und fachliches Lernen.* Münster: Waxmann, 41–57.

www.ingramcontent.com/pod-product-compliance
Lightning Source LLC
Chambersburg PA
CBHW031753220426

43662CB00007B/385